AWS認定資格試験テキスト&問題集

AWS認定 ソリューションアーキテクト［プロフェッショナル］

トレノケート株式会社
山下光洋

改訂第2版

本書に関するお問い合わせ

この度は小社書籍をご購入いただき誠にありがとうございます。小社では本書の内容に関するご質問を受け付けております。本書を読み進めていただきます中でご不明な箇所がございましたらお問い合わせください。なお、お問い合わせに関しましては下記のガイドラインを設けております。恐れ入りますが、ご質問の際は最初に下記ガイドラインをご確認ください。

ご質問の前に

小社Webサイトで「正誤表」をご確認ください。最新の正誤情報をサポートページに掲載しております。

▶ 本書サポートページ

URL https://isbn2.sbcr.jp/17929/

上記ページの「正誤情報」のリンクをクリックしてください。なお、正誤情報がない場合、リンクをクリックすることはできません。

ご質問の際の注意点

- ご質問はメール、または郵便など、必ず文書にてお願いいたします。お電話では承っておりません。
- ご質問は本書の記述に関することのみとさせていただいております。従いまして、○○ページの○○行目というように記述箇所をはっきりお書き添えください。記述箇所が明記されていない場合、ご質問を承れないことがございます。
- 小社出版物の著作権は著者に帰属いたします。従いまして、ご質問に関する回答も基本的に著者に確認の上回答いたしております。これに伴い返信は数日ないしそれ以上かかる場合がございます。あらかじめご了承ください。

ご質問送付先

ご質問については下記のいずれかの方法をご利用ください。

▶ Webページより

上記のサポートページの「サポート情報」にある「お問い合わせ」をクリックすると、メールフォームが開きます。要綱に従って質問内容を記入の上、送信ボタンを押してください。

▶ 郵送

郵送の場合は下記までお願いいたします。

〒106-0032
東京都港区六本木2-4-5
SBクリエイティブ　読者サポート係

はじめに

本書を手にとっていただきましてありがとうございます。

本書はAWS認定ソリューションアーキテクト－プロフェッショナル（SAP-C02）の資格試験対策本です。AWS認定ソリューションアーキテクト－プロフェッショナルの資格取得のために知識を増やしていただくことを目標としておりますが、その過程において、システム構築にたずさわるエンジニアの皆さまが、さまざまな複雑な要件や課題に対したときに、1つでも多くのよりよい設計やベストプラクティス、アーキテクチャリファレンスをご活用いただくことを願いながら執筆いたしました。

今は最適なアーキテクチャでも、もしかすると数か月後にはもっと最適な選択肢となる機能があらわれて、レガシーなアーキテクチャになることもあります。お客様のニーズの変化により新たな制約が生まれることもありますし、その逆に今までの制約がなくなることもあります。社会の大きな変化により、何よりもスピードを重視して構築しなければならないこともあります。

ニーズ、ユースケース、技術の進化、時代背景、企業の要件などさまざまな要因によって、アーキテクチャも多岐にわたります。この場合はこう、このケースはこう、といった正解は単純ではなく、前例のない要件や事象に対応していかなければなりません。運用してはじめて結果がわかるものも多くあります。

本書では個別のサービス、機能については必要最低限の解説に留め、事例やAWSホワイトペーパーなどを参考に発生しうる課題をベースにした巻末の模擬試験問題と解説から、ソリューションアーキテクトとしての最適な選択を紐解くことに重点を置いています。各章末の確認テストは、各章で解説した内容のポイントを機能レベルで思い出していただくためのもので、最適な設計を求めるレベルのものではありません。

設定を具体的にイメージしていただくためにマネジメントコンソールの画面を一部掲載しています。マネジメントコンソールの画面は手順を覚えていただくためでもありませんし、画面が変わることも多々あります。あくまでもイメージしていただくために掲載していることをご了承ください。

また、詳細設計、構築の際に必要な情報も認定試験においての判断に大きな影響のないものは割愛しています。詳細設計、構築をする際には、公式のユーザーガイドや開発者ガイドを確認してください。

予想問題を丸暗記して、仮にその問題が試験に出たとしても、きっと認定試験に合格はできません。また仮に暗記して合格できた試験の価値は、学習して理解した方とは大きな乖離が生じてしまい、認定の価値を下げることにもなりかねません。AWS認定ソリューションアーキテクト－プロフェッショナルの試験勉強をされる皆さまは、本書だけではなく、より多くのトレーニング、ハンズオン、ドキュメントや動画などに触れていただくことを推奨いたします。

なお、本書内の情報は2023年4月現在の情報です。

トレノケート株式会社　山下 光洋

目次

第3章 ソリューション設計と継続的改善 107

第1章

AWS認定ソリューションアーキテクトープロフェッショナル

この章では、AWS認定ソリューションアーキテクトープロフェッショナルの公式試験ガイドに基づいて、試験の概要を説明します。本試験ではどのような能力・知識・経験が求められるのかについて、わかりやすく整理します。

1-1 試験の概要

ここでは、公式の試験ガイドに基づいて、AWS認定ソリューションアーキテクトープロフェッショナル試験の概要を解説します。

📖 AWS認定ソリューションアーキテクトープロフェッショナル試験ガイド

URL https://d1.awsstatic.com/ja_JP/training-and-certification/docs-sa-pro/AWS-Certified-Solutions-Architect-Professional_Exam-Guide.pdf

AWS認定試験の全体像

まず、AWS認定の全体像を示します。AWS認定は、クラウドシステムに関する専門知識を持っていることを証明します。各認定には、役割・レベル・専門知識の違いによって設計された試験が用意されています。

これらの中でもプロフェッショナルレベルは、実務経験2年間以上の人が対象となっています。単純な課題要件だけではなく、アソシエイトレベルではあまり問われないような、制約に基づいたトレードオフを考えなければならない長文問題が頻出します。実際の現場で発生しそうな課題が提示され、それに対してAWSを利用する場合、何が最適であるかを見極める判断力が問われます。

AWS認定ソリューションアーキテクトープロフェッショナル

AWS認定ソリューションアーキテクトープロフェッショナルは、AWSを使用したシステムの管理や運用の2年以上の実務経験がある「ソリューションアーキテクト」が対象になります。「ソリューションアーキテクト」を直訳すると「課題解決の設計者」ですが、AWSにもソリューションアーキテクトという役割があり、公式サイトには次のように書かれています。

プロフェッショナル
2年間のAWSクラウドを使用したソリューションの設計、運用、およびトラブルシューティングに関する包括的な経験

アソシエイト
1年間のAWSクラウドを使用した問題解決と解決策の実施における経験

基礎コース
6か月間の基礎的なAWSクラウドと業界知識

専門知識
試験ガイドで指定された専門知識分野に関する技術的なAWSクラウドでの経験

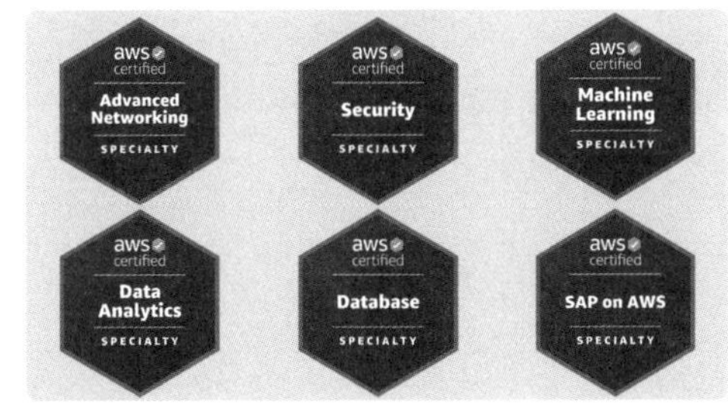

❑ AWS認定試験の概要

ソリューションアーキテクトは、お客様訪問先でAWSを語るに相応しい人材であり、お客様のシニアクラスな方々（CxOレベルも含まれる）と議論した上でお客様のクラウド戦略に影響を与え、クラウド戦略・クラウドジャーニーをリードします。また一方で、技術的に確固たるバックグラウンドを持ち、お客様のアーキテクト及びソフトウェア開発者の方々と技術的な議論を交わし、実現可能性を顧客と共に確認しながら、クラウドを利用した既存システムの移行および新しいテクノロジーを活用したイノベーションをリードするポジションです。

URL https://aws.amazon.com/jp/careers/teams/solutionsarchitect/

ビジネスにおけるさまざまな課題や要件のうち、AWSクラウドで解決できる選択肢を最適に提供できるポジション、そのプロフェッショナルレベルが

AWS認定ソリューションアーキテクト－プロフェッショナル資格に求められると読み取れます。

これは、AWS社のソリューションアーキテクトだけではなく、AWSのパートナーの皆さまはもちろん、スタートアップの担当者、エンタープライズ企業のシステム担当者、情報システム部門の担当者などなど、AWSを使いさまざまな課題に立ち向かう方々が対象ということです。

本節ではこれ以降、試験ガイドに基づいて、本試験によって検証される能力、推奨される知識、および試験内容を解説します。試験対策に大きく影響することはないと思いますので読み飛ばしていただいてもかまいませんが、受験する目的やご自身の経験と合致しているかどうかを判断するために有効な内容です。

❑ AWS認定ソリューションアーキテクト－プロフェッショナル

検証される能力

試験ガイドには「AWS Well-Architected Frameworkに基づいてAWSソリューションを設計し、最適化することを課題とし、受験者の高度な技術スキルと経験を検証」と記載があります。Well-Architected Frameworkがより重要になっていると伺えます。そして、具体的な範囲として次の記載があります。

- 複雑な組織に対応する設計
- 新しいソリューションのための設計
- 既存ソリューションの継続的な改善
- ワークロードの移行とモダナイゼーションの加速

これらはそのまま試験分野ですので、試験分野の項で解説します。

推奨される知識と経験

推奨される知識として挙げられているということは、それを知っていると試験の問題に解答しやすいと読み取れます。推奨知識に書いてあることが具体的にどのあたりを指しているのかを説明します。

- **AWSでのクラウドアーキテクチャの設計およびデプロイに関する2年以上の実践経験**：これは言葉どおり2年間で経験しうるボリュームレベル。
- **AWS CLI、AWS API、AWS CloudFormationテンプレート、AWS請求コンソール、AWSマネジメントコンソール、スクリプティング言語、およびWindowsとLinux環境についての知識**：各コンポーネントについての知識です。ソースコードが提示されて問われる可能性は低いと考えられますので、SDKやCLIの使い方レベルの基礎知識、ADやDNSなどサーバーの周辺機能についての知識です。
- **エンタープライズの複数のアプリケーションやプロジェクトのアーキテクチャ設計に対し、ベストプラクティスガイダンスを提供する能力、およびビジネスの目標をアプリケーション／アーキテクチャ要件に関連付ける能力**：AWSのベストプラクティスや設計原則です。
- **クラウドアプリケーション要件を評価し、AWSでアプリケーションの実装、デプロイ、プロビジョニングを行うためのアーキテクチャを提案する能力**：AWSのベストプラクティスや設計原則です。
- **主要なAWSテクノロジー（VPN、AWS Direct Connectなど）や継続的なインテグレーション、デプロイプロセスを使用して、ハイブリッドアーキテクチャを設計する能力**：ハイブリッドアーキテクチャに利用されるサービスです。ネットワークサービスだけではなく、データを扱うハイブリッドサービスについても認識しておきましょう。デプロイプロセスはCI/CDパイプラインよりもマイクロサービスやリファクタリングにおけるアーキテクチャの進化についての知識です。

試験分野

本書では、試験ガイドの「試験内容の概要」に記載されている試験分野に沿って、AWSのサービス、機能、設計、ベストプラクティスについて解説します。各分野は以下のとおりです。

- **分野1：複雑な組織に対応するソリューションの設計**
  - **1.1**：ネットワーク接続戦略を設計する。
  - **1.2**：セキュリティコントロールを規定する。
  - **1.3**：信頼性と耐障害性に優れたアーキテクチャを設計する。
  - **1.4**：マルチアカウントAWS環境を設計する。
  - **1.5**：コスト最適化と可視化の戦略を決定する。

- **分野2：新しいソリューションのための設計**
  - **2.1**：ビジネス要件を満たす導入戦略を設計する。
  - **2.2**：事業継続性を確保するソリューションを設計する。
  - **2.3**：要件に基づいてセキュリティコントロールを決定する。
  - **2.4**：信頼性の要件を満たす戦略を策定する。
  - **2.5**：パフォーマンス目標を満たすソリューションを設計する。
  - **2.6**：ソリューションの目標と目的を達成するためのコスト最適化戦略を決定する。
- **分野3：既存のソリューションの継続的な改善**
  - **3.1**：全体的な運用上の優秀性を高めるための戦略を作成する。
  - **3.2**：セキュリティを向上させるための戦略を決定する。
  - **3.3**：パフォーマンスを改善するための戦略を決定する。
  - **3.4**：信頼性の要件を満たす戦略を策定する。
  - **3.5**：コスト最適化の機会を特定する。
- **分野4：ワークロードの移行とモダナイゼーションの加速**
  - **4.1**：移行が可能な既存のワークロードとプロセスを選択する。
  - **4.2**：既存ワークロードの最適な移行アプローチを決定する。
  - **4.3**：既存ワークロードの新しいアーキテクチャを決定する。
  - **4.4**：モダナイゼーションと機能強化の機会を決定する。

この各分野の内容を解説するために、本書の第2章以降を次のページの図のように構成しました。

Well-Architected Frameworkの柱のうち5本（サステナビリティ以外の「運用の優秀性」「信頼性」「コストの最適化」「パフォーマンス」「セキュリティ」）を中心に、複雑な組織への対応と移行、モダナイゼーションを別章にして構成しています。

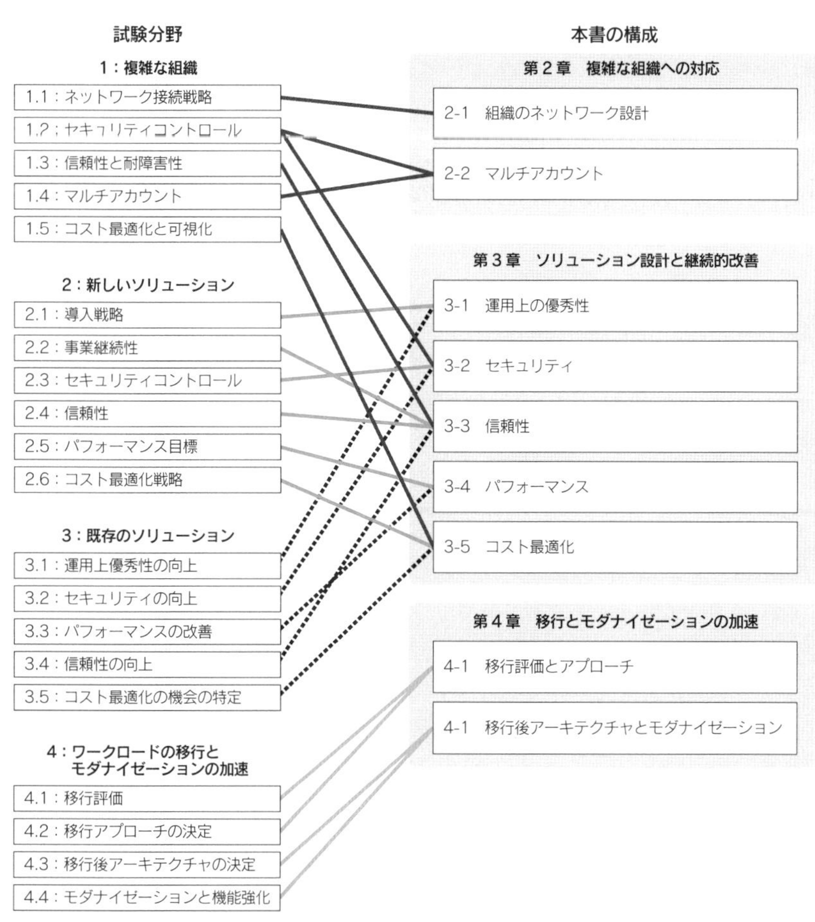

❑ 試験分野に対応する本書の構成

関連サービス

試験ガイドの付録に「試験に出る可能性のあるツールとテクノロジー」として記載のあるサービスを紹介します。これだけのサービスの詳細設定、機能のすべてを網羅的に試験対策として学習する時間を確保するのはなかなか難しいと思います。それでも、少なくとも何のためのサービスかは知っておくことを推奨します。以下にサービスの概要を示します。

＊分析

- Amazon Athena：S3に保存しているデータ（たとえばCSV、JSON、Parquet）にSQLで検索、抽出、集計などができます。
- AWS Data Exchange：データプロバイダーが提供するデータ製品をS3バケットにインポートできます。たとえば、IMDbでは映画テレビ関連のマーケティングデータや、Foursquareの位置SNSで収集されたデータなど、さまざまな有料・無料のデータが提供されています。
- AWS Data Pipeline：AWSリソースやコマンドなどからAWSリソースへデータを変換、コピーする一連の処理をパイプラインとして設定できます。ただ、マネジメントコンソールからはアクセスできなくなったので、今後は重要なサービスではないと考えられます。
- Amazon EMR：EMR（Elastic Map Reduce）は、Apache Hadoop、Apache Spark、Apache Hive、Apache HBase、Apache Flink、Apache Hudi、Prestoなどのオープンソースをマネージドサービスで提供します。ビッグデータの分析でAWSのキャパシティをフルに活用してスケーラブルに実現できます。
- AWS Glue：ETL（Extract：抽出、Transform：変換、Load：格納）サービスです。データを指定した方法で変換してS3などストレージやデータベースにデータを保管できます。クローラーにより自動的にデータのスキーマを読み取り、送信元やAthenaから使用できるテーブルを作成します。
- Amazon Kinesis Data Analytics：ストリーミングデータを、SQLなど使い慣れた言語を使ってリアルタイムに抽出検索できます。
- Amazon Kinesis Data Firehose：最低60秒のバッファでデータをS3、Open Search Serviceなどに簡単に格納します。
- Amazon Kinesis Data Streams：秒あたり数GBのデータをリアルタイムにストリーミング処理できます。
- AWS Lake Formation：データレイクの構築、管理を簡易化します。データソースのクロールやデータ収集の簡易化、分析する際のデータに対する細やかなアクセス制御などを実現します。Lake FormationはGlueの拡張のように使用します。
- Amazon Managed Streaming for Apache Kafka（Amazon MSK）：マネージドなApache Kafkaを提供するサービスです。Apache Kafkaは分散型のキューシステムにより、大量のストリーミングデータをサービス間で受け渡す際に使用されます。オンプレミスでApache Kafkaを使用している際の移行先や、Apache Kafkaが使用要件にある場合などに使用されます。

○ Amazon OpenSearch Service：Amazon Elasticsearch Serviceの後継サービスです。テキストや非構造化データの全文検索や視覚化、ダッシュボード分析が可能です。

○ Amazon QuickSight：ビジネスインテリジェンス（BI）サービスです。データソースにAWSサービスを連携させることができます。機械学習（Machine Learning、ML）を利用して分析提案を行うことも可能です。

＊アプリケーション統合

○ Amazon AppFlow：外部SaaSからのノーコードなデータ連携サービスです。Salesforce、ServiceNow、Slack、Datadog、Zendeskなど、さまざまなSaaSサービスから、コードを開発することなく、S3やRedshiftなどのAWSサービスへデータを連携できます。

○ AWS AppSync：GraphQL APIとPub/Sub APIを高速に開発できます。DynamoDBテーブル、OpenSearch Serviceなどへ安全に接続してデータの読み書きが行えます。モバイルアプリケーションなどから安全に接続したり、Webチャットアプリケーションで更新メッセージを相互に受け取ったりすることが実現できます。

○ Amazon EventBridge（Amazon CloudWatch Events）：AWS内外のイベントをルール条件によりイベントトリガーとして設定できます。イベントのターゲットでは、SNS、LambdaやSystems Manager Automationなどと連携して、イベントに対しての通知や自動処理が可能です。AWS内のイベントだけでなく、アプリケーションからのイベントやDatadog、Zendeskなど、パートナーのSaaSサービスからのイベントを受け付けるイベントバスも作成できます。

○ Amazon MQ：オープンソースのApache ActiveMQまたはRabbitMQをマネージドサービスとして利用できます。主にオンプレミスからの移行ケースで利用されます。

○ Amazon Simple Notification Service（Amazon SNS）：通知サービスです。Eメール、SMS、Lambda、外部HTTP（S）、SQS、Chatbotなどにメッセージを並列で送信します。

○ Amazon Simple Queue Service（Amazon SQS）：フルマネージドなキューサービスです。キューに送信したメッセージをコンシュマーアプリケーションが受信して利用できます。疎結合化を実現するために非常に重要なサービスです。

○ AWS Step Functions：マイクロサービスを組み合わせたワークフローを構築できます。プロセスの状態を管理し、データや処理結果による分岐、並列、配列繰り返し、再試行などの制御をパラメータの設定と入出力データの管理で実現できます。Lambdaをはじめ AWSのさまざまなサービスやアクティビティとして、モノリシックなアプリケーションとも連携できます。

＊ビジネスアプリケーション

○ Alexa for Business：Amazon Alexaをオフィスの音声アシスタントとして利用できます。会議の管理をしたり、Eメールやカレンダーとの連携が可能です。

○ Amazon Simple Email Service（Amazon SES）：Eメール送受信のマネージドサービスです。通常の送受信の他、ダイレクトメールなどのキャンペーンメールの送信にも利用できます。

＊ブロックチェーン

○ Amazon Managed Blockchain：オープンソースのHyperledger FabricやEthereumを使用して、マネジードなブロックチェーンネットワークの作成と管理を簡単に行えます。

＊クラウド財務管理

○ AWS Budgets：予算額を設定し、予算に対するAWS利用料金の分析が行えます。月ごとに変化していく予算設定、対象とする請求金額やリソースのフィルタリング、通知も可能です。

○ AWS Cost and Usage Report：コストと使用状況レポートです。詳細な時間別コスト発生情報を指定したS3バケットへ書き出します。

○ AWS Cost Explorer：グラフなど使いやすいインターフェイスで、AWSのコストと使用量の時間に対する変化を可視化し、分析できます。

○ Savings Plans：EC2 Instance Savings Plans、Compute Savings Plans、SageMaker Savings Plansがあり、リザーブドオプションよりも柔軟性のある割引設定が可能です。

＊コンピューティング

○ AWS App Runner：ソースコードリポジトリ、コンテナリポジトリからアプリケーションを実行できます。ビルド、デプロイするためのインフラストラクチャはいっさい構築運用する必要がなく、サービスとしてアプリケーションを実行できます。

- AWS Auto Scaling：EC2、ECS、DynamoDB、Auroraなどの自動スケール（増減）が可能です。
- AWS Batch：バッチ処理を簡単にセットアップできます。コンテナイメージを指定して実行できます。Fargate、EC2、スポットインスタンスなどを組み合わせることができます。
- Amazon EC2：大量のクラウドリソースから、好きなときに、好きな量だけ、好きな性能の仮想サーバーを利用できます。WindowsやLinuxなど、OSに対する完全な管理者権限があるので、好きなソフトウェアをインストールできる反面、OSレベルの運用管理はユーザーが行わなければならないアンマネージドサービスです。
- Amazon EC2 Auto Scaling：EC2インスタンスをCloudWatchアラーム、スケジュール、予測によって自動で増減できます。リクエスト需要に合わせたインスタンスの起動が自動化できます。
- AWS Elastic Beanstalk：開発者がAWS、OS、ミドルウェアなどアプリケーションの実行環境のセットアップを詳しく学習しなくても、簡単にアプリケーション環境を構築でき、開発に専念できます。Web環境としてApplication Load BalancerとEC2 Auto Scalingなど、ワーカー環境としてSQSとEC2 Auto Scalingなどの環境が構築でき、継続的なデプロイも実現できます。
- Elastic Load Balancing：ロードバランサーのマネージドサービスです。ユーザーがロードバランサー自体の可用性などを考えなくてもすぐに使い始められます。Webアプリケーション向けのApplication Load Balancer、サードパーティネットワークアプライアンス製品向けのGateway Load Balancer、それら以外のNetwork Load Balancer、過去互換性のためのClassic Load Balancerがあります。
- AWS Fargate：ECS、EKSから使用できる、サーバーレスなコンテナ実行環境です。ユーザーがコンテナを実行するためのEC2の運用管理やスケーリングを調整する必要がありません。
- AWS Lambda：サーバーレスコンピューティングサービスで、ユーザーはNode.js、Python、Go、Ruby、Java、C#などのソースコードを用意して、パラメータやイベントを設定すればコードの実行準備は完了します。実行環境としてのサーバーの運用管理、準備の必要がありません。さまざまなイベントトリガーによって実行し、実行されている間だけ実行環境が用意され、請求料金が発生します。呼び出しの数だけ並列的に実行されるので、ユーザーがスケーラビリティを設定する必要もありません。

- Amazon Lightsail：シンプルで低額な月額プランのVPSサービスです。ユーザーが操作できることはEC2よりも限られますが、使用したいWebアプリケーション（Redmineなど）やWebサイト環境（WordPressなど）が決まっているときの選択肢です。
- AWS Outposts：AWSのいくつかのサービスをユーザーが指定した物理施設で利用できます。低レイテンシーやデータをクラウドに移行できない場合などに選択します。
- AWS Wavelength：5Gネットワーク通信プロバイダーのデータセンターに、AWSサービスを使用したバックエンドサービスを構築できます。

＊コンテナ

- Amazon Elastic Container Registry（Amazon ECR）：ECS、EKS、Batchと連携できる、コンテナイメージを保管するレジストリサービスです。リポジトリという単位で管理し保存できます。
- Amazon Elastic Container Service（Amazon ECS）：コンテナオーケストレーションサービスです。コンテナを実行管理するために複雑な操作や設定作業を必要とせず、まとめて設定実行が可能です。AWSでコンテナを使用する場合の一般的な選択肢です。
- Amazon ECS Anywhere：ECSコンテナをオンプレミスなど、どこでも実行させられる機能です。
- Amazon Elastic Kubernetes Service（Amazon EKS）：コンテナの実行管理にオープンソースのKubernetesをマネージドで提供します。AWSでコンテナを使用するためにKubernetesを使う場合の選択肢です。
- Amazon EKS Distro：EKSで使用されているKubernetesの拡張版です。オープンソースソフトウェアとして提供されていて、オンプレミスなどにセットアップして使用できます。
- Amazon EKS Anywhere：EKS Distroを使用してオンプレミス環境など、どこでもEKSコンテナを実行できます。

＊データベース

- Amazon Aurora：MySQLまたはPostgreSQLと互換性のある高性能なリレーショナルデータベースサービスです。使用したいバージョンや機能に不足がなければ、MySQL、PostgreSQLを使用する場合に選択します。性能だけでなくリードレプリカ、グローバルデータベースなどさまざまな機能もあります。

- Amazon Aurora Serverless：Auroraデータベースを自動でスケールしながら使用できます。ACU（Aurora Capacity Unit）の最小値、最大値を設定して、その間をリクエスト量に応じて増減します。使用しないときは自動で停止させられます。
- Amazon DocumentDB（MongoDB互換）：MongoDBと互換性を持ったマネージドデータベースサービスです。MongoDB同様にJSONデータを保管し、クエリ検索、インデックス作成ができます。
- Amazon DynamoDB：フルマネージドなNoSQL（非リレーショナル）データベースサービスです。ユーザーはリージョンを選択してテーブルを作成します。データもすべてAWS APIへのリクエストで操作します。
- Amazon ElastiCache：RedisまたはMemcachedをマネージドサービスとして提供するインメモリデータストアサービスです。クエリのキャッシュや、外部API問い合わせ結果のキャッシュ、計算結果などのキャッシュをすばやく返すことでアプリケーションのパフォーマンスを向上させます。
- Amazon Keyspaces（for Apache Cassandra）：Apache Cassandra互換のマネージドデータベースサービスです。Apache Cassandra同様にCassandraクエリ言語（CQL）、API、Cassandraドライバーをサポートしているので、同じ開発者ツールを使えます。
- Amazon Neptune：高速で信頼性が高いフルマネージド型のグラフデータベースサービスです。ソーシャルネットワークサービスなどの複雑な関連性を管理するのに最適です。
- Amazon RDS：マネージドなリレーショナルデータベースサービスです。MySQL、PostgreSQL、MariaDB、Oracle、Microsoft SQL Serverを提供します。MySQL、PostgreSQLについてはAuroraを優先的に検討するケースが多くあります。OSの管理が不要なので、この5種類のデータベースエンジンを使用するケースで利用しますが、逆にOSをコントロールしなければならないなどの理由やRDSがサポートしていないオプションを使うなどのために、EC2にこれらのデータベースをインストールして利用するケースもあります。
- Amazon Redshift：高速なデータウェアハウスサービスです。頻繁に分析するデータはS3に保存したデータをロードして使用できます。分析頻度の低いデータ、ちょっと時間がかかってもよいデータはRedshift SpectrumでS3のデータを保存したまま透過的な使用もできます。

- Amazon Timestream：時系列データを管理することに特化した、マネージドデータベースサービスです。

＊デベロッパーツール

- AWS Cloud9：ブラウザさえあればすぐに使用できる統合開発環境（IDE）を提供します。各言語のランタイムも用意済みで、AWS CLIやSAMなどのコマンドツールもあらかじめ用意されています。IAMユーザーを指定しての共有も可能です。
- AWS CodeArtifact：ソフトウェアパッケージを組織内で共有できます。IAMによる制限、CloudTrailによる監査ができます。
- AWS CodeBuild：ソースコードを実行可能な形式にしたり、必要なモジュールをインストールして準備します。テストも実行できます。このようなビルドのためのサーバーを用意しなくても、CodeBuildを使うことでビルドが実現できるので、何度でも繰り返すビルドや、スケールさせなければならない大量のビルドプロセスにもすぐに対応できます。
- AWS CodeCommit：マネージドなGitサービスを提供します。ソースコードのバージョン管理、承認、コミット、マージ、レビューといった一連の機能を提供します。IAMで認証制御できます。
- AWS CodeDeploy：テスト環境、本番環境へデプロイをします。デプロイ設定によりカナリアリリースやローリング更新、ブルー／グリーンデプロイなど多彩なデプロイを提供します。EC2、Auto Scaling、ECS、Lambdaへのデプロイが可能です。
- Amazon CodeGuru：Reviewerによりソースコードのレビューを自動化します。Profilerはコストがかかっているコードを特定します。
- AWS CodePipeline：CodeCommitやECRなどAWSのリポジトリサービス、GitHubなど外部のGitサービスでブランチやファイルが更新されたことをイベントとして、ビルド、デプロイを実行させることができます。CI/CDパイプラインの構築に非常に役立ちます。
- AWS CodeStar：多くのプロジェクトテンプレートが用意されていて、すぐにCI/CDパイプラインを構築できます。テンプレートから作成したプロジェクトを編集して使用できます。
- AWS X-Ray：主にマイクロサービスのエラーとボトルネックを抽出します。マイクロサービスから送信されたトレース情報を収集し、サービスマップでエラーやボトルネックを可視化します。

＊エンドユーザーコンピューティング

- Amazon AppStream 2.0：デスクトップアプリケーションを仮想化して実現できます。
- Amazon WorkSpaces：仮想デスクトップを提供します。高価で複雑なシンクライアントサービスを構築しなくてもすぐに利用を開始できます。ユーザーはDirectory Serviceで管理するので、既存のAD環境があれば、AD Connectorで利用できます。

＊フロントエンドのWebとモバイル

- AWS Amplify：Webアプリケーション、モバイルアプリケーションの開発をより簡単にサポートするツール、ライブラリ、コマンドなどの一連の機能群です。
- Amazon API Gateway：REST APIやWebSocket APIを構築、管理できます。データの変換やセキュリティ機能、CognitoやLambda、IAMと連携した認証機能もあります。
- AWS Device Farm：アプリケーションに対する複数のブラウザ、複数のモバイルデバイスからのテストを実行します。CodePipelineなどで実行するCI/CDパイプラインでDevice Farmのテストを組み込んで自動化できます。
- Amazon Pinpoint：マーケティングのためのサービスです。顧客にメール、SMS、アプリケーションプッシュメッセージなどでキャンペーンメッセージを送り、受信やリンクのクリック状況などを分析できます。

＊IoT

- AWS IoT Analytics：大量のIoTデータの分析を自動化します。
- AWS IoT Core：IoTデバイスからの接続を安全かつ簡易に行え、ログを収集、モニタリングできます。MQTTプロトコルでIoTデバイスと通信します。
- AWS IoT Device Defender：IoTデバイスの監査、監視をし、セキュリティを管理します。
- AWS IoT Device Management：IoTデバイスをリモートで管理できます。デバイスをグループに分けて管理できます。ログ収集、ソフトウェアパッチの適用、リモート通信ができます。
- AWS IoT Events：IoTデバイスや一連のプロセスのイベントを検出します。
- AWS IoT Greengrass：Lambda関数をIoTデバイスで実行します。

○ AWS IoT SiteWise：工場の産業機器のデータを収集して、構造化、ラベル付け、メトリクスの生成、可視化ができます。
○ AWS IoT Things Graph：IoTアプリケーションをGUIで視覚的に確認しながら、開発を簡単にできます。
○ AWS IoT 1-Click：ボタンデバイスからLambda関数を実行できます。

✱ 機械学習

○ Amazon Comprehend：世界中のさまざまな言語の自然言語処理（NLP）ができます。解析したいテキストをリクエストに含めるだけで、トピックや単語の抽出、感情分析などが可能です。
○ Amazon Forecast：過去の実績データに対して分析を行い予測結果を提供します。過去データだけではなく、予測に影響を与えるデータも追加できます。データに対して自動的に精査し、何が重要かを識別して自動的に予測モデルを構築して予測できます。
○ Amazon Fraud Detector：オンライン決済詐欺や偽アカウントによる不正を自動検知します。与えたデータによって自動で不正を検出するAPIが構築されます。
○ Amazon Kendra：S3、FSx、RDSなどのAWSサービスや、SaaSのストレージサービスの情報をインデックスして、自然言語検索サービスを構築できます。
○ Amazon Lex：音声やテキストを使用して、Alexaと同じ会話型AIでチャットボットや対話型のインターフェイスを作成できます。音声のテキスト変換には自動音声認識（ASR）、テキストの意図認識には自然言語理解（NLU）という高度な深層学習機能が使用されます。
○ Amazon Personalize：エンドユーザーのそれぞれの属性や好みに合わせて、最適な提案ができます。
○ Amazon Polly：テキストを音声に変換します。音声は言語ごとに男性／女性の音声が用意されています。
○ Amazon Rekognition：画像分析ができます。同一人物の可能性を検出したり、有名人を検出したり、表情から感情を分析したり、わいせつ画像を禁止するために抽出するなどができます。Rekognition Videoは動画に対する自動検出が可能です。
○ Amazon SageMaker：機械学習のための開発、学習のための環境構築、ジョブの実行、推論モデルのデプロイやAPIの構築管理をまとめて提供します。必要な環境をSageMakerが一気に作成して、Notebookなどを使った開発、学習ジョブの実行、推論エンドポイントのデプロイが可能です。

○ Amazon Textract：手書きのドキュメントやPDFなどから自動で文字を抽出して、テキストデータにできるOCRサービスです。アンケートや申込書など、手書きで集めた情報からテキスト抽出を自動化できます。
○ Amazon Transcribe：音声をテキストに変換できます。Amazon Connectと連携してコールセンターでの通話記録をテキスト管理したり、音声コミュニケーションの記録に活用できます。
○ Amazon Translate：リアルタイムな翻訳サービスです。翻訳元の言語の自動検出も可能です。

＊マネジメントとガバナンス

○ AWS CloudFormation：JSON、YAML形式で書かれたテンプレートをCloud Formationエンジンが読み込んで、スタックとして実際のAWSリソースを自動構築します。何度でも同じ構成が構築できるIaC（Infrastructure as Code）サービスです。自動構築により整合性が高まり（手動によるミスや漏れが減り）、効率化が図れます。
○ AWS CloudTrail：AWSアカウント内のAPIリクエストの詳細記録が残ります。追跡可能性を有効にするサービスです。S3オブジェクト、DynamoDBアイテムなどのデータAPIリクエストは有効化することで記録が残せます。
○ Amazon CloudWatch：性能などを数値化したメトリクス、OSやアプリケーションから出力されるログなどを管理するモニタリングサービスです。メトリクスはダッシュボードでグラフによる可視化ができます。メトリクスに対して閾値を設定することでアラームが作成できます。
○ Amazon CloudWatch Logs：AWSサービスやアプリケーションのログを収集します。Logs Insightによる対話式クエリ、メトリクスフィルターによるログ内の文字列、数値を抽出してアラームを実行できます。
○ AWS Command Line Interface（AWS CLI）：コマンドでAWSを操作できます。
○ AWS Compute Optimizer：使用中のEC2、EBS、Lambdaのサイズ設定が最適かを自動分析して、最適な設定を提案してくれます。
○ AWS Config：AWSリソースの設定と変更履歴を管理できます。ルールを設定すると、ルールに非準拠なリソースを抽出してアラートしたり、自動修正も可能です。すぐに使い始められるAWSマネージドルールと自由に作成できるカスタムルールがあります。

- AWS Control Tower：Organizations、Config、IAMアイデンティティセンター、CloudFormation、Service Catalogなどと連携して、複数アカウントを組織として管理するランディングゾーンと呼ばれるベストプラクティスな構成を自動作成できます。予防コントロールというアクセス制御、検出コントロールいう組織内のルール違反の検出、プロアクティブコントロールというCloudFormation作成前のチェックが設定できます。
- AWS License Manager：Microsoft、SAP、Oracle、IBMなどのベンダー提供ライセンスやソフトウェアライセンスを、組織内でまとめて管理できます。
- Amazon Managed Service for Grafana：Grafanaのフルマネージドサービスです。GrafanaはKibanaやOpenSearch Dashboardsのようにさまざまなデータソースを可視化、分析できるダッシュボードです。
- Amazon Managed Service for Prometheus：Prometheusとの互換性を持つモニタリング、アラートサービスです。Prometheusは、コンテナによって構築されたマイクロサービスと相性のよいモニタリングソフトウェアです。
- AWS Management Console：GUIでAWSサービスの操作ができます。
- AWS Organizations：複数アカウントを組織として管理でき、複数アカウントの一括請求、新規アカウント作成の自動化、OU（組織単位）による複数アカウントの管理、OUに対するSCPを適用したアクセス制限の一括適用、その他さまざまなサービスと連携した組織管理が可能です。
- AWS Personal Health Dashboard：使用中のAWSアカウントに関係のあるイベントが確認できます。EventBridgeへのイベント配信もできるので、イベントを通知したり、Lambda関数による任意のスクリプトを実行して自動対応することもできます。
- AWS Proton：コンテナの実行環境を環境テンプレートとサービステンプレートに分けて、自動構築、管理できるサービスです。環境テンプレートでVPC、IAMロール、ECSクラスタなどが作成され、サービステンプレートによってApplication Load Balancer、ECSタスク、ECSサービス、ECR、CodePipelineが作成されます。
- AWS Service Catalog：CloudFormationと連携して、AWSリソースで構築されたアプリケーションサービスをエンドユーザーに最小権限で構築実行してもらうことが可能です。
- Service Quotas：AWSアカウント各サービスの現在の制限値を確認し、必要に応じて上限引き上げ申請ができます。
- AWS Systems Manager：EC2インスタンスやオンプレミスのサーバー管理を一

元化できます。コマンドセットの実行や、パッチ適用の管理、状態管理、セッションマネージャーによるSSHなしの対話ターミナルの実行などが可能です。

○ AWS Trusted Advisor：コスト、パフォーマンス、セキュリティ、耐障害性、現在のサービス制限値に対して、AWSアカウント内で自動的にいくつかのチェックを行い、アドバイスをレポートします。既存AWS環境の改善に役立ちます。

○ AWS Well-Architected Tool：Well-Architected Frameworkの質問をフォーム上で回答でき、マイルストーンレポートを作成できます。定期的に確認することで、今の状態、今後の対応を明確化でき、チームのベストプラクティスに対する意識を向上できます。

✱ メディアサービス

○ Amazon Elastic Transcoder：動画ファイルなどメディアファイルの変換が可能です。試験ガイドにはメディアサービスとしてElastic Transcoderだけが記載されていますが、試験対策としては、AWS Elemental MediaConvert（ファイルなどのコンテンツ変換）、AWS Elemental MediaLive（ストリーミングライブビデオコンテンツの変換）、AWS Elemental MediaStore（メディア向けストレージ）なども確認しておくことをお勧めします。

○ Amazon Kinesis Video Streams：監視カメラなどからリアルタイム検知のために動画データをストリーミングアップロードできます。

✱ 移行と転送

○ AWS Application Discovery Service：オンプレミスのアプリケーションの情報をエージェントにより収集し、Migration Hubへ送信して可視化します。

○ AWS Application Migration Service（CloudEndure Migration）：オンプレミスのサーバーをAWSへ移行するサービスです。オンプレミスサーバーのエージェントから送信されたデータによりAMIが作成されます。

○ AWS Database Migration Service（AWS DMS）：データベースを簡単に移行できます。継続的な差分移行にも対応しています。

○ AWS Schema Conversion Tool（AWS SCT）：異なるスキーマの移行やさらなるデータ変換も可能です。

○ AWS DataSync：EFS、FSx for Windows、S3、Snowcone、オンプレミスなどのデータコピーを、DataSyncエージェントとDataSyncサービスで高速に安全に実現できます。

○ AWS Migration Hub：移行に必要な検出や移行などの一連のプロセスを統合管理できます。Application Discovery Serviceを検出に使用して、移行に他の移行サービスを使用できます。

○ AWS Snowファミリー：物理的なストレージ筐体を移送することでデータをAWSとオンプレミス間で移行できます。強固でセキュアな仕組みを使うことで安全に移行でき、合計サイズが大容量のデータ移行時間を短縮できます。

○ AWS Transfer Family：SFTP、FTPS、FTPプロトコルを使用して、S3、EFSへデータをアップロードできます。

✳ネットワークとコンテンツ配信

○ Amazon CloudFront：全世界のエッジロケーションを使用してキャッシュを配信できるCDN（Content Delivery Network）のサービスです。グローバルに展開することも簡単ですし、近くのユーザーにも計算済みのコンテンツを高速に提供できるので、アプリケーションのパフォーマンスを飛躍的に向上できます。セキュリティ機能もあります。

○ AWS Direct Connect：オンプレミスとAWSの専用接続を提供します。必要な帯域幅に対して一定のパフォーマンスを提供できます。コンプライアンス要件やガバナンス要件の対応にも利用できます。データ転送コストの最適化にも使用できます。

○ AWS Global Accelerator：全世界のエッジロケーションを使用して、静的なエニーキャストIPアドレスが提供されます。ユーザーからレイテンシーの低いリージョンのリソースにアクセスを誘導できたり、マルチリージョンでのマルチサイトアクティブ／アクティブ構成で高速なフェイルオーバーも可能です。

○ AWS PrivateLink：VPCインターフェイスエンドポイントとサービス間の接続です。用意されたAWSサービスを選択できます。Network Load Balancerを登録して独自サービスをPrivateLink対応にできます。

○ Amazon Route 53：全世界のエッジロケーションの一部を使用して、高可用性を持ったDNSサービスを提供します。ドメインの購入、管理も可能です。一般的なDNSサーバーの機能に加えて多様なルーティング機能や、AWSサービスに対するエイリアスによる名前解決が可能です。パブリックDNSだけでなく、プライベートホストゾーン、リゾルバーなどの機能もあります。

○ AWS Transit Gateway：複数のVPC、オンプレミスとのVPN、Direct Connectとの接続を効率よくシンプルに集中管理できます。Network Managerでネットワークの可視化もできます。

- Amazon Virtual Private Cloud（Amazon VPC）：AWS上にプライベートなネットワーク構成を実現します。IPv4だけではなくIPv6にも対応しています。VPC内はサブネットとルートテーブルで設定し、セキュリティグループ、ネットワークACL、Network Firewallでセキュリティを設定できます。外部へはゲートウェイやエンドポイントを使用して接続できます。
- AWS VPN：VPCにVGW（仮想プライベートゲートウェイ）をアタッチして、オンプレミスのルーター機器（CGW、カスタマーゲートウェイ）とIPsec暗号化通信で接続します。

＊セキュリティ、アイデンティティ、コンプライアンス

- AWS Artifact：ISO、SOC、PCIなど、AWSが準拠しているコンプライアンスレポートのダウンロードや、ユーザーとAWSとの契約の確認、受諾ができます。
- AWS Audit Manager：AWSの使用状況を監査して、特定のコンプライアンス要件や規制に対しての証拠データを収集し、内部監査作業をサポートします。
- AWS Certificate Manager（ACM）：ドメイン認証の証明書の発行、自動更新管理や、独自の証明書のインポートが可能です。CloudFront、Application Load Balancer、API Gatewayと連携して、所有ドメインのHTTPSアクセスを提供できます。
- AWS CloudHSM：専用の暗号化キーを保存するハードウェアセキュリティモジュール（キーストア）が必要な場合に使用します。
- Amazon Cognito：Webアプリケーションやモバイルアプリケーションに安全な認証を実装できます。ユーザープールでエンドユーザーの認証情報が実現できます。IDプールで、IAMロールと連携したAWSリソースへのアクセス許可のための一時的認証が渡せます。
- Amazon Detective：GuardDutyの検出結果や、取り込んだログデータソースから、簡単に調査、原因の特定が行えるサービスです。効率的な調査が行えるようにグラフやマップで可視化したり、検出結果の詳細情報を確認できたりします。
- AWS Directory Service：マネージドなActive Directory Serviceです。機能とユーザー数が限定されたSimple AD、多機能なAWS Directory Service for Microsoft Active Directory、オンプレミスのActive Directoryをそのまま利用できるAD Connectorがあります。組織のユーザー認証の一元管理が可能です。
- AWS Firewall Manager：複数アカウントでのAWS WAFやAWS Shield Advanced、VPCセキュリティグループ、Network Firewallの一元管理をします。

- Amazon GuardDuty：CloudTrail、VPCフローログ、DNSクエリログを自動的に検査して、外部からの侵入などの脅威インシデントが発生している場合に検出結果をレポートしてくれます。
- AWS Identity and Access Management（IAM）：認証と認可を管理します。IAMロールとSTS（Security Token Service）による一時的な認証情報の提供により、よりセキュアな構成を実現できます。
- Amazon Inspector：EC2インスタンス、ECRコンテナイメージ、Lambda関数の脆弱性検査を定期的に自動化できます。
- AWS Key Management Service（AWS KMS）：データやAWSリソースの暗号化のためのマスターキーを管理し、キーポリシーによってアクセス権限を詳細に設定できます。キーのローテーション管理も自動化できます。
- Amazon Macie：S3の設定に脆弱性がないか、保存されたデータに機密情報は含まれていないかを自動検知できます。
- AWS Network Firewall：セキュリティグループ、ネットワークACLだけでは制御、検出できないネットワークトラフィックに対してルールを設定できます。
- AWS Resource Access Manager（AWS RAM）：AWSサービスの各リソース（トランジットゲートウェイ、サブネット、AWS License Managerライセンス設定、Amazon Route 53 Resolverルールなど）を複数アカウントで共有設定できます。
- AWS Secrets Manager：データベースのパスワードやAPIの認証キーなどのシークレット情報を管理できます。IAMポリシーによる制御、RDSデータベースのパスワードローテーション管理機能などが提供されます。
- AWS Security Hub：セキュリティサービスによる検出結果の可視化やセキュリティチェックの一元管理が可能です。異なるサービスの結果を共通フォーマットで管理するので、統合して優先度を設定したり、集約してセキュリティレベルを確認できます。
- AWS Security Token Service（AWS STS）：IAMロールやユーザーの一時的な認証情報を取得できます。
- AWS Shield：DDoS攻撃からの保護を提供します。StandardとAdvancedの２種類があり、Standardは無料ですべてのAWSアカウントに適用されています。追加料金でAdvancedを使用でき、より強力に攻撃から保護できます。
- AWS IAMアイデンティティセンター（AWS Single Sign-Onの後継）：AWSアカウントやBox、Salesforceなどの外部サービスへの一元管理されたシングルサインオンポータルを提供します。認証のためのIDソースにDirectory Serviceを指定して、既存のActive Directory認証情報の利用も可能です。

- AWS WAF：Web Application Firewall機能を提供します。マネージドルールでは一般的な攻撃やSQLインジェクション、クロスサイトスクリプティングなどをすぐにブロックでき、即座に使い始められます。独自のルール作成も可能です。

✱ストレージ

- AWS Backup：AMI、EBS、RDS、DynamoDB、EFS、FSx、Storage Gatewayボリュームゲートウェイの一元管理したバックアップが可能です。別のリージョンへのコピーも可能です。
- Amazon Elastic Block Store（Amazon EBS）：EC2にアタッチして使用するボリュームサービスです。SSD、HDDのボリュームタイプから選択できます。DLM（Data Lifecycle Manager）またはAWS Backupで定期的なスナップショットの作成が自動化できます。
- AWS Elastic Disaster Recovery（CloudEndure Disaster Recovery）：AWSリージョンへのDR（災害対策）を実現します。
- Amazon Elastic File System（Amazon EFS）：複数のLinuxサーバーからマウントして使用できるファイルシステムサービスです。カスタマイズしたくないアプリケーションからAWSにデータを保存したくないケースなどで選択します。
- Amazon FSx：FSx for Windows、FSx for Lustre、FSx for NetApp ONTAP、FSx for OpenZFSの4種類があります。FSx for Windowsは複数のWindowsサーバーからマウントして使用できます。FSx for Lustreはハイパフォーマンスコンピューティング（HPC）要件で選択されます。
- Amazon S3：インターネットからアクセスできるストレージサービスです。「Simple Storage Service」という名前のとおり、ユーザーはシンプルに扱うことができますが、非常に多機能です。無制限にデータを保存できます。静的なサイト配信、画像・動画の配信、データレイク、バックアップ、アプリケーションファイルの保存先など、さまざまな用途に利用されます。
- Amazon S3 Glacier：単独でボールトを作成しての使用もできますが、S3と連携してストレージクラスの1つとして使用されることが多いです。データをアーカイブすると取り出し処理が必要となりますが、保存料金を抑えられます。リアルタイムアクセスが必要なく、アクセス頻度も低い長期保存データに向いています。
- AWS Storage Gateway：オンプレミスから透過的にS3やボリュームにデータを保存できます。ファイルゲートウェイ、ボリュームゲートウェイ（キャッシュタイプ、保管タイプ）、テープゲートウェイが主な種類です（FSx for Windows向けもあります）。テープゲートウェイでは、対応バックアップソフトから仮想テープライブラリとして使用できるので、高価なテープチェンジャーハードウェアを購入することなくアーカイブデータの管理にS3が使用できます。

1-2

お勧めの学習方法

本書を手にしている人は、AWS認定ソリューションアーキテクト－プロフェッショナル試験の合格を目指しているはずです。AWSシステムを構築する実経験を基に、本書を読んでいただくだけでなく、AWSが提供するさまざまな情報で学ぶことが大切です。ここでは、試験対策としてお勧めの学習方法を紹介します。人それぞれ効率的な学習方法はありますので、一例として参考にしてください。

模擬試験

公式の模擬試験（無料）を受験することをお勧めします。模擬試験によって、試験の傾向を感じていただくのはもちろんですが、それ以上に「文章のわかりづらさ」「答えの絞り込みづらさ」を知っていただく機会になります。

よく「直訳しているからわかりにくい」という意見を聞きますが、明らかな誤訳を除いて、私はそれが理由ではないと考えています。実際の現場でも、わかりにくい要求仕様や、担当者たちの共通認識が省略されて抜け落ちた要件などもあります。認定試験でも、より実際の現場や実際の課題に対する解決策が提供できるかが問われると考えています。

また、問題の答えは問題を作った人次第です。もしかしたら同じような問題も、問題作成者の意図ではAが正解の場合もありますし、別の作成者の意図ではBが正解になるケースもあります。これも実際の要件や課題を伝える人次第で、望むゴールが変わってしまうことがあるのと同じと考えています。誰が見ても正解、というよりも課題を伝えている人が望んでいることを汲み取って選択肢を選択することを、本試験同様のわかりづらい文章から読み取る練習に、模擬試験が最適と考えますのでお勧めです。

模擬試験は「AWS Certified Solutions Architect – Professional Official Practice Question Set（SAP-C02 - Japanese）」という名前で「AWS Skill

Builder」に公開されています。AWS Skill Builderの有償サブスクリプションでは「AWS Certified Solutions Architect - Professional Official Practice Exam (SAP-C02 - Japanese)」という75問の模擬試験もあります。

📖 AWS Skill Builder
URL https://explore.skillbuilder.aws/

検証用のAWSアカウント

会社、もしくは個人で使用できるAWSアカウントを使用して実際に動かしてみることを推奨します。もちろんサービスや機能によってはコストもかかりますし、セキュリティの懸念もあります。だからこそ本気で調べますし、本気で機能のオン／オフを判断したり、サービスの選択をします。虎穴に入らずんば虎子を得ずではありませんが、リスクを取ることで、より多くの価値が得られるのは学習でも同様です。実際に何をどう動かせばAWS認定資格試験に役立つのかは本書で説明していきます。

Well-Architected Framework

Well-Architected Frameworkの公式ドキュメントを概要だけでなく、6本の柱（信頼性、運用の優秀性、コスト、セキュリティ、パフォーマンス、持続可能性）のすべてを読むことを推奨します。

Well-Architected Frameworkは、これまでAWSのユーザーが構築や設計のときに発生した課題に対して、よりよいソリューションが提供できたという結果を全世界のユーザーに共有しています。ですので、AWS認定資格試験で問われるレベルにより近い可能性が高いと考えられます。Well-Architected Frameworkに出てくるサービスとその使い方を理解しながら読み、よくわからない記載は、後述する各サービスのユーザーガイドや開発ガイドで調べます。そして可能であれば擬似的な構成でそのよくわからなかった機能を試します。Well-Architected Frameworkがどこにあるかは、「AWS Well-Architected Framework」でインターネットを検索してください。

AWSブログ

「Amazon Web Servicesブログ」でインターネットを検索するとAWSのブログにアクセスできます。AWSのブログをフィードリーダーで購読しましょう。

AWS認定資格試験の学習に対してすべてが役立つというわけではありませんが、時折、設計例や事例での設定紹介などがあります。ブログで発表するということは、課題に対してよりよいソリューションが提供できたケースだということです。ブログで発表された設計を理解しておいて損はありません。中には実際の設定内容が詳細に記載されているものもあるので、実際に試してみることもお勧めです。

ユーザーガイド、開発ガイド

調べるときのお勧めは公式のガイドです。AWSの各サービスのサービス名と「ドキュメント」「document」などを組み合わせて検索するときっとアクセスできます。たとえば「kms document」などです。ほとんどのサービスで最初のほうに「開始方法」や「チュートリアル」があります。まったく触ったことのないサービスは、このチュートリアルを試すことを推奨します。

他にも公式のワークショップがあるサービスもあります。

デジタルトレーニング（AWS Skill Builder）

「AWS Skill Builder」に、無料のデジタルトレーニングへのリンクがあります。本書執筆時点では「Exam Readiness: AWS Certified Solutions Architect – Professional（Japanese）（Na）日本語実写版」というデジタルトレーニングがあります。これはAWS認定ソリューションアーキテクト－プロフェッショナルの試験対策デジタルトレーニングです。4時間ほどの動画ですので一度は視聴することをお勧めします。

📖 AWS Skill Builder

URL https://explore.skillbuilder.aws/

その他お勧めの公式ソース

次の2つがお勧めです。

○ AWS Black Belt
○ AWS FAQ

どちらにもインターネットで検索すればアクセスできるでしょう。AWS Black BeltはAWS SA（ソリューションアーキテクト）の人たちが主にサービス別に解説をしているWebセミナーです。過去の開催分がスライド資料や動画資料で残っているものもあります。

AWS FAQはよくある質問です。ユーザーガイドなどを見てもなかなか見つからない情報などは、FAQのページを検索するとすぐに出てくることがあります。

アウトプット

試したこと、勉強したことはどこかに書いておくことをお勧めします。筆者も試したことを忘れてしまうので、自分のブログに書き残しています。自分がやったことなので読み返すと思い出せます。プライベートな場所ではなく、インターネットブログというパブリックな場所に書いている理由は、人の目に見える場所だからです。他の人が読むかもしれない前提で整理して書いておくことで、自分自身の理解がより深まることになります。理解しないと解説が書けない場合もあります。

その他非公式ソース

本書も含めて、非公式のソースはあくまでも参考程度に使用されることをお勧めします。元も子もないかもしれませんが、情報の正確さも含めてAWSから保障されたものではありません。もしかしたら書いてあるとおりの情報で試験に解答したのに、間違えたなんてこともあるかもしれません。そして試験のためだけに学習をされるよりも、その先のために学習されることを推奨いたします。

第2章

複雑な組織への対応

組織でAWSを利用する場合、AWSアカウントは1つでなく、複数のAWSアカウントを使用することになります。複数のAWSアカウントを個別に使用していると、認証、ネットワーク、請求、ログ、運用などが複雑になり、管理が煩雑になります。この章では、複雑な組織課題を解決するためにAWSの各サービスをどう使うかについて解説します。

2-1

組織のネットワーク設計

この節では、VPCからAWSサービスAPIエンドポイントへの接続、複数のVPCの接続、オンプレミスとの接続、クライアントとの接続、大規模な接続などネットワーク設計について解説していきます。

VPCエンドポイント

AWSサービスのVPCエンドポイント

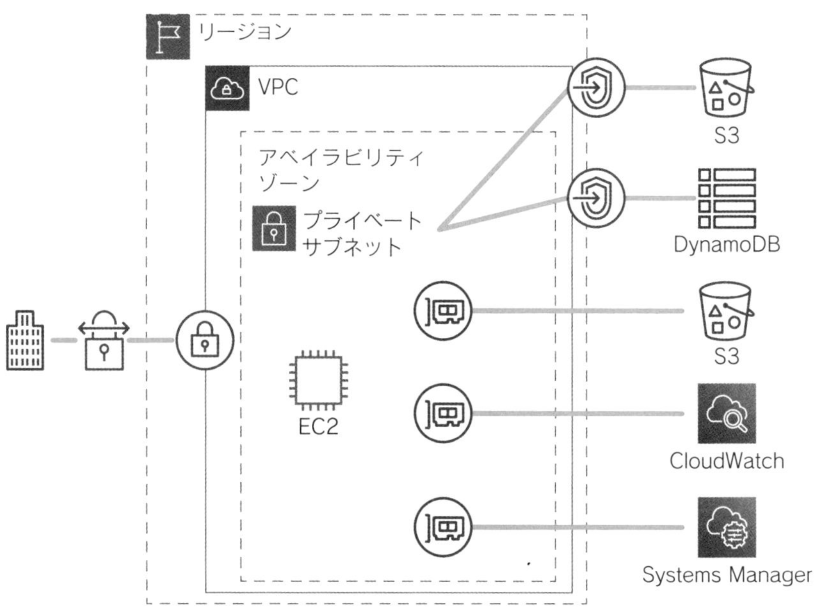

❑ VPCエンドポイント

AWSサービスのAPIエンドポイントはパブリックなネットワークにあります。VPC内で起動しているEC2インスタンスからリクエストを実行するためには以下のいずれかが必要です。

- インターネットゲートウェイがアタッチされたVPCのパブリックサブネット（インターネットゲートウェイにルートがある）でEC2を起動する。
- インターネットゲートウェイがアタッチされ、NATゲートウェイが起動しているVPCのプライベートサブネット（NATゲートウェイにルートがある）でEC2を起動する。
- VPCエンドポイントを設定する。

VPCエンドポイントには、ゲートウェイエンドポイントとインターフェイスエンドポイントがあります。名前のとおり、**ゲートウェイエンドポイント**はVPCのサービス専用のゲートウェイをアタッチします。ゲートウェイエンドポイントの対象サービスはS3とDynamoDBです。

インターフェイスエンドポイントは、VPCのサブネットにENI（Elastic Network Interface）を作成します。ENIに割り当てられたプライベートIPアドレスを使用してサービスにアクセスします。ENIとサービスの間のプライベート接続を提供しているのが**AWS PrivateLink**という技術です。インターフェイスエンドポイントの対象サービスは数多くあり、S3にもインターフェイスエンドポイントがあります。

それでは、S3のVPCエンドポイントを検討するときのコストと構成で比較を考えてみましょう。

ゲートウェイエンドポイントは利用料金が発生しません。ゲートウェイなので、ルートテーブルにゲートウェイへのルートを設定する必要があります。ゲートウェイがアタッチされたVPCで起動しているEC2からのアクセスは可能ですが、オンプレミスや別リージョンからのゲートウェイエンドポイントへの直接的なアクセスはできません。

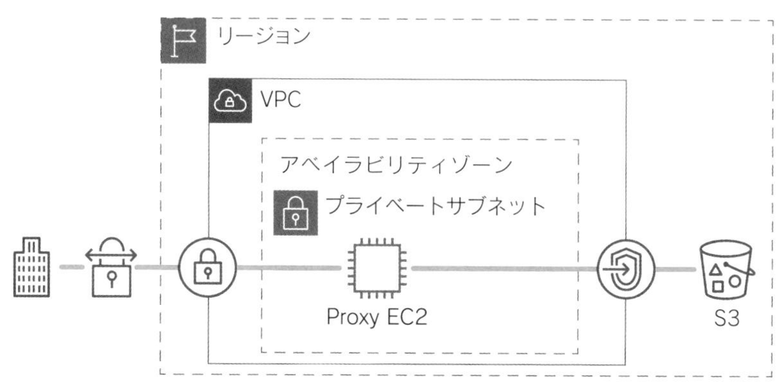

❏ S3ゲートウェイエンドポイント

たとえば、オンプレミスからアクセスする場合は図にあるように、プロキシサーバーを経由してアクセスするようにします。プロキシサーバーの高可用性を考慮するとELB、EC2 Auto Scalingの使用も検討する必要があります。

インターフェイスエンドポイントは利用料金が発生します。インターフェイスエンドポイントは指定したサブネットにENIを作成します。インターフェイスエンドポイントが作成されるとDNS名が発行されます。このDNSをS3のサービスエンドポイントに指定して、アプリケーションなどからリクエストを実行します。

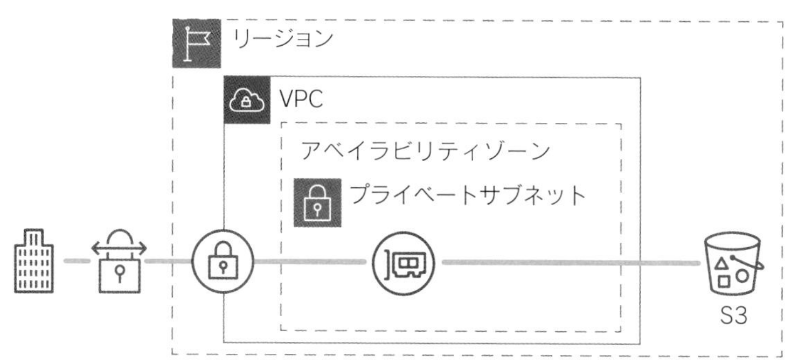

❏ S3インターフェイスエンドポイント

高可用性を考慮して、複数のAZ（アベイラビリティゾーン）のサブネットを指定します。オンプレミスからアクセスする際も、ゲートウェイエンドポイントのようにプロキシサーバーを介する必要はなくシンプルな構成になります。

エンドポイントと同一VPC内のEC2などからのアクセスであれば、コストが発生しない分、S3ゲートウェイエンドポイントにメリットがあります。一方、オンプレミスや他リージョンのVPCからのアクセスの場合は、S3インターフェイスエンドポイントのほうが構成がシンプルになるメリットがあります。

VPCエンドポイントには**エンドポイントポリシー**があり、エンドポイントを使用したリクエストのアクションやリソースを絞ることができます。エンドポイントポリシーはデフォルトではすべてのリソース、すべてのアクションを許可しています。

AWS PrivateLinkを使用したサードパーティサービスの提供

独自のソフトウェアサービスを**サードパーティ（第三者）サービス**と呼ぶことがあります。このサービスを構成しているNetwork Load Balancerを対象にエンドポイントサービスを作成できます。

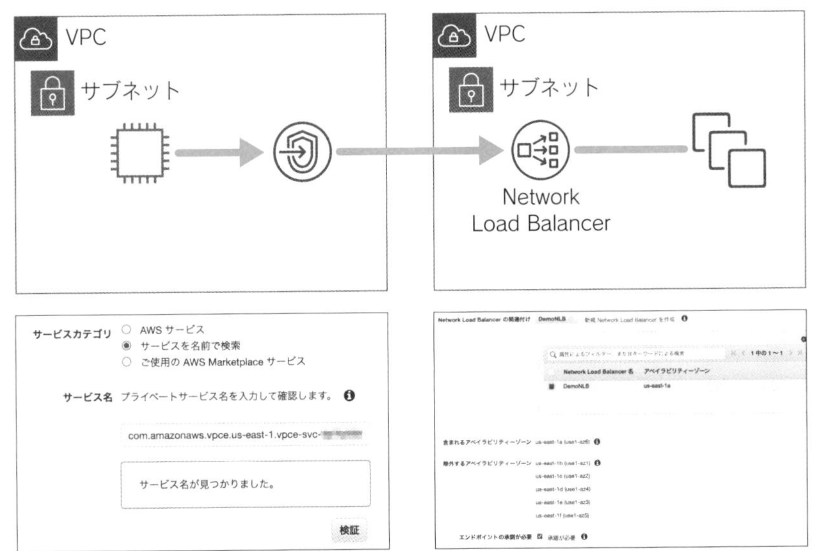

❏ サービスのPrivaleLink

作成したエンドポイントサービスを使用するための、インターフェイスエンドポイントを作成することもできます。これによりプライベートネットワークからサードパーティサービスへのアクセスができます。

PrivateLinkを使用したサービスはインターフェイスエンドポイントから一方向のアクセスを提供します。サードパーティサービス側からインターフェイスエンドポイントへ向けての双方向リクエストは発生しません。

それぞれのVPCのプライベートIPアドレスが重複していても接続できます。

AWSクライアントVPN

AWSクライアントVPNは、クライアントからVPCへのアクセス、VPCを介したオンプレミスやインターネット、他のVPCへのOpenVPNベースのVPNクライアントを使用した安全なアクセスを可能にします。

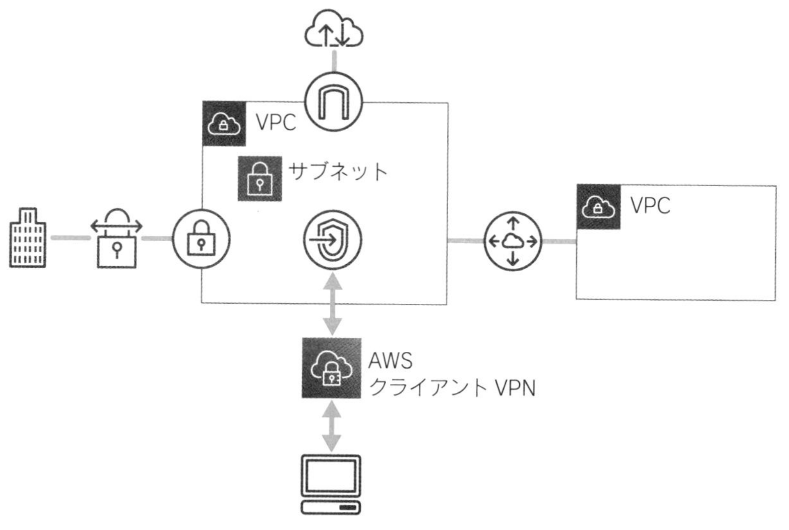

❏ AWSクライアントVPN

認証タイプ

AWSクライアントVPNでは、3つのタイプの認証が使用できます。

- Active Directory認証（ユーザーベース）
- シングルサインオン（SAMLベースのフェデレーション、ユーザーベース）
- 相互認証（証明書ベース）

Active Directory認証ではAWS Managed Microsoft ADまたはAD Connectorを使用します。SAMLベースのフェデレーションでは、IAM SAML IDプロバイダーを作成して、クライアントVPNエンドポイントの認証で指定します。相互認証では、AWS Certificate Managerにアップロードしたサーバー証明書とクライアント証明書を使用して認証します。

基本設定

クライアントが使用するIPアドレス範囲をCIDRで指定します。関連付けるサブネットのVPCとは重複しないように決定します。

AWSクライアントVPNにサブネットを関連付けます。関連付けたサブネットにはENIが作成され、ENIにはセキュリティグループがアタッチされます。

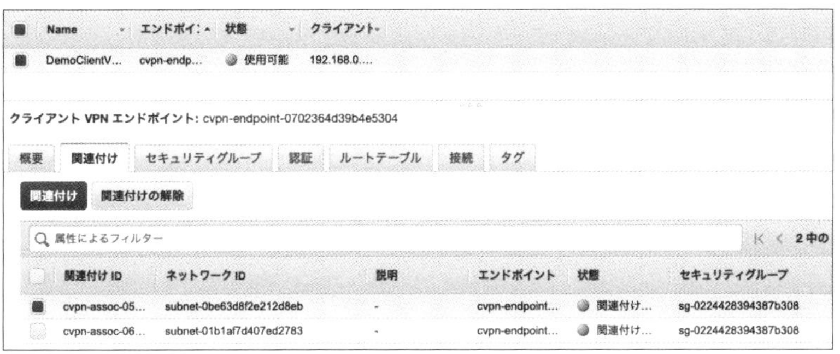

❏ AWSクライアントVPNのサブネット

送信先をルートとして設定できます。

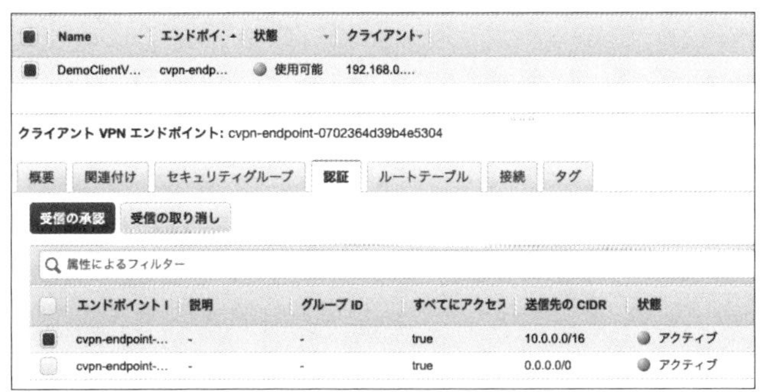

❏ AWSクライアントVPNのルート

送信先に対してのアクセス許可が設定できます。

❏ AWSクライアントVPNの認証

接続ログ

オプションでCloudWatch Logsに接続ログを記録することができます。

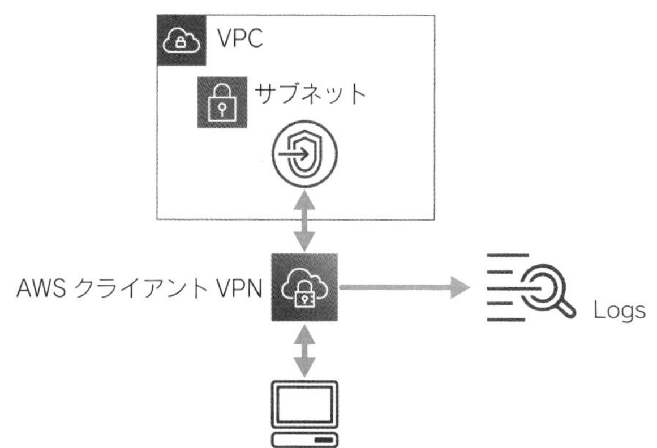

❏ AWSクライアントVPNの接続ログ

❏ 接続成功ログ

```
{
  "connection-log-type": "connection-attempt",
  "connection-attempt-status": "successful",
  "connection-attempt-failure-reason": "NA",
  "connection-id": "cvpn-connection-0858586fa04af3dc8",
  "client-vpn-endpoint-id": "cvpn-endpoint-0702364d39b4e5304",
```

```
  "transport-protocol": "udp",
  "connection-start-time": "2021-07-07 13:38:37",
  "connection-last-update-time": "2021-07-07 13:38:37",
  "client-ip": "192.168.0.130",
  "common-name": "client1.domain.tld",
  "device-type": "mac",
  "device-ip": "xxx.xxx.xxx.xxx",
  "port": "62349",
  "ingress-bytes": "0",
  "egress-bytes": "0",
  "ingress-packets": "0",
  "egress-packets": "0",
  "connection-end-time": "NA",
  "connection-duration-seconds": "0"
}
```

接続に失敗した場合はconnection-attempt-statusがfailedになり、connection-attempt-failure-reasonに理由が記録されます。切断の場合は、connection-logtypeにconnection-resetが記録され、ingress-bytes、egress-bytes、connection-duration-secondsなどの送受信の結果が記録されます。

接続ハンドラ

接続時にLambda関数で任意のプログラムを実行して、接続の許可／拒否判定ロジックを実装できます。

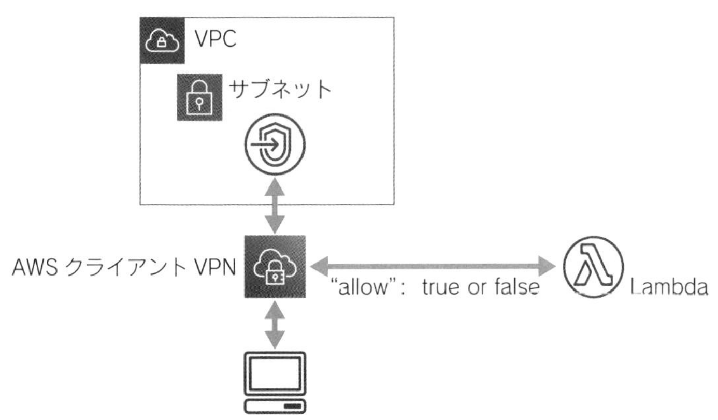

❑ AWSクライアントVPNのクライアント接続ハンドラ

AWS Site-to-Site VPN

VPCに仮想プライベートゲートウェイをアタッチして、データセンターなどのオンプレミスのルーターと、インターネットプロトコルセキュリティ(IPsec)VPN接続が可能です。

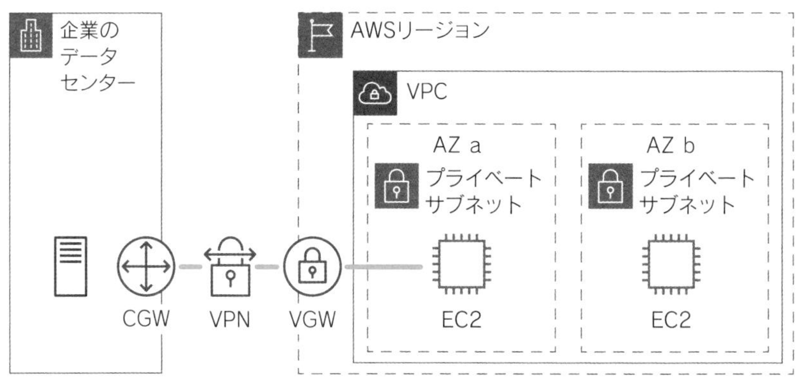

❏ VGWに接続したVPN

仮想プライベートゲートウェイ

仮想プライベートゲートウェイではASN(自律システム番号)を指定することもできます。指定しない場合はAmazonのデフォルトASN(64512)が使用されます。

仮想プライベートゲートウェイの作成

仮想プライベートゲートウェイは、VPN トンネルの Amazon 側にあるルーターです。

名前タグ

ASN
◉ Amazon のデフォルト ASN
○ カスタム ASN

* 必須

キャンセル　仮想プライベートゲートウェイの作成

❏ 仮想プライベートゲートウェイ

カスタマーゲートウェイ

カスタマーゲートウェイはオンプレミス側のルーターなどです。動的ルーティングでは、BGP（ボーダーゲートウェイプロトコル）ASNの指定が可能です。パブリックなASNがない場合は、プライベートASN（64512～65534）を指定できます。

カスタマーゲートウェイの作成

ゲートウェイの外部インターフェイスのインターネットでルーティング可能な IP アドレスを指定します。このアドレスは静的である必要があります。また、ネットワークアドレス変換 (NAT) を実行するデバイスの背後のアドレスを使用できます。動的なルーティングでは、ゲートウェイのボーダーゲートウェイプロトコル (BGP) 自律システム番号 (ASN) も指定します。これはパブリックまたはプライベート ASN (64512～65534 の範囲内のものなど) とすることができます。

名前

ルーティング　◉ 動的　○ 静的

BGP ASN*　65000

IP アドレス　e.g. 1.1.1.1

Certificate ARN　Select Certificate ARN

Device　Optional

* 必須

キャンセル　カスタマーゲートウェイの作成

❑ カスタマーゲートウェイ

証明書ベースではなく、事前共有キーで認証する場合は、インターネットから接続可能なIPアドレスが必要です。証明書ベースの認証を使用する場合は、AWS Certificate Managerにプライベート証明書をインポートして指定可能です。

静的ルーティングと動的ルーティング

カスタマーゲートウェイデバイスがBGPをサポートしている場合は動的ルーティングを選択して設定できます。BGPをサポートしていない場合は静的ルーティングを選択して設定します。

VPN接続

仮想プライベートゲートウェイとカスタマーゲートウェイのVPN接続を作成できます。次の機能がサポートされています。

○ Internet Key Exchangeバージョン2（IKEv2）：暗号化のための共通鍵を交換する仕組みです。2019年2月からIKEv2がサポートされています。
○ NATトラバーサル（NAT-T）：オンプレミス側でNATルーターを介したVPN接続が可能です。オンプレミス側でVPN機器を保護できます。
○ デッドピア検出（DPD）：接続先のデバイスが有効かどうかを確認します。トンネルオプションで、デッドピアタイムアウトが発生したときに接続をクリアするか、再起動するか、何もしないかのアクションの選択ができます。デフォルトはクリアです。

VPN接続を作成すると、仮想プライベートゲートウェイは2つのAZ（アベイラビリティゾーン）にそれぞれトンネルを作成します。トンネルにはそれぞれパブリックIPアドレスを使用します。カスタマーゲートウェイで2つのトンネルを設定することで冗長性が確保され、どちらかのトンネルが使用できなくなったときには、もう一方へ自動ルーティングされます。

❏ VPNトンネル

トンネルエンドポイントの置換が発生する場合は、AWS Personal Health Dashboardに通知が送信されます。障害だけではなく、AWSによるメンテナンスでトンネルが停止する場合もあります。

認証に使用される事前共有キー（Pre-Shared Key）は自動生成されますが、特定の文字列を指定できます。利用開始後に事前共有キーが漏れた場合は、後からトンネルオプションの変更で再設定できます。

IKEネゴシエーションの開始はトンネルオプションで決定できます。デフォルトではカスタマーゲートウェイから開始されますが、AWSから開始するようにも設定できます。AWSから開始する場合はカスタマーゲートウェイにIPアドレスが必要で、IKEv2のみでサポートされています。数分間の接続停止は発生しますが、作成済みのVPN接続のトンネルオプションも変更できます。

✱ 複数のSite-to-Site VPN接続

1つの仮想プライベートゲートウェイから、複数のカスタマーゲートウェイにVPN接続を作成できます。この設計はVPN CloudHubと呼ばれ、VPCを複数のオンプレミスネットワークのハブとして利用しています。各カスタマーゲートウェイには、個別のASNを使用する必要があります。

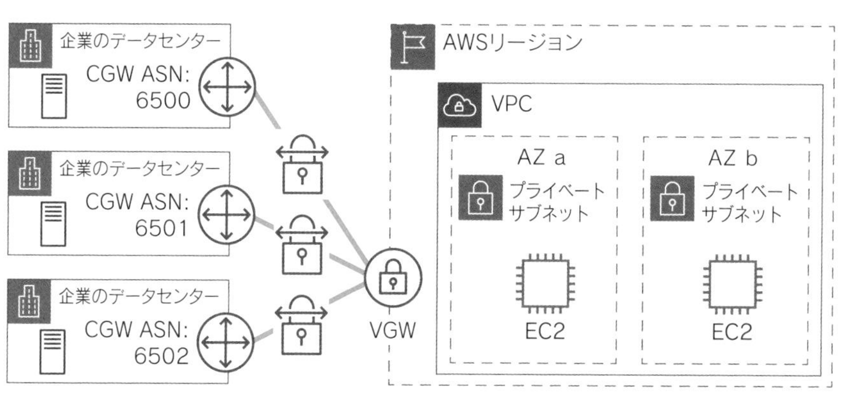

❏ 複数のSite-to-Site VPN接続

✱ 冗長なSite-to-Site VPN接続

カスタマーゲートウェイデバイスが何らかの障害などで使用できなくなってもVPN接続が失われないように、カスタマーゲートウェイデバイスとVPN接続を追加して冗長化ができます。

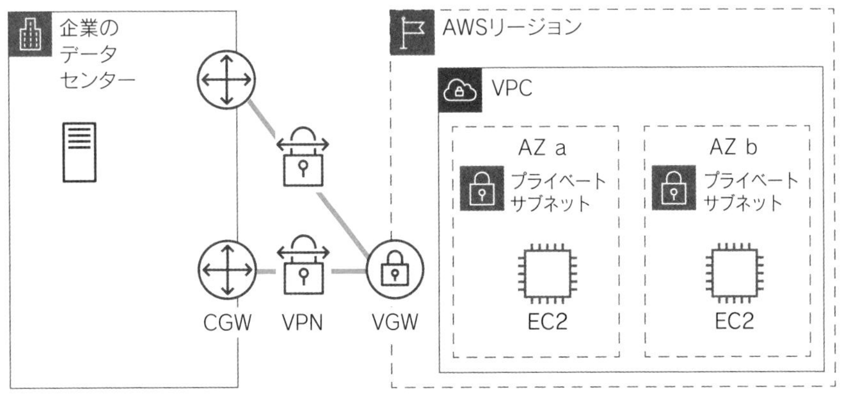

❏ 冗長なSite-to-Site VPN接続

✱ ソフトウェアVPN

EC2インスタンスにソフトウェアVPNをセットアップして、インターネットゲートウェイ経由でVPN接続もできます。

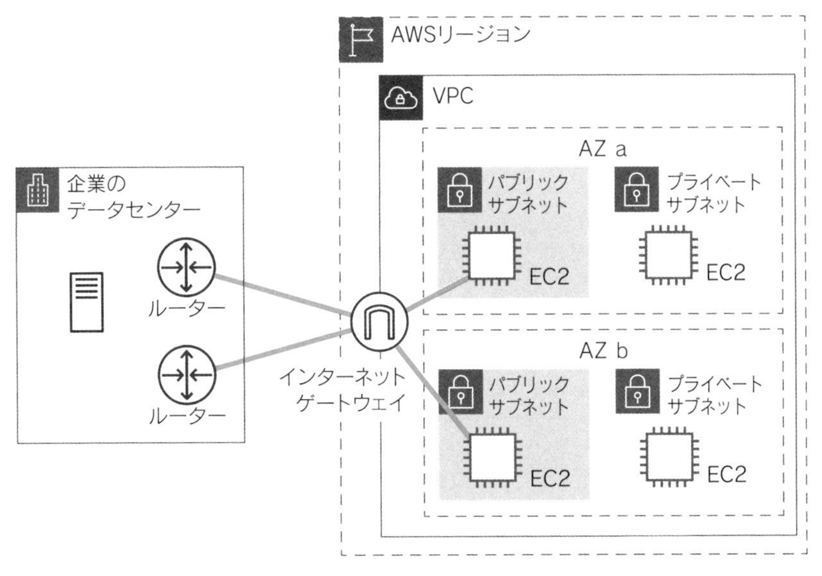

❏ ソフトウェアVPN

次のような要件のときに使用します。

- コンプライアンス要件により、接続両端を完全にコントロールする必要がある場合
- IPsec以外のVPNプロトコルが必要な場合

EC2インスタンスやAZの障害時には対応する必要があります。ソフトウェアはAWS Marketplaceからパートナー提供のAMIの使用もできます。

AWS Direct Connect

AWS Direct Connect（DX）は、ユーザーまたはパートナーのルーター（Customer Router）からDirect Connectのルーター（DX Router）に、標準のイーサネット光ファイバーケーブルを介して接続するサービスです。この接続を使用して、VPCやAWSパブリックサービスへの仮想インターフェイスを作成します。インターネットサービスプロバイダーを利用する必要はなく、オンプレミス拠点間の専用線の代替として、AWSへの接続に使用できるサービスです。

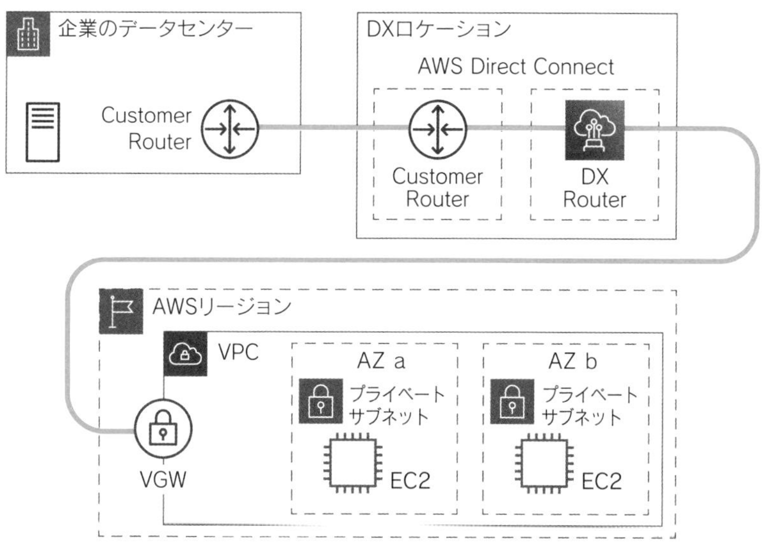

❑ AWS Direct Connect

主要なコンポーネントに、接続と仮想インターフェイス（VIF）があります。

接続

専用接続とホスト接続があります。

＊専用接続

単一のアカウントに関連付けられた物理イーサネット接続です。ロケーション、ポートスピード（1Gbps、10Gbps、100Gbps）を指定して接続リクエストを作成します。72時間以内にAWSからLetter of Authorization and Connecting Facility Assignment（LOA-CFA、設備の接続割り当て書ならびに承認書）がダウンロード可能になります。DXロケーション事業者へのクロスコネクトのリクエストにLOA-CFAが必要です。

＊ホスト接続

AWS Direct Connectパートナーが運用している物理イーサネット接続です。アカウントユーザーはパートナーにホスト接続をリクエストします。ロケーション、ポートスピード（50Mbps、100Mbps、200Mbps、300Mbps、400Mbps、500Mbps）を指定して接続リクエストを作成します。パートナーが接続設定したら、コンソールのConnectionsに接続が表示されるので、ホスト接続の承諾をして受け入れます。

VPNバックアップのDirect Connect

Direct Connectの接続などの障害時に、低い帯域幅になったとしてもコストを優先したい場合は、VPNバックアップを使用した構成が検討できます。VPNトンネルでは最大1.25Gbpsがサポートされるので、Direct Connectで1Gbpsを超える速度で使用するアーキテクチャでは推奨されていません。Direct ConnectとVPNは同じ仮想プライベートゲートウェイを使用します。Direct Connectのサービス自体の障害対策としても有効です。

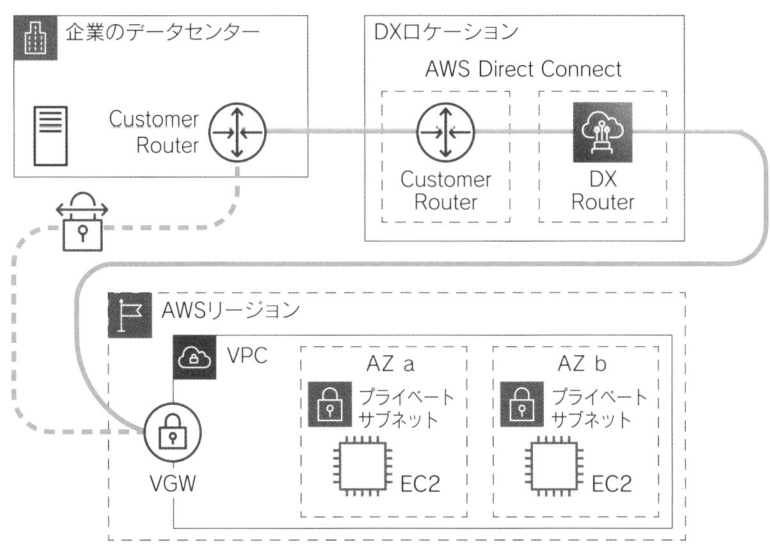

❏ VPNバックアップを使用したDirect Connect

回復性レベル

Direct Connectのみで冗長化を実現する場合、接続作成時に接続ウィザードを使用して、SLAのレベルに合わせて回復力を備えた設計を選択できます。

❏ 回復性レベルの選択

＊最大回復性

デバイスの障害、接続の障害、ロケーションの障害があっても回復できる構成です。ロケーションの障害があっても、その後、片方のロケーションでデバイスの冗長化が継続できます。重大でクリティカルなワークロードに向いています。

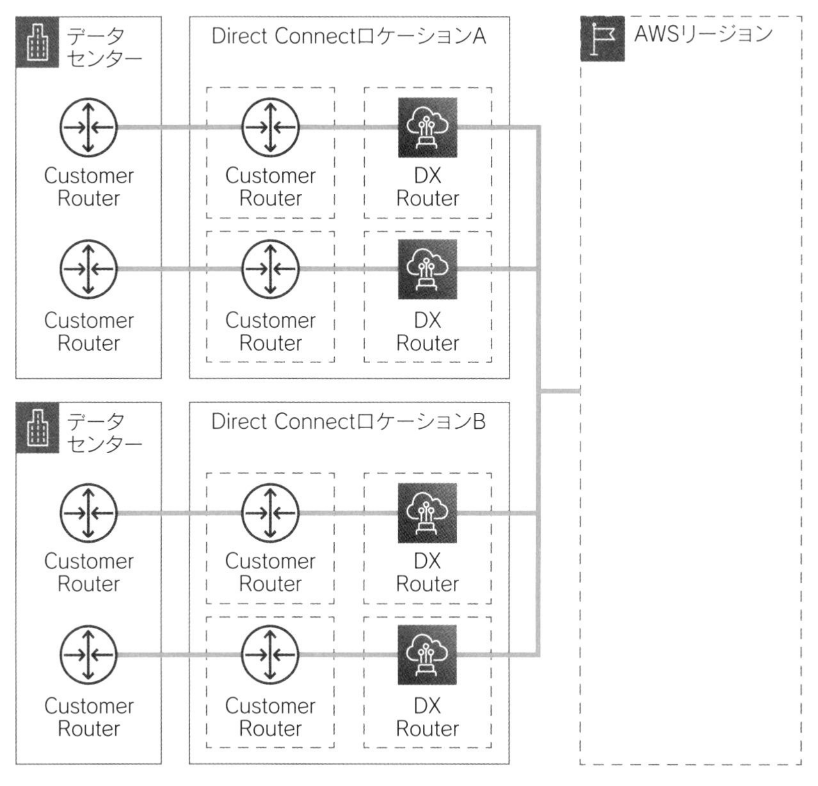

❏ 最大回復性の接続

＊高い回復性

これもデバイスの障害、接続の障害、ロケーションの障害があっても回復できる構成です。ロケーションの障害が発生した際には冗長化は失われます。クリティカルなワークロードに向いています。

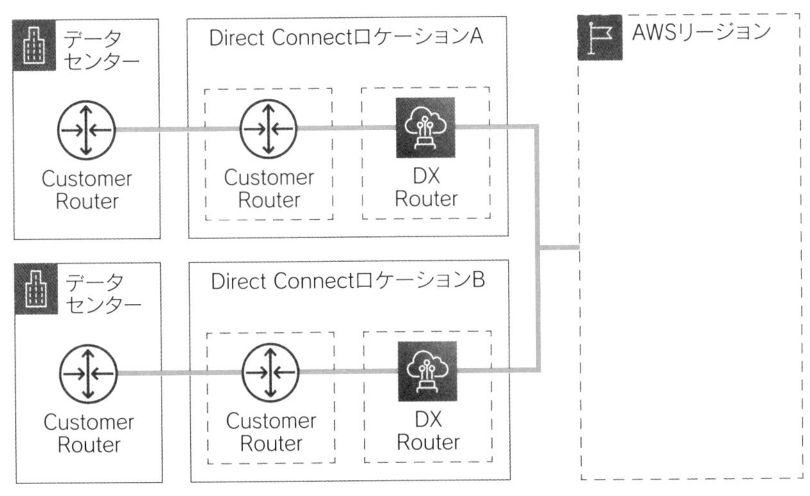

❏ 高い回復性の接続

＊開発とテスト

デバイスの障害、接続の障害があっても回復できますが、ロケーションの障害には対応していない構成です。開発およびテスト環境向けの回復性レベルモデルです。

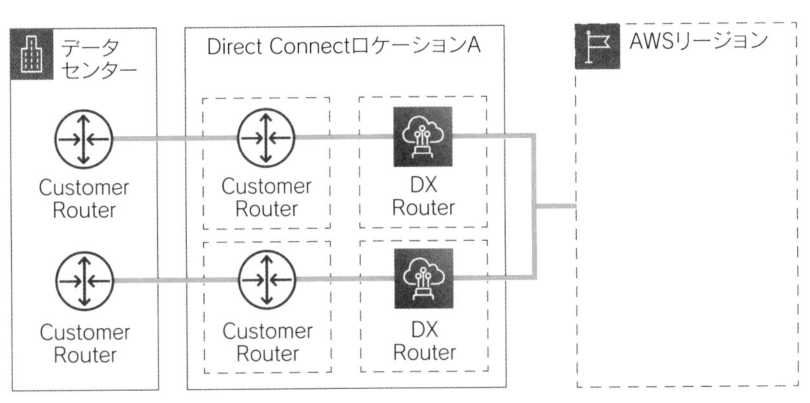

❏ 開発とテスト向けの接続

＊クラシック

接続ウィザードではなく、クラシックを選択することで、1つずつの接続を作成できます。

✱AWS Direct Connectフェイルオーバーテスト

AWS Direct Connectのフェイルオーバーテストを実行することで、回復性の要件が満たされていることを確認できます。

仮想インターフェイス

AWS Direct Connect接続を使用するには、仮想インターフェイス（VIF）の作成が必要です。仮想インターフェイスには次の3種類があります。

- プライベート仮想インターフェイス
- パブリック仮想インターフェイス
- トランジット仮想インターフェイス

❏ 仮想インターフェイスのタイプ

VIFを作成してVLANを生成します。接続を作成したアカウントを、他のアカウントの仮想インターフェイスで利用するためには、ホスト型仮想インターフェイスを作成します。

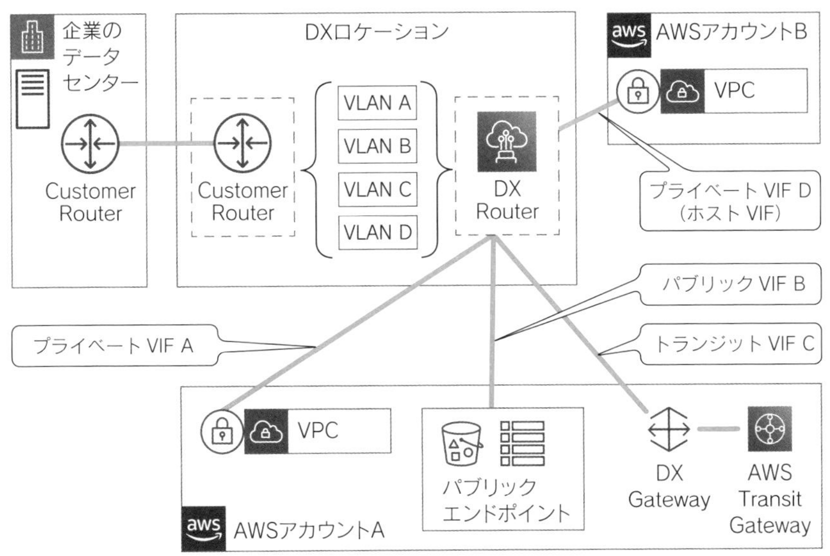

❑ VIFの種類

✱ プライベート仮想インターフェイス

VPCにアタッチされた仮想プライベートゲートウェイ、またはDirect Connect Gatewayに接続する仮想インターフェイスです。プライベートIPアドレスを使って接続します。プライベート仮想インターフェイスは、Direct Connectと同じリージョンの仮想プライベートゲートウェイに接続できます。

異なるリージョンの仮想プライベートゲートウェイに接続する場合は、Direct Connect Gatewayに接続します。

○ **Direct Connect Gatewayを使用して複数リージョンの仮想プライベートゲートウェイに接続する**：Direct Connect Gatewayにプライベート仮想インターフェイスを接続して、複数リージョンのVPCにアタッチされた仮想プライベートゲートウェイを関連付けることができます。Direct Connect Gateway当たりの仮想プライベートゲートウェイの数は10に制限されています。さらに多くの仮想プライベートゲートウェイを関連付ける要件がある場合は、トランジット仮想インターフェイスを使用します。

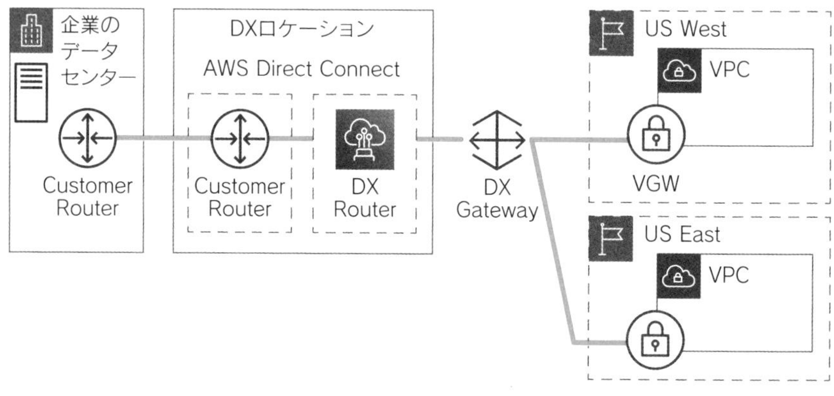

❑ Direct Connect Gateway

○ **オンプレミスからEFSファイルシステムを使用する**：Direct Connectプライベート仮想インターフェイスまたはVPN接続を介して、VPCサブネットに設置されたEFSマウントターゲットをオンプレミスのLinuxからマウントできます。これにより、オンプレミスのデータをAWSに保存して、AWSクラウド側の大量のコンピューティングリソースを使用した効率的な分析処理への拡張が可能になります。

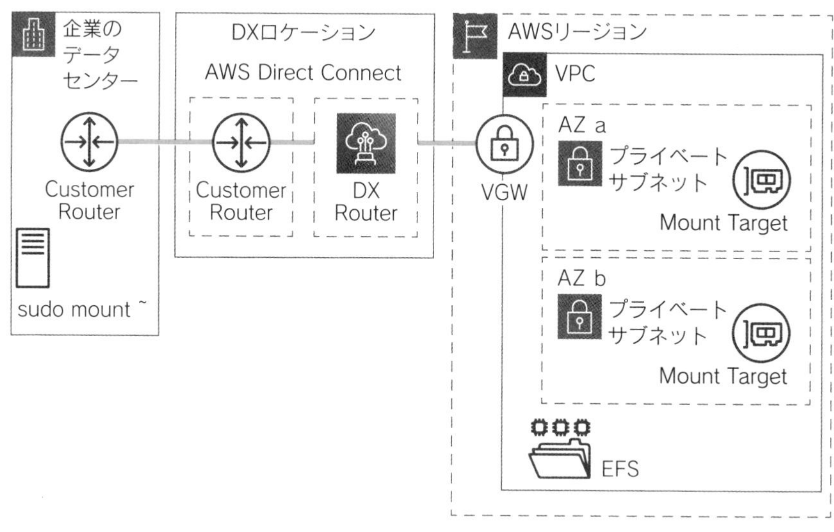

❑ Direct Connectを介してオンプレミスのLinuxからEFSをマウントする

❑ マウントコマンドの例
（10.0.13.55はマウントターゲットのプライベートIPアドレス）

```
sudo mount -t nfs4 -o nfsvers=4.1,rsize=1048576,wsize=1048576,
➥hard, timeo=600,retrans=2,noresvport 10.0.13.55:/ /var/efs
```

データ転送の暗号化が必要な場合は、Amazon EFSマウントヘルパー（amazon-efs-utils）をインストールして、ファイルシステムID.efs.region.amazonaws.comを、マウントターゲットのプライベートIPアドレスで名前解決する必要があります。-o tlsオプションを指定し、ファイルシステムIDを指定してマウントコマンドを実行します。

❑ ファイルシステムIDを指定してマウントコマンドを実行する

```
sudo mount -t efs -o tls fs-12345678 ~/efs
```

✱ パブリック仮想インターフェイス

パブリック仮想インターフェイスを使用すれば、パブリックなAWSのサービス（S3、DynamoDBなど）にアクセスできます。

✱ トランジット仮想インターフェイス

Direct Connect Gatewayに関連付けられたTransit Gatewayにアクセスできます。1Gbps、2Gbps、5Gbps、10Gbpsの接続で使用できます。

LAG

LAG（Link Aggregation Group）は、複数の専用接続を集約して1つの接続として扱えるようにする論理インターフェイスです。対象の接続は100Gbps、10Gbps、1Gbpsのみで、集約する接続は同じ速度で、同じDirect Connectエンドポイントを利用する必要があります。

次の図では、2つずつの接続で2つのLAGを設定して、冗長化しています。100Gbps未満なら最大4つの接続が使用でき、100Gbpsは最大2つです。

2

複雑な組織への対応

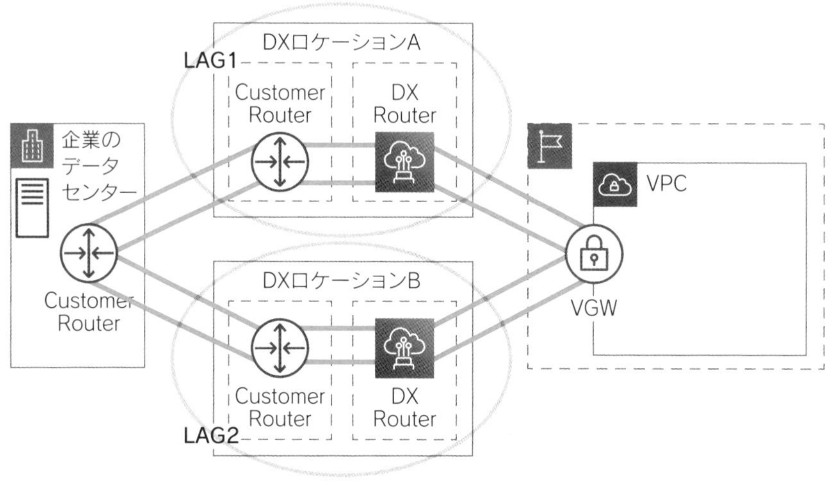

❏ LAG

Direct Connectの料金

Direct Connectの料金にはポート時間とデータ転送の2つがあります。

- ポート時間：容量（1Gbps、10Gbps、100Gbps、1Gbps未満）と、接続タイプ（専用接続、ホスト型接続）によって時間料金が決まります。ポート時間料金は、接続が作成されてから90日後か、Direct Connectエンドポイントとカスタマールーターの接続が確立されたときの早いほうから課金が開始されます。
- データ転送：プライベートVIFの場合は、データ転送を行うAWSアカウントに課金されます。パブリックVIFの場合は、リソース所有者に対して計算されます。

VPCピア接続

VPCピア接続を使用することで、VPCが他のVPCとの接続をプライベートネットワークで行えます。

次の図の例で、リクエスタVPCがVPC Aで、アクセプタVPCがVPC Bの場合、VPC AがVPC Bを指定してピア接続を作成し、VPC Bが承諾してはじめてピア接続が有効になります。異なるアカウント、異なるリージョンでもピア接続を作成できます。

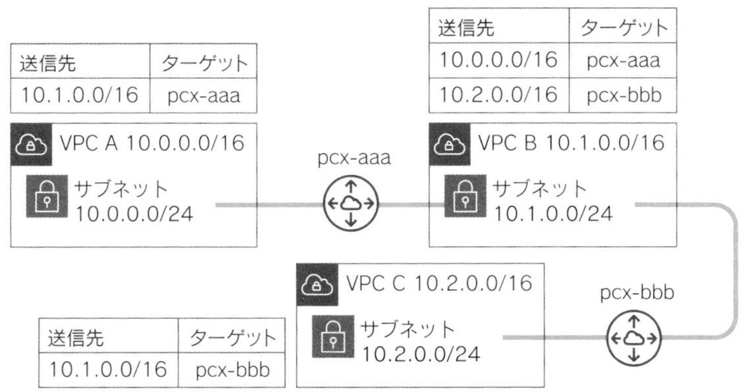

❏ VPCピア接続

ピア接続作成後、サブネットに関連付いているルートテーブルにピア接続をターゲットとする送信先ルートを作成する必要があります。推移的なピア関係はサポートしていません。上図ではVPC AからVPC Cへ直接アクセスはできません。

VPCを複数アカウントで共有したいだけの場合は、Resource Access Managerでサブネットを他アカウントと共有して、共有VPCとして使用することもあります。

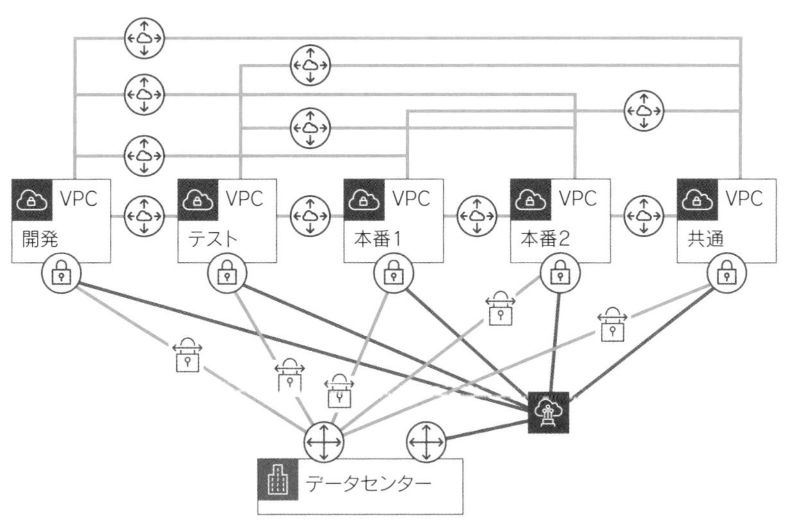

❏ 複雑なネットワーク構成

多くのVPCを相互接続し、オンプレミスとのハイブリッド構成が必要な場合、ネットワーク構成に接続数が増え、そのためのリソースも増えます。また、管理対象、モニタリング対象も増えます。このインフラストラクチャが拡張されるにつれ、さらに対象リソースは増幅していくことになります。

AWS Transit Gateway

以前はトランジットVPCソリューションというEC2上のCisco CSRなどを使用した実装で、ハブアンドスポークネットワークを作成して、接続設定を簡素化していました。現在は、AWS Transit Gatewayがあります。

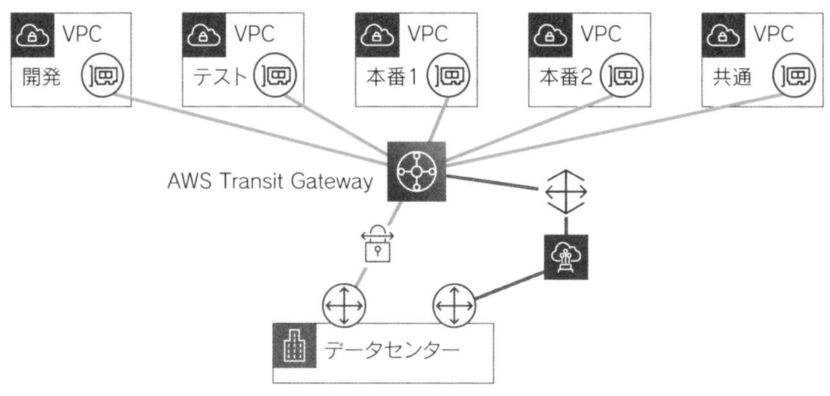

❑ AWS Transit Gateway

AWS Transit Gatewayは、最大5000のVPCやオンプレミス環境の接続を簡素化します。VPCのサブネットにはアタッチメントとしてENIを作成し、Direct Connect Gatewayとも関連付けることができます。仮想プライベートゲートウェイの代わりにTransit GatewayとカスタマーゲートウェイΩ間でVPN接続が作成できます。それぞれのアタッチメントにルートテーブルが関連付きます。

VPCアタッチメント

VPCのサブネットを選択してアタッチメントを作成します。Transit Gatewayにトラフィックを送信するには、同じAZ(アベイラビリティゾーン)にアタッチメントが必要です。アプリケーションのリソースが複数のAZにわたってデプロイされているのであれば、リソースと同じAZにアタッチメントを作成します。サブネットはリソースと同じである必要はありません。

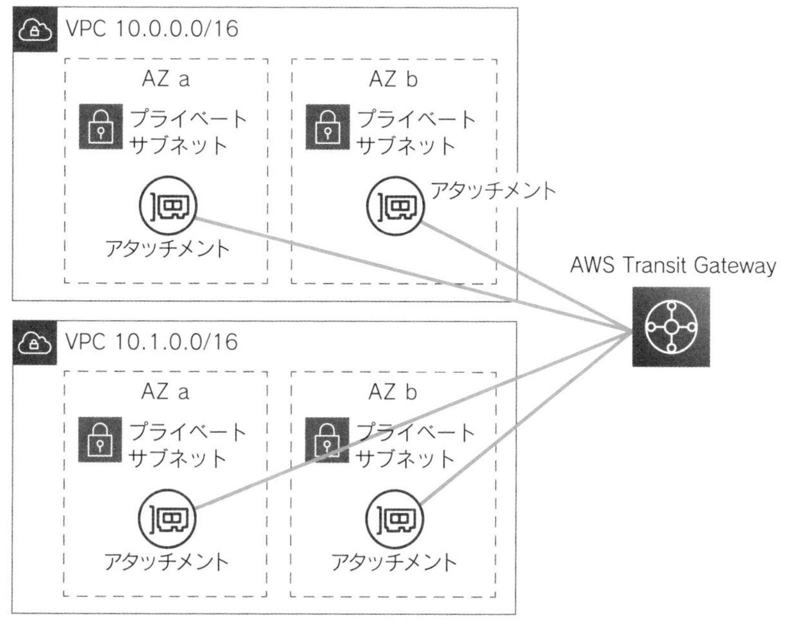

❏ Transit Gateway VPCアタッチメント

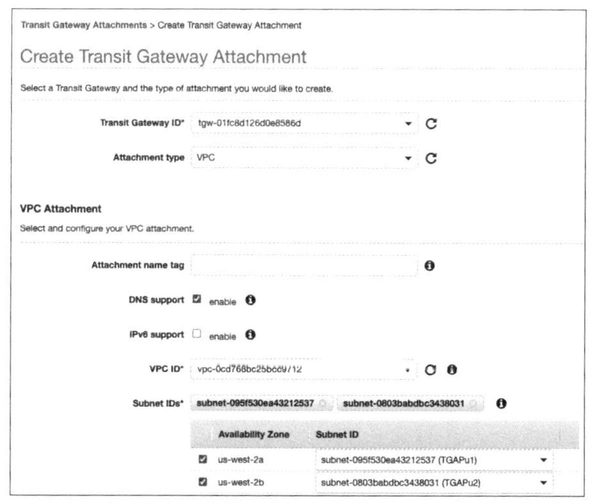

❏ Transit Gateway VPCアタッチメント設定

VPCアタッチメントにTransit Gatewayルートテーブルを関連付けてルートを設定します。

❑ Transit GatewayルートテーブルVPCアタッチメント

VPN接続

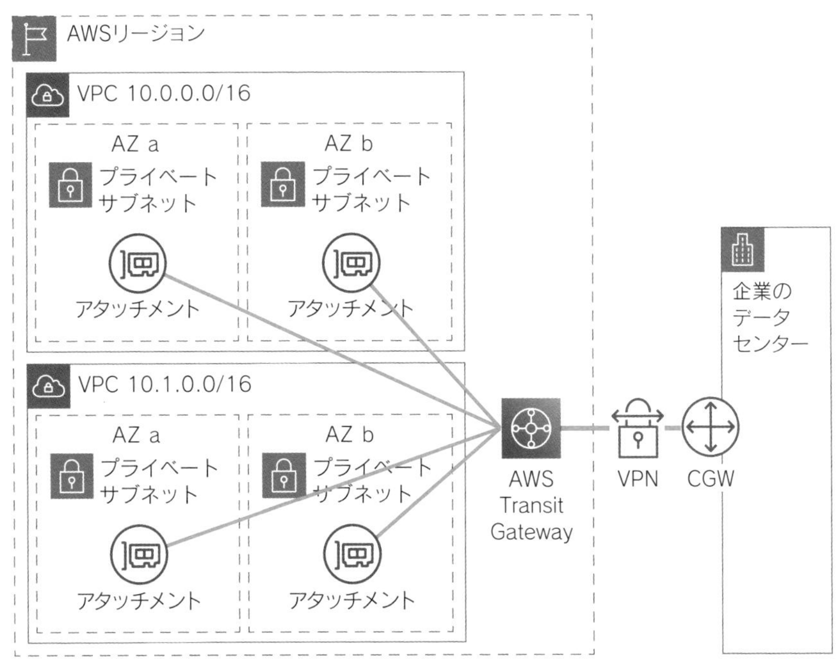

❑ Transit Gateway VPNアタッチメント

VPCの仮想プライベートゲートウェイではなく、Transit Gatewayに対して、オンプレミスのルーターなどのカスタマーゲートウェイとVPN接続ができます。Transit Gatewayからの接続作成で、アタッチメントタイプをVPNとして作成もできます。

VPN接続に対してのルートをTransit Gatewayで制御できます。複数のVPN接続を作成して、Equal Cost Multipath（ECMP）を接続間で有効にでき、ネットワークトラフィックが複数パスに負荷分散されて、帯域幅を広げることができます。

❑ Transit GatewayルートテーブルVPN接続

Direct Connectトランジット仮想インターフェイス

AWS Direct Connectのトランジット仮想インターフェイスでは、Direct Connect GatewayにTransit Gatewayをアタッチできます。複数のVPCやVPN接続に対して、1つのDirect Connect仮想インターフェイスで管理が可能です。

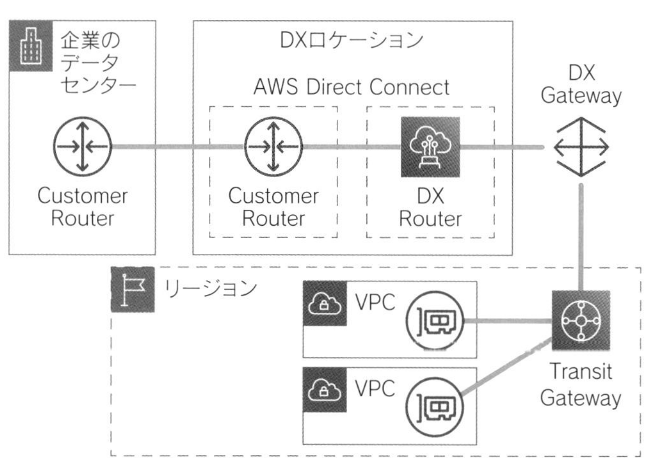

❑ Direct Connectトランジット仮想インターフェイス

Direct Connect Gateway に Transit Gateway を関連付けて使用します。

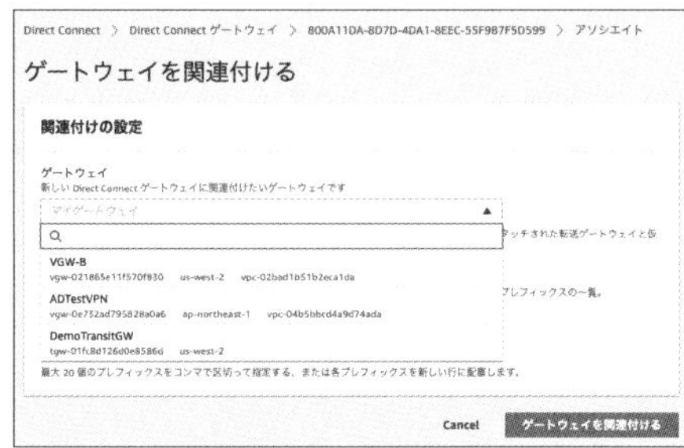

❑ Direct Connect Gatewayへの Transit Gatewayの関連付け

Transit Gatewayピアリング接続

Transit Gateway のピアリング接続（ピア接続）を使用すると、異なるリージョンで Transit Gateway を介した接続ができます。VPC ピアリング同様に、リクエスタとアクセプタとなる Transit Gateway があります。

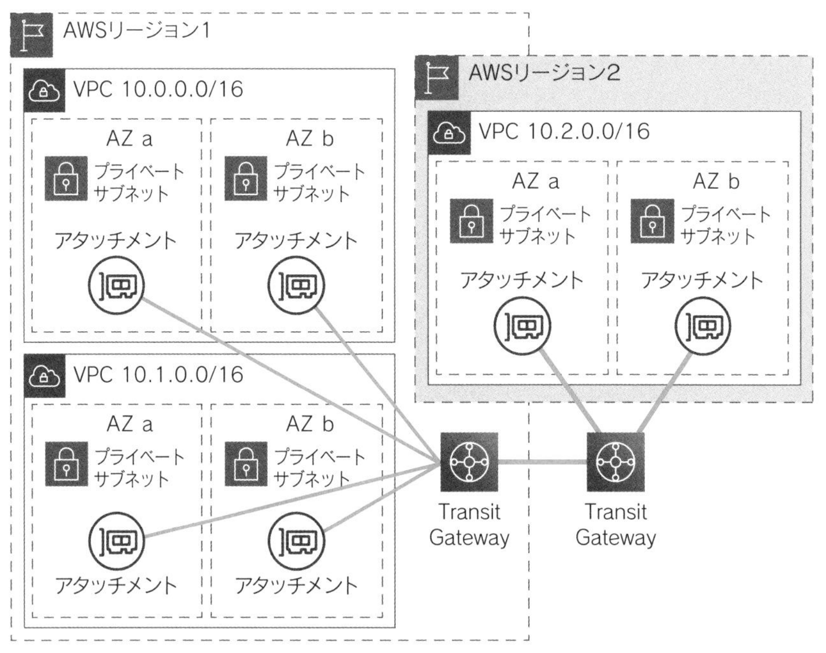

❑ Transit Gatewayピアリング接続

リクエスタがピアリング接続を作成し、アクセプタ側でアクセプトします。

❑ Transit Gatewayピアリング接続のアクセプト

Transit Gatewayルートテーブルでピアリング接続にルートが設定できます。

❑ Transit Gatewayピアリング接続ルート

Transit Gatewayを他のアカウントと共有したい場合は、Resource Access Managerで指定したアカウントのVPCにアタッチメントを作成できます。

Transit Gateway Network Manager

Transit Gateway Network ManagerにTransit Gatewayを登録すると、ネットワークの視覚化、モニタリングができます。

次の図は、Transit Gatewayピアリング接続をオレゴンリージョンと東京リージョンで構築した場合の地域表示です。ピアリング接続が視覚化されています。

❑ Network Manager地域

Transit Gatewayを介した接続のルート分析には、Network Managerのルートアナライザーを使用します。これで、期待どおりのルートになっているかを検証できます。

❑ Network Managerルートアナライザー

Global Accelerator連携のVPN高速化

Transit GatewayでVPN接続を作成する際に、アクセラレーションを有効にすると、Acceleratedサイト間VPNを使用できます。Acceleratedサイト間VPNは、VPN接続にエッジロケーションのGlobal Acceleratorを使用することにより、VPN接続のパフォーマンスと、ネットワークの安定性を向上させることができます。

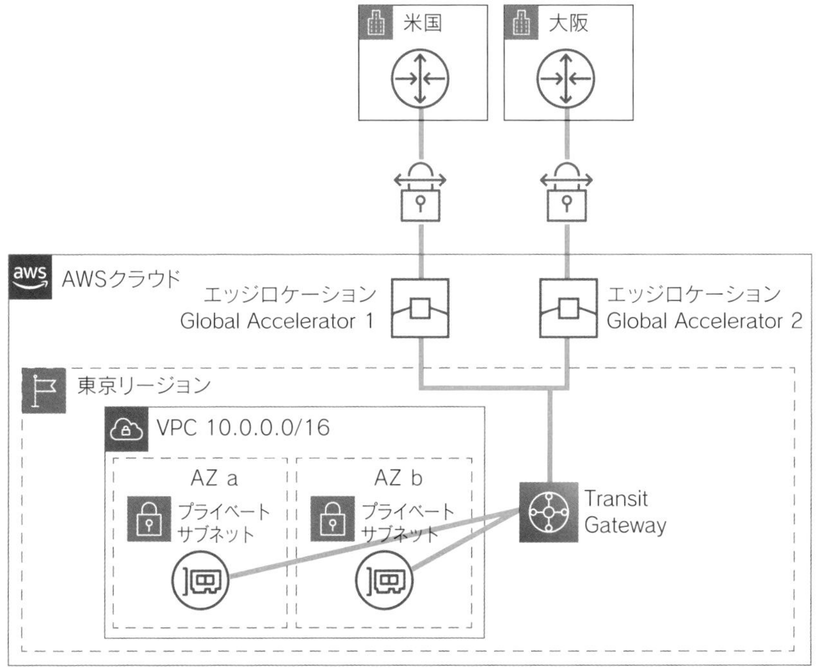

❏ Global Accelerator連携のVPN高速化

Route 53プライベートホストゾーンと Route 53 Resolver

Amazon Route 53はDNSのサービスです。世界各地のエッジロケーションを使用して展開されています。パブリックなホストゾーンでレコードセットを作成し、世界中からのDNSクエリに応答します。

Route 53プライベートホストゾーン

ホストゾーンはパブリックだけではなく、プライベートホストゾーンも作成できます。プライベートホストゾーンはVPC内のDNSとして名前解決できます。プライベートホストゾーンを作成して、VPCを指定するだけです。プライベートホストゾーンで設定した各レコードに基づいてDNSクエリ、ルーティングが実現できます。プライベートホストゾーンは複数のVPCで使用できます。

ホストゾーンの作成 情報

ホストゾーン設定

ホストゾーンは、example.com などのドメインおよびそのサブドメインのトラフィックのルーティング方法に関する情報を保持するコンテナです。

ドメイン名 情報

これは、トラフィックをルーティングするドメインの名前です。

private.yamamugi.com

説明 - オプション 情報

この値で、同じ名前のホストゾーンを区別できます。

ホストゾーンは次の目的で使用されます。

説明は最大 256 文字です。0/256

タイプ 情報

このタイプは、インターネットまたは Amazon VPC でトラフィックをルーティングするかどうかを示します。

パブリックホストゾーン パブリックホストゾーンは、インターネットのトラフィックのルーティング方法を決定します。

プライベートホストゾーン プライベートホストゾーンは、Amazon VPC 内でのトラフィックのルーティング方法を決定します。

ホストゾーンに関連付ける VPC 情報

このホストゾーンを使用して 1 つ以上の VPC の DNS クエリを解決するには、当該の VPC を選択します。別の AWS アカウントで作成された VPC をホストゾーンに関連付けるには、AWS CLI などのプログラム的な方法を用いる必要があります。

プライベートホストゾーンに関連付ける各 VPC に対して、Amazon VPC 設定 enableDnsHostnames および enableDnsSupport を true に設定する必要があります。

リージョン 情報 米国東部 (バージニア北部) [us-east...

VPC ID 情報 vpc-06477dcf48adf17b3

VPC を削除

VPC を追加

❏ Route 53プライベートホストゾーン

Route 53 Resolver

Route 53 Resolverでは、インバウンドエンドポイント、アウトバウンドエンドポイント、アウトバウンドルールを設定して、オンプレミスとのハイブリッドな双方向のDNSアクセスを実現できます。インバウンドエンドポイント、アウトバウンドエンドポイントはサブネットを指定して作成し、サブネットのCIDRからIPアドレスが設定されます。

インバウンドエンドポイントでは、他のネットワーク、たとえばオンプレミスのDNSサーバーから転送する先として、インバウンドエンドポイントのIPアドレスを指定します。これにより、オンプレミスからRoute 53プライベートホストゾーンに対してのDNSクエリを使用できます。

アウトバウンドエンドポイントでは、VPCから他のネットワーク、たとえばオンプレミスDNSなどに対してのDNSクエリを使用できます。アウトバウンドルールでオンプレミスDNSサーバーのIPアドレスとポートを指定し、オンプレミスとはVPN接続またはDirect ConnectでVPCに接続して使用します。アウトバウンドルールはResource Access Managerを使用して他のアカウントのVPCに共有できます。

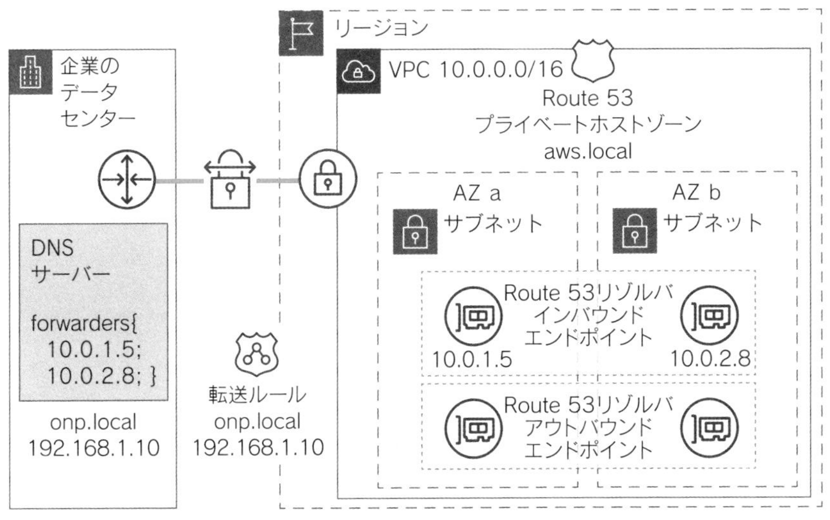

❏ Route 53 Resolver

図では、Route 53プライベートホストゾーンでaws.localドメインを、オンプレミスDNSサーバーでonp.localドメインを管理しています。

データセンター側で、aws.localで管理しているサーバー（web.aws.localなど）に対してDNSクエリがリクエストされた場合、データセンターのDNSサーバーからRoute 53インバウンドエンドポイント（10.0.1.5、10.0.2.8）に転送されて、プライベートホストゾーンのレコードセットにより名前解決されます。

VPC側で、onp.localで管理しているサーバー（app.onp.localなど）に対して

DNSクエリがリクエストされた場合、アウトバウンドエンドポイントから転送ルールに基づいて、データセンターのDNSサーバーのレコードセットにより名前解決されます。

インバウンドエンドポイントとアウトバウンドエンドポイントは必ず両方必要ではなく、要件に応じて一方だけを作成する場合もあります。

組織のネットワーク設計のポイント

- VPCエンドポイントを使用することで、プライベートネットワーク接続でAWSサービスにアクセスできる。
- S3インターフェイスエンドポイントでは、プロキシサーバーの必要なくオンプレミスからS3を使用できる。
- Network Load BalancerでAWS PrivateLinkを使用し、サードパーティ製品をプライベートネットワークでアクセスできる。
- AWSクライアントVPNを使用することで、オンプレミスクライアントからVPCにVPN接続できる。
- AWSクライアントVPNの接続ログや接続ハンドラ設定が可能。ハンドラによりLambda関数で任意の接続許可／拒否ロジックを実装できる。
- 複数の拠点へのSite-to-Site VPN接続、冗長なSite-to-Site VPN接続が実現できる。
- コンプライアンス要件やIPsec以外のVPNプロトコルが必要な場合、ソフトウェアVPNも検討できるが、これはアンマネージドである。
- AWS Direct Connectには専用接続とホスト接続がある。
- AWS Direct Connectの回復性レベルでは「最大回復性」「高い回復性」「開発とテスト」の3段階のウィザードが用意されている。
- 仮想インターフェイスには、プライベート仮想インターフェイス、パブリック仮想インターフェイス、トランジット仮想インターフェイスがある。
- 接続を作成したAWSアカウントと違うAWSアカウントで仮想インターフェイスを使用するために、ホスト型仮想インターフェイスがある。
- オンプレミスからEFSを使用することにより、オンプレミスのデータをAWSクラウド上で利用できる。これで、クラウド側の大量のコンピューティングリソースを使用した分析などが行いやすくなる。
- LAGを使用することで複数の専用接続を集約できる。

- Transit Gatewayを使用することで、大規模ネットワークによる複雑性（VPCピア接続、VPN接続、Direct Connect）を簡素化できる。
- Direct Connect GatewayとTransit Gatewayでトランジット仮想インターフェイスが実現できる。
- Transit Gatewayピア接続で複数リージョンを含んだネットワーク構成ができる。
- Resource Access Managerで、他アカウントにサブネットを共有した共有VPCや、Transit Gatewayの共有が可能。
- Transit Gateway Network Managerでネットワークの視覚化、モニタリング、ルート分析ができる。
- Transit Gatewayでは、Acceleratedサイト間VPNを使用でき、パフォーマンス、安定性を向上できる。
- Route 53プライベートホストゾーンでVPCのDNSとして使用できる。
- Route 53 Resolverでオンプレミスとのハイブリッドな双方向のDNSアクセスを実現できる。
- Route 53 ResolverのアウトバウンドルールはResource Access Managerで他のアカウントに共有できる。

2-2

マルチアカウント

各アカウントの各リソースに対しての認証を、組織としてどのように構成するかを解説します。

クロスアカウントアクセス

組織内でのクロスアカウントアクセス

複数のAWSアカウントに対しての認証が必要な場合、各アカウントにそれぞれIAMユーザーを作成する方法では、どんな問題が発生するでしょうか？

❑ 複数アカウントにそれぞれIAMユーザーを作成

次のような問題が考えられます。

- 権限変更や削除が必要な際に、各アカウントでの操作が必要になり、運用が重複する。
- ユーザーは各アカウントに対しての認証情報を個別に管理しなければならず、漏洩のリスクが増す。

セキュリティ管理者にも、利用者にも、ともに課題があります。これを解決する方法が**クロスアカウントアクセス**です。

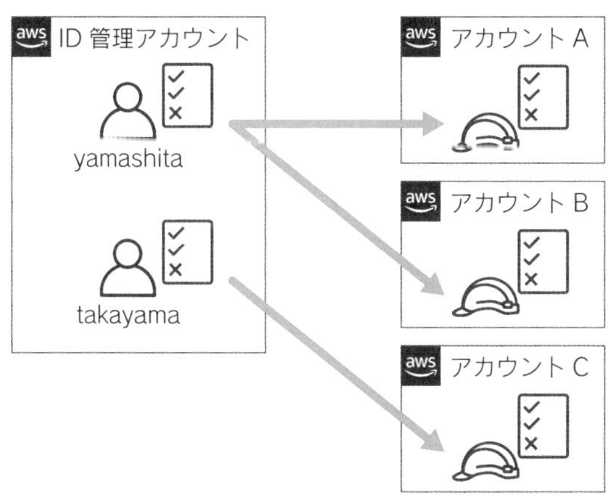

❏ クロスアカウントアクセス

IAMユーザーは特定のAWSアカウントで一元管理をします。そして、組織内の各AWSアカウントにはIAMロールを作成します。

IAMユーザーは、アカウントIDとIAMロールを指定してスイッチロールします。IAMロールにアタッチされているIAMポリシーで許可／拒否されているアクション、リソースに基づいてAWSへのリクエストが行えます。

❏ スイッチロール

スイッチロールするときに、AWS STS（Security Token Service）のAssume Roleアクションによって、IAMロールから一時的認証情報（アクセスキーID、シークレットアクセスキー、セッショントークン）を取得して使用します。

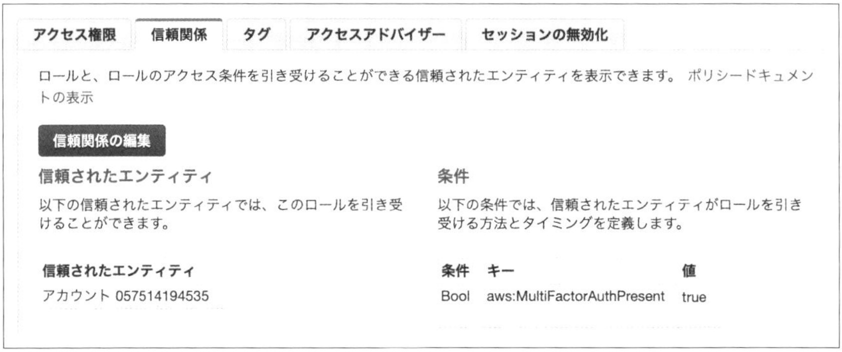

アクセス権限	信頼関係	タグ	アクセスアドバイザー	セッションの無効化

ロールと、ロールのアクセス条件を引き受けることができる信頼されたエンティティを表示できます。 ポリシードキュメントの表示

信頼関係の編集

信頼されたエンティティ

以下の信頼されたエンティティでは、このロールを引き受けることができます。

信頼されたエンティティ
アカウント 057514194535

条件

以下の条件では、信頼されたエンティティがロールを引き受ける方法とタイミングを定義します。

条件	キー	値
Bool	aws:MultiFactorAuthPresent	true

❏ 信頼関係

誰がIAMロールに対して、sts:AssumeRoleを実行できるかを許可しているのが信頼関係です。

❏ 信頼関係ポリシー

```
{
  "Version": "2012-10-17",
  "Statement": [
  {
    "Effect": "Allow",
    "Principal": {
      "AWS": "arn:aws:iam::123456789012:root"
    },
    "Action": "sts:AssumeRole",
    "Condition": {
      "Bool": {
        "aws:MultiFactorAuthPresent": "true"
      }
    }
  }
]
```

IAMロールのリソースベースポリシーともいえます。クロスアカウントアクセスの場合は、プリンシパルにIAMユーザーやAWSアカウントを限定できるARN（Amazon Resource Name）を指定します。Conditionを指定することで、特定条件のもとで、AssumeRole（ロールの引き受け）アクションを許可できます。

IAMロールを利用したクロスアカウントアクセスを利用することで、IAMユーザーの認証情報は1つのアカウントで管理できます。

クロスアカウントアクセスは、IAMユーザーのマネジメントコンソールから「スイッチロール」メニューで実行可能ですが、AWS CLIやSDKを使った引き受けも可能です。

✻ AWS CLIを使用したIAMロールの引き受け例

❑ AWS CLIを使用したIAMロールの引き受け例

```
aws sts assume-role \
--role-arn "arn:aws:iam::123456789012:role/AccountARole" \
--role-session-name AccountASession
```

sts assume-roleコマンドで取得した認証情報を環境変数に設定します。

❑ 認証情報を環境変数に設定する

```
export AWS_ACCESS_KEY_ID=<取得したAccessKeyId>
export AWS_SECRET_ACCESS_KEY=<取得したSecretAccessKey>
export AWS_SESSION_TOKEN=<取得したSessionToken>
```

IAMロール引き受け前のIAMユーザーに戻すには、unsetコマンドで環境変数を削除して無効化します。

❑ unsetコマンドで環境変数を削除する

```
unset AWS_ACCESS_KEY_ID AWS_SECRET_ACCESS_KEY AWS_SESSION_TOKEN
```

✻ SDK（boto3）を使用したIAMロールの引き受け例

❑ SDK（boto3）を使用したIAMロールの引き受け例

```
client = boto3.client('sts')
response = client.assume_role(
  RoleArn="arn:aws:iam::123456789012:role/AccountARole",
  RoleSessionName="AccountASession"
)
credentilas = response['Credentials']
```

```
session = Session(
  aws_access_key_id=credentilas['AccessKeyId'],
  aws_secret_access_key=credentilas['SecretAccessKey'],
  aws_session_token=credentilas['SessionToken'],
  region_name='us-east-1'
)
s3 = session.client('s3')
buckets = s3.list_buckets()
```

これは、IAMロールから認証を引き受けた後、S3のバケット一覧を取得するコード例です。

SDKでクロスアカウントアクセスすることにより、複数アカウントをまたがった自動化処理を安全に実行できます。

カスタムIDブローカーアプリケーション

クロスアカウントだけではなく、オンプレミスのアプリケーションからも同様にSDKにより開発したプログラムでIAMロールにリクエストを実行することにより、一時的な認証情報を使用してAWSのサービスをアプリケーションから使用したり、マネジメントコンソールへのリダイレクトURLを生成できます。

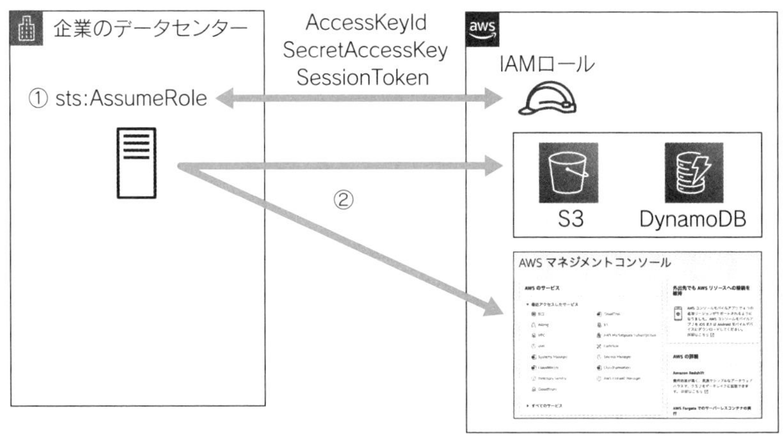

❑ IDブローカーアプリケーション

サードパーティ製品へのアクセス許可

クロスアカウントアクセスを利用して、外部のサービスに対して必要なリソースへの操作を許可することもできます。サードパーティ製品にIAMロールを伝えて、サードパーティ製品のAWSアカウントに信頼関係で引き受けを許可します。これにより、許可したサードパーティ製品に対して、特定の操作だけを許可できます。

ただしこの場合、1つの課題が発生します。公式ユーザーガイドで「**混乱した代理問題**」と表現されている課題です。

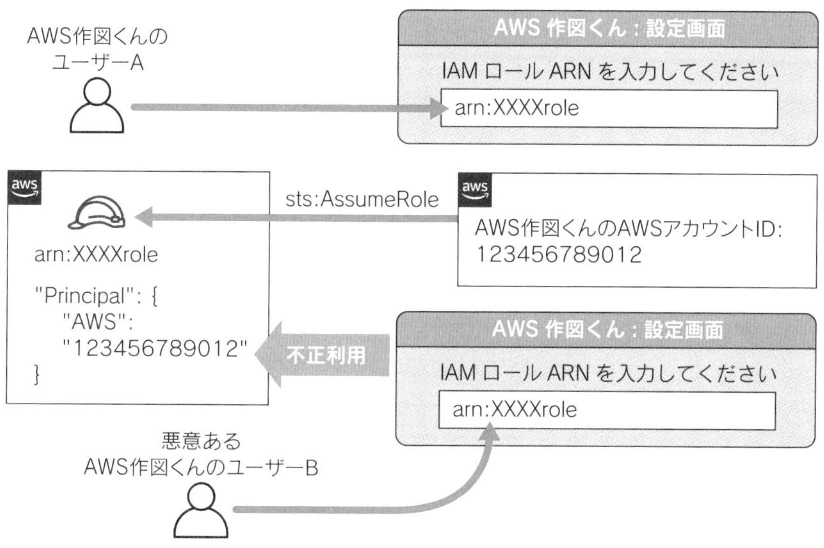

❏ 混乱した代理問題

架空のサードパーティ製品として、「AWS作図くん」というAWS構成図を書き出すアプリケーションがあるとします。「AWS作図くん」を利用しているユーザーAは、IAMロールのARNを「AWS作図くん」の設定画面に登録しました。そして、そのIAMロールの信頼関係で、「AWS作図くん」のAWSアカウントIDの123456789012からのsts:AssumeRoleを許可しました。

ユーザーAはこの構成を外部のブログに公開したため、全世界の人々がIAMロールのARNを知り得ることになりました。悪意あるユーザーBがこれを知り、

「AWS作図くん」の設定画面で、ユーザーAのIAMロールARNを登録してしまいます。これで、ユーザーBは「AWS作図くん」を操作して、ユーザーAのリソース情報を覗き見できました。

この場合は、IAMロールのARNが漏れてしまったことが直接的な原因ではありますが、ARNを構成する識別子のアカウントIDやIAMロール名は、シークレットな情報でもランダムな文字列でもありません。漏れていなかったとしても、想像できる可能性は残されます。

この「混乱した代理問題」を解決するのが**外部ID**です。

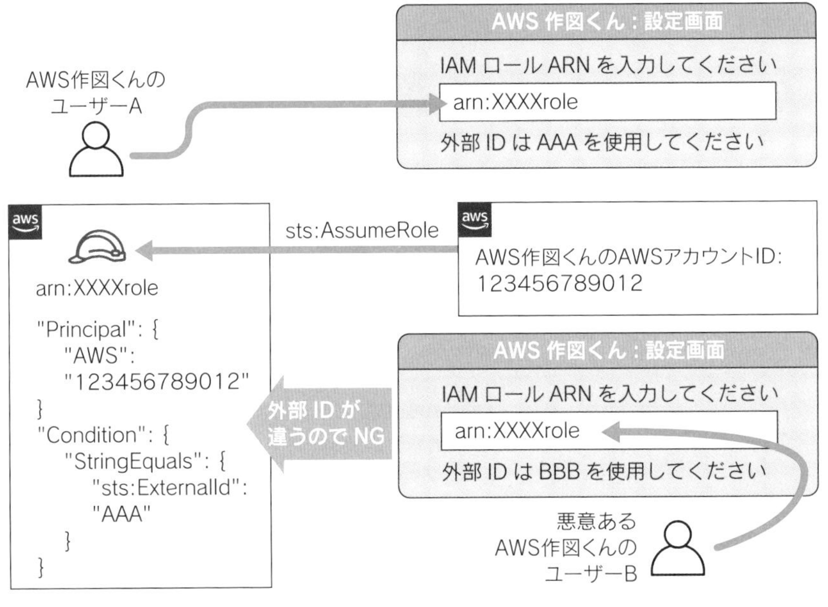

❏ 外部IDを使用したサードパーティ製品の認証

「AWS作図くん」はIAMロールのARN登録ごとに一意の外部IDを発行し、ユーザー側での変更は許可しません。外部IDはIAMロールの信頼ポリシーのConditionでsts:ExternalIdとして追加される条件となります。この状態であれば、悪意あるユーザーBがユーザーAのIAMロールのARNを登録しても、別の外部IDが設定されて、IAMロールはsts:AssumeRoleを拒否します。

❏ 外部IDが必要な信頼関係の例

```
{
  "Version": "2012-10-17",
  "Statement": [
    {
      "Effect": "Allow",
      "Principal": {
      "AWS": "arn:aws:iam::123456789012:root"
    },
    "Action": "sts:AssumeRole",
      "Condition": {
        "StringEquals": {
          "sts:ExternalId": "AAA"
        }
      }
    }
  ]
}
```


AWS Directory Service

サーバーの認証に、組織で管理している既存のActive Directoryを使用したいケースがあります。Active Directoryを使用する方法はいくつかありますので、ケースに応じて使い分けてください。

- AD Connector
- Simple AD
- AWS Directory Service for Microsoft Active Directory（AWS Managed Microsoft AD）

AD Connector

オンプレミスのデータセンターなどで稼働しているActive Directoryの認証をそのまま使えるサービスが**AD Connector**です。VPCのサブネットに設置して、オンプレミスのActive Directoryに連携するので、ネットワークが繋がっている必要があります。VPNやDirectConnectでVPCとオンプレミスのネットワークを接続して使用します。

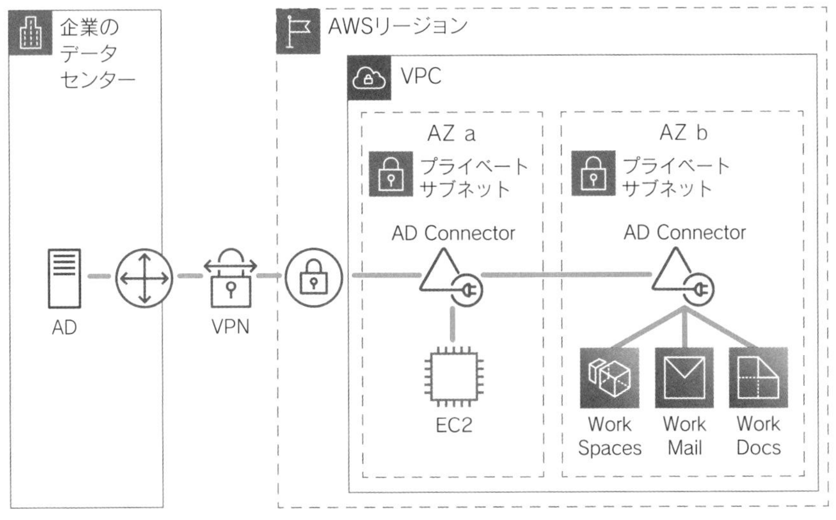

❑ AD Connector

AD Connectorを使うことで、Amazon WorkSpaces、Amazon WorkDocs、Amazon WorkMail、Amazon QuickSightなどのAWSマネージドディレクトリと連携するサービスを、既存のActive Directoryのユーザー情報で利用できます。VPCで起動しているEC2インスタンスのドメイン参加を、起動時にシームレスに行うこともできます。

❑ EC2インスタンス起動時のシームレスなドメイン参加

AWSへActive Directoryを移行する場合は、次に説明するSimple ADかAWS Managed Microsoft ADを選択できます。Simple ADとAWS Managed Microsoft ADは、ともにVPCで起動するマネージドなディレクトリサービスです。これらは規模と機能で使い分けます。

Simple AD

Simple ADの特徴は以下です。

- Samba 4 Active Directory Compatible Server
- 最大5000ユーザー

5000ユーザーを超える場合はAWS Managed Microsoft ADを使用します。それ以外にもSimple ADでサポートされていない主な機能があり、次のような機能が必要な場合もAWS Managed Microsoft ADを使用します。

- 他ドメインとの信頼関係
- MFA（多要素認証）

AWS Managed Microsoft AD

AWS Managed Microsoft ADの代表的な特徴は以下のとおりです。

- Microsoft Active Directoryのマネージドサービス
- 5000を超えるユーザー
- 他ドメインとの信頼関係
- MFA（多要素認証）

IAMアイデンティティセンター（AWS SSOの後継）

IAMアイデンティティセンターを使用すると、複数のAWSアカウントとSalesforceやBoxなどの外部アプリケーションへシングルサインオンできます。IAMアイデンティティセンターは、Organizationsの管理アカウントで有効にする必要があります。

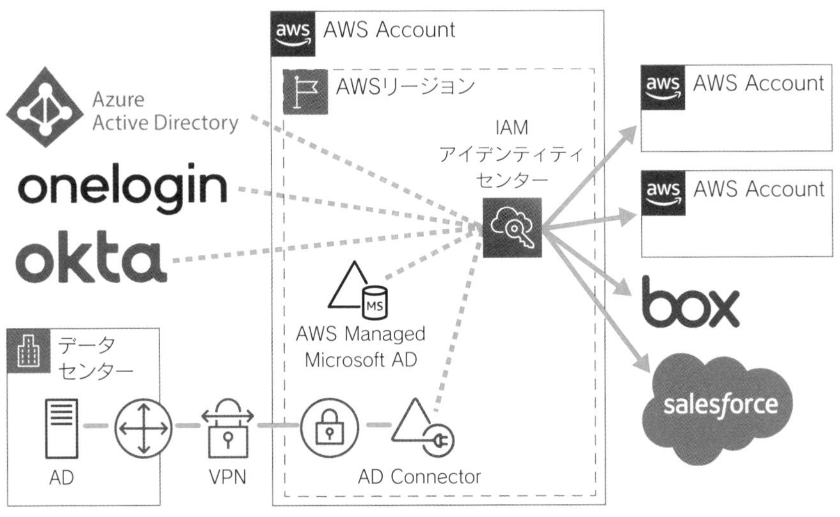

❏ IAMアイデンティティセンター

IAMアイデンティティセンターの認証

次の3種類のアイデンティティソース（認証ディレクトリ）から選択できます。

- アイデンティティセンターディレクトリ
- Active Directory
- 外部IDプロバイダー

✱ アイデンティティセンターディレクトリ

認証情報（ユーザー名、パスワード）をIAMアイデンティティセンターで管理します。デフォルトの設定です。使用したいディレクトリがない場合に選択します。

✱ Active Directory

AWS Managed Microsoft ADかAD Connectorを選択できます。

AD Connectorを使用して、既存のオンプレミスのActive Directoryをそのまま使用できます。オンプレミスデータセンターとはVPN接続かDirect Connectで接続します。

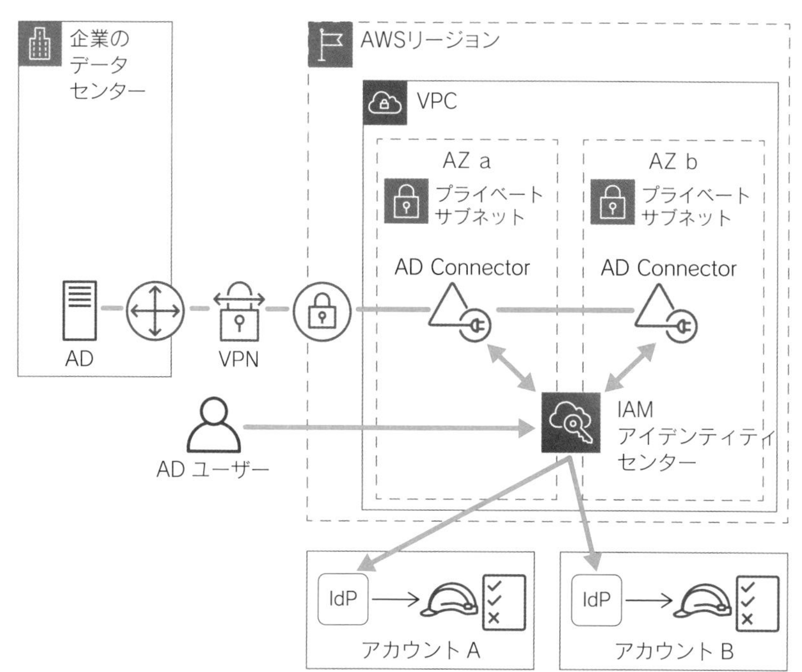

❑ AD Connectorを使用したシングルサインオン

✱ 外部IDプロバイダー

Azure AD、Okta、OneLoginなど外部IDプロバイダーを使用できます。

AWSアカウントへの許可セット

IAMアイデンティティセンターで許可セットを作成して、AWSアカウントにシングルサインオンした際の権限を設定できます。許可セットでは、AWS管理ポリシーからの選択、カスタマー管理ポリシー／インラインポリシーの作成ができます。選択、作成したポリシーとOrganizationsのメンバーアカウント（複数可）を紐付けて、ユーザーに割り当てます。メンバーアカウントにはIAMのSAMLプロバイダーと、ポリシーをアタッチしたIAMロールが自動作成されます。

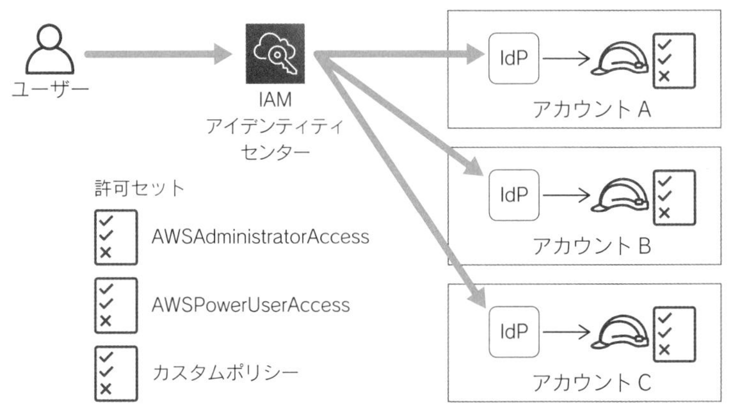

❏ 許可セット

外部アプリケーションの追加

カスタムSAML 2.0アプリケーションとして、SalesforceやBoxなどの外部のアプリケーションを追加できます。

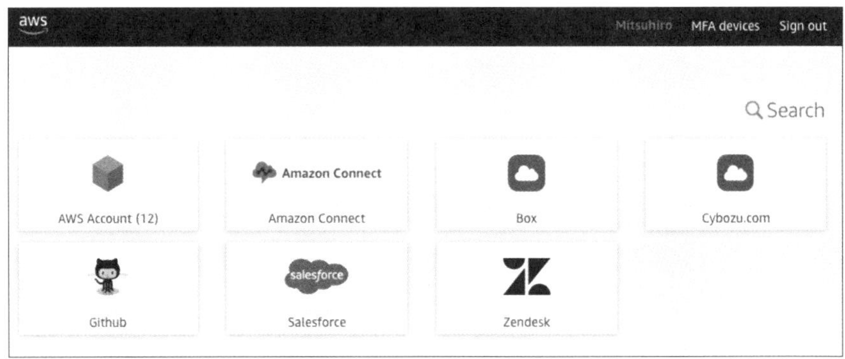

❏ カスタムSAML 2.0アプリケーション

IAMアイデンティティセンターを使用しないケース

すでにAD FS（Active Directory Federation Services）や、認証だけではなくOkta、OneLoginのポータルサイトも使用している場合に、IAMアイデンティティセンターを使用せずに設定するケースもあります。

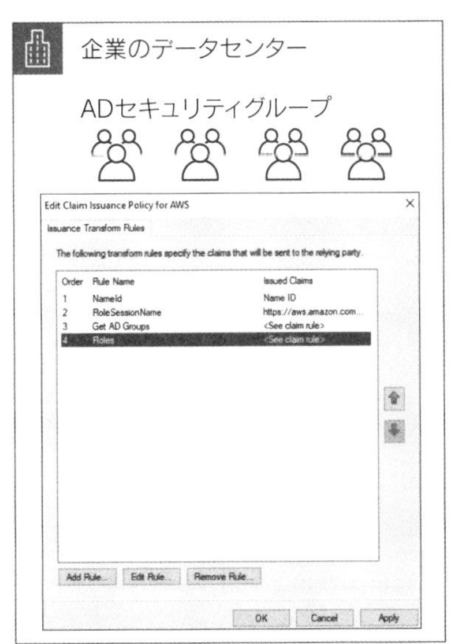

❏ AD FSとAWSの連携

この場合、各AWSアカウントのIAMで個別にIDプロバイダーとIAMロールを作成する必要があります。

AWS Organizations

AWS Organizationsを利用していない複数のアカウント環境では、次の重複作業が発生します。

- アカウント作成時にクレジットカード、電話番号などの登録
- 各アカウントのIAMロールのポリシー設定
- 請求管理
- CloudTrailなどのさまざまなサービスはアカウントごとの設定

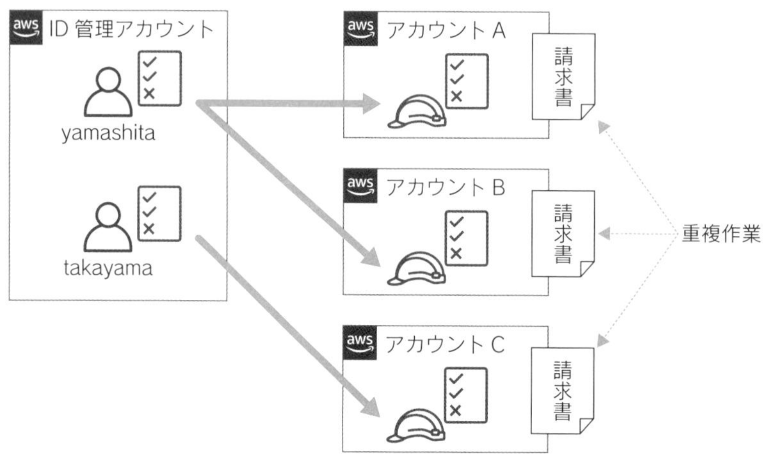

❑ AWS Organizationsを利用していないマルチアカウント

AWS Organizationsを利用した場合は、主に次の機能が使用できます。

- Organizations APIによるアカウント作成の自動化
- SCP（サービスコントロールポリシー）による組織単位（OU）のポリシー設定
- 一括請求管理
- 各AWSサービスとのサービス統合

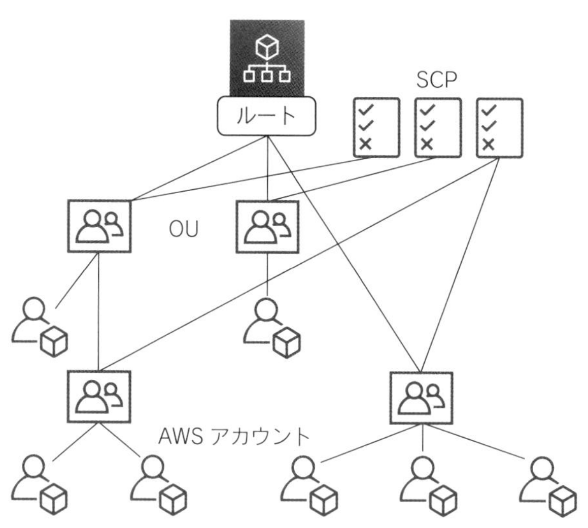

❑ AWS Organizations

アカウント作成の自動化

通常、AWSアカウントの作成時には、メールアドレス、パスワード、住所、電話番号、クレジットカードが必要になります。また、SMSか通話での本人確認も必要です。Organizationsでは、既存アカウントを組織のメンバーアカウントとして招待もできますが、新規メンバーアカウントもマネジメントコンソール、CLI、SDKから追加できます。

さらに、必要に応じてアカウントの作成を自動化できます。

❏ boto3（Python SDK）の例

```
boto3.client('organizations').create_account(
  Email='accounta@example.com',
  AccountName='accounta',
  RoleName='OrganizationAccountAccessRole'
)
```


SCP

SCP（サービスコントロールポリシー）は、Organizations組織でOU（組織単位）やアカウントに設定するポリシーです。予防コントロールとして、OUに所属するアカウント、またはアカウントでの権限を制限できます。

SCPはOUの階層において下のレベルへ継承されます。

- 上のレベルで許可されていないものは、下のレベルで許可されることはない。
- 上のレベルで許可されているものを、下のレベルで絞り込むフィルタリングのみが可能。

次の図の例では、ルートにアタッチされたSCPでフルアクセスを許可しています。SCPを有効にしたときに、AWS管理ポリシーのFullAWSAccessがアタッチされます。OU Securityでは拒否リスト戦略、OU Sandboxでは許可リスト戦略で設定しています。

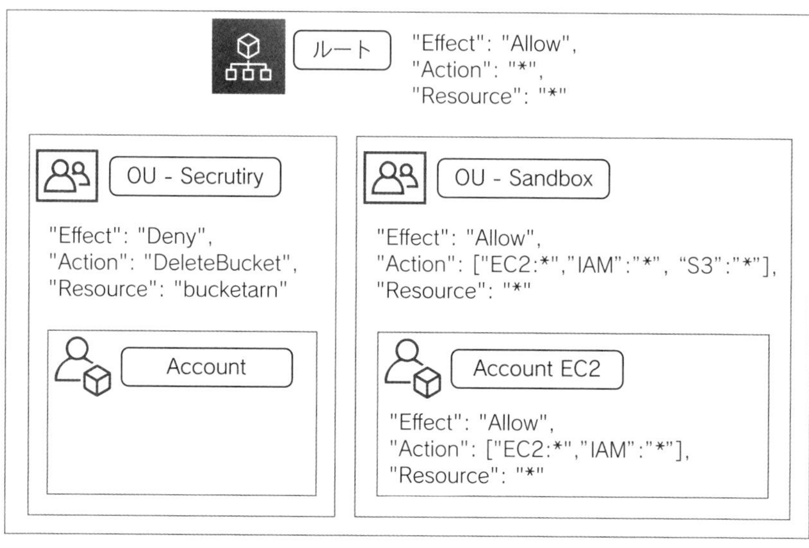

❏ SCP

✱ SCPの許可リスト戦略

上位レベルで許可されているものを下位レベルで絞り込むようにフィルタリングします。例では、ルートですべてが許可されています。そして、OU Sandboxでは EC2、IAM、S3が許可されており、Account EC2では EC2とIAMが許可されています。このとき、Account EC2で許可されるアクションは EC2とIAMのアクションです。仮に Account EC2でRDSが許可されても、OU Sandboxで許可されていないので、RDSのアクションは許可されません。

許可ポリシーはIAMポリシー同様に Effect:Allowとして指定します。SCPの許可ポリシーでは、Condition、NotActionの利用、Resourceの指定ができません。

✱ SCPの拒否リスト戦略

上位レベルで許可されたアクションをそのまま継承してOU Securityにもアタッチし、追加で明示的に拒否するアクションを指定します。Condition、Not Actionの利用、Resourceの指定ができます。以下は典型的な例です。

❑ 特定のリージョンでのアクションを拒否するSCP

```
{
  "Version": "2012-10-17",
  "Statement": [
    {
      "Effect": "Deny",
      "NotAction": [
        "~例外とするアクション~"
      ],
      "Resource": "*",
      "Condition": {
        "StringNotEquals": {
          "aws:RequestedRegion": [
            "~例外とするリージョン~"
          ]
        },
        "ArnNotLike": {
          "aws:PrincipalARN": [
            "arn:aws:iam::*:role/~例外とするIAMロール~"
          ]
        }
      }
    }
  ]
}
```

例外とするリージョンにアクションを許可するリージョンを指定します。StringNotEqualsですので指定したリージョン以外ではアクションは拒否されます。ただし、サービスにはSTSやShield、IAMのようにグローバルサービスもあるので、us-east-1リージョンで許可される必要があります。そのようなサービスは、NotActionで例外アクションとして指定します。メンテナンスのために例外とするIAMロールもArnNotLikeで指定します。

❑ 特定のロールの変更ができないようにするSCP

```
{
  "Version": "2012-10-17",
  "Statement": [
  {
    "Effect": "Deny",
    "Action": [
      "iam:AttachRolePolicy",
      "iam:DeleteRole",
      "iam:DeleteRolePermissionsBoundary",
      "iam:DeleteRolePolicy",
      "iam:DetachRolePolicy",
      "iam:PutRolePermissionsBoundary",
      "iam:PutRolePolicy",
      "iam:UpdateAssumeRolePolicy",
      "iam:UpdateRole",
      "iam:UpdateRoleDescription"
    ],
    "Resource": [
      "arn:aws:iam::*:role/*AWSControlTower*"
    ],
    "Condition": {
      "ArnNotLike": {
        "aws:PrincipalArn": [
          "arn:aws:iam::*:role/AWSControlTowerExecution"
        ]
      }
    }
  }
]
```

上記はAWS Control Towerによって作成されたSCPの一部です。特定のIAMロールへの変更を拒否していますが、特定のIAMロールから変更アクションされたときのみ許可しています。

❏ 特定の操作にMFAを要求するSCP

```
{
  "Version": "2012-10-17",
  "Statement": [
    {
      "Effect": "Deny",
      "Action": [
        "ec2:StopInstances",
        "ec2:TerminateInstances"
      ],
      "Resource": "*",
      "Condition": {
        "BoolIfExists": {
          "aws:MultiFactorAuthPresent": false
        }
      }
    }
  ]
}
```

EC2の停止、終了については、MFAで認証されていない場合は拒否されます。

❏ メンバーアカウントが組織から外れることを拒否するSCP

```
{
  "Version": "2012-10-17",
  "Statement": [
    {
      "Effect": "Deny",
      "Action": [
        "organizations:LeaveOrganization"
      ],
      "Resource": "*"
    }
  ]
}
```

Organizationsの組織からは、LeaveOrganizationアクションで外れることができます。自由に外れることを拒否したい場合は、このようなSCPを使用します。

❑ 特定のEC2インスタンスタイプのみを許可するSCP

```
{
  "Version": "2012-10-17",
  "Statement": [
    {
      "Effect": "Deny",
      "Action": "ec2:RunInstances",
      "Resource": [
        "arn:aws:ec2:*:*:instance/*"
      ],
      "Condition": {
        "StringNotEquals": {
            "ec2:InstanceType": "t3.micro"
        }
      }
    }
  ]
}
```

検証アカウントなどで大きなサイズのインスタンスタイプを起動できないように制御しています。上記の例ではt3.micro以外を拒否しています。

❑ 組織外部とのリソース共有を禁止するSCP

```
{
  "Version": "2012-10-17",
  "Statement": [
    {
      "Effect": "Deny",
      "Action": [
        "ram:CreateResourceShare",
        "ram:UpdateResourceShare"
      ],
      "Resource": "*",
      "Condition": {
        "Bool": {
            "ram:RequestedAllowsExternalPrincipals": "true"
        }
      }
    }
  ]
}
```

組織外部のアカウントは、RequestedAllowsExternalPrincipalsがtrueになります。その条件の場合は、Resource Access Managerのアクションを拒否しています。

❑ 指定したタグがなければインスタンス作成を拒否するSCP

```
{
  "Version": "2012-10-17",
  "Statement": [
    {
      "Effect": "Deny",
      "Action": "ec2:RunInstances",
      "Resource": [
        "arn:aws:ec2:*:*:instance/*",
        "arn:aws:ec2:*:*:volume/*"
      ],
      "Condition": {
        "Null": {
          "aws:RequestTag/Project": "true"
        }
      }
    }
  ]
}
```

Projectというタグをつけずに EC2インスタンスを作成することを拒否しています。タグをつけることでプロジェクト別のコスト分析を実現するなどができます。このSCP例での制御では、Projectタグの値は自由になっていますが、Organizationsのタグポリシー機能と組み合わせると値を限定できます。

一括請求（コンソリデーティッドビリング）

Organizationsのメンバーアカウントは一括請求の対象になります。以下の利点があります。

- **1つの請求書、統合請求データ**：請求管理がシンプルになります。コストと使用状況データを複数アカウントにわたって複合的に分析できます。
- **合計量によるボリュームディスカウント**：複数アカウントの合計容量による従量制の割引が受けられます。S3のストレージ量やデータ転送量などボリューム料金階層がある料金についてメリットがあります。ただし、無料利用枠も組織内のすべてのアカウントの合計量が適用されるので、無料利用枠は超えやすくなります。

○ **リザーブドインスタンス（RI）、Savings Plansの共有**：組織のアカウントの合計使用量にリザーブドインスタンス、Savings Plansを適用できるので選択しやすくなります。1つのアカウントでは、EC2インスタンスを1インスタンス分も使わないとしても、全アカウントでは使う場合などにリザーブドインスタンスを検討できます。RDS、ElastiCache、OpenSearch Serviceのリザーブドも同様です。RIとSavings Plansの共有は、アカウントごとに無効化もできます。

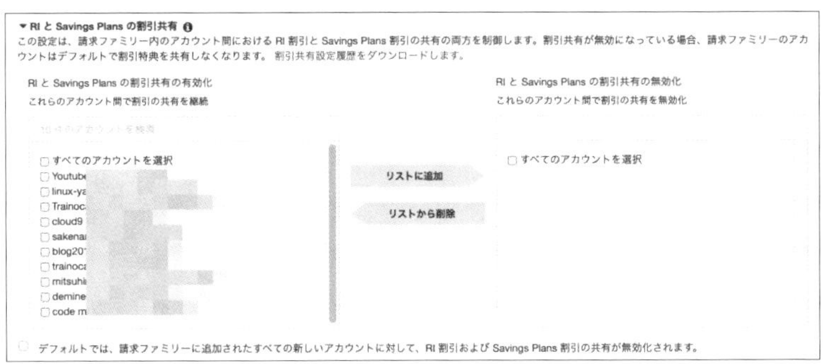

❑ RI、Savings Plans共有の無効化

AWS CloudFormation StackSets

AWS CloudFormation StackSetsは、複数リージョン、複数アカウントにスタックを作成して、変更・削除・管理できる機能です。Organizationsと統合することで、組織、OU、アカウントを指定して、スタックを作成・変更・削除できます。

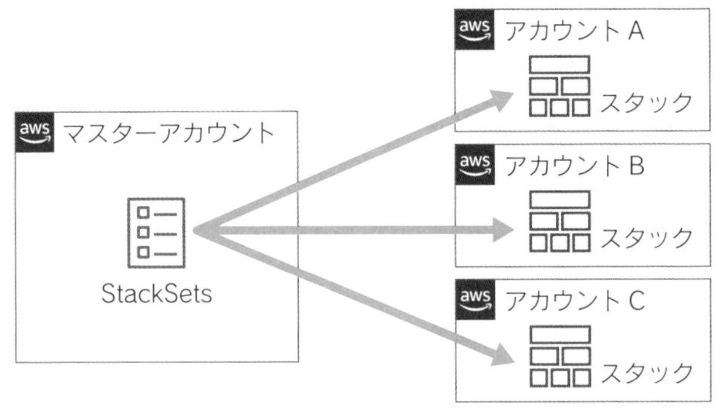

❑ CloudFormation StackSets

特定のOUや組織内のアカウントそれぞれに必要なリソース、たとえば各アカウントで共通する操作のためのIAMロールなどを作成するときに有効です。効率化、自動化を実現できます。

デプロイターゲット

StackSets は、ターゲット組織または組織単位 (OU) のすべてのアカウントにスタックインスタンスをデプロイします。親 OU をターゲットとして追加すると、StackSets はターゲットとして子 OU も追加します。 詳細はこちら

組織へのデプロイ

組織単位 (OU) へのデプロイ

AWS OU ID

ou-hkry-xi2nx0se

削除

別の OU を追加

さらに 9 の OU を追加できます

アカウントフィルタータイプ - オプション

デプロイターゲットを OU 全体ではなく OU 内の特定のアカウントに設定します。

共通集合

❏ CloudFormation StackSetsでOUを指定

AWS CloudTrail

Organizations組織のマスターアカウントで、組織内のすべてのアカウントについてCloudTrailを有効化できます。このとき、書き出されるS3オブジェクトのプレフィックスには組織IDが含まれます。

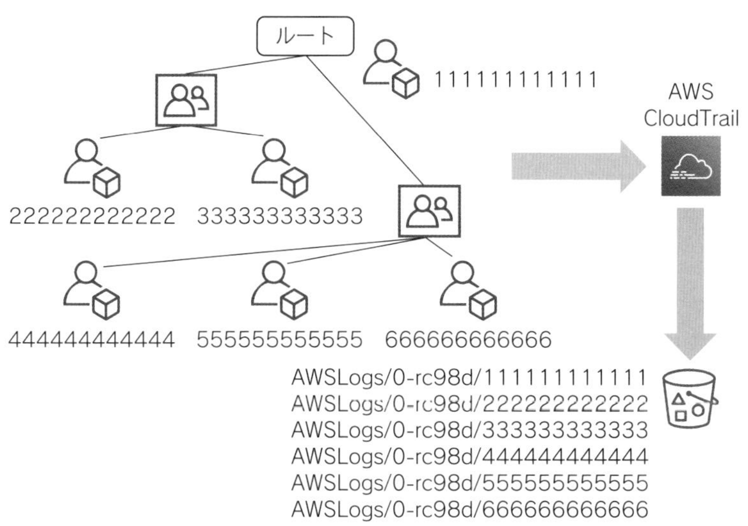

❏ 組織のCloudTrail証跡

2 複雑な組織への対応

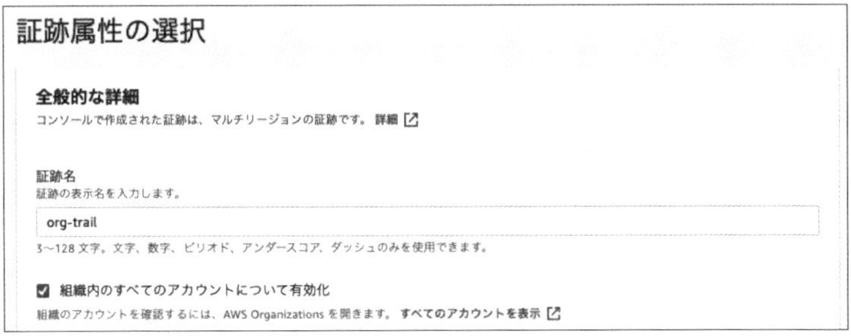

❑ CloudTrailで組織内のすべてのアカウントを有効にする

S3バケットのバケットポリシーは以下のように設定します。この例では、cloudtrail.amazonaws.comサービスからのPutObjectを許可しています。ただし、管理アカウント123456789012で作成された証跡記録のみを許可しています。

❑ CloudTrailの組織証跡記録を許可するS3バケットポリシーの例

```
{
  "Version": "2012-10-17",
  "Statement": [
    {
      "Effect": "Allow",
      "Principal": {
        "Service": [
          "cloudtrail.amazonaws.com"
        ]
      },
      "Action": "s3:GetBucketAcl",
      "Resource": "arn:aws:s3:::cloudtrail-org",
      "Condition": {
        "StringEquals": {
          "aws:SourceArn": "arn:aws:cloudtrail:region:
➥123456789012:trail/org-trail"
        }
      }
    },
    {
      "Effect": "Allow",
      "Principal": {
        "Service": [
          "cloudtrail.amazonaws.com"
```

```
          ]
        },
        "Action": "s3:PutObject",
        "Resource": "arn:aws:s3:::cloudtrail-org/AWSLogs/
➥123456789012/*",
        "Condition": {
          "StringEquals": {
            "s3:x-amz-acl": "bucket-owner-full-control",
            "aws:SourceArn": "arn:aws:cloudtrail:region:
➥123456789012:trail/org-trail"
          }
        }
      },
      {
        "Effect": "Allow",
        "Principal": {
          "Service": [
            "cloudtrail.amazonaws.com"
          ]
        },
        "Action": "s3:PutObject",
        "Resource": "arn:aws:s3:::cloudtrail-org/AWSLogs
➥/o-rc98d/*",
        "Condition": {
          "StringEquals": {
            "s3:x-amz-acl": "bucket-owner-full-control",
            "aws:SourceArn": "arn:aws:cloudtrail:region:
➥123456789012:trail/org-trail"
          }
        }
      }
    ]
}
```


AWS Service Catalog

AWS Service Catalogは、IAMユーザーにCloudFormationスタックで作成されるリソースへの直接的なアクセス権限を与えずに、事前に用意されたテンプレートからスタックを作成できます。たとえば、スタックによって作成されたEC2インスタンスなどのリソースには直接アクセスできませんので、決められたインスタンスタイプ以外を起動したり、セキュリティグループを勝手に変更したりすることはできません。エンドユーザーとしてのIAMユーザーに必要なサービスリソースをセルフで作成できるようにしながら、余計な操作をさせないよう制限できます。

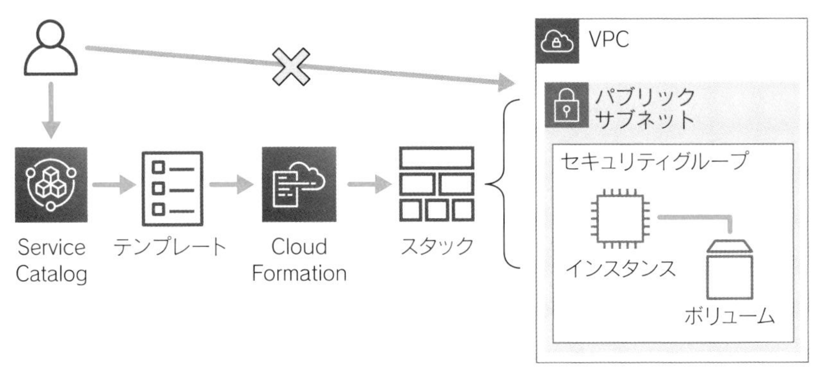

❏ AWS Service Catalog

管理者があらかじめテンプレートを**製品**としてService Catalogに登録し、IAMユーザーに許可する製品のリストを**ポートフォリオ**として設定します。ポートフォリオはいわばIAMユーザーにとってのサービスカタログメニューです。ポートフォリオはOrganizations組織でOUを指定して共有できます。

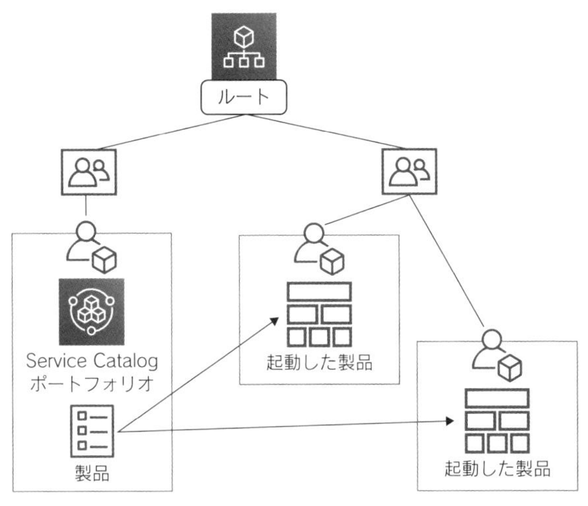

❏ 組織に共有されたポートフォリオ

共有することで、組織のアカウントは製品を使いたいときにリソースを準備できます。リソースはポートフォリオが作成されたアカウントで起動します。また、リソースの一元管理ができます。

❑ Service Catalog Organizations共有

AWS Resource Access Manager (RAM)

AWS Resource Access Managerは Organizations と連携して組織、OU との共有ができます。

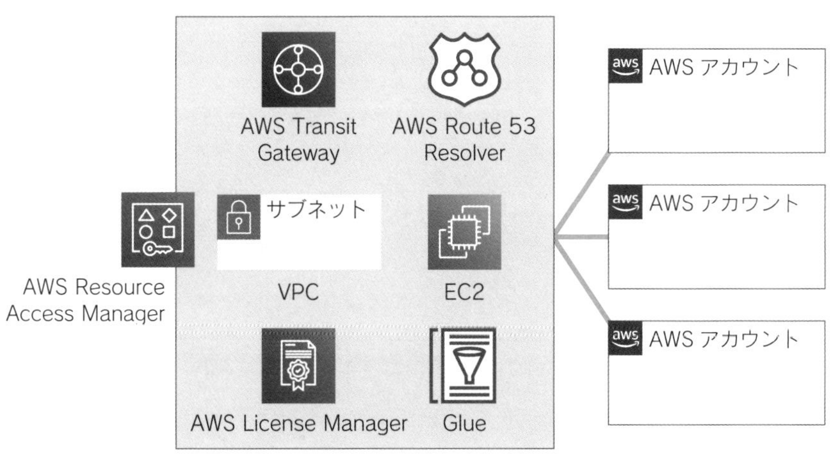

❑ AWS Resource Access Manager

Transit Gateway、サブネット、Route 53 Resolverの転送ルールを複数のアカウントで共有できます。License Managerではソフトウェアライセンスを複数アカウントにまたがって管理して、ライセンス数を超える起動を抑制したり、残ライセンス数を確認したりできます。Glueのデータカタログも共有できます。

また、EC2はキャパシティ予約や専有ホスト(Dedicated Hosts)、プレイスメントグループを共有でき、EC2 Image Builderのビルドコンポーネント、テストコンポーネント、それらを含むレシピも共有できます。

AWS Control Tower

AWS Control Towerは、複数アカウントのベストプラクティスであるランディングゾーンを自動構築します。ランディングゾーンはOrganizations組織のベストプラクティス構成です。

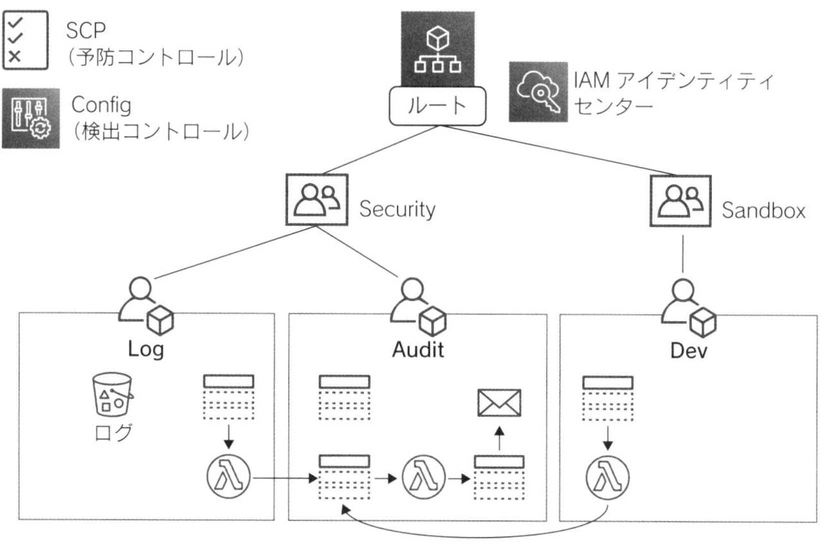

❏ AWS Control Tower

✱ログアカウントと監査アカウント

Security OUにログと監査のアカウントを作成します。

ログアカウントにはCloudTrailとConfigのログが集約されます。Athenaなどを使用して集約されたログを分析できます。

監査アカウントでは、各アカウントのSNSトピックのサブスクライバーのLambda関数から、監査アカウントのSNSトピックへ通知がパブリッシュ（送信）されます。監査アカウントのSNSトピックに任意のサブスクライバーを設定して、通知や自動運用の開発ができます。なお、監査アカウントでは、Configアグリゲーターにより組織内のリソース設定が確認できます。

✱アカウントの追加、招待

アカウントは、Service Controlポートフォリオで作成されたAccount Factoryで新規作成、または追加できます。

✱アカウント認証

Organizationsと連携するIAMアイデンティティセンターによって、各アカウントへのシングルサインオンが設定できます。IAMアイデンティティセンターはランディングゾーン作成時に有効化できます。

✱コントロール（ガードレール）

Control Towerには予防と検出とプロアクティブの3つのコントロールがあります。コントロールは、以前はガードレールと呼ばれていて、今でもガードレールと表記されることもあります。**予防コントロール**はOrganizationsのSCPにより、操作が制限されるコントロールです。**検出コントロール**はConfigルールによって非準拠リソースを抽出できます。**プロアクティブコントロール**は、CloudFormationで作成されるリソースが準拠していない場合、作成しません。

コントロールには必須と推奨があります。

✱ダッシュボード

Control Towerランディングゾーンは作成して終わりではなく、ダッシュボードで確認、設定が可能です。

環境の概略

2	8
組織単位	アカウント

有効化されたガードレールの概要

20	2
予防ガードレール	検出ガードレール

非準拠リソース

〈 1 〉

リソース ID	リソースタイプ	サービス	リージョン	アカウント名	組織単位	ガードレール

非準拠リソースが見つかりませんでした

Clear ステータスのガードレールで準拠していないリソースは検出されませんでした。

登録済み組織単位

組織単位を検索する

〈 1 〉

名前	親組織単位	状態	コンプライアンス
Sandbox	Root	登録済み	準拠
Security	Root	登録済み	準拠
Root	–	登録済み	準拠

すべての組織単位を表示

❏ AWS Control Towerダッシュボード

マルチアカウントのポイント

- 複数アカウントではIAMロールによるクロスアカウントアクセスを使用することでIAMユーザーの一元管理ができる。
- SDKを使ったクロスアカウントアクセスにより複数アカウント運用の自動化ができる。
- オンプレミスからSTSによるリクエストでカスタムIDブローカーアプリケーションを開発できる。
- サードパーティ製品もクロスアカウントアクセスを利用するが、外部IDを発行することにより、混乱した代理問題を回避できる。
- AD Connectorを使用することでオンプレミスのActive Directoryの認証情報をAWSサービスに利用できる。
- Simple ADは最大5000ユーザーまで、かつ他ドメインとの信頼関係やMFAが必要ない場合に選択できる。

- AWS Managed Microsoft ADは5000を超えるユーザー、または他ドメインとの信頼関係やMFAが必要な場合に選択できる。
- IAMアイデンティティセンターを使用して、複数のAWSアカウントやBox、Salesforceなど、さまざまなアプリケーションへのシングルサインオンポータルを設定できる。
- IAMアイデンティティセンターのIDソースにActive Directoryや外部IDプロバイダーを設定できる。
- AWS Organizationsを使用して、SCPによるOU単位のポリシー設定、一括請求管理、APIによるアカウント作成が可能。
- SCPはOU階層で継承され、上位で許可された権限のフィルタリングが可能。
- 拒否戦略ポリシーでは、例外IAMロールを設定したメンテナンスが可能。
- 拒否戦略ポリシーで、組織から外れることを制限したり、指定タグのないリソース作成を制限するなどができる。
- 一括請求により、請求書が1つになるだけでなく、ボリュームディスカウント、RI、Savings Plansの共有によるコスト最適化が可能となる。
- CloudFormation StackSetsで複数アカウントに同一のリソースをすばやく作成できる。
- 組織のCloudTrailを1つのS3バケットにまとめることができる。
- Service CatalogのポートフォリオをOrganizations組織に共有できる。
- AWS Resource Access Managerでいくつかのリソースを組織、OU、アカウントに共有できる。
- AWS Control Towerによりランディングゾーンの自動構築、効率的な運用ができる。

2-3

確認テスト

問題

問題1

2つのアカウントAとBでクロスアカウントアクセスを実現する方法を、次から1つ選択してください。

A. BにIAMユーザーを作成する。AにIAMロールを作成する。IAMロールの信頼ポリシーでAからsts:AssumeRoleを許可する。IAMユーザーのIAMポリシーでAのIAMロールに対してのsts:AssumeRoleを許可する。
B. AとBにそれぞれIAMユーザーを作成する。BのアクセスキーIDをAが受け取れるように、BのIAMロール信頼ポリシーでAからsts:AssumeRoleを許可する。
C. BにIAMユーザーを作成する。BにIAMロールを作成する。IAMロールの信頼ポリシーでAからsts:AssumeRoleを許可する。IAMユーザーのIAMポリシーでBのIAMロールに対してのsts:AssumeRoleを許可する。
D. AにIAMユーザーを作成する。BにIAMロールを作成する。IAMロールの信頼ポリシーでAからsts:AssumeRoleを許可する。IAMユーザーのIAMポリシーでBのIAMロールに対してのsts:AssumeRoleを許可する。

問題2

外部IDの正しい使い方を次から1つ選択してください。

A. サードパーティ製品統一の外部IDを発行する。
B. IAMロールのARNごとに一意の外部IDを発行する。
C. サードパーティサービスへの連携登録ごとに一意の外部IDを発行する。
D. 連携申請のあったAWSアカウントごとに一意の外部IDを発行する。

問題3

オンプレミスのActive Directoryを利用して、AWS IAMアイデンティティセンターのIDソースにしたいと考えています。次から1つ選択してください。

A. AD Connector
B. Simple AD
C. AWS Directory Service for Microsoft Active Directory
D. STS SDKを使ってIDブローカーを開発する

問題4

インターネットゲートウェイがないVPC内のEC2のアプリケーションからS3にGetObject、PutObjectアクションを実行します。最もコストの低い方法は次のうちどれですか？ 1つ選択してください。

A. S3インターフェイスエンドポイント
B. S3ゲートウェイエンドポイント
C. NATゲートウェイ
D. PrivateLink

問題5

PC端末からVPCにVPN接続する必要があります。どの方法が最も運用負荷が少なく実現できますか？ 1つ選択してください。

A. Direct Connect
B. ソフトウェアVPN
C. Site-to-Site VPN
D. AWSクライアントVPN

問題6

マネージドSite-to-Site VPN接続を作成するために必要な要素を以下から2つ選択してください。

A. カスタマーゲートウェイ

B. インターネットゲートウェイ
C. NATゲートウェイ
D. 仮想プライベートゲートウェイ
E. VPCピアリング接続

問題7

仮想プライベートゲートウェイのAWS Site-to-Site VPN接続でサポートされている機能は次のどれですか？ 1つ選択してください。

A. IPv6トラフィック
B. パスMTU検出
C. デッドピア検出
D. GRE（Generic Routing Encapsulation）

問題8

コンプライアンス要件により、VPN接続両端を完全にコントロールする必要があります。どの接続方法を選択しますか？ 1つ選択してください。

A. ソフトウェアVPN
B. Site-to-Site VPN
C. AWSクライアントVPN
D. Transit Gateway

問題9

ISPを介さない500Mbpsの接続が必要です。次から1つ選択してください。

A. Site-to-Site VPN接続
B. Transit Gateway
C. Direct Connect専用接続
D. Direct Connectホスト接続

問題10

Direct Connectロケーション全体またはロケーション内部に物理障害があってもDirect Connectの冗長化を継続できる回復性は次のどれですか？ 1つ選択してください。

A. 最大回復性
B. 高い回復性
C. 開発とテスト
D. VPNバックアップのDirect Connect

問題11

S3、DynamoDBへの専用接続が必要です。次から1つ選択してください。

A. トランジット仮想インターフェイス
B. プライベート仮想インターフェイス
C. Direct Connect Gateway
D. パブリック仮想インターフェイス

問題12

Direct Connectのポート時間料金が発生するのはどれですか？ 2つ選択してください。

A. LOA-CFAのダウンロード時から
B. 接続の作成時から
C. 接続確立していないが、接続が作成されてから90日後から
D. 90日経っていないが、Direct Connectエンドポイントとカスタマールーターの接続が確立されたときから
E. はじめてデータが転送されたときから

問題13

数十のVPC、複数のデータセンター拠点との複雑な接続が必要です。どのソリューションを使用すれば運用負荷を軽減しルーティングの一元管理ができますか？ 1つ

選択してください。

A. VPCピア接続と個別のVPN接続
B. トランジットVPCソリューション
C. Direct Connect Gateway
D. Transit Gateway

問題14

複数リージョンでのTransit Gatewayを使った接続は次のどれで実現できますか？1つ選択してください。

A. Transit Gatewayピア接続
B. VPCアタッチメント
C. Transit Gateway Network Manager
D. Global Accelerator連携のVPN高速化

問題15

オンプレミスとの双方向のDNSアクセスを実現できるのは次のどれですか？ 1つ選択してください。

A. Route 53プライベートホストゾーン
B. Route 53パブリックホストゾーン
C. Route 53加重ラウンドロビン
D. Route 53 Resolver

問題16

Organizationsを使用するメリットはどれですか？ 2つ選択してください。

A. SCPによるOU単位でのセキュリティ設定
B. IAMロールクロスアカウントアクセスによるIAMユーザーの一元管理
C. CloudTrailによるログの保存と監査
D. 一括請求による請求管理の簡易化とディスカウントオプションの適用
E. CloudFormationによる自動構築

問題17

予防コントロールと検出コントロール、ログ集約アカウント、監査アカウント、AWS IAMアイデンティティセンター連携などマルチアカウントの組織におけるベストプラクティスを自動で簡単に構築できるOrganizationsと連携したサービスはどれですか？ 1つ選択してください。

A. AWS CloudFormation StackSets
B. AWS CloudTrail
C. AWS Service Catalog
D. AWS Control Tower

解答と解説

✓問題1の解答

答え：D

A. IAMロールと同じアカウントからの信頼ポリシーを設定しても、異なるアカウントからのクロスアカウントアクセスはできません。
B. クロスアカウントアクセスではアカウントそれぞれにIAMユーザーを作成する必要はありません。また、IAMロール信頼ポリシーとIAMユーザーのアクセスキーIDに関係はありません。
C. IAMユーザーとIAMロールが同じアカウントに作成されているのでクロスアカウントアクセスになりません。

✓問題2の解答

答え：C

A、B、D. IAMロールのARNが漏洩してサードパーティに登録されると情報を悪用される可能性があります。
C. 連携登録ごとに一意の外部IDが発行されれば、IAMロールのARNが漏洩しても別の連携申請では外部IDが異なるので認証は許可されず、情報が悪用されることはありません。

✓問題3の解答

答え：A

A. AWS IAMアイデンティティセンターからオンプレミスのActive Directoryを利用できます。
B. Simple ADはAWS IAMアイデンティティセンターに対応していません。また、オンプレミスのActive Directoryからの移行が必要です。

C. AWS Directory Service for Microsoft Active DirectoryはIAMアイデンティティセンターでサポートされていますが、移行が必要です。

D. IDブローカーを開発するケースは、SAMLをサポートしていないIDストアを使用しているケースです。Active Directoryを使用している場合は開発する必要はありません。

✓問題4の解答

答え：B

A. S3インターフェイスエンドポイントは追加料金が発生します。

B. S3ゲートウェイエンドポイントは追加料金が発生しません。

C. NATゲートウェイだけがあってもVPCからS3のサービスエンドポイントのあるVPC外ネットワークへはアクセスできません。

D. PrivateLinkはインターフェイスエンドポイントを実現している技術の名称です。

✓問題5の解答

答え：D

A、C. PC端末からのVPN接続には使用しません。

B. 実現できますが、EC2のデプロイ、運用が必要なのでAWSクライアントVPNよりも運用負荷がかかります。

D. 最も運用負荷が少なく可用性もあります。

✓問題6の解答

答え：A、D

A. オンプレミス側のルーターなどのIPアドレスなどを設定します。正解です。

B. アンマネージドなソフトウェアVPN接続を作成する場合に使用します。

C. プライベートサブネットのリソースがインターネットへアクセスするために必要です。マネージドVPN接続では使用しません。

D. VPC側にアタッチしてカスタマーゲートウェイとVPN接続します。正解です。

E. VPC同士の相互接続に使用します。VPN接続ではありません。

✓問題7の解答

答え：C

A. サポートしていません。必要な場合Transit Gatewayを選択してください。

B. サポートしていません。

C. サポートしています。トンネルオプションで検出時の動作も設定できます。

D. サポートしていません。必要な場合ソフトウェアVPNを選択してください。

✓問題8の解答

答え：A

A. EC2にソフトウェアVPNをインストールするので、インスタンスレベル、OSレベルでコントロールできます。
B、C、D. マネージドサービスです。完全なコントロールができない反面、コントロールする必要がないので運用負荷が軽減され、耐障害性、可用性が向上します。

✓問題9の解答

答え：D

A. 一般的にISPを介します。
B. Transit Gatewayだけしか明記がない場合、ISPを介することもあります。
C. 1Gbps、10Gbps、100Gbpsからの選択です。
D. 500Mbpsを選択できます。

✓問題10の解答

答え：A

A. Direct Connectロケーションそのものとロケーション内部に物理障害があってもロケーション内での冗長化があるので継続できます。
B. 障害がないときは冗長化されていますが、Direct Connectロケーション内部に物理障害があれば冗長化は失われます。
C. Direct Connectロケーションの障害には対応していません。
D. 障害発生時はVPN接続になるので、Direct Connectの冗長化は継続できません。

✓問題11の解答

答え：D

A、B、C. VGW、Transit Gatewayへの関連付け、接続をサポートしています。
D. パブリックなAWSのサービスへの専用接続はDirect Connectのパブリック仮想インターフェイスを選択します。

✓問題12の解答

答え：C、D

A. LOA-CFAはDirect Connectロケーション事業者へのクロスコネクトのリクエストに必要です。料金発生には影響ありません。
B. 接続を作成しただけで料金は発生しません。
C. 接続が確率されていなくても90日経過するとポート料金が発生します。
D. 接続が確立されると90日経っていなくてもポート料金が発生します。
E. データ転送リクエストを行ったアカウントに課金が発生するデータ転送料金です。

✓問題13の解答

答え：D

A. 個別に接続管理が必要になるので運用負荷が軽減されず一元管理もできません。

B. EC2の運用管理が必要になり運用負荷が軽減されません。
C. Direct Connect GatewayにはVPCは10までの制限があります。
D. Transit Gatewayを使用することで、運用負荷を軽減しルーティングの一元管理ができます。

✓問題14の解答

答え：A

A. 他リージョンのTransit Gatewayとピア接続が作成できます。
B. 他リージョンのVPCにアタッチメントは作成できません。
C. Network Managerはネットワークの可視化や到達性検査ができます。
D. Global Accelerator連携のVPN高速化はオンプレミスとの接続の安定化を提供します。

✓問題15の解答

答え：D

A. VPC内のリソースのDNSクエリをサポートしています。
B. パブリックなDNSクエリをサポートしています。
C. 複数のDNSレコードに対して重み付けする機能です。
D. オンプレミスのDNSサーバーとRoute 53プライベートホストゾーンなど双方が利用できます。

✓問題16の解答

答え：A、D

A. SCPはOrganizationsのみで可能な機能です。
B. クロスアカウントアクセスそのものにOrganizationsは必要ありません。
C. CloudTrailそのものにOrganizationsは必要ありません。
D. 一括請求はOrganizationsのみで可能な機能です。
E. CloudFormationそのものにOrganizationsは必要ありません。

✓問題17の解答

答え：D

A. CloudFormation StackSetsによってマルチアカウント環境での自動構築はできますが、テンプレートの作成が必要です。Control TowerによってCloudFormation StackSetsも自動作成されます。
B. CloudTrailはAPIアクションを記録し追跡調査を可能とします。Control Towerによって自動設定されます。
C. Service Catalogはポートフォリオを共有し、同一のサービス構成を複数アカウントで共有できますが、問題の要件を満たすものではありません。
D. 問題の要件をすべて満たします。

第3章

ソリューション設計と継続的改善

課題の解決となるソリューション、新規事業を支えるアプリケーションインフラの設計、コンプライアンスセキュリティ要件に応じたシステムの設計のために、AWSの多くのサービスを組み合わせて使用します。この章では、新規構築要件の視点と、既存の設計を継続的に改善するための設計において選択肢となる一部のサービスの特徴と機能、ユースケースについて解説します。

3-1

運用上の優秀性

デプロイ関連サービス

❏ リリースプロセス

上図は一般的なリリースプロセスです。モニタリング、フィードバックの結果、ソースコードの開発に戻り、この一連のプロセスが繰り返されます。これらがすべて手動で実行されていると、毎回リリース手順が異なってしまうケースもありますし、担当チームが分かれてしまうケースもあります。分かれた各チームは、自身の担当範囲だけを実施することに注力し、他プロセスへの影響をまったく考慮しないことに繋がるケースもあります。その結果、ソフトウェア開発者、インフラエンジニア、運用担当者は、エンドユーザーへのよりよいサービスの提供よりも、事前に決めた担当範囲の手順を終了させることにしか注力しなくなるケースもあります。

AWSではさまざまな作業の自動化が可能です。自動化することにより、失敗の可能性を減らし、デプロイのリスクを下げます。そしてリリース頻度を増やすことができ、よりよいサービスをエンドユーザーやカスタマーへ提供することに注力できます。

この節では、リリース作業を自動化するAWSデプロイサービスと、サービスを活用することにより実現しやすくなったデプロイメントパターンを解説します。

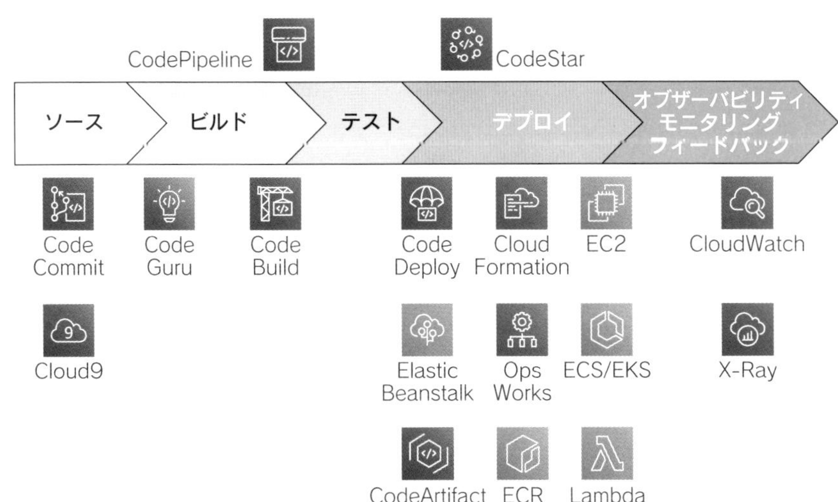

❏ デプロイ関連サービス

AWSにはリリースプロセスのライフサイクルをサポートするさまざまなサービスがあります。個別に後述するサービス以外のサービスについてはここで簡単に解説します。

- ○ Cloud9：Cloud9は統合開発環境（IDE）をブラウザさえあれば実行できるので、ローカルマシンに開発環境を用意する必要もなく、すぐに開発を始めることができます。クラウドを通して、チームで共同開発ができます。
- ○ CodeGuru：ソースコードのレビューによってバグや問題の抽出、パフォーマンスの最適化を自動化します。
- ○ CodeStar：CodePipeline、CodeCommit、CodeBuild、CodeDeployなどを組み合わせたCI/CDパイプラインを、多種多様なプロジェクトテンプレートからすばやく構築して、すぐに開発を始めることができます。
- ○ CodeArtifact：CodeArtifactでは、パッケージを適切なアクセス権限でチーム内に公開、共有できます。パッケージを管理するために必要なソフトウェアの構築、運用の必要がありません。
- ○ OpsWorks：Chef、Puppetの機能をマネージドで提供します。ChefまたはPuppetを使い慣れた組織は多くの追加学習の必要なく、AWSでのデプロイを柔軟にコントロールできるようになります。

AWS CodeCommit

CodeCommitはソースリポジトリサービスです。プライベートなGitリポジトリをチームにプライベートで提供します。ブランチ、コミット、プルリクエスト、マージなど、Gitの標準機能を提供しています。

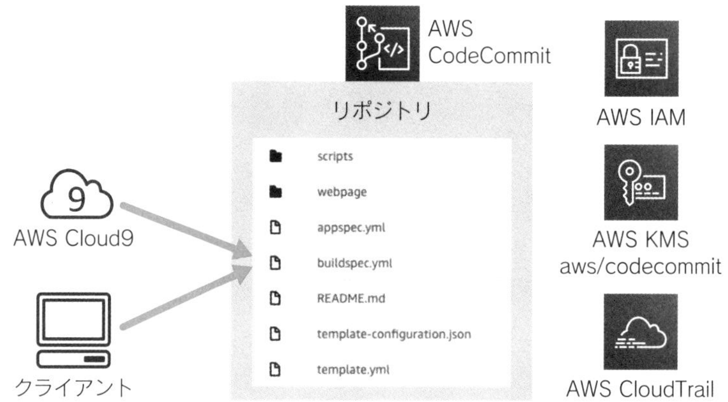

❑ AWS CodeCommit

開発しているクライアントPCやCloud9からSSHまたはHTTPSで接続し、Gitコマンドによりリポジトリを操作できます。

リポジトリへのアクセス許可はIAMポリシーによって制限でき、リポジトリのソースコードなどのデータはKMSのAWSマネージドキー（aws/codecommitキー）によって、サーバーサイド暗号化されています。リポジトリへのアクセスはCloudTrailによって記録されます。

これらのAWSサービスとの連携ができるGitリポジトリが必要な際には、CodeCommitを選択します。

AWS CodeBuild

CodeBuildはビルドとテストを実行するコンテナ環境を完全なマネージドで提供します。ビルドやテストのためにサーバーやインスタンスを用意する必要はありません。必要な設定はあらかじめ行っておくので、繰り返しのビルドプロセスが可能です。

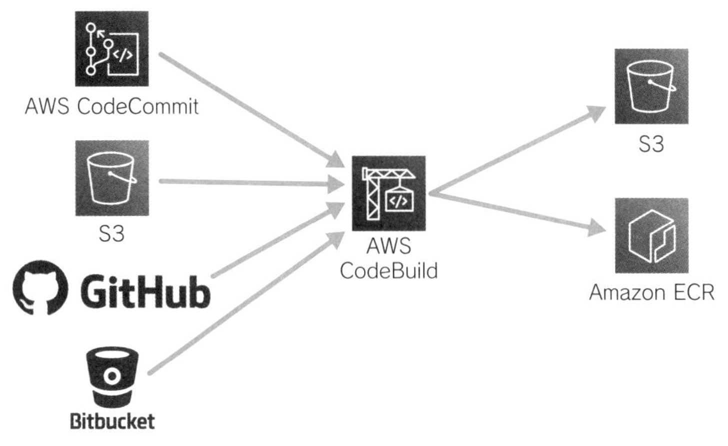

❏ AWS CodeBuild

ビルド環境として、AWSが用意したLinux、Windowsコンテナを選択したり、任意のコンテナを用意したりもできます。ソースコードリポジトリには、CodeCommit以外にもS3バケット、GitHub、Bitbucketを選択できます。

CodeBuildで実行される、テストやコンパイル、パッケージ作成、コンテナイメージの作成などは、buildspec.ymlに事前定義されたコマンドによって実行されます。作成されたパッケージ（アーティファクト）は、指定したS3バケットへ保存されたり、buildspec.ymlに定義したdocker pushコマンドでアップロードしたECRリポジトリに保存されます。

AWS CodeDeploy

CodeDeployは、EC2インスタンス（Auto Scaling含む）、ECSのコンテナ、Lambda関数、オンプレミスサーバーへのデプロイを自動化するサービスです。デプロイするアプリケーションリビジョン（アプリケーションをインストールするためのファイル群）の保存先には、S3バケットかGitHubを指定できます。

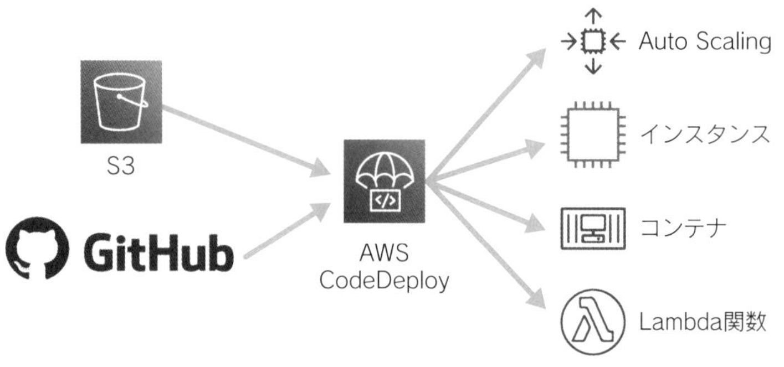

❏ AWS CodeDeploy

CodeDeployの構成要素には、アプリケーションとデプロイグループがあります。

まずCodeDeployアプリケーションを作成し、対象のプラットフォームをEC2／オンプレミス、Lambda、ECSのどれにするかを決定します。次にデプロイグループで対象のEC2インスタンスや、Auto Scalingグループ、ECSクラスタ、Lambda関数を指定します。他にリビジョン、AppSpec(アプリケーション仕様)、デプロイ設定を指定します。リビジョンではS3バケットかGitHubを指定します。AppSpecによりデプロイ処理の詳細を指定します。デプロイ設定によりデプロイ方法を指定します。

EC2インスタンス、オンプレミスサーバーには、CodeDeployエージェントをインストールします。エージェントがデプロイグループの設定によりデプロイ処理を実行します。

✱ AppSpec

AppSpecはデプロイ仕様です。デプロイ処理をYAMLフォーマットで記述されたとおりに実行します。EC2インスタンス／オンプレミス向けのCodeDeployアプリケーションでは、一連のライフサイクルイベントに対して、追加処理を設定できます。デプロイするリビジョンにappspec.ymlを含めてデプロイで指定するか、コンソールによる追加定義で設定可能です。

デプロイのライフサイクルイベント

イベント	期間	ステータス	開始時刻	終了時刻
BeforeInstall	1 秒未満	成功	8月 9, 2021 2:34 午前 (UTC+9:00)	8月 9, 2021 2:34 午前 (UTC+9:00)
Install	2 分 3秒間	成功	8月 9, 2021 2:34 午前 (UTC+9:00)	8月 9, 2021 2:36 午前 (UTC+9:00)
AfterInstall	1 秒未満	成功	8月 9, 2021 2:36 午前 (UTC+9:00)	8月 9, 2021 2:36 午前 (UTC+9:00)
AllowTestTraffic	1 秒未満	成功	8月 9, 2021 2:36 午前 (UTC+9:00)	8月 9, 2021 2:37 午前 (UTC+9:00)
AfterAllowTestTraffic	1 秒未満	成功	8月 9, 2021 2:37 午前 (UTC+9:00)	8月 9, 2021 2:37 午前 (UTC+9:00)
BeforeAllowTraffic	1 秒未満	成功	8月 9, 2021 2:37 午前 (UTC+9:00)	8月 9, 2021 2:37 午前 (UTC+9:00)
AllowTraffic	1 秒未満	成功	8月 9, 2021 2:37 午前 (UTC+9:00)	8月 9, 2021 2:37 午前 (UTC+9:00)
AfterAllowTraffic	1 秒未満	成功	8月 9, 2021 2:37 午前 (UTC+9:00)	8月 9, 2021 2:37 午前 (UTC+9:00)

❑ CodeDeployのライフサイクルイベント

❑ EC2のappspec.ymlの例

```
version: 0.0
os: linux
files:
  - source: /
    destination: /home/ec2-user/python-flask-service/
hooks:
  AfterInstall:
  - location: scripts/install_dependencies
    timeout: 300
    runas: root
  - location: scripts/codestar_remote_access
    timeout: 300
    runas: root
  - location: scripts/start_server
    timeout: 300
    runas: root
  ApplicationStop:
  - location: scripts/stop_server
    timeout: 300
    runas: root
```

✱EC2インスタンス／オンプレミスのデプロイ設定

プラットフォーム（EC2、ECS、Lambda）によってデプロイ設定に指定できる内容は異なります。AWSによってあらかじめ定義されているデプロイ設定をそのまま使用することもできます。「正常なホストの最小数」を割合（%）か数値で設定できます。定義済みデプロイ設定を例に解説します。

- AllAtOnce
  - 正常なホストの最小数値：0
  - 一度にすべてのインスタンスにデプロイします。
- HalfAtATime
  - 正常なホストの最小数値：50%
  - 一度に最大半分のインスタンスにデプロイします。
- OneAtATime
  - 正常なホストの最小数値：1
  - 一度に1つのインスタンスにデプロイします。

✱ECSのデプロイ設定

ECSで実行しているコンテナのデプロイでは、Canary（カナリア）とLinear（線形、リニア）から選択できます。複数のコンテナをECSタスクで実行しているので、一気にデプロイするか徐々に安全にデプロイするかなどを設定できます。

Canaryは最初一定の割合のみにリリースした後、指定した期間後に残りのリリースを完了させます。Linearも最初一定の割合のみにリリースした後、指定した間隔でデプロイ対象を増分していきます。定義済みデプロイ設定を例に解説します。

- ECSCanary10Percent5Minutes：最初10%のみ移行します。5分後に残り90%も移行します。
- ECSLinear10PercentEvery1Minutes：すべての移行が完了するまで、1分ごとに10%ずつ移行します。
- ECSAllAtOnce：一度にすべてのコンテナにデプロイします。

✱Lambdaのデプロイ設定

AWS Lambdaにはバージョン、エイリアスという機能があります。

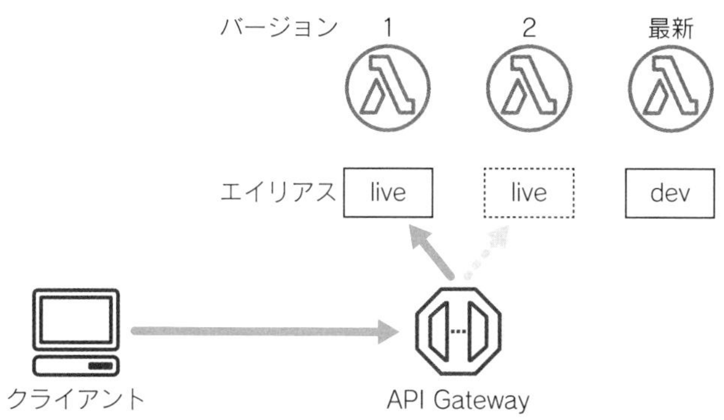

❏ Lambdaのバージョンとエイリアス

バージョンはイミュータブル(不変)で、開発後にバージョンを作成したら、コードや設定を変更できません。**エイリアス**はバージョンと紐付けます。トリガーからLambda関数を呼び出す際にエイリアスを指定して呼び出します。こうすることで、安全なデプロイと必要に応じたロールバックができます。

たとえば、API Gatewayからliveエイリアスを呼び出していて、liveエイリアスはバージョン1のLambda関数を実行しています。コードを変更したバージョン2を開発しました。liveエイリアスをバージョン2に紐付けてデプロイが完了します。バージョン2をデプロイした後に問題があれば、バージョン1にliveエイリアスの紐付けを戻してロールバックができます。

このエイリアスとバージョンの紐付けを、CodeDeployのデプロイ設定で割合指定できます。

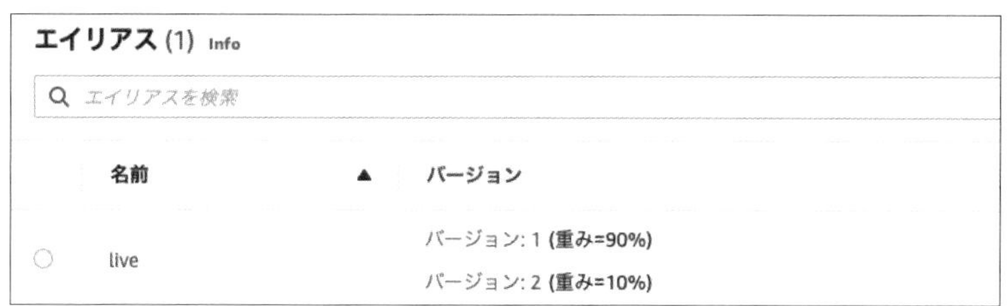

❏ Lambdaのエイリアスとバージョン

Canary(カナリア)とLinear(線形、リニア)から選択できます。Lambdaのエイリアスとバージョンの紐付けで割合を指定して、トラフィックの移行を段階的に行います。定義済みデプロイ設定を例に解説します。

- LambdaCanary10Percent5Minutes：最初10%のみ移行します。5分後に残り90%も移行します。
- LambdaLinear10PercentEvery1Minute：すべての移行が完了するまで、1分ごとに10%ずつ移行します。
- LambdaAllAtOnce：指定したLambda関数のバージョンを1回でデプロイします。

AWS CloudFormation

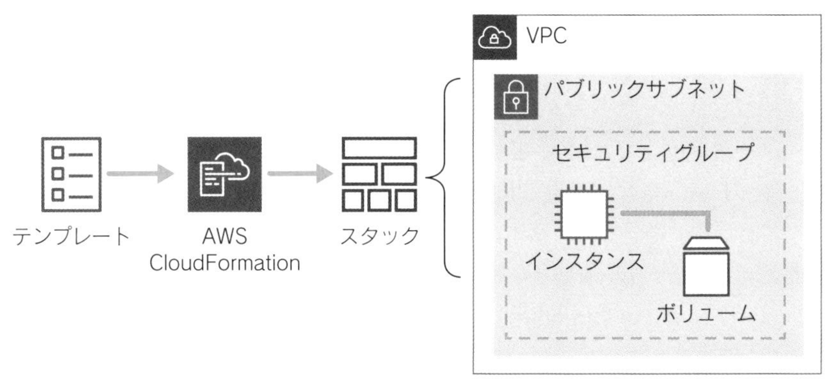

❑ CloudFormationの概要

CloudFormationは、テンプレートをもとにAWSリソースをスタックという単位で作成します。マネジメントコンソールやCLIで設定する各サービスリソースのパラメータを、テンプレートのプロパティに、あらかじめJSONかYAMLフォーマットで記述しておくことでCloudFormationエンジンがスタックを作成します。

ここでは網羅的に解説するのではなく、複雑なアプリケーションを構成する際に使用を検討できる機能をピックアップして解説します。以下の5項目です。

- カスタムリソース
- CloudFormationヘルパースクリプト
- スタックポリシー
- DeletionPolicy（削除ポリシー）
- AWS CDK

✱カスタムリソース

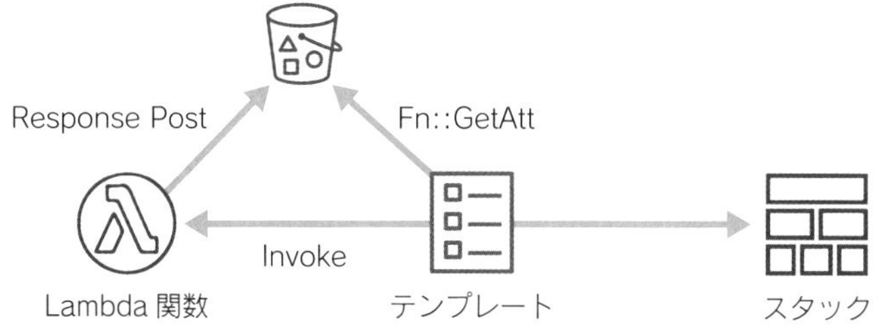

❑ Lambdaベースのカスタムリソース

CloudFormationでは、Resourcesにカスタムリソースを含めて任意のLambda関数を実行することができます。

❑ LambdaカスタムリソースのCloudFormationテンプレート例

```
"AMIInfo": {
  "Type": "Custom::AMIInfo",
  "Properties": {
    "ServiceToken": { "Fn::GetAtt" : ["AMIInfoFunction","Arn"] },
    "Region": { "Ref": "AWS::Region" },
    "Architecture": {
      "Fn::FindInMap" : [ "AWSInstanceType2Arch", {
        "Ref" : "InstanceType"
      }, "Arch" ]
    }
  }
},
```

このカスタムリソースの例では、AMI IDを動的に取得しています。"Type": "Custom::AMIInfo"のAMIInfoは任意の値です。"ServiceToken"にLambda関数のARNを指定します。

スタック作成時に指定したLambda関数が実行されます。Lambda関数のEventデータには、レスポンスURL（S3署名付きURL）が含まれます。Lambda関数は処理後、レスポンスURLに生成したデータをPOSTします。テンプレートからは、"Fn::GetAtt"でLambdaが生成したデータを受け取ります。

カスタムリソースを使用してLambda関数を実行することによって、CloudFormationがサポートしていない処理や、必要な情報を動的に取得できます。

✱ CloudFormationヘルパースクリプト

EC2インスタンスへデプロイするアプリケーショ向けにCloudFormationヘルパースクリプトが用意されています。Amazon Linux AMIにはすでにインストールされていて、/opt/aws/binにあります。aws-cfn-bootstrapパッケージをインストールしても使用できます。

CloudFormationヘルパースクリプトには、cfn-init、cfn-signal、cfn-get-metadata、cfn-hupがあります。本書では、cfn-initとcfn-signalについて解説します。

- cfn-init：パッケージのインストール、ファイルの作成、サービスの開始などが可能です。
- cfn-signal：CreationPolicy、またはWaitConditionにシグナルを送信するために使用できます。

cfn-initは、CloudFormationテンプレートではAWS::CloudFormation::Initで定義します。

❑ cfn-initの定義例

```
"Resources": {
  "MyInstance": {
    "Type": "AWS::EC2::Instance",
    "Metadata" : {
      "AWS::CloudFormation::Init" : {
        "config" : {
        "packages" : {},
        "files" : {},
        "commands" : {},
        "services" : {},
        "groups" : {},
        "users" : {},
        "sources" : {},
      }
    }
  },
  "Properties": {}
  }
}
```

- packages：EC2インスタンスにソフトウェアパッケージをインストールします。
- files：EC2インスタンス上にファイルを作成します。
- commands：EC2インスタンスでコマンドを実行できます。
- services：サービスの自動起動の有効化、起動ができます。
- groups：Linuxグループを作成します。
- users：Linuxユーザーを作成します。
- sources：アーカイブファイルをダウンロードして展開します。

AWS::CloudFormation::Initの定義は、EC2インスタンスのメタデータ（属性情報）に設定されます。cfn-initを実行すると、メタデータに設定されたInitでやるべきことを読み取って処理します。cfn-initの実行はUserDataで設定します。

次のCloudFormationテンプレートの一部は、cfn-initのUserDataでの実行例です。aws-cfn-bootstrapの最新バージョンをインストールして実行しています。

❏ cfn-init、cfn-signalの実行例

```
"UserData": {
  "Fn::Base64": {
    "Fn::Join": [
      "",
      [
        "#!/bin/bash -xe\n",
        "yum install -y aws-cfn-bootstrap\n",
        "/opt/aws/bin/cfn-init -v ",
        " --stack ", {"Ref": "AWS::StackName"},
        " --resource MyInstance ",
        " --region ", {"Ref": "AWS::Region"}, "\n",
        "# Signal the status from cfn-init\n",
        "/opt/aws/bin/cfn-signal -e $? ",
        " --stack ", {"Ref": "AWS::StackName"},
        " --resource MyInstance ",
        " --region ", {"Ref": "AWS::Region"}, "\n"
      ]
    ]
  }
}
```

この例ではcfn-signalも実行しています。cfn-signalはシグナルを送信します。

次の例では、CreationPolicyを指定して、cfn-signalからの送信を受け取って、EC2インスタンスのリソース作成を完了とします。こうすることで、EC2インスタンスの起動リクエストが終わっただけで次のリソース作成に遷移するのではなく、ソフトウェアのデプロイが完了してから次のリソース作成に遷移します。

❑ CreationPolicyの指定

```
"Resources": {
  "MyInstance": {
    "Type": "AWS::EC2::Instance",
    "Metadata": {
      "AWS::CloudFormation::Init": {
        "config": {}
      }
    },
    "Properties": {},
    "CreationPolicy": {
      "ResourceSignal": {
        "Timeout": "PT5M"
      }
    }
  }
}
```

✱ スタックポリシー

スタックに含まれるリソースの更新は、テンプレートの更新によって行います。意図しない更新を防ぐためには**スタックポリシー**を使用できます。スタックポリシーはスタック作成時にJSONフォーマットで定義します。明示的に許可されていない変更は暗黙的に拒否されます。一部のリソースだけを保護する場合は、すべてのリソースに対しての更新を許可(Allow)してから、保護する一部のリソースの更新だけを拒否(Deny)します。

❏ スタックポリシーの例

```
{
  "Statement": [
    {
      "Effect": "Allow",
      "Action": "Update:*",
      "Principal": "*",
      "Resource": "*"
    },
    {
      "Effect": "Deny",
      "Action": "Update:*",
      "Principal": "*",
      "Resource": "LogicalResourceId/MyInstance"
    }
  ]
}
```

上記のスタックポリシーの例では、MyInstanceの更新が拒否されています。このスタックの更新でMyInstanceを更新しようとすると、CloudFormationのイベントログには「Action not allowed by stack policy」メッセージが出力されて、UPDATED_FAILEDになります。

✱ DeletionPolicy（削除ポリシー）

DeletionPolicyを指定しておくことで、スタック削除時に特定のリソースを保護できます。データベースやストレージを保護する際などに有効です。

❏ S3バケットを削除せずに残す場合のCloudFormationテンプレート

```
Resources:
  myS3Bucket:
    Type: AWS::S3::Bucket
    DeletionPolicy: Retain
```

Retainはあらゆるリソースタイプに設定することができます。

❏ EBSボリュームのスナップショットを取得してボリュームを削除する場合のCloudFormationテンプレート

```
Resources:
  NewVolume:
    Type: AWS::EC2::Volume
    Properties:
      Size: 100
      AvailabilityZone: !GetAtt Ec2Instance.AvailabilityZone
    DeletionPolicy: Snapshot
```

Snapshotは、EBSボリューム以外では以下のリソースで使用できます。

- AWS::ElastiCache::CacheCluster
- AWS::ElastiCache::ReplicationGroup
- AWS::Neptune::DBCluster
- AWS::RDS::DBCluster（Aurora）
- AWS::RDS::DBInstance
- AWS::Redshift::Cluster

✱ AWS CDK

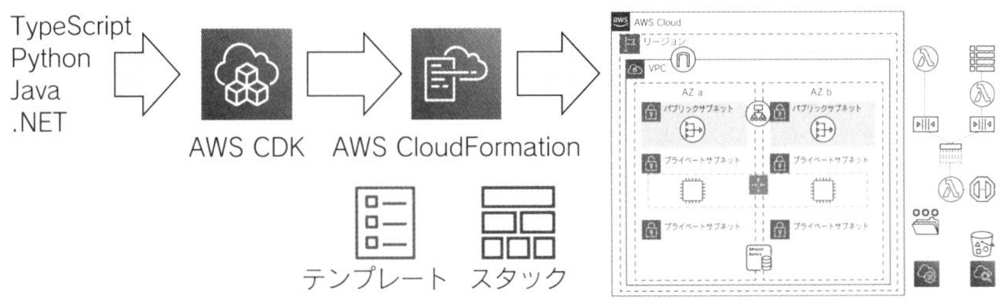

❏ AWS CDK

AWS CDKを使用するとソースコードからCloudFormationテンプレートを生成できます。本書執筆時点で使用できる言語はTypeScript、Python、Java、.NETです。詳細なパラメータを設定しなくても、ベストプラクティスに基づくデフォルト設定が適用されます。オブジェクト指向、ループ、条件分岐による動的なインフラストラクチャ構築が可能です。レイヤーごとの共有コンポーネントを、共有クラスや関数として組織内で再利用できます。

❑ VPCを構築するCDKのコード

```
from aws_cdk.aws_ec2 import Vpc
vpc = Vpc(self, "TheVPC", cidr="10.0.0.0/16")
```

たとえば、上記のコードだけで、パブリックサブネットとプライベートサブネットを複数のAZ(アベイラビリティゾーン)にデプロイしたVPCを構築できます。

CDKで記述したコードをもとにデプロイするには、CDKコマンドを実行します。

- cdk init：CDKプロジェクトのスケルトンを作成します。テンプレートプロジェクトの選択や言語の選択ができます。例：cdk init sample-app--language python
- cdk list(ls)：プロジェクトに含まれるスタックを一覧表示します。
- cdk deploy：プロジェクトに含まれるスタックをデプロイします。引数で単一のスタックを指定することも可能です。
- cdk synthesize(synth)：CDKのコードをテンプレートにして表示します。単一スタックの指定も可能です。
- cdk diff：CDKのコードとスタックで差異がないか表示します。単一スタックの指定も可能です。
- cdk destroy：スタックを削除します。単一スタックの指定も可能です。

AWS CodePipeline

CodePipelineはソース、ビルド(テスト)、デプロイのCI/CDパイプラインを自動化します。ソース、ビルド、デプロイにサードパーティツールも使用できますが、AWSマネージドサービスとして、CodeCommit、CodeBuild、CodeDeployなどがあります。

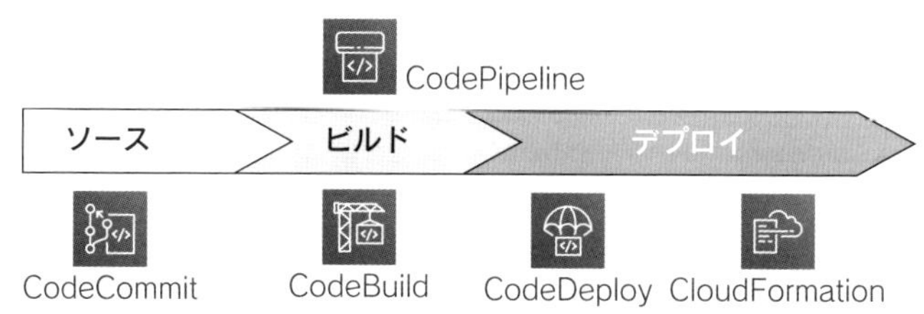

❑ AWS CodePipeline

ソースステージのリポジトリソースコードが更新された際に、パイプラインが実行されます。ビルドステージでテストやビルドコマンドが実行され、実行可能なアーティファクトが作成されると、デプロイステージのCodeDeployやCloudFormationによってデプロイされます。

他には、テストのためにLambda関数を実行するステージを追加したり、ユーザーによる承認ステージを追加したりすることも可能です。

AWS Elastic Beanstalk

AWS Elastic Beanstalkは、開発者がすばやくAWSを使い始めることができるようにするサービスです。

次の図のように開発環境のクライアントマシンからEB CLIを操作することで、AWSへの継続的なデプロイを実行できます。これで開発者は、極端なケースですが、AWSのアーキテクチャを知らなくても開発に集中できます。Elastic Beanstalkではまずアプリケーションが作成され、環境を複数作成できます。環境ごとにDNSが生成されます。Route 53のAレコードエイリアスなど、DNSレコードを使って組織のドメインで名前解決をできるよう設定します。

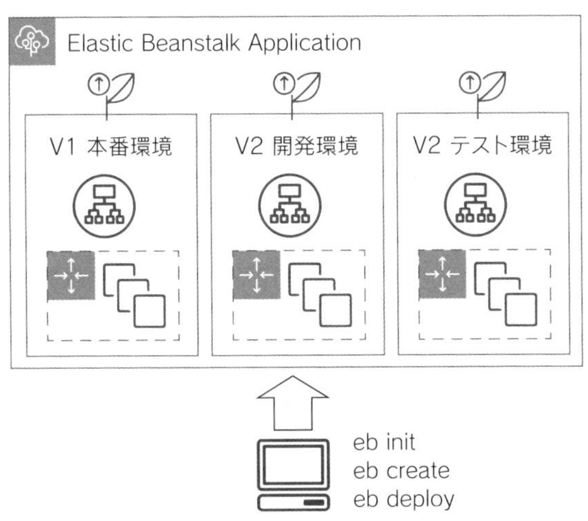

❏ AWS Elastic Beanstalk

✱ .ebextensions

EB CLIを実行するカレントディレクトリに、.ebextensionsディレクトリを作成して、配下にconfigファイルを配置することで、アプリケーションのカスタマイズが可能です。構成内容と可能なことは、CloudFormationのcfn-initとだいたい同じです。

例として次の.ebextensionsで解説します。

❑ .ebextensions

```
packages:
  yum:
    git: []

sources:
  /var/lib/redmine: http://www.redmine.org/releases/
➥redmine-3.0.0.tar.gz

files:
  "/var/lib/redmine/config/database.yml"
    content: |
      production:
        adapter: mysql2
        database: db_redmine
        host: localhost

container_commands:
  01_secret:
    command: rake generate_secret_token
    leader_only: true

option_settings:
  - option_name: BUNDLE_WITHOUT
    value: "test:development"
  - option_name: RACK_ENV
    value: production
```

- packages：指定したパッケージをダウンロードしてインストールできます。この例ではgitをインストールしています。
- sources：アーカイブファイルをダウンロードしてターゲットディレクトリに展開します。ここでは、/var/lib/redmineのredmine-3.0.0.tar.gzをダウンロードして展開しています。

- files：EC2インスタンス上にファイルを作成できます。例では、/var/lib/redmine/config/database.ymlを作成しています。
- container_commands：アプリケーションバージョンがデプロイされる前に、ルートユーザー権限で実行されます。leader_onlyを使用することでAuto Scalingグループのうち、1つのインスタンスのみで実行することもできます。この例では、rake generate_secret_tokenを1つのインスタンスのみで実行しています。
- option_settings：Elastic Beanstalk環境設定の環境変数を定義できます。ここでは、BUNDLE_WITHOUTとRACK_ENVを定義しています。

これらの他に、groups、users、commands、servicesの指定もできます。

デプロイメントパターン

ローリングデプロイ

ローリングデプロイでは、指定したバッチサイズ（インスタンス数、割合）ずつ、更新デプロイをします。デプロイ中のインスタンスはELBから切り離されます。デプロイ完了後、バッチ内のインスタンスがすべて正常な状態になってから、次のバッチの処理が開始されます。

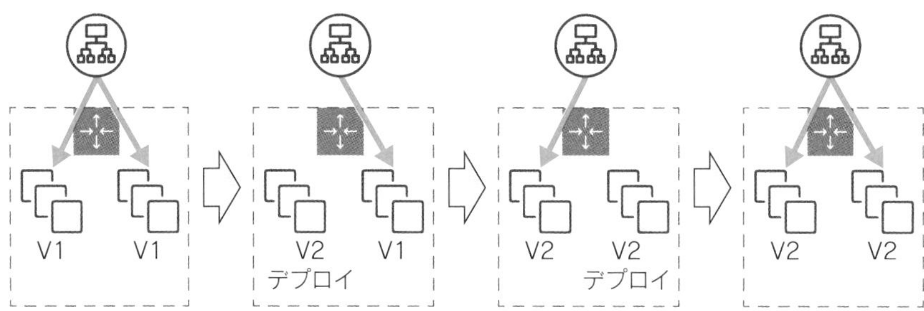

❑ ローリングデプロイ

ブルー／グリーンデプロイ

現在のアプリケーションバージョンをブルー、新しいバージョンをグリーンとしてデプロイして、リクエストの送信先をブルーからグリーンに切り替えてリリースする方法を、ブルー／グリーンデプロイと呼びます。元のブルー環境が一定時間残るので、グリーン環境に問題があった場合のロールバックを安全にすばやく行えます。ただし、リリース期間中に同じ環境を重複して用意する分のコストが発生します。

クラウドはリソースの使い捨てがしやすいので、ブルー／グリーンデプロイがやりやすいメリットもあります。

✱Route 53を使用したブルー／グリーンデプロイ

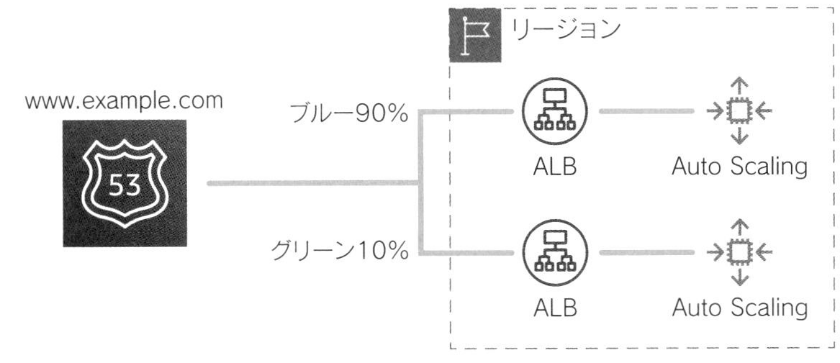

❏ Route 53を使用したブルー／グリーンデプロイ

Route 53の加重ルーティングを使用してブルー／グリーンデプロイができます。www.example.comのAレコード、エイリアスにブルーのElastic Load Balancing（ELB）を設定しています。もう1つグリーンのELBを設定して、それぞれに重みを設定します。

たとえば、10%だけリクエストが送信されるようにして、問題がなければグリーンの割合を増やして一定時間後にブルーを削除してリリースを完了させます。問題が発生した場合は、ブルーを100%にしてロールバックします。

ELBの設定も含めた変更をリリースする場合や、Classic Load BalancerからApplication Load Balancerに移行する場合などに使用できます。

＊Application Load Balancerを使用したブルー／グリーンデプロイ

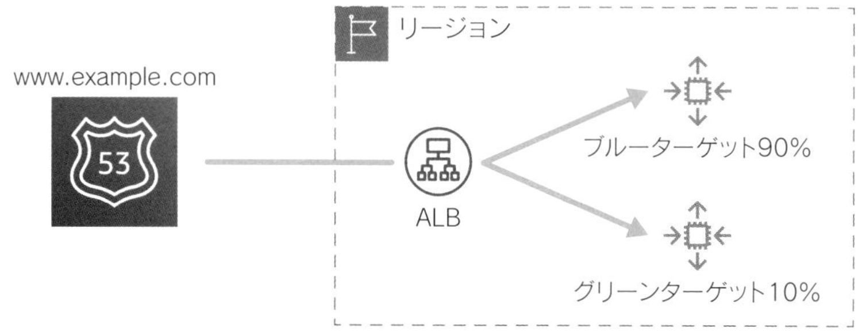

❑ Application Load Balancerを使用したブルー／グリーンデプロイ

Application Load Balancerには複数のターゲットグループを設定できます。重み付けによりリクエストの送信を分散でき、ブルー／グリーンデプロイが実現できます。Application Load Balancerの設定に変更がない場合に使用できます。

＊EC2 Auto Scalingを使用したブルー／グリーンデプロイ

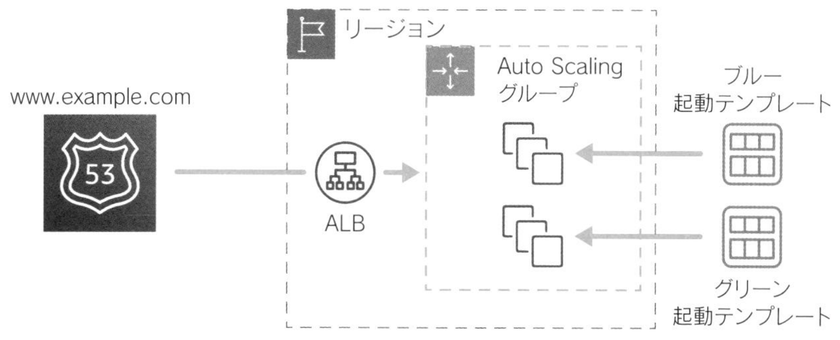

❑ EC2 Auto Scalingを使用したブルー／グリーンデプロイ

EC2 Auto Scalingの起動テンプレートで新しいバージョンを作成してDefaultバージョンに設定します。EC2 Auto Scalingの設定で起動テンプレートバージョンをDefaultにしておくことで、次に起動するEC2インスタンスは新しい起動テンプレートバージョンのEC2インスタンスになります。一時的に希望するインスタンスの数を増やします。

たとえば、2から4にすれば新しい起動テンプレートバージョンのEC2インスタンスが2つ起動します。問題ないことが確認できれば、希望するインスタンス数を2に戻します。それにより古い起動テンプレートで起動していたEC2インスタンスは終了してリリースが完了します。

ターゲットグループなど新規のリソース作成をしたくない場合や、作業を最小化したい場合に使用できます。

✱ Elastic Beanstalkのブルー／グリーンデプロイ

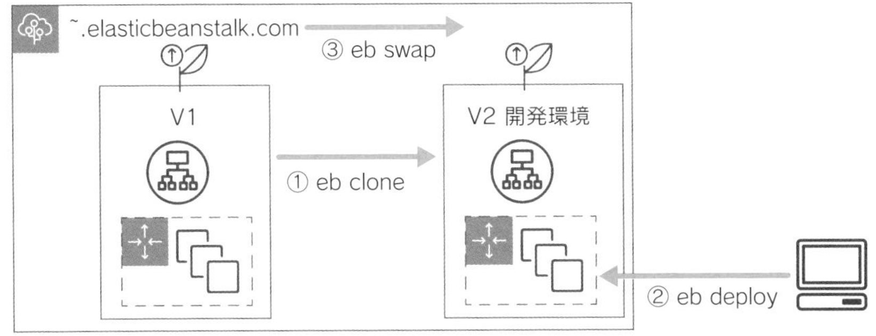

❑ Elastic Beanstalkブルー／グリーンデプロイ

eb cloneコマンドで、既存環境と同じ別の環境を作成できます。eb deployコマンドにより新しいコードで既存環境のコードを更新します。eb swapコマンドでは、本番環境のDNSをV2の環境と付け替えます。もしもV2に問題があった場合は、もう一度eb swapコマンドを実行してDNSをV1へ戻します。

✱ CodePipeline、ECSのブルー／グリーンデプロイ

次の図は、CodePipelineとECSを使用したコンテナのブルー／グリーンデプロイの一例です。CodeCommitリポジトリで、AppSpec.yamlやECSタスク定義のtaskdef.jsonを管理します。コンテナイメージはECRリポジトリで管理しています。

CodePipelineのソースステージに、CodeCommitリポジトリとECRリポジトリを設定します。それぞれどちらかが更新されたときに、それぞれのCloud Watch EventsがトリガーされてPipelineが実行されます。CodeDeployは対象をECSで作成しています。デプロイ設定では、CodeDeployDefault.ECSAllAtOnceが指定されています。Pipelineのデプロイステージアクションプロバイダーで、Amazon ECS（ブルー／グリーン）が設定されており、デプロイグループの2つのターゲットグループでブルー／グリーンデプロイが実行されます。

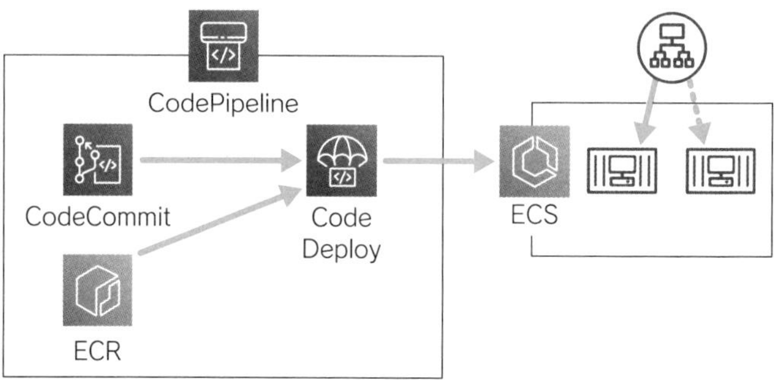

❑ CodePipeline、ECSのブルー／グリーンデプロイ

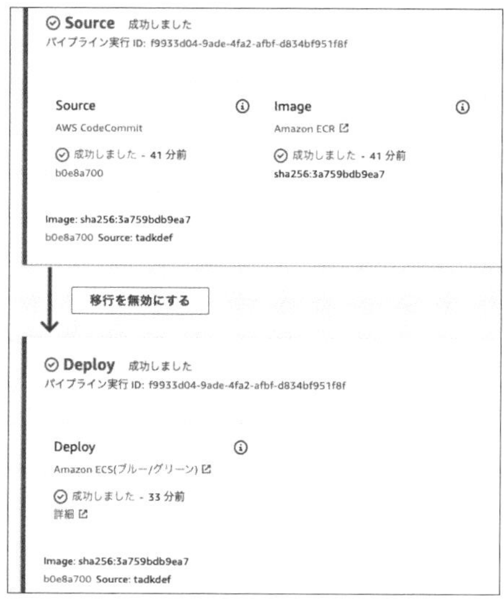

❑ CodePipeline設定画面

✱ SAMをCodePipelineで継続デプロイ

SAM（Serverless Application Model）はCloudFormationの拡張です。サーバーレスアプリケーションアーキテクチャ（Lambda、API Gateway、DynamoDB、S3など）の構築を高速化するために提供されています。

SAMの役割は大きく2つで、1つがCloudFormationテンプレートの拡張、もう1つがSAMコマンドによるデプロイです。ここで解説するケースでは、SAMコマンドによるデプロイではなく、CloudFormationテンプレートを拡張したSAMテンプレートをCodePipelineでデプロイするパイプラインです。

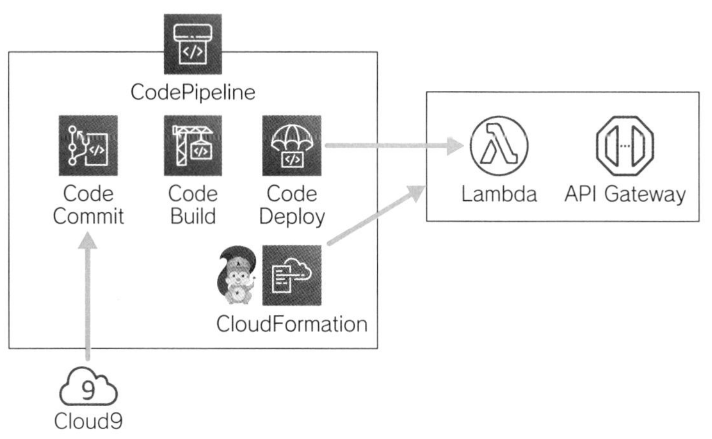

❑ SAM CodePipeline

次の例では、CodePipelineのデプロイステージで、CloudFormationによりSAMテンプレートからリソースを構築しています。

❑ SAMテンプレートの例

```
AWSTemplateFormatVersion: 2010-09-09
Transform:
- AWS::Serverless-2016-10-31

Resources:
  HelloWorld:
    Type: AWS::Serverless::Function
    Properties:
      FunctionName:
        lambda-HelloWorld
      Handler: index.handler
      Runtime: python3.9
      Role:
        Fn::GetAtt:
        - LambdaExecutionRole
        - Arn
      Events:
        GetEvent:
          Type: Api
          Properties:
            Path: /
            Method: get
```

Lambda関数のソース、ランタイム、API Gatewayのリソース、ステージがまとめてAWS::Serverless::Functionに定義されています。

Lambda関数のコードと、CodeBuildのbuildspec.yml、SAMのtemplate.ymlなどを、CodeCommitリポジトリでバージョン管理しています。Cloud9で開発し、コミットしたプルリクエストがマージされると、CodePipelineによりCodeBuildが実行されます。イベントトリガーはEventBridgeです。

❏ EventBridgeのルール例

```
{
  "detail-type": ["CodeCommit Repository State Change"],
  "resources": ["arn:aws:codecommit:us-east-1:123456789012:
➥RepositoryName"],
  "detail": {
    "referenceType": ["branch"],
    "event": ["referenceCreated","referenceUpdated"],
    "referenceName": ["master"]
  },
  "source": ["aws.codecommit"]
}
```

masterブランチが作成されたときや更新されたときに、CodePipelineが実行されます。

CodeBuildのビルド仕様は、buildspec.ymlに記述されます。

❏ buildspec.ymlの例

```
phases:
  install:
    runtime-versions:
      python: 3.0
    commands:
      - pip install --upgrade awscli
  pre_build:
    commands:
      - python -m unittest discover tests
  build:
    commands:
      - aws cloudformation package --template template.yml
 ➥--s3-bucket $S3_BUCKET --output-template template-export.yml
```

Pythonアプリケーションの例です。pip installで依存モジュールのインストールをしています。unittestのテストをビルド前に行っています。テストが失敗した場合はパイプラインを終了します。

CodeDeployのデプロイ設定はSAMテンプレートで指定されています。

❑ CodeDeployのデプロイ設定

```
Globals:
  Function:
    AutoPublishAlias: live
    DeploymentPreference:
      Enabled: true
      Type: Canary10Percent5Minutes
      Role: !Ref CodeDeployRole
```

SAMのテンプレートに上記のようにCodeDeployのデプロイ設定を追加できます。Canary10Percent5Minutesが指定されているので、Lambda関数の新しいバージョンがリリースされると、最初はエイリアスに10%のトラフィックが設定されます。5分後に、100%のトラフィックをエイリアスに新しいバージョンとして設定し、デプロイが完了します。

モニタリング

AWS Healthイベント

AWS Healthイベントでは、AWSアカウントに影響を及ぼすイベント(機能変更や障害など)をモニタリングできます。AWS Healthイベントには、アカウント固有のイベントとパブリックイベントがあります。**アカウント固有のイベント**では、AWSアカウントで使用中のリソースなど、直接的に影響のある情報が提供されます。**パブリックイベント**では、アカウントでは使用していないサービスについても情報が提供されます。これらのイベント情報には、AWS Personal Health Dashboard、Service Health Dashboard、AWS Health APIからアクセスできます。

＊AWS Personal Health Dashboard

AWS Personal Health Dashboardでは、マネジメントコンソールにサインインして、ダッシュボードとイベントログで、過去90日のアカウント固有のイベントとパブリックイベントを確認できます。アカウント固有のイベントは、EventBridgeと連携して自動アクションが可能です。

イベントには、イベントタイプカテゴリー（eventTypeCategory）が含まれます。イベントタイプカテゴリーは、問題（issue）、アカウント通知（accountNotification）、スケジュールされた変更（scheduledChange）の3種類です。各イベントにはイベントタイプコード（eventTypeCode）が含まれます。

- 問題（issue）**のイベントタイプコードの例**
  - AWS_EC2_OPERATIONAL_ISSUE：EC2サービスの遅延などサービスの問題。
  - AWS_EC2_API_ISSUE：EC2 APIの遅延などAPIの問題。
  - AWS_EBS_VOLUME_ATTACHMENT_ISSUE：EBSボリュームの問題。
  - AWS_ABUSE_PII_CONTENT_REMOVAL_REPORT：アクションをしないとアカウントを一時停止される可能性があります。
- アカウント通知（accountNotification）**のイベントタイプコードの例**
  - AWS_S3_OPEN_ACCESS_BUCKET_NOTIFICATION：パブリックアクセスを許可するS3バケットがあります。
  - AWS_BILLING_SUSPENSION_NOTICE：請求未払いがあり、アカウントが停止もしくは無効化されています。
  - AWS_WORKSPACES_OPERATIONAL_NOTIFICATION：Amazon WorkSpacesのサービスに問題があります。
- スケジュールされた変更（scheduledChange）**のイベントタイプコードの例**
  - AWS_EC2_SYSTEM_MAINTENANCE_EVENT：EC2のメンテナンスイベントがスケジュールされています。
  - AWS_EC2_SYSTEM_REBOOT_MAINTENANCE_SCHEDULED：EC2インスタンスの再起動が必要です。
  - AWS_SAGEMAKER_SCHEDULED_MAINTENANCE：SageMakerにはサービスの問題を修正するためのメンテナンスが必要です。

次の図は、EventBridge連携の自動アクションの例です。

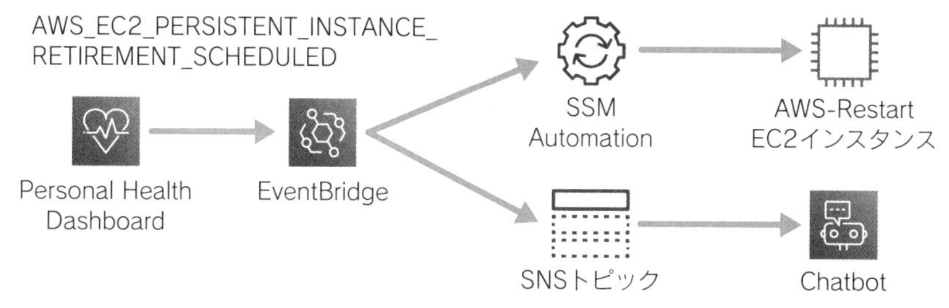

❏ Health EventのEventBridge連携の自動アクション

次のコードは、起動中のEC2インスタンスのホストがリタイア予定のため自動で停止・開始してホストを変更する例です。

❏ EC2インスタンスのホストリタイアイベントルール

```
{
  "source": ["aws.health"],
  "detail-type": ["AWS Health Event"],
  "detail": {
    "service": ["EC2"],
    "eventTypeCategory": ["scheduledChange"],
    "eventTypeCode": ["AWS_EC2_PERSISTENT_INSTANCE_RETIREMENT_
➡SCHEDULED"]
  }
}
```

イベントルールで、eventTypeCodeにAWS_EC2_PERSISTENT_INSTANCE_RETIREMENT_SCHEDULEDを設定します。ターゲットにSystems Manager AutomationのAWS-RestartEC2Instanceを指定します。パラメータのInput Transformerには、{"Instances":"$.resources"}、{"InstanceId": <Instances>}を指定します。そして、適切な権限を持ったIAMロールを指定します。

ターゲットにSNSトピックを指定して、AWS ChatbotからSlackなどに通知することも可能です。

Organizationsとの連携については、Organizationsの組織で有効化して、組織まとめてのダッシュボード、イベントログを確認できます。

✱ AWS Health API

Personal Health Dashboardの情報にAPIでアクセスできます。

✱ Service Health Dashboard

インターネット上の公開ページで、パブリックイベントを確認できます。アカウントは特定されないので、アカウント固有のイベントは含まれません。

Amazon CloudWatch

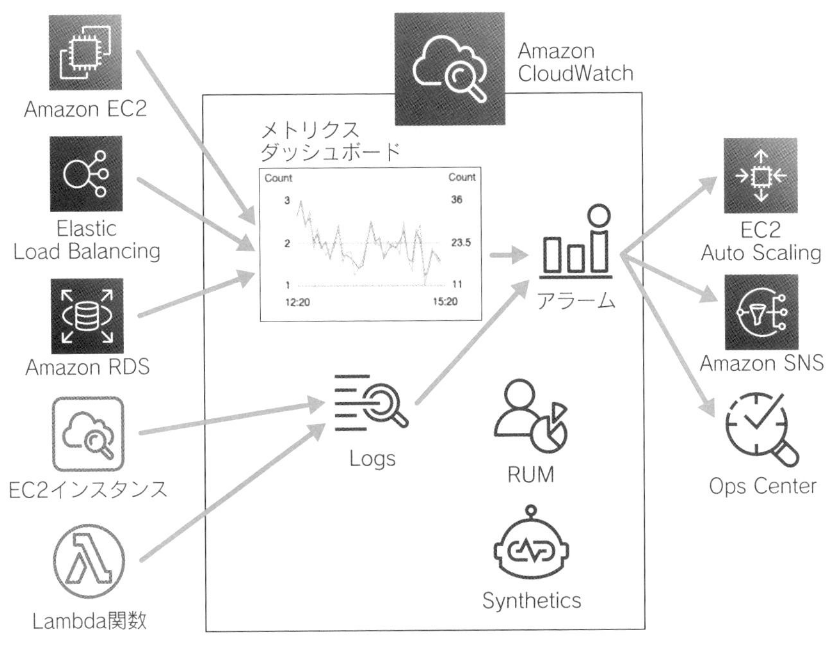

❑ Amazon CloudWatch

Amazon CloudWatchの各機能をアップデートとあわせて解説します。

✱ メトリクス、ダッシュボード

クロスアカウントオブザーバビリティにより、複数アカウントにまたがったメトリクスやログを共有できるようになりました。Organizationsで組織における共有を簡単にセットアップできます。

✱ アラーム

複合アラームを設定できるようになりました。複数のアラームをAND、OR、NOTで組み合わせて1つのアラームアクションを実行できます。

たとえば、EC2インスタンスのCPU使用率が高いときだけではなく、さらにEBSボリュームへの読み込みが多い場合にアラームをするなど、より正確なアラーム実行ができます。

アラームアクションにはSystems Manager Ops CenterへのOpsItemsの作成と、Incident Managerへのインシデント作成が追加されました。アラームから発生する運用作業項目を自動作成してOps Centerでタスク管理したり、インシデントとして対応を自動化し、追跡したりできます。

✱ 異常検出

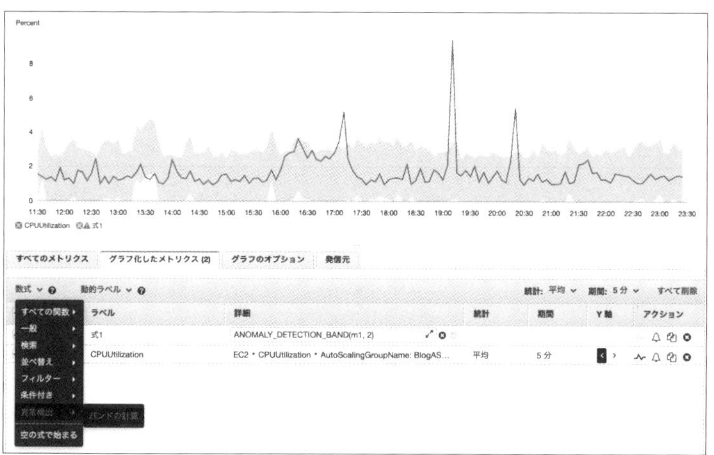

❑ CloudWatch Anomaly Detection

CloudWatchメトリクスで異常検出を設定できます。統計アルゴリズムと機械学習アルゴリズムによって、正常ベースラインが計算されます。上の図では、17:00、19:00、20:30ごろに異常値を瞬間的に示していることがわかります。異常値に対するCloudWatchアラームの設定も可能です。

✱ CloudWatch Logs

AWSサービスやCloudWatchエージェントによるアプリケーションログなどさまざまなログを収集できます。CloudWatch Logsインサイトでクエリによるインタラクティブな分析が可能です。メトリクスフィルターにより、特定の文字列の発生回数をメトリクスとして扱ってアラームを実行したり、ログ内の特定フィールド数値をメトリクスにできたりします。

3　ソリューション設計と継続的改善

たとえば、特定のエラーメッセージの発生回数を監視したり、アクセスログに含まれるデータ送信量をモニタリングしたりできます。

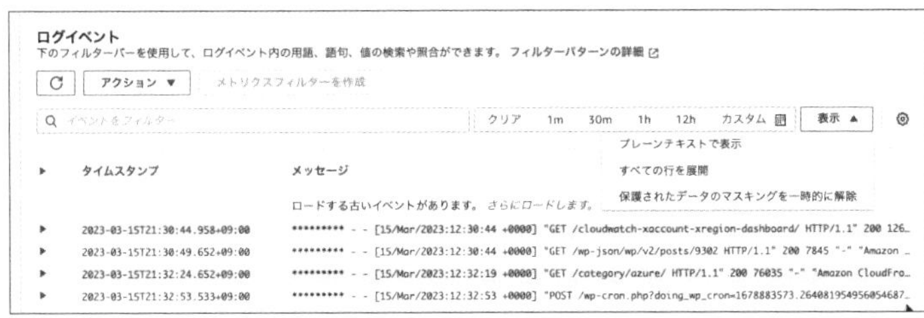

❑ マスクされたログの機密データ

データ保護ポリシーにより自動で機密データをマスクできるようになりました。メールアドレスやクレジットカード番号、IPアドレスなど、マスクしたいデータの種類を指定して自動で検出、マスクできます。権限があるIAMユーザーは一時的にマスクを外して、機密データの値を確認することもできます。

上図ではアクセスログのIPアドレスがマスクされています。表示メニューの「保護されたデータのマスキングを一時的に解除」から解除できます。

✱ CloudWatch Synthetics

❑ CloudWatch Synthetics

Canaryというλambda関数を設定したスケジュールで実行し、指定したWebページへ定期的に自動アクセスします。その時点のスクリーンショットの取得と、Webページに含まれるコンテンツのダウンロード時間などを記録します。パフォーマンスと可用性のモニタリングができます。

✱ CloudWatch RUM

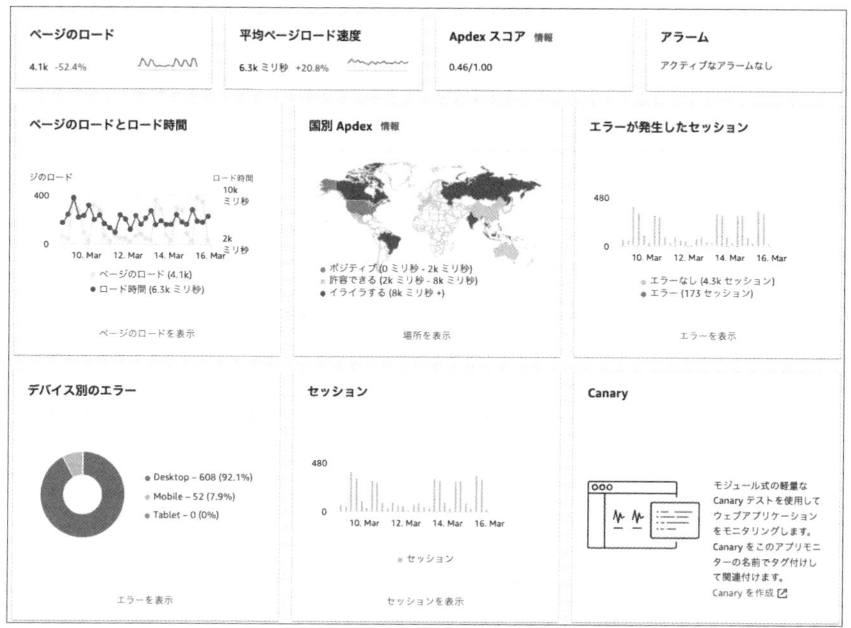

❑ CloudWatch RUM

RUM（リアルユーザーモニタリング）は、エンドユーザーの場所や使用デバイス別のパフォーマンスやエラー発生情報を収集し、モニタリングできます。パフォーマンスとアプリケーションの問題を特定して、改善するために分析します。

CloudWatch RUMにより提供されるJavaScriptコードスニペットをアプリケーションに追加すると、モニタリングが開始されます。

Amazon VPCのモニタリング

＊VPC Flow Logs

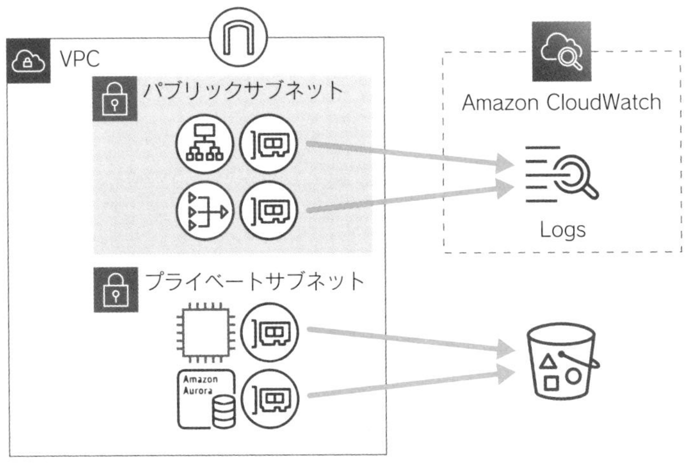

❑ VPC Flow Logs

VPC Flow LogsはENIへのインバウンド／アウトバウンドトラフィックに関する情報を、CloudWatch LogsまたはS3バケットへ送信できます。CloudWatch LogsへはVPC Flow LogsサービスにIAMロールを設定します。S3バケットへの送信許可はS3バケットのバケットポリシーで設定します。

VPC Flow Logsでは各種のAWS情報をモニタリングできます。ENIのID、送信元IPアドレス、送信元ポート、送信先IPアドレス、送信先ポート、プロトコル、パケット数、転送バイト数、開始・完了時間、ACCEPT/REJECTの記録や、オプションでTCPフラグのビットマスク値、パケットレベルのIPアドレス、リージョン、AZ、VPC、サブネット、サービスなどです。ただし、パケットの内容など、トラフィックのすべてをモニタリングするものではありません。

VPC Flow Logsの役割は、接続とセキュリティの問題のトラブルシューティングを行い、セキュリティグループなどのネットワークルールが期待どおりに機能していることを確認することです。

＊トラフィックミラーリング

パケットの内容など、トラフィックそのもののコピーが必要な場合は**トラフィックミラーリング**を使用します。

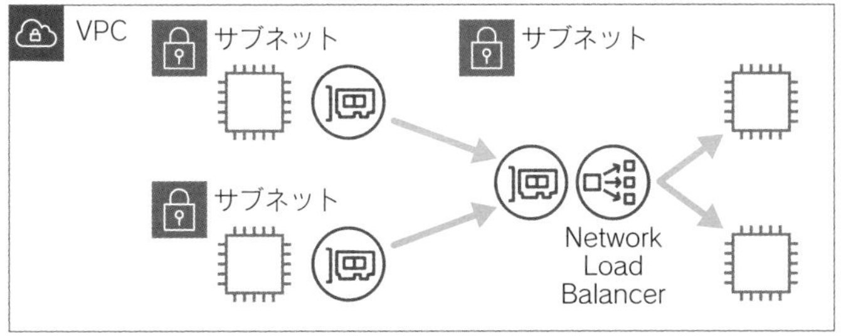

❑ トラフィックミラーリング

EC2インスタンスにアタッチされたENIを送信元として、送信先のENIを指定できます。送信先には1つのEC2インスタンスにアタッチされたENIを指定することも、Network Load Balancerを指定することもできます。高可用性を考慮するならNetwork Load Balancerを使用して複数のモニタリング用のEC2インスタンスに送信します。

主に次のような目的で使用します。

- 実際のパケットを分析することによる、パフォーマンスの問題に関する根本原因分析の実行
- 高度なネットワーク攻撃に対するリバースエンジニアリング
- 侵害されたワークロードの検出と停止

AWS X-Ray

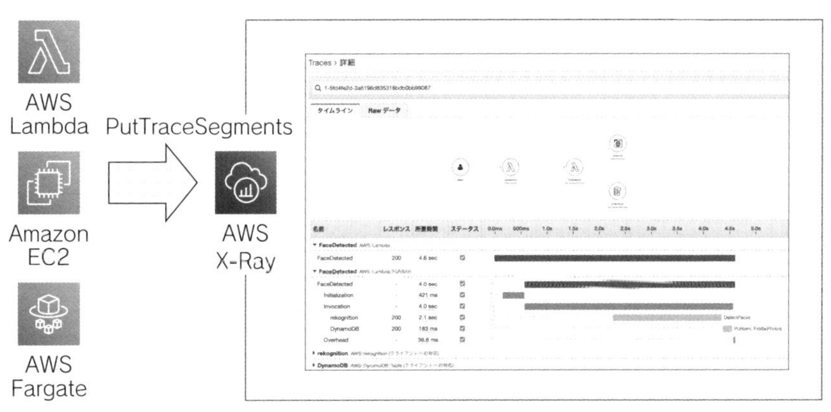

❑ AWS X-Ray

AWS X-Rayは、アプリケーションの潜在的なバグとボトルネックを抽出します。X-Ray SDKをアプリケーションに組み込むことで、X-RayのPutTraceSegments APIアクションにより、実行時間やリクエストの成功失敗がX-Rayに送信されます。結果をサービスマップやトレース情報で確認できます。

たとえば、Pythonソースコードで次のように記述すると、サポートしているすべてのライブラリの呼び出しを記録できます。importで呼び出しているライブラリも含まれます。

❑ 呼び出しを記録するコード例

```
import boto3
import botocore
import requests
import sqlite3
import mysql-connector-python
import pymysql
import pymongo
import psycopg2

from aws_xray_sdk.core import xray_recorder
from aws_xray_sdk.core import patch_all
patch_all()
```

boto3はAWSのPython用SDKです。X RayはAWS APIサービスの呼び出しを記録します。requestsは外部のAPI呼び出しに使用されます。requestsモジュールによるAWS以外のサービスのAPI呼び出しを記録します。sqlite3、pymongo、psycopg2は、それぞれSQLite、MongoDB、PostgreSQLへのリクエストです。SQLリクエストなどデータベースへの呼び出しを記録できます。mysql-connector-pythonとpymysqlは、MySQLデータベースへのリクエストです。RDSなどのデータベースへのリクエストのトレースに使用できます。

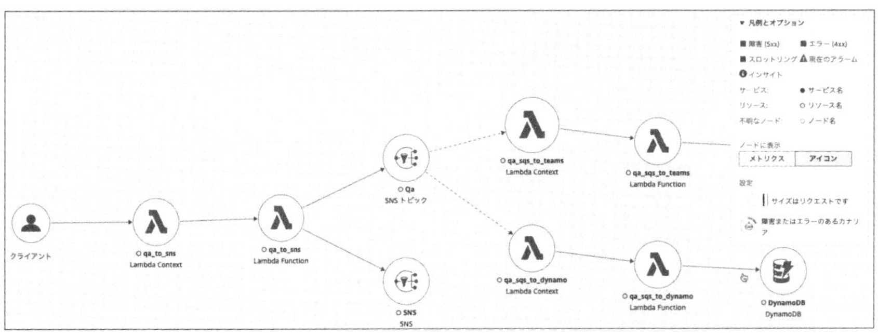

❏ サービスマップの例

トレースした結果をサービスマップで可視化したり、トレースで詳細を確認して、実行時間やエラー発生状況を確認します。

SIEM on Amazon OpenSearch Service

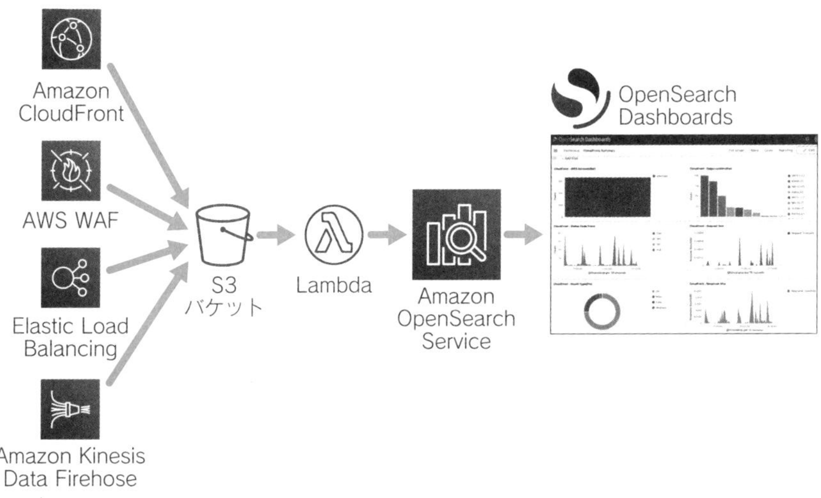

❏ SIEM on Amazon OpenSearch Service

SIEM（Security Information and Event Management）と呼ばれるログの収集、一元的なモニタリング、分析が可能なシステムを、Amazon OpenSearch Serviceを中心として構築できます。主にセキュリティインシデントを調査します。CloudFormationテンプレートがオープンソースとしてGitHubに用意されているので、すぐにセットアップして使い始められます。

CloudFront、Elastic Load BalancingのアクセスログやWAFのフルログ、VPC Flow Logsや任意のアプリケーションからKinesis Data Firehoseに送信されたログなどを一元的に集約して、Lambda関数が変換してOpenSearch Serviceにロードします。OpenSearch Dashboardsで可視化、分析できます。

構成管理、メンテナンス

AWS Systems Manager

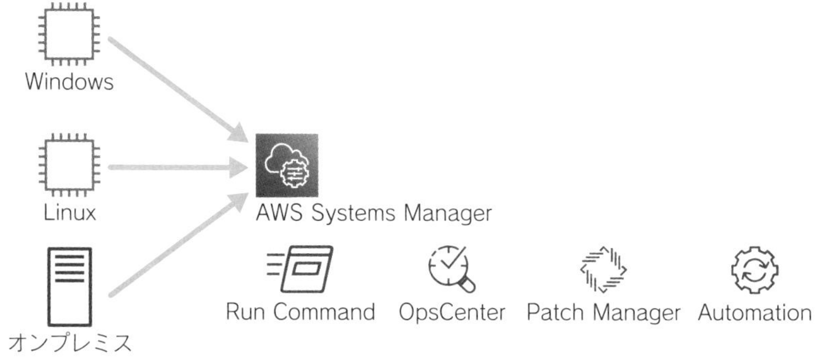

❏ AWS Systems Manager

LinuxやWindowsのEC2インスタンス、オンプレミスのサーバーにSSM Agent（AWS Systems Managerエージェント）をインストールすることで、Systems Managerのマネージドインスタンス（管理対象）にできます。SSM AgentはSystems Managerサービスからのリクエストや変更をマネージドインスタンスで実行して、結果をレポートします。SSM Agentには、AWS管理ポリシーAmazonSSMManagedInstanceCoreなどの権限と、Systems Managerサービスへリクエストできるネットワークが必要です。ポリシーはEC2インスタンスへのIAMロールで設定する方法と、Systems Managerのデフォルトのホスト管理設定（Default Host Management Configuration）により設定する方法があります。

すべてではありませんが、特に重要な機能について解説します。

✱ Session Manager

❑ Session Manager

Systems ManagerのSession Managerを使用すれば、セキュリティグループでSSHポートを許可する必要もキーペアを使用する必要もありません。ブラウザのSession Managerからsudo可能なssm-userを使って対話式コマンドを実行できます。

コマンドの実行履歴は、CloudWatch LogsとS3バケットに出力することができます。

✱ Run Command

Run Commandでは、EC2、オンプレミスサーバーなどマネージドインスタンスに、コマンドドキュメントに事前定義されたコマンドを実行できます。SSM Agentそのものの更新や、CloudWatch Agentや各エージェントのインストールなど、運用でよく発生するコマンドがすでにコマンドドキュメントとして定義されています。独自のコマンドドキュメントも作成できます。コマンドドキュメントはバージョン管理でき、バージョンを指定した実行も可能です。

定形運用をドキュメント化して、Run Commandにより1回のみ実行したり、Lambdaから動的に実行するなども可能です。コマンド実行対象のマネージドインスタンスは、インスタンスID、タグ、リソースグループから指定できます。Systems Managerメンテナンスウィンドウで時間を決めてスケジュール実行することも可能です。

✱ パッチマネージャー

パッチマネージャーは、マネージドインスタンスへのパッチ適用を自動化できます。オペレーティングシステム(OS)とアプリケーションの両方が適用対象です。どのレベルや範囲のパッチを適用するかを定義するベースラインを作成できます。パッチを指定した明示的な適用や拒否も可能です。

作成したベースラインにパッチグループを設定できます。対象のEC2インスタンスにはタグを設定します。タグキーにPatch Group、値にベースラインへ設定したパッチグループ名を設定します。

❏ Run CommandのAWS-RunPatchBaseline

Run CommandのAWS-RunPatchBaselineドキュメントを実行すると、パッチベースラインが適用できます。再起動するかしないかも選択できます。対象にしたEC2インスタンスへパッチグループのタグが設定されていない場合は、OSのデフォルトのベースラインが適用されます。

✱ Automation

Automationは、定義済みのオートメーションドキュメントを実行します。たとえば、Health EventのEventBridge連携の自動アクションで紹介したAWS-RestartEC2Instanceは以下のようなドキュメントです。

❑ AWS-RestartEC2Instance

```
{
  "description": "Restart EC2 instances(s)",
  "schemaVersion": "0.3",
  "assumeRole": "{{ AutomationAssumeRole }}",
  "parameters": {
    "InstanceId": {
      "type": "StringList",
      "description": "(Required) EC2 Instance(s) to restart"
    },
    "AutomationAssumeRole": {
      "type": "String",
      "description": "(Optional) The ARN of the role that allows
➥Automation to perform the actions on your behalf.",
      "default": ""
    }
  },
  "mainSteps": [
    {
      "name": "stopInstances",
      "action": "aws:changeInstanceState",
      "inputs": {
        "InstanceIds": "{{ InstanceId }}",
        "DesiredState": "stopped"
      }
    },
    {
      "name": "startInstances",
      "action": "aws:changeInstanceState",
      "inputs": {
        "InstanceIds": "{{ InstanceId }}",
        "DesiredState": "running"
      }
    }
  ]
}
```

インスタンスIDとIAMロールがパラメータで定義されています。EventBridgeのターゲットパラメータで設定したり、実行する際に値を指定できます。アクションは、aws:changeInstanceStateで、stopped、runningの順で実行しています。

＊OpsCenter

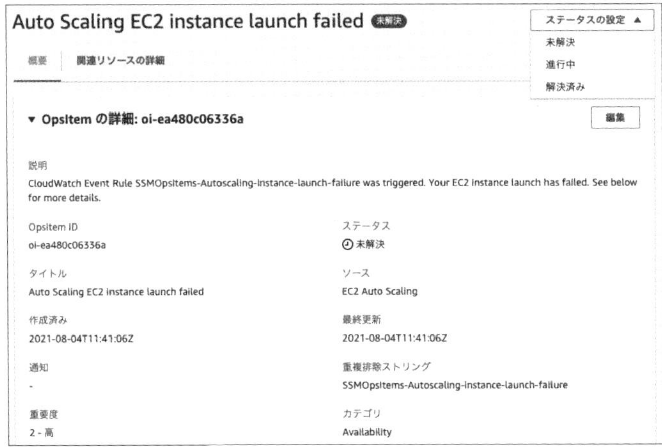

❑ Systems Manager OpsCenter

OpsCenterは、運用で発生した問題の確認やステータスを一元管理できます。上の図はAuto ScalingでEC2インスタンスが起動失敗した問題です。問題発生時に自動で記録されます。原因の調査を開始したら「進行中」にして、完了したら「解決済み」にします。

＊Amazon Inspectorの結果からAWS Systems Managerによって脆弱性修復を自動化する

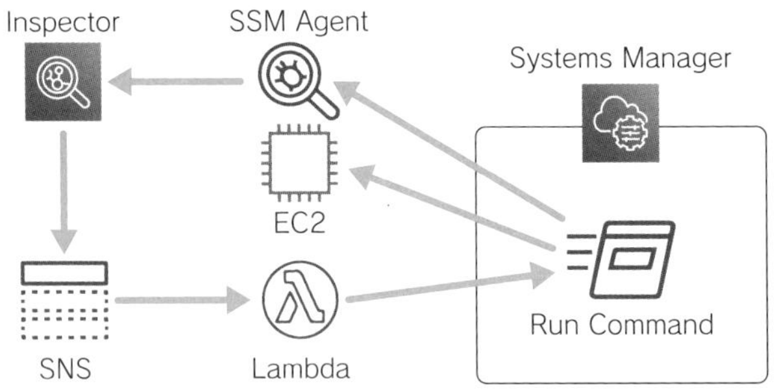

❑ Amazon Inspectorのセキュリティ結果を自動修正

SNSトピックポリシーでは、inspector.amazonaws.comからのSNS:Publishを許可しておきます。InspectorでSNSトピックへの通知を設定します。SNSトピックでは、サブスクリプションに、Run Commandを実行するLambda関数を設定します。これでInspectorが脆弱性を検出した際に自動でLambda関数が実行されて、Systems Manager Run CommandによりEC2のOSを修復できます。実行する修復内容がオートメーションドキュメントの場合は、Systems Manager Automationを実行する場合もあります。

AWS Config

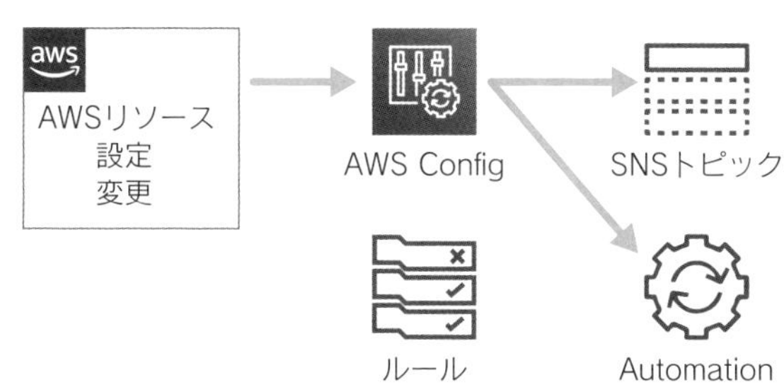

❏ AWS Config

AWS Configでは、AWSアカウント内のリソースの設定情報を収集します。Control Towerによって組織内のアカウントすべてのリソースの設定情報を集約することもできます。設定変更の際にイベントとして通知したり、有効にしておいたルールによって組織で決めたルールやコンプライアンス要件に準拠しているかを確認できます。非準拠になり修復する必要がある場合は、修復アクションを設定して自動修復することも可能です。自動修復にはSystems Manager Automationを選択できます。

組織全体でのコンプライアンスやルール準拠を継続的に強制準拠させたり、検出して抑制管理できます。Control Towerの検出コントロール(ガードレール)はConfigルールによって実行されます。

S3バッチオペレーション

S3のオブジェクト管理機能にバッチオペレーションがあります。数十億のオブジェクトを大規模に管理できます。S3バッチオペレーションが使用するIAMロールには、batchoperations.s3.amazonaws.comからの信頼ポリシーが必要です。マニフェストリストとして、オブジェクトのリストであるインベントリファイルが必要です。S3バケットの**インベントリ**設定で、日次・週次で自動作成されるインベントリファイルを指定することもできますし、任意に作成したCSVファイルを用意することもできます。

可能なバッチオペレーションは以下のとおりです。

○ **オブジェクトのコピー**：同じリージョンや違うリージョンのバケットへコピーできます。

○ **AWS Lambda関数の呼び出し**：Lambda関数で任意のカスタムアクションを実行できます。

○ **すべてのオブジェクトタグを置換する**：オブジェクトのすべてのタグを置換します。既存のオブジェクトタグは保持されない点に注意してください。

○ **すべてのオブジェクトタグを削除する**：オブジェクトのすべてのタグを削除します。

○ **アクセスコントロールリストを置き換える**：すべてのオブジェクトのACLを置き換えます。すでに許可されているパブリックアクセスを制限したい場合は、バッチオペレーションよりもパブリックアクセスブロックを使用するほうが簡単です。

○ **オブジェクトの復元**：Glacier、Glacier Deep Archiveにアーカイブされたオブジェクトの復元ができます。

○ **S3オブジェクトロックの保持**：オブジェクトロック保持期間をまとめて一括で設定できます。

○ **S3オブジェクトロックのリーガルホールド**：オブジェクトへのリーガルホールドの有効化、解除をまとめて一括で設定できます。

運用上の優秀性のポイント

- CodePipelineは、CI/CDパイプラインを自動化する。AWSマネージドサービスだけではなく、サードパーティツールも使用できる。
- CodeCommitはソースリポジトリを管理するGitマネージドサービス。
- Cloud9はクラウドベースのブラウザで使用できるIDE（統合開発環境）。
- CodeGuruは、ソースコードのレビューによる問題の抽出、パフォーマンスの最適化プロセスを自動化する。

- CodeBuildは、テストを含むビルドプロセスを自動実行する。
- CodeStarは、CI/CDプロジェクトのテンプレートを提供し自動で構築する。
- CodeArtifactは、パッケージを公開、共有できる。
- OpsWorksは、Chef、Puppetのマネージドサービス。
- CodeDeployのデプロイ対象は、EC2、オンプレミス、ECSのコンテナ、Lambda関数。
- CodeDeployのアプリケーション仕様AppSpecは、appspec.ymlで定義する。ライフサイクルイベントに任意のイベントを追加できる。
- CodeDeployのデプロイ設定により、Canaryリリース、Linearリリースを調整できる。
- CloudFormationのカスタムリソースでLambda関数を実行できる。
- CloudFormationのヘルパースクリプトcfn-initでOSのカスタマイズセットアップが可能。cfn-signalでセットアップが完了した信号をCreationPolicyに送信できる。
- CloudFormationのスタックポリシーにより、スタック更新時のリソース保護ができる。
- CloudFormationのDeletionPolicyにより、スタック削除時のリソース保護ができる。
- Elastic Beanstalkの.ebextensionsにより、OSのカスタマイズセットアップが可能。
- Elastic Beanstalkではローリングデプロイにより、指定したバッチサイズごとのデプロイを実現できる。
- Elastic Beanstalkでは、クローン、デプロイ、スワップによるブルー／グリーンデプロイが可能。
- CodePipelineにより、ECRのイメージ更新をトリガーに、ECSコンテナのデプロイも可能。
- CodePipelineにより、SAMの継続的なCI/CDパイプラインを構築できる。
- AWS Healthイベントには、パブリックイベントとアカウント固有のイベントがある。
- Personal Health DashboardでAWS Healthイベントのモニタリングができる。
- EventBridgeと連携してHealthイベントに対するアクションを自動化できる。
- CloudWatchクロスアカウントオブザーバビリティにより複数アカウントをまたがってメトリクス、ログの一元モニタリングができる。
- CloudWatchアラームは複合アラームにより複数のアラームを組み合わせて、より必要なアラームを実行できる。

- CloudWatch Logsの機密情報を自動でマスク保護できる。
- CloudWatch SyntheticsによりWebサイトの可用性モニタリングができる。
- CloudWatch RUMによりユーザーの属性（ブラウザや場所）によって異なるパフォーマンスをモニタリングできる。
- CloudWatch Anomaly Detectionにより、正常ベースラインが自動作成され異常検出をすばやく行える。
- VPCネットワークルールをモニタリングするにはVPC Flow Logsを使用する。
- VPCネットワークのパフォーマンス、セキュリティの詳細分析を行うには、トラフィックミラーリングを使用する。
- X-RayでAPIリクエストやSQLリクエストの実行時間、成功／失敗をトレースできる。
- Systems Manager Session Managerを使用すればセキュリティグループで管理ポートを許可することなくサーバーに対話コマンドを実行できる。
- Systems Manager Run Commandによって、運用を定義したドキュメントに基づいてEC2インスタンス、オンプレミスサーバーの運用をリモートで自動化できる。
- Systems Managerパッチマネージャーでベースラインを設定してパッチグループごとに任意の設定を適用できる。パッチ運用を自動化できる。
- Systems Manager Automationによって定義済みのオートメーションドキュメントを実行できる。
- Systems Manager OpsCenterで、発生した問題の自動記録から解決されるまでのステータスを管理できる。
- Inspectorで検出した脆弱性をSNS、Lambda、Systems Manager Run Commandなどで自動修復できる。
- S3バッチオペレーションによって数十億のオブジェクトに対するコピーやLambda関数カスタムスクリプトなどを実行できる。

3-2 セキュリティ

本節ではセキュリティサービスと機能について解説します。

ルートユーザーの保護

まずはルートユーザーの保護と最小権限の適用について解説します。

ルートユーザーにはIAMポリシーを設定できず、すべてのアクションが可能です。ルートユーザーは基本使用せずに、複雑なパスワードとMFAを設定して保護しておきます。ルートユーザーに使用するメールアドレスには個人に紐づくものではなく、企業のエイリアスやメーリングリストを使用します。

Organizationsのメンバーアカウントを新規に作成した場合、メンバーアカウントのルートユーザーパスワードは64文字以上のランダムなパスワードでどこにも表示されません。推奨は最初に「パスワードをお忘れですか？」のリンクからパスワードを復旧しMFAを設定します。MFA設定後、改めて複雑でランダムなパスワードを設定してパスワードはどこにも記録しません。

ルートユーザーにしかできないタスク

ルートユーザーにしかできないタスクは主に以下です。それ以外ではルートユーザーは使用しません。

- **アカウント設定の変更**：アカウント名、Eメールアドレス、パスワードの変更。
- **アクセスキーの作成**：ルートユーザーにもアクセスキーを作成できますが非推奨なので作成しません。
- **請求情報へのIAMアクセスの有効化**：有効化した後はIAMユーザー、IAMロールに請求情報へのアクションをポリシーで許可できます。
- **MFA Delete**：S3バケットのMFA Deleteを設定します。
- **S3バケットポリシーの修復**：誰もアクセスできないS3バケットポリシーを設定してしまった場合は、ルートユーザーによって削除、編集できます。

ルートユーザー使用時に通知する

ルートユーザーを使用するケースはイレギュラーであり稀です。もしも不正アクセスなどで使用された場合や、ルートユーザーを使用しないというルールを守らないユーザーがいた場合には、そのことをすばやく検知できたほうが安心です。

✱ GuardDutyで検知する

❑ GuardDutyで検知

GuardDutyを有効にしておくと、ルートユーザーの操作は検出結果タイプPolicy:IAMUser/RootCredentialUsageで検出されます。EventBridgeで次のルールを作成して検知できるようにします。

❑ EventBridgeのRootCredentialUsageルール

```
{
  "source": ["aws.guardduty"],
  "detail": {
    "type": ["Policy:IAMUser/RootCredentialUsage"]
  }
}
```

EventBridgeのターゲットをSNSトピックにして、特定のメールアドレスに送信したり、AWS ChatbotでSlackなどに通知したりできます。

✱ CloudWatch Logsで検知する

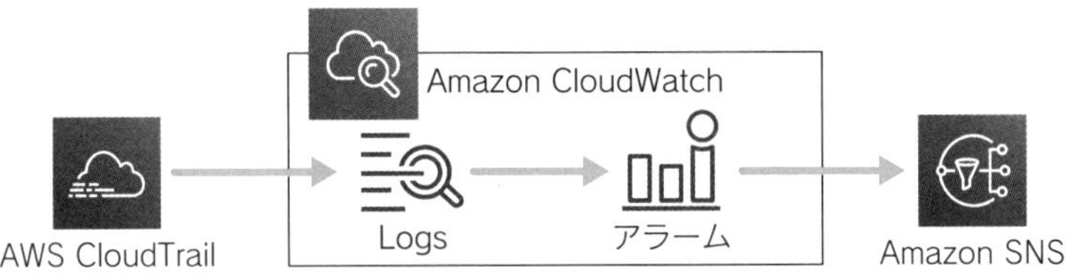

❑ CloudWatch Logsで検知

CloudTrailのログをCloudWatch Logsへ送信できます。CloudWatch Logsでメトリクスフィルターを設定して、CloudWatchアラームを実行します。アクションをSNSトピックにして、特定のメールアドレスに送信したり、AWS ChatbotでSlackなどに通知したりできます。

メトリクスフィルターでは次のようなフィルターパターンで検出できます。

❑ メトリクスフィルターのフィルターパターン

```
{ $.userIdentity.type = "Root" && $.userIdentity.invokedBy NOT
➥EXISTS && $.eventType != "AwsServiceEvent" }
```

ログのuserIdentityフィールドのtypeがRootのログを検知しています。AWSサービスイベントを除外して、ユーザーがルートユーザーの権限を使用したケースを検知しています。

最小権限の適用

必要ではないアクションやリソース、意図しない範囲にアクセスを許可することで、不正アクセスが発生したり、不正アクセスをされた際に余分なリスクが発生したりします。最小権限の原則を守って運用することは重要です。最小権限の原則を適用するために便利なサービスがIAM Access Analyzerです。

IAM Access Analyzer

IAM Access Analyzerの機能は次の3つです。

- 外部に共有されているリソースの識別
- IAMポリシーの検証
- CloudTrailログに基づいたIAMポリシーの作成

✱ 外部に共有されているリソースの識別

IAMロール、S3バケット、KMSキー、RDSスナップショットといった、アカウントやパブリックなどのアカウント外部と共有可能なリソースを調べて、外部と共有されたリソースを検出します。Organizationsの組織全体での検出が可能ですが、リージョンごとに有効化する必要があります。

リソースの検出結果の外部共有が意図したものの場合は、アーカイブできます。意図したものでない場合はリソースベースのポリシーを修正します。修正すると次回スキャン時に修正済みステータスとなります。

次のEventBridgeルールで、検出して通知するなどができます。statusにACTIVEを限定しているのは、検出された場合にのみ通知したいケースです。statusを限定しなければ、アーカイブにしたなどのステータス変更でも検知します。

❑ IAM Access AnalyzerのEventBridgeルール

```
{
  "source": ["aws.access-analyzer"],
  "detail-type": ["Access Analyzer Finding"],
  "detail": {
    "status": ["ACTIVE"]
  }
}
```

✱ IAMポリシーの検証

IAM Access AnalyzerはIAMポリシーの作成時に、セキュリティ・エラー・警告・提案の4つの視点で検証してくれます。ユーザーは検証で示されたメッセージを見てポリシーを作成、編集できます。

ビジュアルエディタ　JSON　管理ポリシーのインポート

```
{
    "Version": "2012-10-17",
    "Statement": [
        {
            "Effect": "Allow",
            "Action": "iam:*",
            "Resource": "*"
        }
    ]
```

セキュリティ: 1　エラー: 0　警告: 1　提案: 0

セキュリティ警告を検索　詳細はこちら

Ln 6, Col 22 + 1 以上

PassRole With Star In Action And Resource: ワイルドカード (*) をアクションおよびリソースで使用すると、すべてのリソースで iam:PassRole アクセスが許可されるので、許容度が過度に高くなる可能性があります。リソース ARN を指定するか、ステートメントに iam:PassedToService 条件キーを追加することをお勧めします。 詳細はこちら

❑ IAM Access Analyzerポリシー検証

✱ CloudTrailログに基づいたIAMポリシーの作成

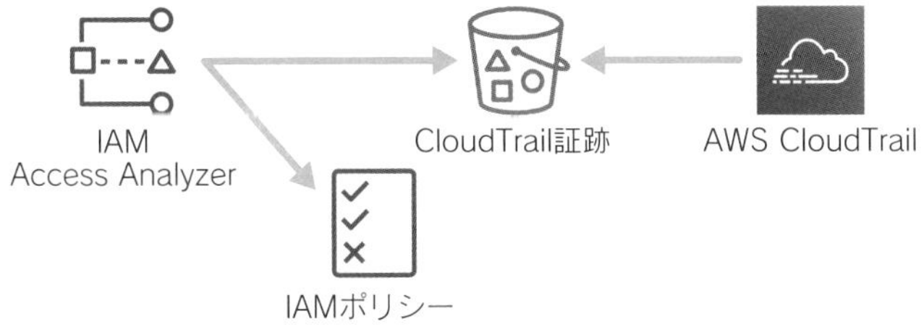

❑ CloudTrailログに基づいたIAMポリシーの作成

IAM Access Analyzerは、IAMユーザー、IAMロールが実行したリクエストのCloudTrailログを分析して、適切なIAMポリシーを生成してくれます。ポリシーを生成したいIAMロールまたはIAMユーザーを指定し、対象とする期間を最大90日間まで指定して作成できます。

アクセス許可の境界

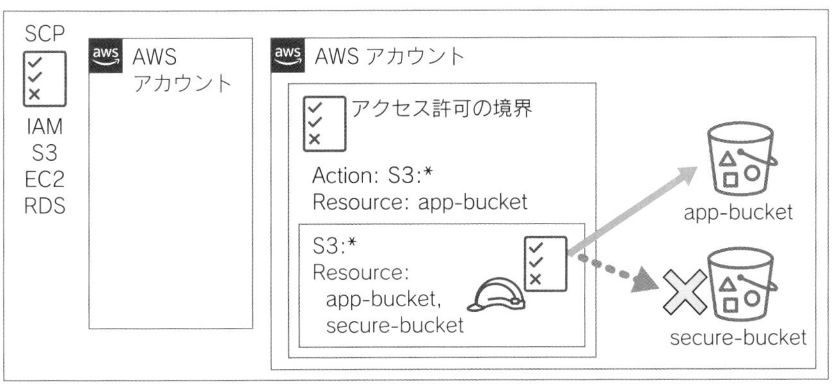

❑ アクセス許可の境界

アクセス許可の境界（Permissions boundarie）は、IAMユーザー、IAMロールを作成しポリシーを設定するユーザーが過剰な権限を適用することを防ぐ機能です。

たとえば、Lambda関数やEC2インスタンス向けのIAMロールを作成することを許可された開発ユーザーがいるとします。開発ユーザー自身はapp-bucketにアクセスすることは許可されていますが、機密情報が保存されたsecurebucketへのアクセスは許可されていません。このとき、開発ユーザーがIAMロールとIAMポリシーを作成する際に、secure-bucketへのフルアクセス許可のあるIAMロールを作成したとします。すると、開発ユーザーはIAMロールをEC2インスタンスに設定して、EC2インスタンス上でのCLIなどでの操作でsecure-bucketへアクセスできてしまいます。だからといって、開発ユーザーからIAMロール、IAMポリシーの作成権限を奪ってしまうと、開発のスピードが遅くなってしまいます。

この問題を解消するのがアクセス許可の境界です。アクセス許可の境界は、IAMユーザー、IAMロールに追加で設定する管理ポリシーです。アクセス許可の境界に設定されたポリシーの権限を、IAMユーザー、IAMロールにアタッチする許可ポリシーは超えられません。まさしくアクセス許可の境界線として動作します。

前図では、アクセス許可の境界にapp-bucketへのアクセスのみを許可しています。IAMロールの許可ポリシーにはapp-bucketとsecure-buceketへのアクセスを許可するポリシーをアタッチしています。このIAMロールを設定したEC2インスタンスからCLIを実行しても、secure-bucketにはアクセスできません。アクセス許可の境界でapp-bucketへのアクセスしか許可されていないためです。

開発ユーザーは最小権限の原則に従って、app-bucketへの特定アクションやCondition条件を指定したポリシーを作成するべきです。開発ユーザーがIAMロールを作成するときに、アクセス許可の境界を設定することを強制しなければなりません。それには次のようにConditionのiam:PermissionsBoundaryで開発ユーザーのIAMポリシーを制限します。BoundaryPolicyという管理ポリシーをIAMロールのアクセス許可の境界に設定しないと、iam:CreateRoleが許可されません。

❑ IAMポリシーを制限する

```
{
  "Version": "2012-10-17",
  "Statement": [
    {
      "Effect": "Allow",
      "Action": [
        "iam:DeleteRole",
```

```
        "iam:AttachRolePolicy",
        "iam:DeleteRolePolicy",
        "iam:DetachRolePolicy",
        "iam:CreateRole",
        "iam:UpdateRole*",
        "iam:PutRolePolicy"
      ],
      "Resource": "*",
      "Condition": {
        "StringEquals": {
          "iam:PermissionsBoundary": "arn:aws:iam::123456789012:
➡policy/BoundaryPolicy"
        }
      }
    },
    ～省略～
  ]
}
```

AWSアカウント全体の許可を制御する場合は、SCP(サービスコントロールポリシー)をOUに設定して複数アカウントをまとめて制御できます。

VPCのセキュリティ

VPCにおけるセキュリティ設定の基礎として、ルートテーブル、セキュリティグループ、ネットワークACLがあります。まずベーシックなVPCの構成を解説して、セキュリティグループ、ネットワークACLを補足します。

リージョンを選択してVPCを作成して、AZ(アベイラビリティゾーン)を指定してサブネットを作成します。VPCのインターネットゲートウェイをアタッチしている場合、インターネットゲートウェイにルートがあるルートテーブルと関連付けられているサブネットが**パブリックサブネット**、そうではないサブネットが**プライベートサブネット**です。プライベートサブネットのEC2インスタンスはインターネットからの直接リクエストからは保護されています。インターネットへリクエストを実行したい場合はNATゲートウェイをパブリックサブネットに作成して、NATゲートウェイへのルートをプライベートサブネットに関連付いたルートテーブルへ設定します。AWS外部ではなく、AWSサービスへのアクセスの場合は、VPCエンドポイントも検討できます。

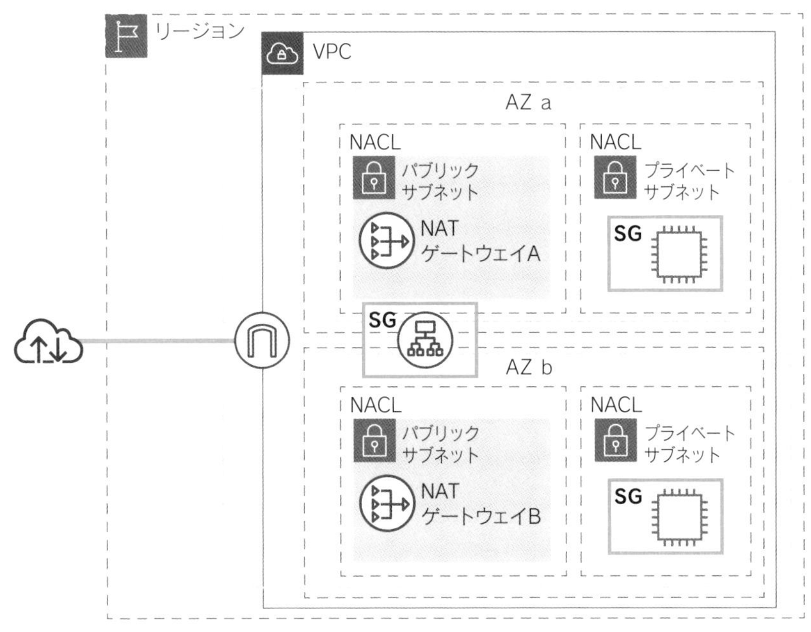

❑ VPCのセキュリティ

Application Load Balancer、EC2インスタンスなど、Elasctic Network Interface (ENI)を保護するファイアウォールが**セキュリティグループ**です。インバウンド／アウトバウンドに許可するポート範囲、送信元(送信先)のステートフルルールを設定できます。サブネットを保護するファイアウォールが**ネットワークACL**です。インバウンド／アウトバウンドに許可／拒否のステートレスルールが設定できます。適用順序のルール番号、ポート範囲、送信元(送信先)が設定できます。

セキュリティグループの送信元(送信先)には、IPv4、IPv6のIPアドレス範囲(CIDR)だけでなく、セキュリティグループID、プレフィックスリストのIDを指定できます。

ネットワークACLはステートレスに動作するため、限定的なルールを設定する際にはインバウンド／アウトバウンド両方を設定する必要があります。たとえば、ポート番号80のインバウンドのみを許可する場合、アウトバウンドではリクエスト送信元が使用している一時ポートの範囲を指定しないとレスポンスを返せません。Elastic Load Balancing、NATゲートウェイ、Lambda関数は1024 ~ 65535を使用します。Linux、Windowsもこの範囲内に収まっているので、1024～65535をポート範囲としてアウトバウンドに指定しておけば、それらにレスポンスを返せます。

AWS KMS

AWS KMSは、CMK（カスタマー管理キー）を管理して、データキーを生成・暗号化・復号するなど、暗号化に必要なキー管理、キーオペレーションを提供するマネージドサービスです。さまざまなAWSサービスとシームレス（透過的）に統合して利用できます。KMS SDKを使って独自のコードでファイルデータを暗号化することも可能です。リソースベースのポリシー、キーポリシーによって使用できるユーザー、アプリケーションを制御します。

KMSキーの種類

- カスタマー管理キー：AWSユーザーが作成、管理、完全に制御するキーです。キーストレージ料金とリクエスト量に応じた課金が発生します。キーポリシーを編集できるため制御性が高く、他のアカウントへの共有もできます。無効化や削除も可能です。
- AWS管理キー：AWSが作成、管理するキーです。特定のサービスを使用したり、暗号化するときに選択することで作成されます。リクエスト量に応じた課金のみで、キーストレージ料金は発生しません。キーポリシーはデフォルトから変更できず、削除、無効化はできません。

エンベロープ暗号化

KMSでは対称暗号化と非対称暗号化をサポートしています。**対称暗号化**では1つのデータキーを使って暗号化／復号し、**非対称暗号化**ではパブリックとプライベートのキーペアを使って暗号化／復号します。暗号化する側と復号する側で別々にキー管理をする場合など、非対称暗号化が必要な要件では非対称暗号化を選択します。

ここでは、対称暗号化を例にして、KMSで実施するエンベロープ暗号化の仕組みを解説します。

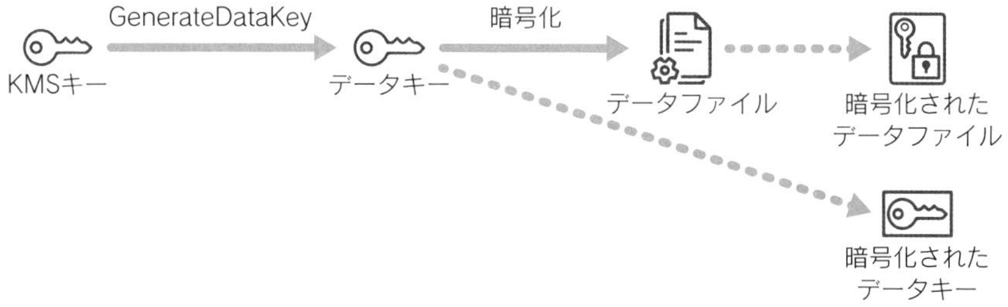

❑ エンベロープ暗号化

KMSキーを指定して、GenerateDataKeyアクションを実行してデータキーを生成します。生成したデータキーを使用してデータファイルを暗号化します。GenerateDataKeyアクションで、暗号化されたデータキーも生成されています。暗号化されていないデータキーはデータファイルの暗号化が終わると削除して、暗号化済みのデータキーのみを残します。

❑ GenerateDataKeyアクション（Pythonコードの例）

```
import boto3

key_id = 'arn:aws:kms:us-west-1:111122223333:key/1234abcd-12ab-
➥34cd-56ef-1234567890ab'

kms_client = boto3.client('kms')
response = kms_client.generate_data_key(
  KeyId=key_id,
  KeySpec='AES_256'
)

plain_datakey = response['Plaintext']
encrypted_key = response['CiphertextBlob']
```

plain_datakeyが暗号化されていないデータキーです。plain_datakeyを使ってデータの暗号化を行います。encrypted_keyが暗号化されたデータキーです。encrypted_keyを、暗号化されたデータを復号する際にわかるように保存しておきます。このとき、encrypted_key（CiphertextBlob）には、メタデータとしてGenerateDataKeyがどのKMSキーで実行されたかが含まれます。

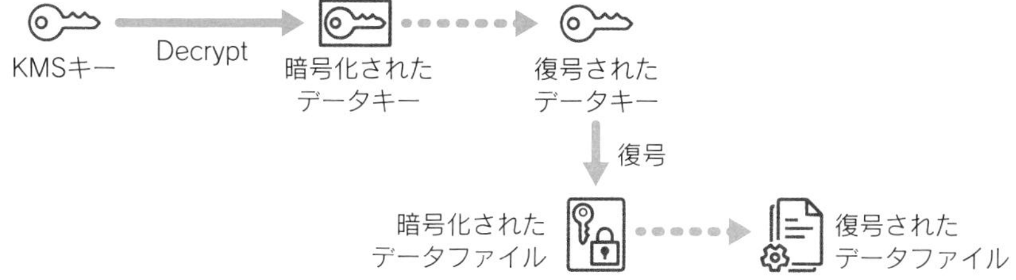

❏ エンベロープ復号

キーを指定して、KMSのDecryptアクションで暗号化されたデータキーを復号します。復号されたデータキーで暗号化されたデータファイルを復号できます。

❏ Decryptアクション(Pythonコードの例)

```
import boto3

key_id = 'arn:aws:kms:us-west-2:111122223333:key/1234abcd-12ab-
➥34cd-56ef-1234567890ab'

ciphertext = encrypted_key
kms_client = boto3.client('kms')

response = kms_client.decrypt(
  CiphertextBlob=ciphertext,
  KeyId=key_id
)

plain_datakey = response['Plaintext']
```

暗号化されたデータキーを復号してplain_datakeyにします。plain_datakeyを使って暗号化されたデータファイルを復号します。パラメータにKeyIdを指定するのが推奨ではありますが、CiphertextBlobに含まれるメタデータにはKeyIdなどの情報が含まれます。対称暗号化の場合CiphertextBlobのみを指定したDecryptアクションも可能です。

エンベロープ暗号化によって、KMSで多くのキーを管理する必要がなくなり、暗号化に使用するデータキーが漏洩した場合にもリスクは限定的になるメリットがあります。

キーのローテーション

KMSキーには年ごとの自動ローテーション機能があります。カスタマー管理キーでは自動ローテーションはオプションで有効にできます。AWS管理キーは自動ローテーションが強制されます。有効にするとKMSは毎年新しい**キーマテリアル**(暗号化キーの本体である複雑な文字列)を生成します。古いキーマテリアルはすべて保存されています。古いキーマテリアルも新しいキーマリアルも、キーIDやその他のプロパティ、キーポリシーなどは変わりません。古いキーマテリアルで暗号化されたデータを復号する場合は古いキーマテリアルを使用します。

私たちユーザーはキーIDを指定して暗号化/復号をするのみで、ローテーションされたキーマテリアルの指定を意識しません。

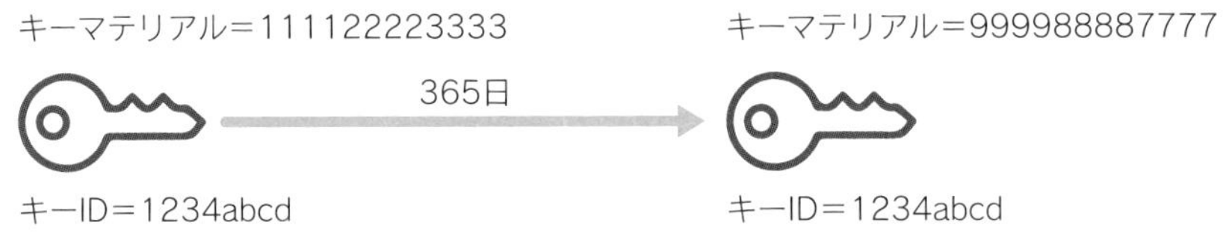

❏ キーの自動ローテーション

カスタマー管理キーの設定で、毎年自動ローテーションを有効にします。

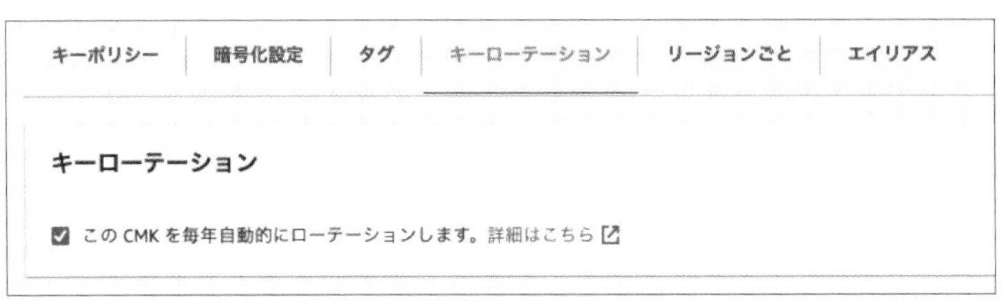

❏ キーローテーションの有効化

キーのエイリアス

カスタマー管理キーにはエイリアス(別名)が設定できます。1年以外の期間でのローテーションや、キーバージョンの独自管理が必要な場合は、エイリアスを使用して手動ローテーションができます。KMSで新たなカスタマー管理キーを使用して、エイリアスを付け替えます。

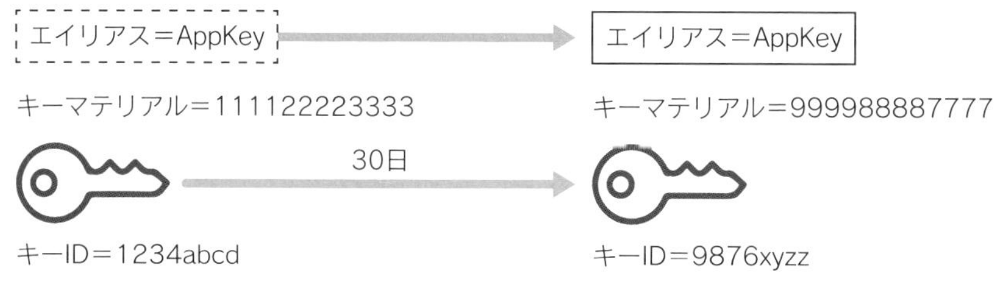

❏ キーのエイリアス

❏ エイリアス指定のアクション

```
aws kms generate-data-key \
--key-id alias/AppKey \
--key-spec AES_256
```

アプリケーションからは、キーIDの代わりにエイリアスを指定してキーへのアクションを実行できます。復号する際はキーIDを指定するか、キーIDは指定せずにCiphertextBlobのメタデータに含まれるキー情報によって復号されます。

キーのインポート

カスタマー管理キーの作成時にキーをインポートすることもできます。オンプレミスで生成したキーマテリアルをアップロードしてカスタマー管理キーとして使用できます。KMSで作成されたキーマテリアルは、外部にエクスポートもできず決して見ることはできないので安全です。ですが、インポートしたキーマテリアルはオンプレミスなど外部で保存できるので、保存する際は保護する必要があります。

この手法が選択される状況としては、要件としてキーマテリアルの生成手段が特定のソフトウェアなどに限定されている場合や、KMSから削除した後に同じマテリアルを再利用したいケースなどが考えられます。

KMSをサポートするサービス

KMSをサポートするサービスを次の図に示します。これがすべてではありませんが、ここではKMSを使用している代表的なサービスを解説します。

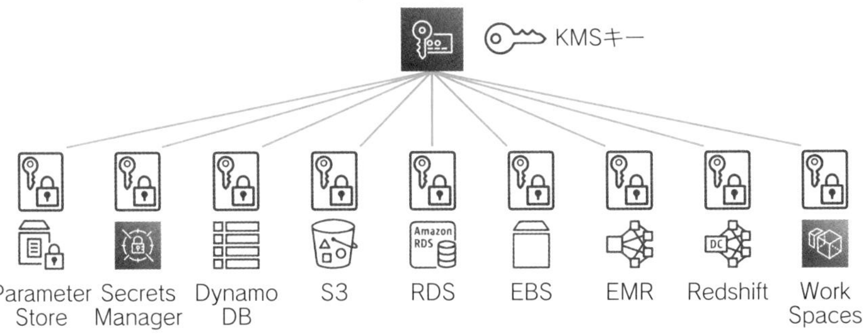

❏ AWS KMS

✻ AWS Systems Manager Parameter Store

SecureStringを選択してKMSキーを指定して暗号化できます。SecureStringにはスタンダードとアドバンストがあります。無料のスタンダード（標準）SecureStringパラメータ暗号化では、KMSキーを使用して直接パラメータ値を暗号化します。有料のアドバンスト（詳細）SecureStringパラメータ暗号化を使用するとエンベロープ暗号化で暗号化できます。

標準
パラメータの上限は 10,000 です。パラメータ値サイズの上限値は 4 KB です。パラメータポリシーは使用できません。追加料金はありません。

詳細
10,000 以上のパラメータを作成できます。パラメータ値サイズの上限値は 8 KB です。パラメータポリシーを使用するように設定できます。詳細パラメータごとに請求が発生します。

タイプ

文字列
任意の文字列値。

文字列のリスト
カンマ区切りの文字列。

安全な文字列
アカウントまたは別のアカウントの KMS キーを使用して、機密データを暗号化します。

KMS キーソース

現在のアカウント
このアカウントのデフォルトの KMS キーを使用するか、このアカウント用のカスタマー管理キーを指定します。 詳細はこちら

別のアカウント
別のアカウントの KMS キーを使用する 詳細はこちら

KMS キー ID

alias/aws/ssm

属性によるフィルター

alias/aws/ssm

alias/DemoKey

❏ Parameter Store暗号化

＊AWS Secrets Manager

Secrets Managerでは、パスワードやトークンなどのシークレット情報を保存してアプリケーションから使用できます。これらのシークレット情報はKMSキーによって暗号化されます。

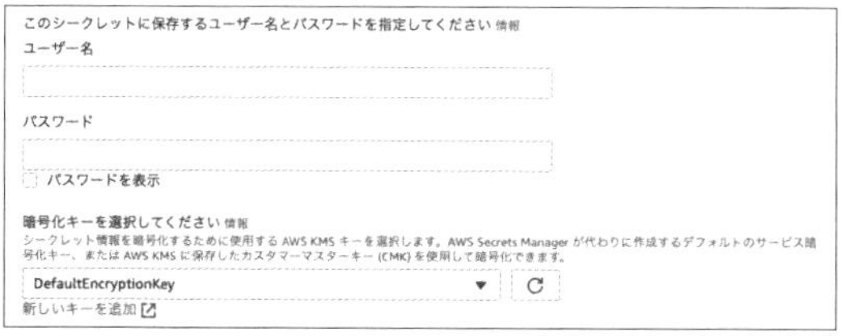

❏ Secrets Manager暗号化

＊Amazon DynamoDB

保管時のサーバーサイド暗号化をサポートしています。DynamoDBは指定されたKMSキーを使用してテーブルごとのテーブルキーを生成します。テーブルキーはデータ暗号化キーの暗号化に使用されます。

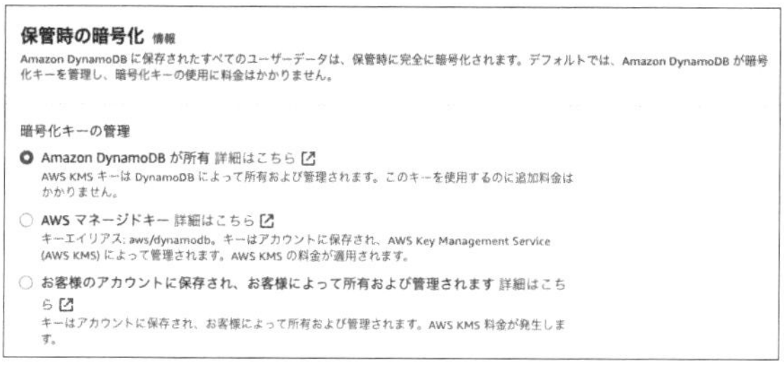

❏ DynamoDB保管時の暗号化

デフォルトではDynamoDBサービスが所有・管理しているキーを使用して暗号化されます。暗号化のための料金は発生しません。KMSのAWS管理キー（エイリアス、aws/dynamodb）を選択できます。KMSのリクエスト料金が発生します。アプリケーション側やテーブル管理者にはIAMポリシーでキーへのアクセスを許可する必要があり、よりセキュアになります。

KMSのカスタマー管理キーも選択できます。KMSのリクエスト料金とキー保存料金が発生します。IAMポリシーでのキーへのアクション許可と、キーポリシーでのさらなる制御、キーの削除、無効化ができます。

✱ Amazon EBS

EBSボリュームを暗号化すると、ボリュームに保存されたデータ、ボリュームから作成されたスナップショット、スナップショットから作成されたボリュームのすべてが暗号化されます。

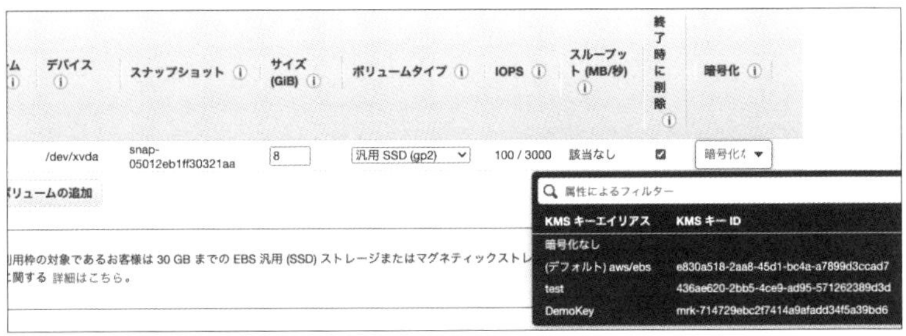

❑ EBSボリュームの暗号化

暗号化の処理はEC2インスタンスをホストするサーバーで行われます。ボリュームの暗号化は作成時に決定します。既存のボリュームの暗号化の有効／無効は変更できません。暗号化されていないスナップショットからボリュームを作成するときは暗号化を有効にできます。EBSボリュームがEC2へアタッチされるときにデータキーの復号をし、ハイパーバイザーメモリに格納します。アタッチされたEBSボリュームへのI/Oはこのメモリ内のプレーンテキストデータキーによって暗号化／復号されます。

✱ Amazon RDS

RDSインスタンスのストレージが暗号化されるのは、EBSボリュームの暗号化と同じく作成時で、スナップショットリードレプリカも暗号化されます。他のリージョンにスナップショットをコピーする場合や、クロスリージョンリードレプリカでは、そのリージョンのKMSキーを使用して暗号化できます。

暗号化

☑ 暗号を有効化
選択すると対象のインスタンスを暗号化します。マスターキー ID とエイリアスは、AWS Key Management Service コンソールを使用して作成した後に、リストに表示されます。 情報

AWS KMS キー 情報

(default) aws/rds ▼

❑ RDSインスタンス暗号化

暗号化せずに作成したRDSインスタンスを暗号化したい場合は、暗号化されていないスナップショットをコピーする際にKMSキーを指定して暗号化できます。暗号化してコピー作成したスナップショットから復元したRDSインスタンスは、同じKMSキーで暗号化されます。

✱ Amazon WorkSpaces

WorkSpacesのボリュームの暗号化は、EBSボリュームの暗号化と同じです。

✱ Amazon EMR

EMRはストレージにS3またはEBSを使用します。どちらもKMSキーによる暗号化を設定できます。

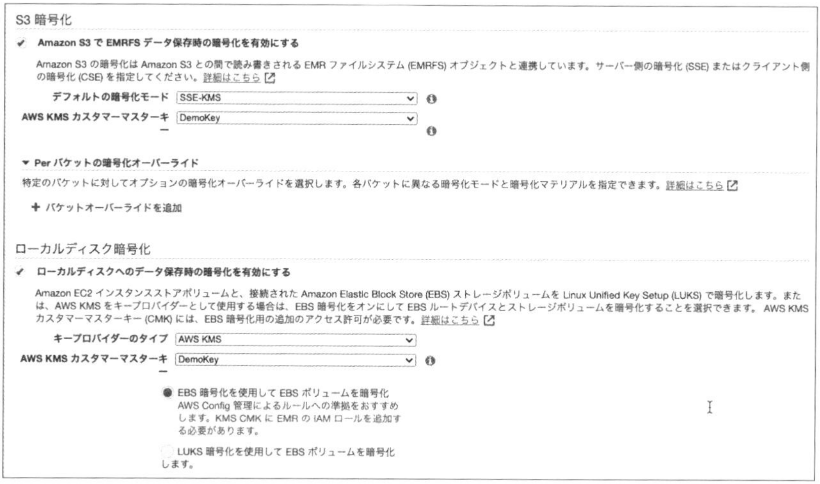

❏ EMRの暗号化

✱ Amazon Redshift

Redshiftの暗号化は4階層のキーで行われます。まずKMSキーは、クラスタキーを暗号化します。次にクラスタキーはデータベースキーを暗号化し、データベースキーはデータ暗号化キーを暗号化します。そして、データ暗号化キーは、クラスタ内のデータブロックを暗号化します。

暗号化
クラスターのすべてのデータを暗号化します。

- 無効化
- AWS Key Management Service (AWS KMS) を使用する
- ハードウェアセキュリティモジュール (HSM) を使用する

AWS KMS
Choose the key to use.

- デフォルトの Redshift キー
- Use key from current account
- Use key from different account

KMS key ID
DemoKey

❏ Redshiftクラスタの暗号化

✱ Amazon S3

S3に保存するオブジェクトの暗号化には、大きく分けてクライアントサイド暗号化とサーバーサイド暗号化があります。

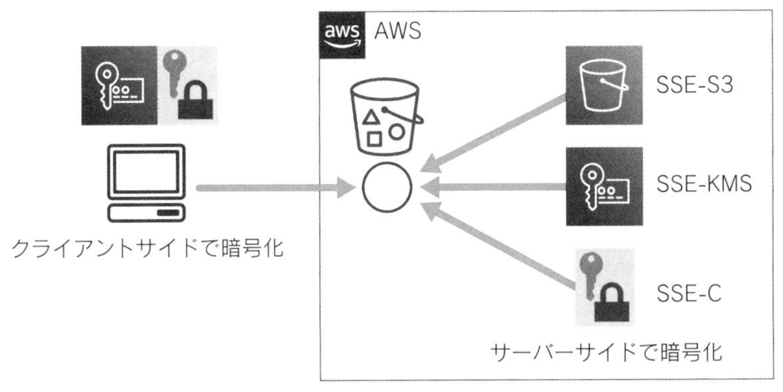

❏ S3オブジェクト暗号化の種類

クライアントサイド暗号化(Client Side Encryption、**CSE**)は、暗号化してからアップロードする方法です。暗号化する際に使用するキーには、KMSを使用するか、独自のキーを使用します。クライアントサイドの暗号化は、アップロードする前に暗号化しなければならない要件に対応できます。クライアントサイドですので、アプリケーションのプログラムで暗号化します。オンプレミスのキーを使う方法(CSE-C)や、SDKを用いて開発したプログラムでKMSのキーを使用する方法(CSE-KMS)など、任意の方法で実装できます。

サーバーサイド暗号化（Server Side Encryption、**SSE**）は、S3に保管されるデータのサービス側での暗号化です。AWSデータセンターのディスクへ書き込まれるときに暗号化され、オブジェクトデータへアクセスするときに復号されます。

サーバーサイド暗号化には3種類の方法があり、要件に適したものを選択できます。

- **SSE-S3**：S3が管理するキーによるサーバーサイド暗号化を行います。ユーザーがキーの管理をする必要のない方法です。s3:PutObjectが許可されていれば、アップロードできて暗号化されて保管されます。s3:GetObjectが許可されていれば復号されてダウンロードできます。キーの個別管理要件、追跡監査要件などがなければ選択します。

❑ SSE-S3

2023年1月のアップデート以降、SSE-S3がデフォルトとなりました。アップロードされるすべてのオブジェクトにサーバーサイド暗号化の指定がない場合は、SSE-S3で暗号化されます。

以前はサーバーサイド暗号化をしない選択肢があったので、もしかしたら問題文に「サーバーサイド暗号化を有効にする」という記述がまだ残っている可能性はあります。それ以外に適切な選択肢がない場合は2023年1月よりも前に作成された問題と割り切って考えます。もちろんデフォルト暗号化を問う問題で、「何もする必要はない」といった選択肢があればそれが正しいと考えます。

- **SSE-KMS**：KMSで管理しているキーを使ったサーバーサイド暗号化です。キーを管理する要件がある場合に選択できます。アップロードにはs3:PutObjectとキーへのkms:GenerateDataKeyが許可されている必要があります。ダウンロードにはs3:GetObjectとkms:Decryptの許可が必要です。

❑ SSE-KMS

カスタマー管理キー、AWS管理キーどちらも選択できます。カスタマー管理キーを使用すればキーポリシーでアクセスを制御できます。CloudTrailによる追跡監査が可能で、1年ごとの自動キーローテーションの有効／無効、キーの無効化、削除が可能です。

○ SSE-C：ユーザー指定のキーによるサーバーサイド暗号化です。Cは「CustomerのC」と理解できます。オンプレミスキーサーバーなどで作成されたキーを使用できます。暗号化キーをAWS側に保存しない要件で選択できます。S3サービスはアップロードリクエストに含まれた暗号化キーを使って、サーバーサイドで暗号化してオブジェクトを保管します。暗号化キーは保管されません。ダウンロードリクエストにもオンプレミスで保管している同じ暗号化キーを使用します。

❑ SSE-C

S3バケットでは、オブジェクトのデフォルト暗号化をSSE-S3かSSE-KMSで設定しておけます。アップロード時に暗号化の方法が指定されなかったオブジェクトはデフォルト設定で暗号化されます。

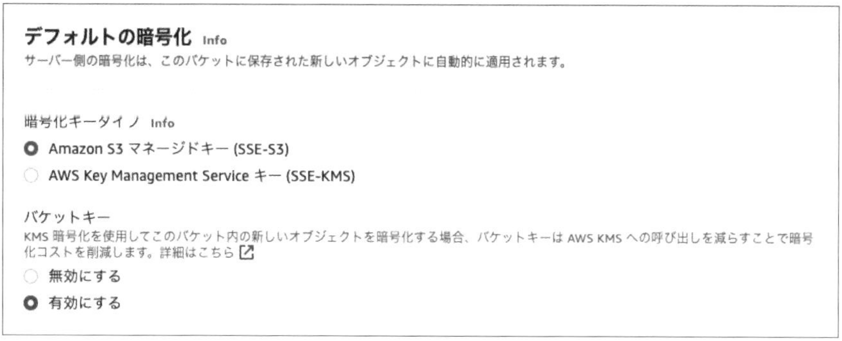

デフォルトの暗号化 Info

サーバー側の暗号化は、このバケットに保存された新しいオブジェクトに自動的に適用されます。

暗号化キータイプ Info

- (●) Amazon S3 マネージドキー (SSE-S3)
- ( ) AWS Key Management Service キー (SSE-KMS)

バケットキー

KMS 暗号化を使用してこのバケット内の新しいオブジェクトを暗号化する場合、バケットキーは AWS KMS への呼び出しを減らすことで暗号化コストを削減します。詳細はこちら

- ( ) 無効にする
- (●) 有効にする

❏ S3バケットのデフォルト暗号化

AWS CloudHSM

キー保存、暗号化を実行するハードウェアを物理的に専有するサービスがAWS CloudHSMです。CloudHSMはFIPS 140-2レベル3に準拠しています。

CloudHSMの構成

CloudHSMではリージョンを選択してクラスタを作成し、クラスタにHSMインスタンスを作成します。複数のAZ(アベイラビリティゾーン)のVPCサブネットを指定してクラスタを作成し、冗長性と高可用性を実現できます。1つのサブネットを指定してクラスタを作成することもできますが、AZが使用できなくなった場合にクラスタにもアクセスできなくなります。

クラスタにはHSMを28まで作成できます。HSMもVPCサブネットを指定して作成します。指定したサブネットにENI(Elastic Network Interface)が作成されます。複数のHSMを作成すると、クライアントからの接続は自動的に負荷分散されます。リクエスト量に応じてHSMの数を増減します。

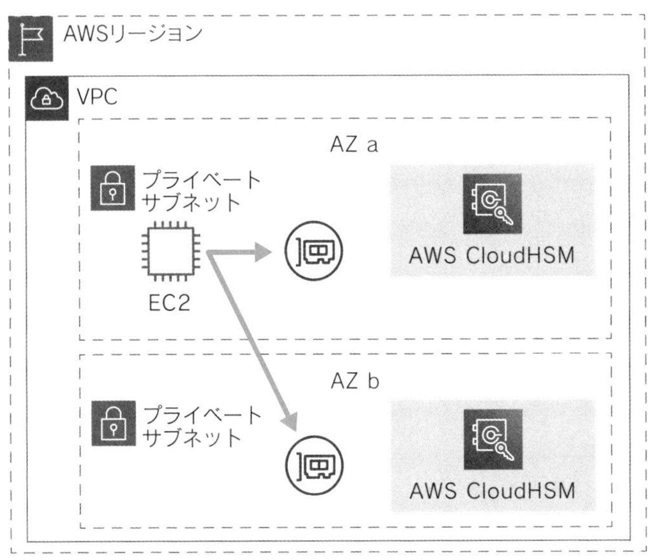

❏ AWS CloudHSM

クラスタを初期化する際に、署名済みのクラスタ証明書と署名に使用した証明書をアップロードします。CloudHSMにアクセスするアプリケーショには、署名に使用した証明書が必要です。

KMSカスタムキーストア

KMSのキーストアとしてCloudHSMを使用できます。そうすることで、KMSを使用しながらCloudHSMにキーを保存できます。

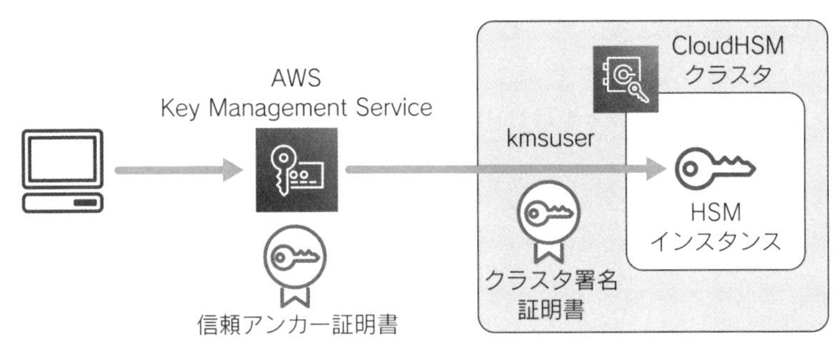

❏ KMSカスタムキーストア

CloudHSMにkmsuserという名前のCU（Crypto User、暗号化ユーザー）を作成し、そのパスワードをKMS側に設定します。

また、クラスタ初期化の際に署名に使用した証明書を信頼アンカー証明書としてKMSにアップロードします。

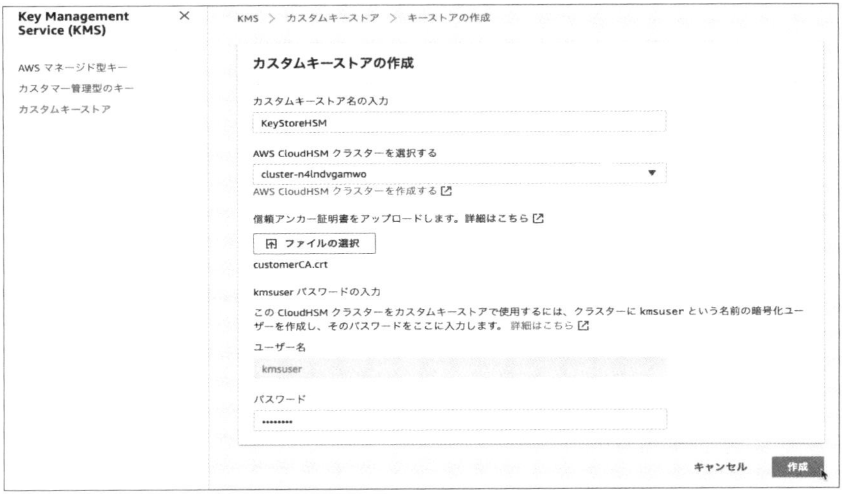

❏ カスタムキーストアの作成

CloudHSMのバックアップ

CloudHSMの機能でバックアップが実行されます。AWSがS3を使ってバックアップデータを保存しており、すべてのバックアップデータは暗号化されて保存されます。バックアップデータは、他のリージョンにコピーできます。

CloudHSMのユースケース（TDE）

OracleのTDE（透過的なデータ暗号化）をCloudHSMと連携するユースケースです。データを暗号化するキーを暗号化するマスターキーは、CloudHSMで管理しています。RDSは通常のTDEをサポートしていますが、CloudHSMを使用したTDEはサポートしていません。CloudHSMを使用したTDEを使用する場合、Oracleデータベースは EC2にインストールする必要があります。

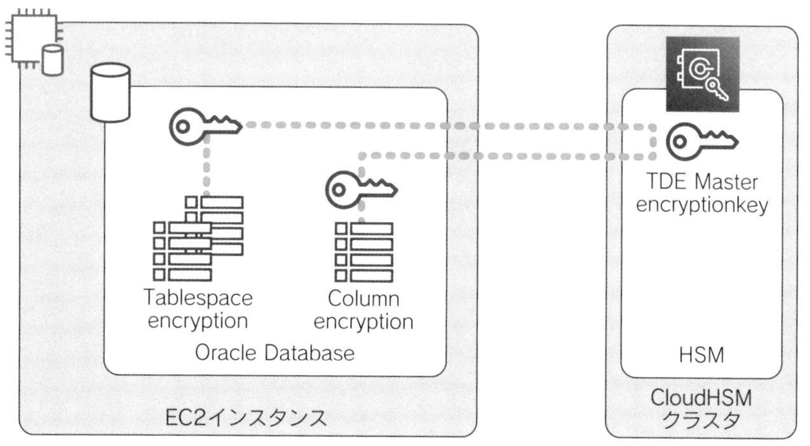

❏ Oracle TDE連携

AWS Certificate Manager

AWS Certificate Manager（ACM）は、パブリックなSSL/TLS証明書の保存、更新を提供する無料のサービスです。

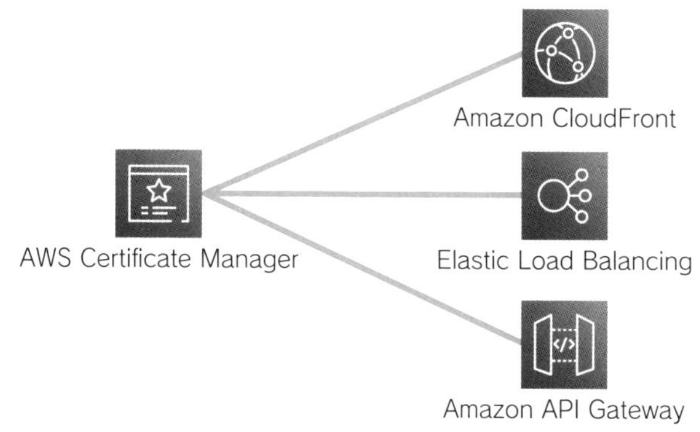

❏ AWS Certificate Manager

ACMは、CloudFront、Elastic Load Balancing（Application Load Balancer、Network Load Balancer、Classic Load Balancer）、API Gatewayと連携して、ユーザー所有ドメインの証明書を作成できます。所有者の確認はメール認証か、CNAME認証で行われます。発行済みの証明書もインポートして使用できます。

ACMはサイトシール（証明書の作成元が信頼をPRするコンテンツとして提供するサイト掲載可能な画像）を提供していません。サイトシールが必要な場合はサードパーティベンダーから発行される証明書を使用してください。

AWS Private Certificate Authority

AWS Private Certificate Authority（プライベートCA）は、プライベートな独自の証明機関（CA）階層を作成し、ユーザー、デバイス、アプリケーションなどの認証のプライベート証明書を作成できます。

Amazon Cognito

Amazon Cognitoは、Webアプリケーションやモバイルアプリケーションに安全に認証を提供するサービスです。Cognitoにはユーザープールと IDプールがあります。

Cognitoユーザープール

＊ サインアップ、サインインを短期間でアプリケーションに実装

認証基盤を開発しなくても、モバイルアプリケーションやWebアプリケーションからのサインアップ、サインインのために使用できます。開発コストを下げて、開発期間を短くするためにも非常に有用です。Cognitoユーザープールのみでの認証もできますし、SNSなど外部での認証もできます。

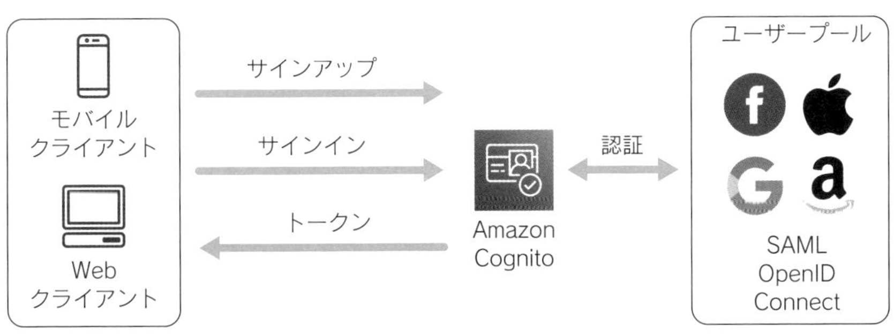

❑ Cognitoユーザープール

カスタム可能な組み込みWeb UIがあり、すぐに使い始めることもできます。また、FacebookなどのWeb IDフェデレーションも、有効にするだけで組み込みUIで使用できます。これによりユーザーは、自分が使用する認証情報を選択できます。

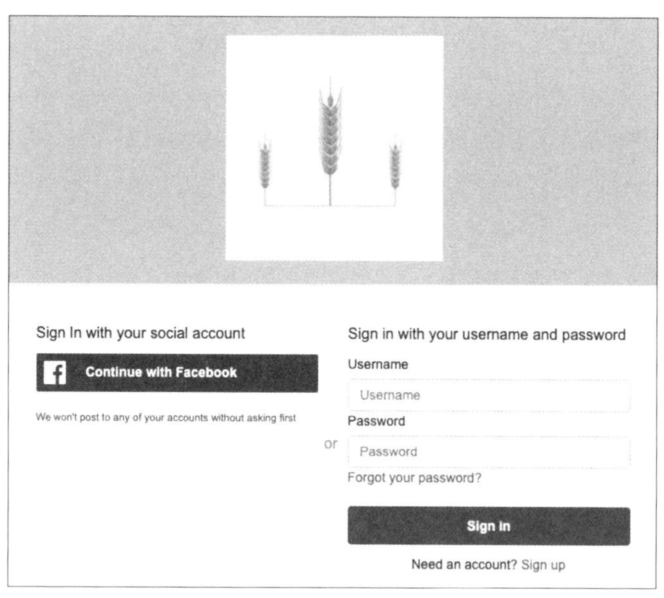

❑ CognitoサインインUI

✱ MFA、アドバンスドセキュリティ他

- **パスワードポリシー**：最低文字数、数字・特殊文字・大文字・小文字の必要などを設定できます。
- **メールアドレス、電話番号の検証**：メールアドレス、電話番号を使った本人検証が可能です。
- **MFA（多要素認証）**：アプリケーションのセキュリティを向上するために、MFAを有効にできます。MFAは、SMSテキストメッセージまたはソフトウェアなどを使用した時間ベースのワンタイムパスワードから選択できます。
- **アドバンスドセキュリティ**：アドバンスドセキュリティを有効にすると、他のWebサイトで漏洩情報として公開されているパスワードを使ったときに、ユーザーをブロックするなどの自動対応ができます。侵害された認証情報が使用されたときに、通知のみかブロックするかを選択できます。

✱ Lambdaトリガー

サインアップイベント、サインインイベントをトリガーに、AWS Lambda関数を実行できます。ユーザープールの情報や、ユーザー属性がイベントデータとしてLambda関数に渡されます。これらの情報をLambda関数で加工して、S3などに格納し、サインインイベントの分析に使うこともできます。認証前トリガーでは、追加のコードにより、サインインの承認や拒否のコントロールも可能です。

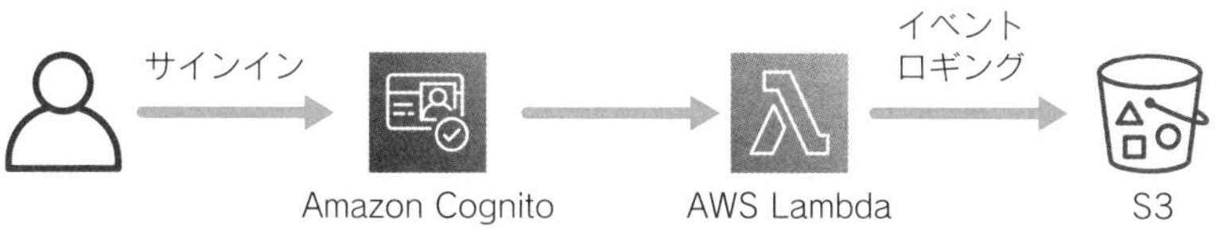

❑ Cognito Lambdaトリガー

IDプール

モバイルアプリケーションやクライアントサイドJavaScriptが動作しているアプリケーションで、AWSのサービスに対して安全にリクエストを実行したい場合は、Cognito IDプールを使用します。

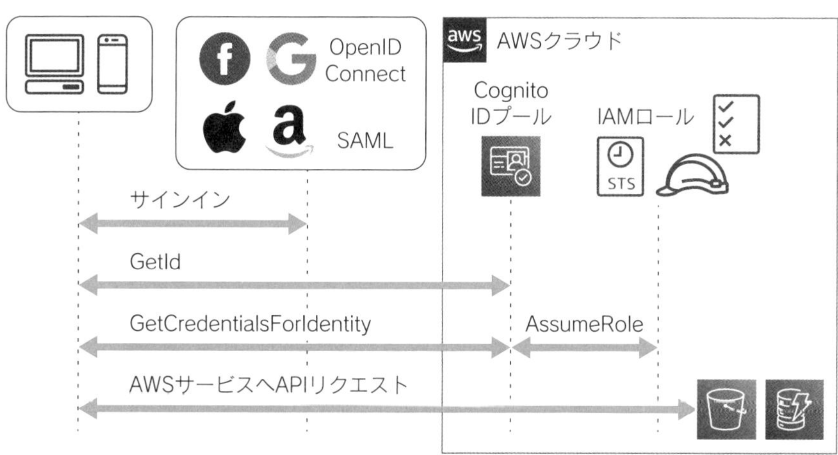

❑ Cognito IDプール

Cognito IDプールには2種類のIAMロールを設定できます。1つは認証されていないIAMロールです。サインインを必要としないトップ画面にデータを表示する場合など、ゲストアクセスに対してJavaScriptなどのクライアントアプリケーションからS3やDynamoDBなどのAWSサービスにアクセスできます。

もう1つは認証されたIAMロールで、これは認証プロバイダーによって認証された後にはじめてAWSサービスへのアクセスを許可するIAMロールです。前図は認証されたIAMロールへの認証プロセスです。認証プロバイダーには、SNSなどのWeb IDフェデレーションやCognitoユーザープールを指定できます。

AWS Secrets Manager

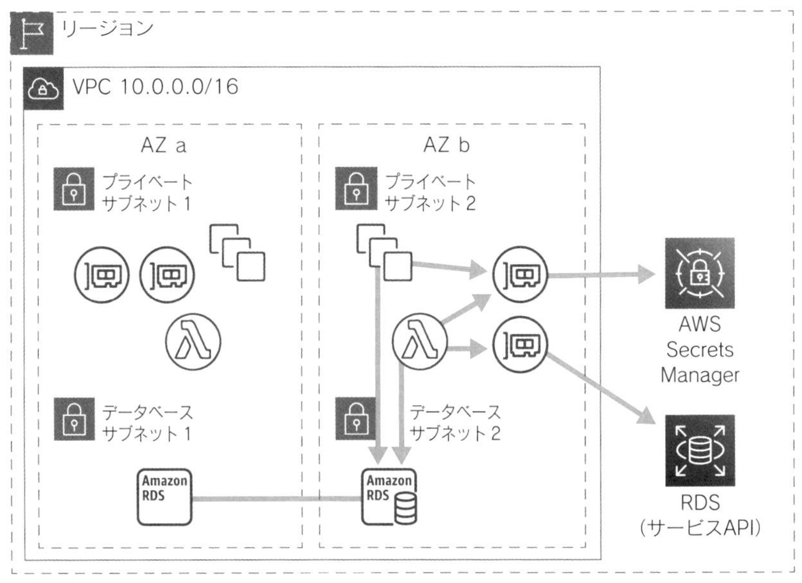

❑ AWS Secrets Manager

AWS Secrets Managerでデータベースなどの認証情報を保持し、取得にはSecrets ManagerへのAPIリクエストを使用します。認証情報のローテーション更新が必要となった際には、Secrets Managerがデータベースの認証情報（パスワード）を更新して保持します。アプリケーションからは、Secrets ManagerへGetSecretValueリクエストを実行することで、常に現在の認証情報を取得できるので、認証情報の再配布やそのための長時間にわたるシステムダウンタイムは必要ありません。

認証情報の更新はLambda関数が行います。RDSインスタンスのローテーションにはデフォルトのLambda関数が用意されています。その他の外部のサードパーティ APIやオンプレミスアプリケーションの認証情報のローテーションは、任意のLambda関数を開発して実現できます。

RDSインスタンスの作成時にマスターユーザーのパスワードをSecrets Managerと統合するように選択すると、マネージドローテーションが使用できます。マネージドローテーションを使用するとLambda関数の設定、管理は必要なくなります。

マネージドローテーション以外でRDSパスワードをローテーションする場合は、RDSと同じVPC内にLambda関数を設定して、セキュリティグループ、VPCエンドポイントまたはNATゲートウェイなどを設定する必要があります。VPCエンドポイントを使用する場合は、Secrets ManagerとRDSのエンドポイントが必要です。

ローテーション戦略

1人のデータベースユーザーの認証情報を管理している場合、Secrets Managerは既存のパスワードにAWSCURRENTラベルを付けて、GetSecretValueリクエストがあった際にそのパスワードをレスポンスします。更新した新しいパスワードにはAWSPENDINGラベルを付けて、テストが完了すればAWSCURRENTラベルを移動して使用できるようにします。これが**シングルユーザーローテーション**です。1人のデータベースユーザーでパスワードをローテーションします。マネージドローテーションではシングルユーザーローテーションのみが可能です。

この更新からテストが完了してAWSCURRENTラベルが移動するまでの間、アプリケーションは更新前のパスワードを受け取ってしまうことになるので、認証エラーが発生する可能性があります。

このように1つ前のパスワードを受け取ってしまって認証エラーが発生する時間（ダウンタイム）が発生しないようにするには、2人のデータベースユーザーを使用してローテーションで交互に更新します。これを**交代ユーザーローテーション**と呼びます。

デフォルトで用意されているLambda関数でこの交代ユーザーローテーションを実行できます。

1. データベースユーザーuserがデータベースには存在します。
2. Secrets Managerシークレットにはデータベースユーザーuserの認証情報がAWSCURRENTラベル付きで保持されています。
3. ローテーション用のLambda関数はデータベースユーザーuser_cloneを作成して、新しいバージョンの認証情報としてSecrete Managerシークレットを更新します。
4. ローテーション関数によりuser_cloneの認証情報にはAWSPENDINGラベルが付けられてテストが行われます。アプリケーションではテスト中もuserの認証情報が使用できるのでエラーにはなりません。
5. テストが完了するとローテーション関数はuser_cloneの認証情報にAWSCURRENTラベルを移動します。この時点からアプリケーションはuser_cloneの認証情報を使用します。
6. ローテーション関数はロールバックが発生したときのために、userの認証情報にAWSPREVIOUSラベルを付与します。
7. user_cloneが作成されるのは初回のみで、以降のローテーションではuserとuser_cloneが交互に使用されます。

交代ローテーションのためには別のAWS Secrets Managerシークレットを作成して、データベースユーザーuserとuser_cloneのパスワードを更新するデータベースマスターユーザーの認証情報を保管して使用します。マスターユーザーのパスワードローテーションはシングルユーザーローテーションになるので、userとuser_cloneのパスワードを更新しない時間に実行されるようスケジュールします。

Amazon Inspector

Amazon InspectorはEC2インスタンス、ECRコンテナイメージ、Lambda関数を自動的に検出して、脆弱性のスキャンを継続的に行い、レポートで可視化するサービスです。EC2インスタンスの検出やスキャンはSSMエージェントによって実行されます。以前はInspector用のエージェントが必要で、EC2のみのスキャンでしたが、そのバージョンはAmazon Inspector Classicになりました。アップデートとして、ECR、Lambda関数に対応していること、

SSMエージェントのみで実行できることを知っておきましょう。

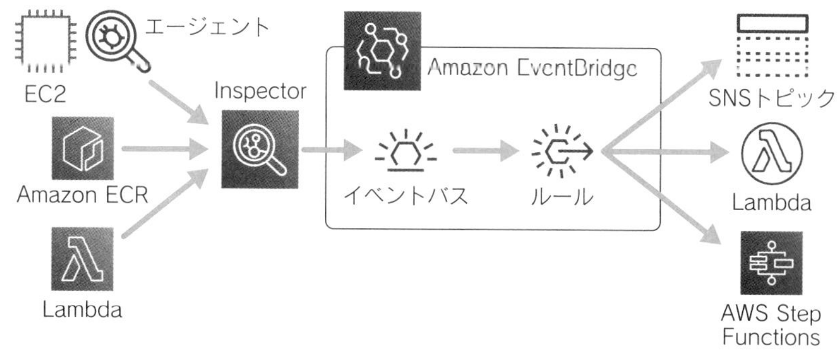

❏ Amazon Inspector

Inspectorの検出結果がEventBridgeルールとターゲットアクションによって自動対応できる点も、自動で脆弱性を修復できる機能として依然として重要です。

AWS WAF

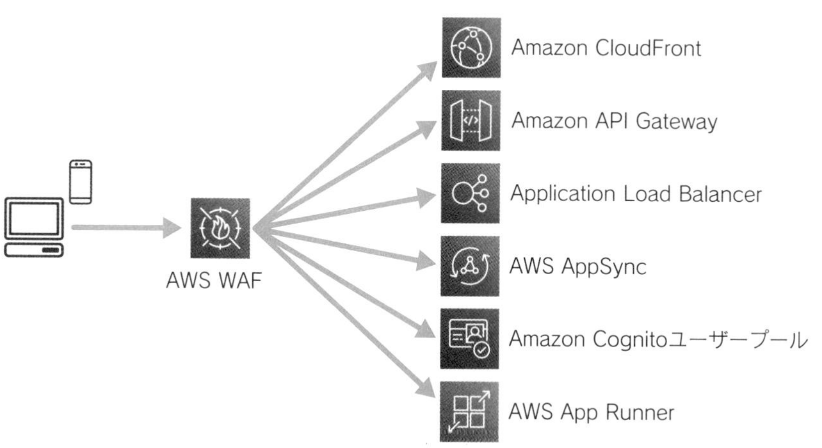

❏ AWS WAF

AWS WAFはWeb Application Firewallです。CloudFront、API Gateway、Application Load Balancer、AppSync GraphQL API、Cognitoユーザープール、

App Runnerへのリクエストに対応できます。リクエストの条件に対して、許可、ブロック、カウント（発生数のみを記録）を設定できます。

それぞれのサービスリソースにWebACLをアタッチするだけなので、アプリケーションへの変更や影響を与えることなく開始できます。よくある攻撃に対してはマネージドルールが用意されていて、それを選択するだけで始めることができます。個別の設定が必要な場合は独自のルール設定も可能です。

APIレベルでの設定が可能なので、脅威のイベントに対して自動で設定できます。条件だけではなく、「5分間に指定した数を超えた場合にブロック」などレートベースのルールも可能です。

AWS WAFの構成と料金

各リソース向けのWeb ACLを作成して、Web ACLにルールを設定します。CloudFrontの場合、1つのWeb ACLを複数ディストリビューションに設定できます。他のリソースではリージョンごと、サービスごとに1つのWeb ACLを設定できます。たとえば、同じリージョンであれば複数のAPI Gatewayで設定が可能です。

- **Web ACL**：5USD/月
- **ルール**：1USD/月
- **リクエスト**：0.6USD/100万リクエスト
- **ボットコントロール**：10USD/月
- **ボットコントロールリクエスト**：1USD/100万リクエスト

AWS WAFの代表的なマネージドルール

AWS WAFでマネージドルールを使用すると、一般的な攻撃を目的とした不要なトラフィックを排除することができ、すぐに始められます。以下は代表的なマネージドルールです。

＊ベースラインルールグループ

一般的な各種脅威に対する保護ルールです。

- **コアルールセット**：OWASPに記載されている高リスクの脆弱性や一般的な脆弱性などに対する保護。

- **管理者保護**：sqlmanagerなど管理用のURIパスへの攻撃からの保護。
- **既知の不正な入力**：localhost、web-infなどのパス、PROPFIND、未承諾のJWTからの保護。
- **SQLデータベース**：SQLインジェクションなど、SQLデータベースを使用しているアプリケーションに対する脅威からの保護。
- **Linux、POSIX、Windowsオペレーティングシステム**：各OS固有の脆弱性悪用攻撃からの保護。
- **PHP、WordPressアプリケーション**：fsockopenや$_GETなどの関数や、WordPressコマンドやxmlrpc.phpへのリクエストなどからの保護。

✱IP評価ルールグループ

- **Amazon IP評価リスト**：Amazonの内部脅威インテリジェンスによってボットと識別されたIPアドレスのリストからの保護。
- **匿名IPリスト**：クライアントの情報を匿名化することがわかっているソース（Torノード、一時プロキシ、その他のマスキングサービスなど）のIPアドレスのリスト、エンドユーザートラフィックのソースになる可能性が低いホスティングプロバイダーとクラウドプロバイダーのIPアドレスのリストからの保護。

✱AWS WAFボットコントロールルールグループ

ボットからのリクエストをブロックおよび管理するルールが含まれています。広告目的、アーカイブ目的、コンテンツ取得、壊れたリンクのチェック、監視目的、Webスクレイピング、検索エンジン、Webブラウザ以外などボットからのリクエストを管理、保護します。

✱AWS WAFのカスタムルール

カスタムルールで使用できるWebリクエストのプロパティです。

- リクエスト送信元IPアドレス
- リクエスト送信元の国
- リクエストヘッダー
- リクエストに含まれる文字列（正規表現も可）
- リクエストの長さ
- SQLインジェクションの有無

○ クロスサイトスクリプティングの有無

＊AWS WAFのメトリクスとログ

AWS WAFのメトリクスでは、ルールごとと、すべてのAllowedRequests、それにBlockRequestsがモニタリングできます。

サンプリングログ(過去3時間)は、Web ACLの概要ビューから確認できます。APIからも取得できます。

すべてのフルログはKinesis Data Firehoseを「aws-waf-logs-」で始まる名前をつけて作成して送信します。リクエスト送信元のIPアドレス、国、ヘッダー、メソッド、送信先のURIなどを含めた許可／拒否両方のログが送信されます。Kinesis Data FirehoseにLambda関数をアタッチしてログのフィルタリング、フィールド除外が可能です。フルログはKinesis Data Firehose以外に、S3バケット、CloudWatch Logsのいずれかに送信することもできます。

AWS Shield

AWS ShieldはDDoS攻撃から保護するサービスです。StandardとAdvancedがあります。AWS Shield Standardは無料で有効になり、AWSサービスへのベーシックなネットワークレイヤー攻撃を自動的に緩和しています。より高いレベルで保護するためにはAWS Shield Advancedを使用します。Advancedは1か月3,000USDのサブスクリプションサービスで、Organizations組織で利用できます。

AWS Shield Advancedで可能になること

○ CloudFront、Route 53、Global Accelerator、Elastic Load Balancing、EC2 Elastic IPの各リソースを指定しての保護。

○ EC2のElastic IPを保護する場合、数テラバイトのトラフィックを処理できるようにネットワークACLを昇格してデプロイする。

○ 24時間365日対応のDDoS対応エキスパートのShield Response Team（SRT）が対応。

○ 正常性ベースの検出により、脅威イベントを検出し、検出精度を向上。

○ 指定リソースへのAWS WAF、Firewall Managerの使用料金がサブスクリプション料金に含まれる。

○ DDoS攻撃によるスケーリング料金のサービスクレジット。

○ レイヤー3/4攻撃の通知、フォレンジックレポート（発生元IP、攻撃ベクトルなど）。

AWS Shield Engagement Lambda

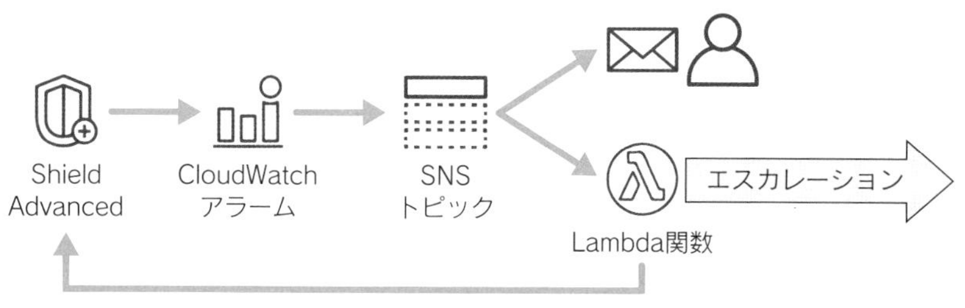

❑ AWS Shield Engagement Lambda

DDoS攻撃を自動検知して、エスカレーションアクションを自動化する設計パターンです。DDoSDetected、DDoSAttackBitsPerSecond、DDoSAttackPacketsPerSecond、DDoSAttackRequestsPerSecondメトリクスなどの攻撃の有無や攻撃の量に応じてCloudWatchアラームを設定します。SNSトピックへ送信して、サブスクリプションEメールで関係者へ送信します。

もう一方のサブスクリプションでLambda関数を実行し、Shield Advanced APIへリクエストして、AttackDetailなどの詳細情報を取得し、自動的にAWSサポートケースを作成します。AWSサポートケースの作成には、ビジネスサポートプラン、エンタープライズサポートプランが必要です。

AWS Network Firewall

AWS Network Firewallは、VPC向けのステートフルなマネージドネットワークファイアウォールおよびIPSサービスです。Network Firewallはトラフィック量に応じて自動的にスケールし、複数のAZ（アベイラビリティゾーン）にエンドポイントをデプロイすることで高可用性を実現できます。ネットワークACL、セキュリティグループだけでは設定できない、カスタマイズルールを実装できます。ドメインリストで不正なドメインへのアクセスを防いだり、既知の不正なIPアドレスをブロックしたり、署名ベースの検出が行えます。

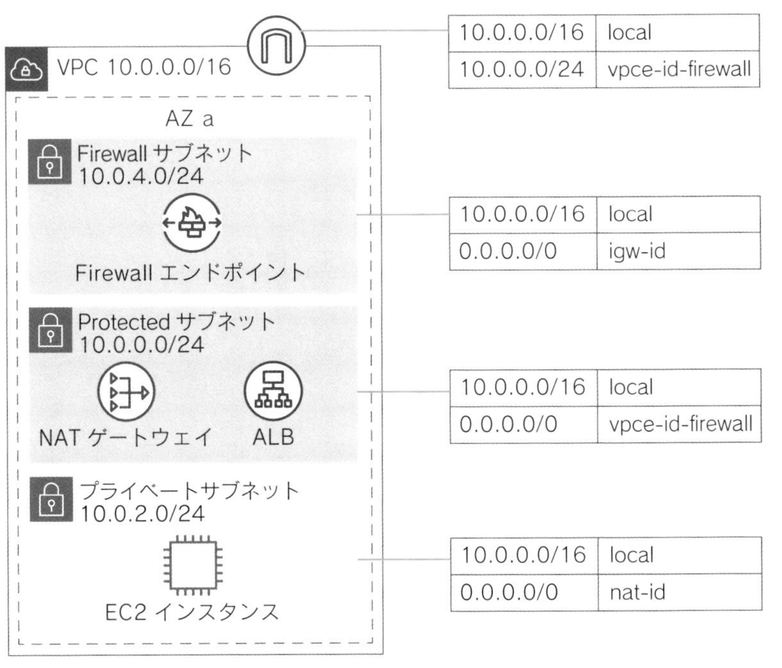

❑ AWS Network Firewall

VPCイングレスルーティングと組み合わせることで、インバウンド／アウトバウンドリクエストは必ずAWS Network Firewallを通過するように設定できます。Transit Gatewayと組み合わせることで、検査用VPCとしてNetwork Firewallを構築して、大規模ネットワークにおいてすべてのインバウンド／アウトバウンドを検査するように設定することも可能です。

ステートレスルールとステートフルルールを作成して、ファイアウォールポリシーでルールに対する動作を定義します。作成したポリシーはNetwork Firewallに関連付けます。Network Firewallエンドポイントを配置するVPCとサブネットを指定します。Firewallエンドポイントを設置したサブネットを通るようにルートテーブルのルートを設定します。

Suricataというオープンソースソフトウェア互換のルールセットをインポートして利用できます。

AWS Firewall Manager

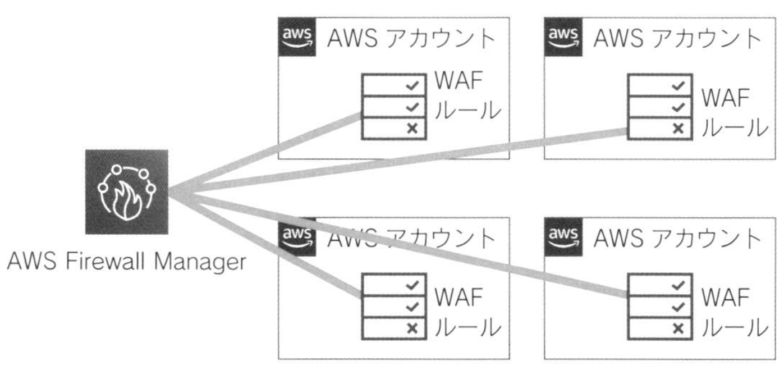

❑ AWS Firewall Manager

AWS Firewall Managerは、複数アカウントでAWS WAF、AWS Shield Advanced、VPCセキュリティグループ、AWS Network Firewall、Amazon Route 53 Resolver DNSファイアウォールを一元管理できます。AWS Organizations、AWS Configと連携し、AWS Configで非準拠リソースを抽出することもできます。

複数アカウントのCloudFrontディストリビューションなど、特定のタイプのすべてのリソースを保護できます。特定のタグでまとめて適用することも可能です。アカウントに追加されたリソースへの保護を自動的に追加します。AWS Organizations組織内のすべてのメンバーアカウントをAWS Shield Advancedに登録でき、組織に参加する新しい対象アカウントを自動的に登録できます。

Amazon GuardDuty

Amazon GuardDutyは、CloudTrail、S3データログ、VPC Flow Logs、DNSクエリログを分析して、脅威を抽出します。GuardDutyはリージョンごとに有効化します。脅威レポートの事前確認をしたい場合は、サンプルを作成できます。リクエスト元として任意の許可IPアドレスリスト、脅威として考えられるIPアドレスリストを指定できます。

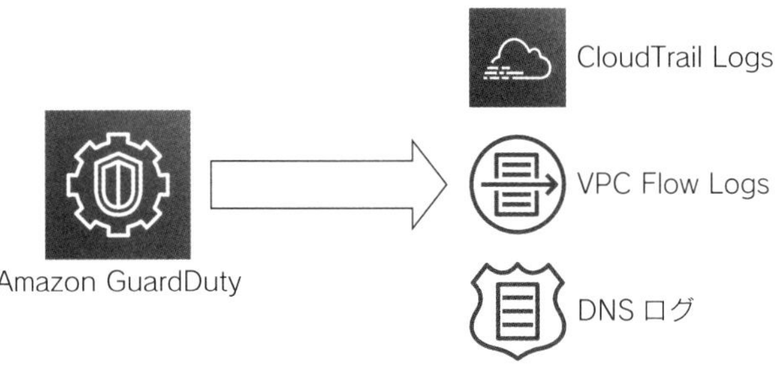

❏ Amazon GuardDuty

たとえば、Backdoor:EC2/DenialOfService.Dnsでは、EC2インスタンスがDNSプロトコルのDOS攻撃に使用されている可能性があります。CryptoCurrency:EC2/BitcoinTool.Bは、EC2インスタンスがビットコインのマイニングに使用されている可能性があります。UnauthorizedAccess:EC2/MetadataDNSRebindでは、EC2インスタンスでメタデータの情報をDNSリバインドという攻撃手法によって取得されようとしています。Discovery:S3/MaliciousIPCallerでは、既知の悪意あるIPアドレスからS3 APIへのリクエストを検出しています。Policy:IAMUser/RootCredentialUsageでは、ルートユーザー認証情報が使われたことを検出します。

他にも多数の検出タイプが用意されています。

Amazon Macie

Amazon Macieは、S3バケットに保存された機密データを、機械学習とパターンマッチングで検出・監視できます。機密データ検出ジョブを作成して実行することで、検出とレポート出力を自動化できます。複数の種類の個人情報(PII)、個人の健康情報(PHI)、財務データなど、さまざまなデータ型のリストを使用して検出できます。カスタムデータ識別子を追加することで、検出の補足も可能です。ジョブの検出結果は、指定したS3バケットにKMSキーで暗号化されて保存されます。

AWS Security Hub

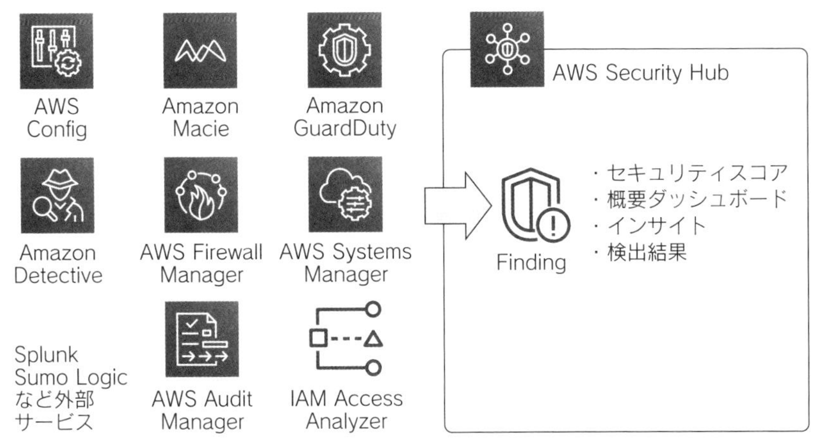

❑ AWS Security Hub

AWS Security Hubは、GuardDutyやMacieなどAWSのセキュリティサービスや外部のサードパーティサービスの検出結果を、AWS Security Finding形式という共通のJSONフォーマットに変換して統合します。

セキュリティベストプラクティスに基づくセキュリティスコアをパーセンテージで評価し、概要ダッシュボードで数種類のグラフや気づきのためのインサイトで可視化します。統合された検出結果の詳細検索もでき、セキュリティスコアを高めるためのアクションを確認できます。

Amazon Detective

Amazon DetectiveはGuardDutyの検出結果や、取り込んだログデータソースから、簡単に調査、原因の特定が行えるサービスです。効率的な調査が行えるようにグラフやマップで可視化したり、検出結果の詳細情報を確認できたりします。アカウント内で失敗したAPI呼び出しが発生していた場合、そのリクエストの送信元や失敗されたAPIアクション、それに対象のプリンシパル（IAMユーザー、IAMロールなど）をすばやく確認できます。

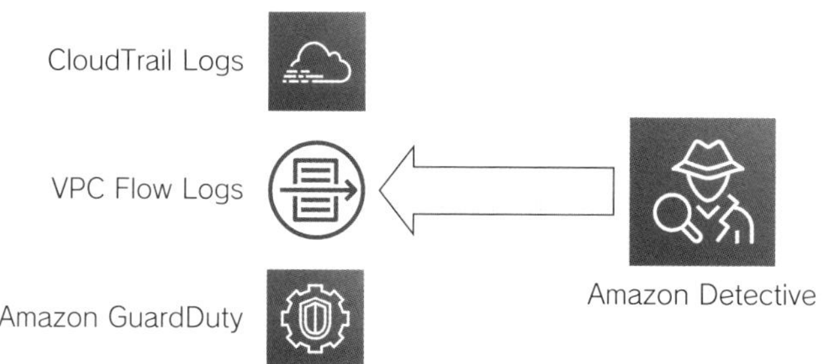

❑ Amazon Detective

たとえば、いつもは呼び出されないAPIリクエストが、いつもとは違う送信元から呼び出されたことがGuardDutyで検出されたとします。Detectiveではその送信元からの最初と最後の呼び出しや、合計時間、IAMロールなどに関連付いている他の検出結果など、調査に必要な情報を次々に確認できます。

セキュリティのポイント

- ルートユーザー使用時にGuarDutyで検知したり、CloudTrailからCloudWatch Logsのメトリクスフィルターで検知したりできる。
- IAM Access Analyzerを使用して外部に許可されたリソースの検出、IAMポリシーの検証、CloudTrail証跡からIAMポリシーの生成ができる。
- アクセス許可の境界によりIAMロールとIAMユーザーの作成を安全に委任できる。
- セキュリティグループの送信元・送信先にプレフィックスリストが使用できる。
- ネットワークACLはステートレスなので一部許可構成にする場合、一時ポートを設定する。
- AWS KMSは、CMKの作成、管理、データキーの暗号化／復号を行うサービス。
- KMSは、さまざまなAWSサービスとシームレスに統合されている。
- エンベロープ暗号化は、データキーを生成して、データキーでデータを暗号化する。CMKはデータキーの生成と暗号化／復号を行う。
- CMKは、年次自動ローテーションが設定できる。
- オンプレミスで作成したキーをインポートできる。
- AWS CloudHSMは物理的にハードウェアを専有するサービス。
- カスタムキーストアを使ってKMSのキー保存先をCloudHSMにできる。

- AWS Certificate Managerでは証明書を無料で作成して使用できる。
- Cognitoユーザープールを使って、エンドユーザーの認証機能の開発を短縮できる。
- Cognito IDプールを使って、モバイルアプリケーションなどからIAMロールへの安全なリクエストを実現できる。
- Secrets Managerでデーターベースなど認証シークレットのローテーションが可能。
- Secrets ManagerのローテーションLambda関数をカスタマイズすることでダウンタイムを減少させることができる。
- InspectorではSSMエージェントによるEC2、ECR、Lambdaを対象に脆弱性スキャンが実行される。
- Inspectorの検出結果をEventBridgeルールで検出してターゲットにより自動アクションが実行できる。
- WAFのACL、ルールは複数リソースで使用できる。
- WAFマネージドルールを使用することで不要なトラフィックをすぐに排除できる。
- WAFカスタムルールを作成することで独自のルールを設定できる。
- WAFのフルログが必要な場合はKinesis Data Firehoseで送信できる。
- Shield AdvancedでShield Response Team(SRT)へのエスカレーションが可能。
- Shield AdvancedにはWAFのコスト、DDoS攻撃によるスケーリング料金のサービスクレジットが含まれる。
- Shield Advancedイベントで通知が可能。APIへのアクセスで詳細情報を自動取得可能。
- Network FirewallでVPCにSuricata互換ルールなどステートフルなマネージドネットワークファイアウォールを適用できる。
- Network Firewallルール、ポリシー、定義を作成し、エンドポイントを配置するサブネットを指定し、ルートテーブルを設定する。
- Firewall ManagerでOrganizations組織の複数アカウントに対して、WAFをはじめとするファイアウォールサービスを一元管理し、組織に準拠したセキュリティルールを定義できる。
- GuardDutyにより、リージョンごとのセキュリティ脅威を検出できる。
- Macieにより、S3バケットに保存された機密情報を検出できる。
- Security Hubにより統合的ダッシュボードを運用でき、可視化、対応優先順位の整理などを統合的に行える。

3-3

信頼性

本節では信頼性について解説します。

災害対策

RPOとRTO

重要なアプリケーションシステムでは、どんなときにも事業を継続できるように対策をしておく必要があります。災害などシステムに影響する障害が発生した場合に備えるのが**災害対策**です。そして、障害からの復旧設計の際に、コストとあわせて検討するのがRPOとRTOです。

- **RPO**：Recovery Point Objective、目標復旧時点
- **RTO**：Recovery Time Objective、目標復旧時間

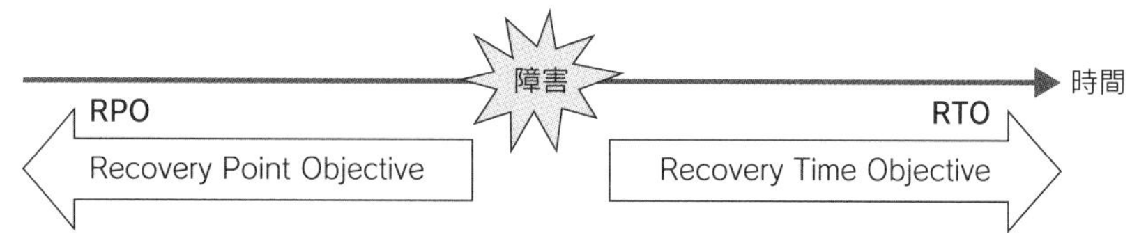

❑ RPOとRTO

RPOは、障害発生によりオンラインのデータが失われた際に、バックアップから復旧したデータはいつの時点まで戻ってもよいかの指標です。RPOが24時間であれば、バックアップの取得頻度は1日に1回となります。

RTOは、障害発生からシステムが完全復旧するまでに要する時間です。設計を決定したら、本番レベルのデータ量・リソース量で実際に復旧プロセスを実行して、RTOを達成できるか確認しておきます。

一般的にRPO、RTOを短くすればするほどコストは上がります。ただし、RPO、RTOを短くすることが目的ではなく、要件に応じて方式とサービスを選択することが重要です。本節では、RPO、RTO別の代表的な4段階のシナリオを、関連サービスとあわせて解説します。

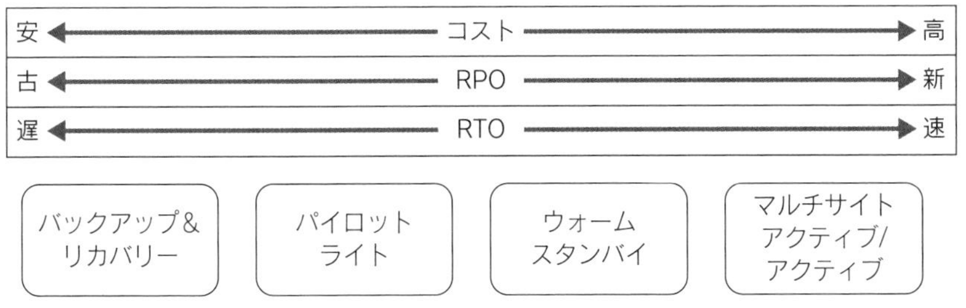

❏ 災害対策の4つのシナリオ

図のように、左から右に向かって、RPOとRTOが短くなっていきます。そして、その分コストは高くなっていきます。

オンプレミスからのバックアップ&リカバリー

次の図は、オンプレミスで稼働しているWeb層、アプリケーション層、データベース層の3層システムの災害対策サイトをAWSにする例です。

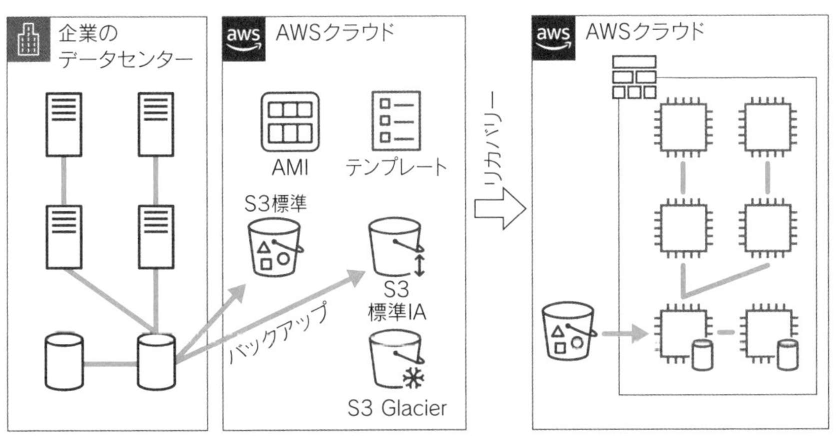

❏ バックアップ&リカバリー

データーベースのバックアップデータはS3バケットに保存します。30日以上保存する場合は低頻度アクセスストレージクラス（標準IA）も検討できます。RTOとして取り出し時間が許容でき、バックアップデータの保存期間が90日以上の場合はS3 Glacierも検討できます。Webサーバー、アプリケーションサーバー、データベースサーバーは、オンプレミスと同じ構成でそのままEC2インスタンスを使って復元する予定です。各EC2インスタンスのAMIを作成しておきます。AMIをもとに起動するCloudFormationテンプレートを作成しておきます。

災害発生時には、CloudFormationスタックを作成して、データベース層にS3からバックアップデータをコピーします。コピー後、インポートして復旧します。

AWS Storage Gateway

オンプレミスから主にS3などAWSのストレージサービスを透過的に使用できるのが**AWS Storage Gateway**です。オンプレミスのアプリケーションデータのバックアップ先としてもAWSを使用できます。たとえば、オンプレミスからのバックアップを同じオンプレミスに復旧するような、災害対策とまではいかないようなケースでもAWSをバックアップストレージとして使用できます。

Storage Gatewayには4つのゲートウェイがあります。

- Amazon S3ファイルゲートウェイ
- ボリュームゲートウェイ
- テープゲートウェイ
- Amazon FSxファイルゲートウェイ

オンプレミスにデプロイする仮想イメージは、ゲートウェイ作成時に選択してAWSよりダウンロードできます。次から選択できます。

- VMware ESXi
- Microsoft Hyper-V 2012R2/2016
- Linux KVM

他の選択肢として、Amazon EC2、ハードウェアアプライアンスもあります。

✱ Amazon S3ファイルゲートウェイ

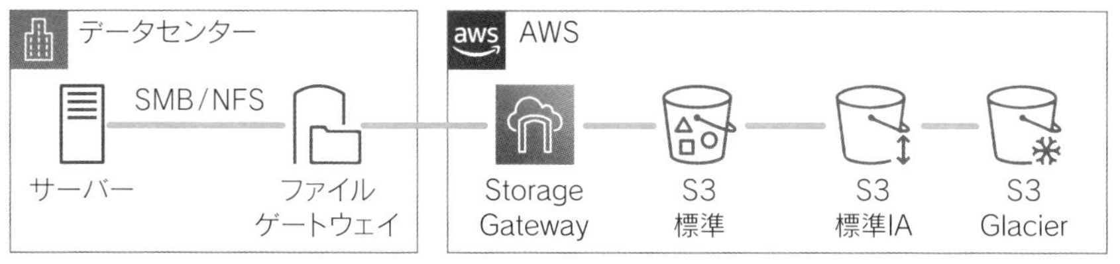

❏ ファイルゲートウェイ

ファイルゲートウェイは、SMBもしくはNFSプロトコルでマウントしてデータを保存するケースで利用します。マウントした仮想イメージに保存したデータは自動的にS3バケットに保管されます。ファイルゲートウェイのファイル共有設定時に、保存したオブジェクトのストレージクラスを以下から選択できます。アクセス頻度、データの重要度に応じて選択します。

- S3標準
- S3 Intelligent-Tiering
- S3標準IA
- S3 1ゾーンIA

保存後にS3のライフサイクルポリシーを使用して、S3 Glacierに移行してコスト最適化を図ることも可能です。Glacier(Flexible Retrieval、Deep Archive)に移行したオブジェクトは、取り出し時間が必要になります。

✱ ボリュームゲートウェイ

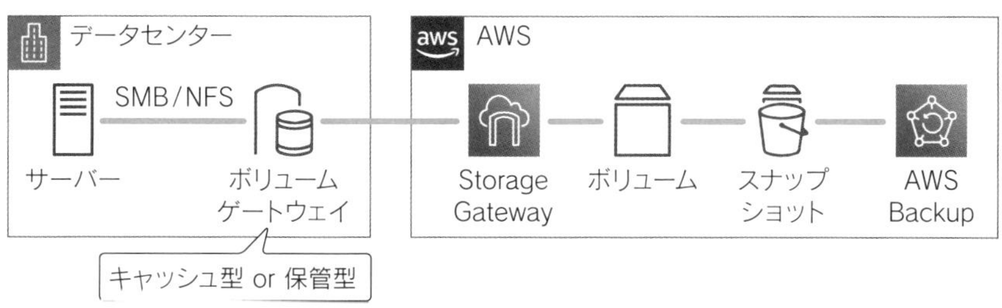

❏ ボリュームゲートウェイ

iSCSIブロックストレージボリュームを必要とする場合はボリュームゲートウェイを使用します。保存したデータはStorage Gatewayのボリュームに保存されます。このボリュームはAWS BackupまたはEBSスナップショットスケジュールで、EBSスナップショットをバックアップとして作成できます。EBSスナップショットを使用してStorage Gatewayのボリュームを復元して、ボリュームゲートウェイにアタッチしてオンプレミスに復元できます。

ボリュームゲートウェイには**保管型**と**キャッシュ型**があります。保管型では、保存したデータがオンプレミスとAWS両方に非同期で保存されます。キャッシュ型では、すべてのデータはAWSに保管され、オンプレミスには頻繁にアクセスするデータだけがキャッシュとして保管されます。キャッシュ型により、オンプレミスのストレージ容量を削減しながら、頻繁にアクセスするデータへのアクセスはレイテンシーを下げることができ、オンプレミスアプリケーションパフォーマンスへの影響を軽減できます。

✱テープゲートウェイ

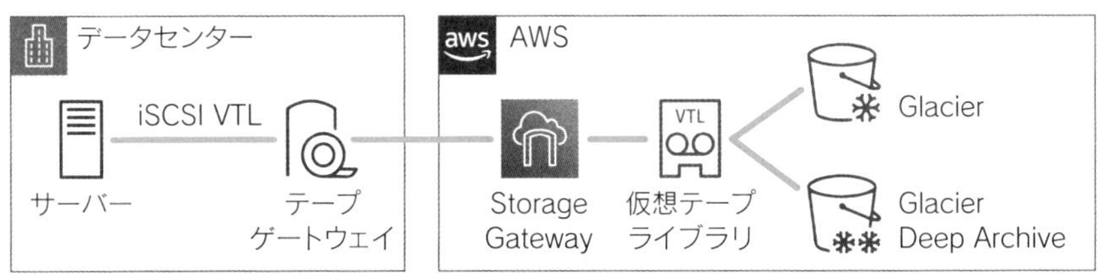

❑テープゲートウェイ

テープゲートウェイを使用すると、すでにオンプレミスで使用しているバックアップソフトウェア（Arcserve Backup、Veeam Backup、Veritas Backup Execなど）はそのままで、保存先をテープ装置からAWSの仮想テープライブラリに変更できます。テープアーカイブの保存先として、Glacierプールもしくは Deep Archiveプールを選択できます。

テープ保持ロック機能にはモードが2つあります。**コンプライアンスモード**では、指定した保持期間のテープ削除はルートユーザーにもできません。**ガバナンスモード**では、IAMポリシーで許可されたユーザーのみが削除できます。

✱Amazon FSxファイルゲートウェイ

FSx for Windowsへのオンプレミスからのファイル共有では、Amazon FSxファイルゲートウェイを使用できます。

AWSマルチリージョンのバックアップ&リカバリー

次の図は、AWSリージョンで稼働しているWeb層、アプリケーション層、データベース層の3層システムの災害対策サイトを、他のAWSリージョンにする例です。

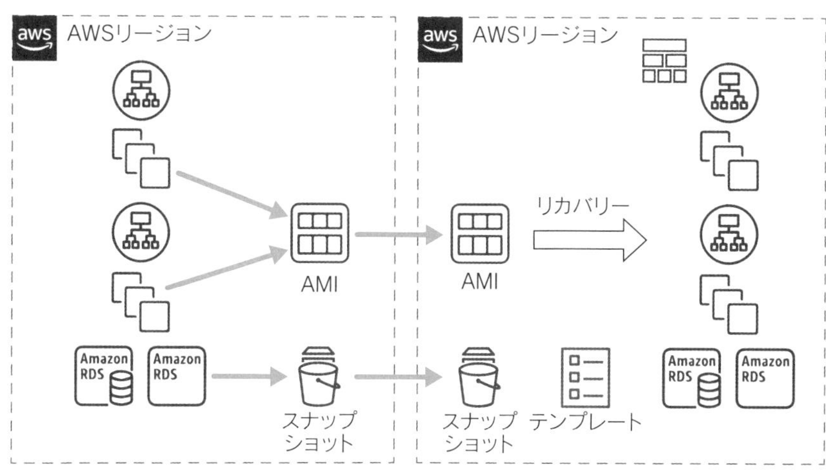

❏ マルチリージョンのバックアップ&リカバリー

Web層、アプリケーション層のEC2のバックアップはAMIを作成しています。データベース層のRDSはスナップショットを作成しています。AMIとスナップショットは復元先のリージョンへ定期的にクロスリージョンコピーします。AMIも、EBSとRDSのスナップショットも対象範囲はリージョンです。他のリージョンで復元するためにはクロスリージョンコピーが必要です。他にRedshiftなどにもクロスリージョンスナップショットコピー機能があります。

AMI、EBSスナップショットは、DLM（Data Lifecycle Manager）で自動取得し、クロスリージョンコピーをスケジューリングできます。RDSは、データベースエンジンによっては、組み込みの自動スナップショット機能でクロスリージョンコピーもオプションで指定できます。

AWS Backup

AWS Backupは、システム全体のストレージ、データベースサービスのバックアップを一元管理して自動化できます。バックアップ対象のサービスは、

EC2、EBS、RDS（Aurora含む）、DynamoDB、Volume Gateway、EFS、FSx（for Lustre、for Windows File Server）などです。

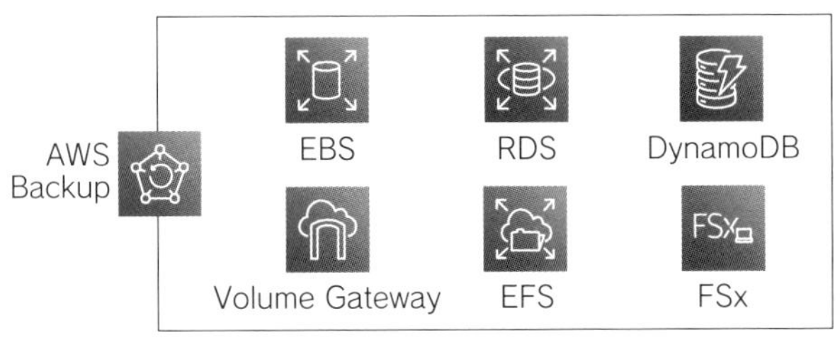

❑ AWS Backup

以前から各ストレージのバックアップ機能（EBSのData Lifecycle Manager、RDSの自動スナップショット、DynamoDBのAPIバックアップなど）はありましたが、それらのスケジュールや世代管理はそれぞれで設定する必要がありました。AWS Backupは主要なデータベース、ストレージサービスのバックアップを一元管理、設定することで、バックアップ管理が複雑である課題を解消します。

AWS Backupを構成する主な要素は、バックアップボールトとバックアッププランです。

✱ バックアップボールト

バックアップボールトは、バックアップを管理する抽象的な入れものです。アプリケーション単位などでボールトを作成して管理します。ボールト単位で、KMSキーによる暗号化設定、ボールトのリソースベースのポリシーが設定できます。

バックアップされたリソースは、ボールトの回復ポイントから復元できます。

✱ バックアッププラン

バックアッププランでは、ルールとリソースを指定します。ルールでは、バックアップスケジュール、保存世代、対象のボールトを指定します。ルールで、他のリージョンへのバックアップコピーをさらに指定することも可能です。

リソースでは同じリージョンの対象リソースタイプ（EBS、RDSなど）をすべて指定したり、特定のタグキーと値で限定したりできます。

パイロットライト

Web層やアプリケーション層では、AMIとCloudFormationテンプレートを作成しておきます。災害発生時にはスタックを作成して復旧します。RDSはクロスリージョンリードレプリカを作成します。災害発生時、RDSはマスターへ昇格し、スタンバイデータベースを作成します。S3バケットはクロスリージョンレプリケーションを作成しておきます。DynamoDBテーブルはグローバルテーブルでレプリカを作成しておきます。

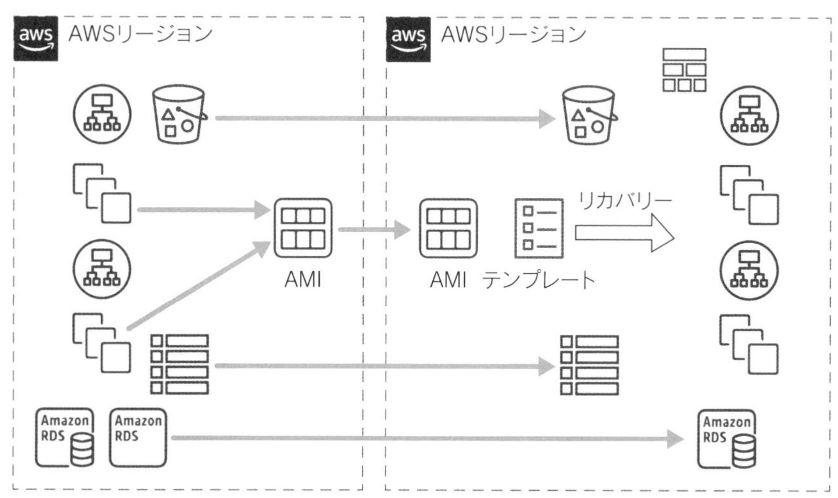

❏ パイロットライト

Web層、アプリケーション層のスタック作成時間と復旧後のテスト確認時間で復元できるので、バックアップ&リカバリーよりもRTOが短くなります。

各ストレージのレプリケーションは非同期ではあっても、数分〜数時間で完了しています。S3クロスリージョンレプリケーションはリクエスト数、オブジェクトサイズによっては数時間かかる場合があります。S3 Replication Time Control（S3 RTC）を有効にすると、ほとんどのオブジェクトを数秒でレプリケートして99.99%は15分以内に完了します。完了しなかったレプリケーションは、EventBridgeイベントで検知できます。定期的なバックアップ実行のバックアップ&リカバリーよりもRPOの短縮が見込まれます。ただし、常時稼働リソースは、RDSリードレプリカとDynamoDBグローバルテーブルなどが追加されるので、バックアップ&リカバリーよりもコストの増加が考えられます。

✱ AWS Elastic Disaster Recovery

AWS Elastic Disaster Recoveryはシステムのダウンタイム時間を最小に抑えながら、オンプレミスのサーバーをAWSへ復旧できます。オンプレミスサーバーにはエージェントをインストールしておきます。Elastic Disaster Recoveryの設定により継続的にレプリケートされます。

障害発生時にポイントインタイムで特定のタイミングを指定したり、最新のタイミングから復元できます。復元先は起動テンプレートにより起動されたEC2インスタンスです。

ウォームスタンバイ（最小構成のスタンバイ）

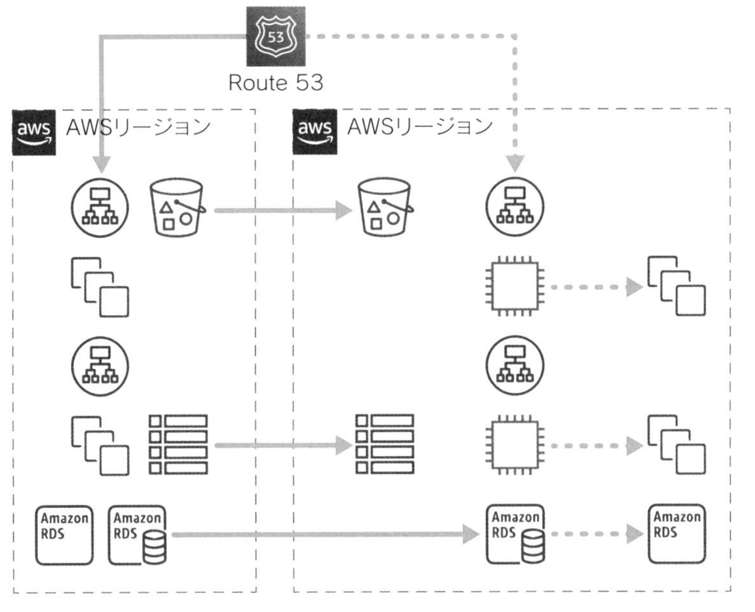

❏ ウォームスタンバイ

ウォームスタンバイ（最小構成のスタンバイ）では、パイロットライト構成に加えて、Web層とアプリケーション層も最小構成で稼働しておきます。常時テストが可能になり、復旧時のテスト確認時間を短縮でき、パイロットライトよりもRTOを短くできます。ただし、常時稼働リソースが増えるためコストも増加します。

災害発生時には、EC2インスタンスはAuto Scalingの最大インスタンス数と希望するインスタンス数を追加することで本番トラフィックへ対応できるようにします。RDSインスタンスはマスターへ昇格し、スタンバイデータベースを作成します。Route 53ヘルスチェックとDNSフェイルオーバーを使用して、自動でDNSルーティングが切り替わるようにしておきます。

マルチサイトアクティブ/アクティブ

マルチサイトアクティブ/アクティブでは、すべてのリソースを常時稼働させておきます。災害発生時にはユーザーからのリクエスト送信先を切り替えることで復旧します。RTOはさらに短くなりますが、常時稼働リソースが増えることでコストは増加します。

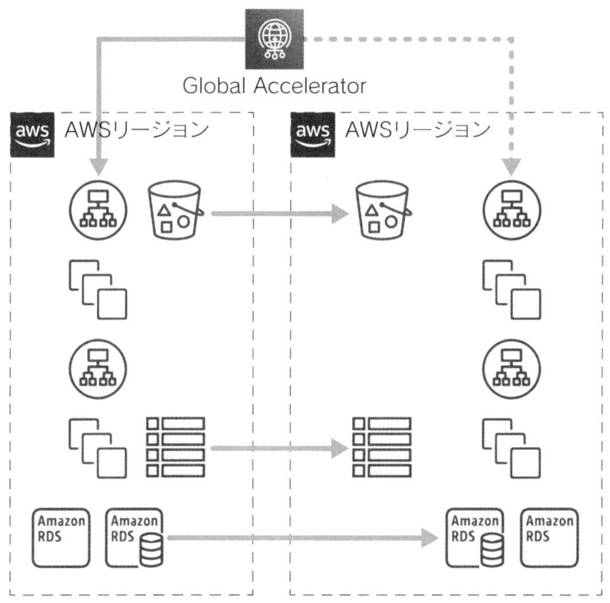

❑ マルチサイトアクティブ/アクティブ

Route 53のDNSフェイルオーバーでレコードがセカンダリに切り替わっても、途中経路でのDNSキャッシュの影響を受けることもあります。

AWS Global Accelerator

AWS Global Acceleratorを使用することで、フェイルオーバー時間をさらに短縮できる可能性があります。Global Acceleratorは、ヘルスチェックによりアクティブなエンドポイントが正常でないと判断すると、使用可能な別のエンドポイントへのトラフィック転送を即時開始します。

Global Acceleratorは固定化されたエニーキャストIPアドレスを使用するので、DNSキャッシュの影響を受けません。

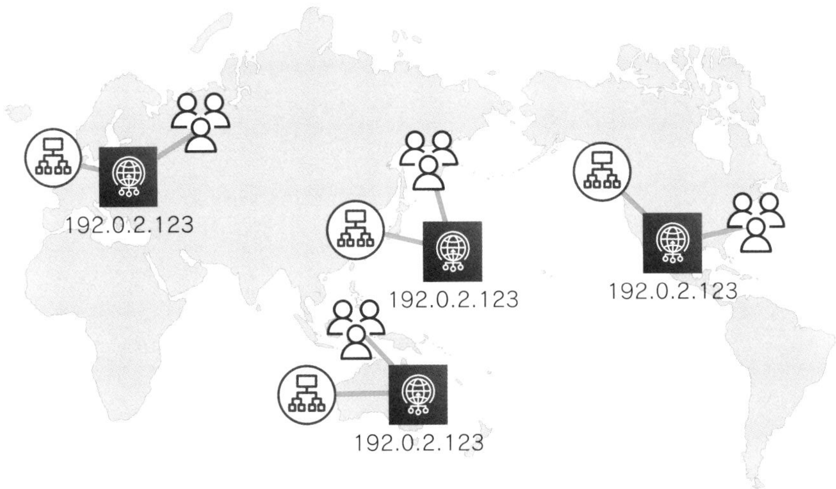

❏ AWS Global Accelerator

Global Acceleratorは、災害対策フェイルオーバーだけではなく、図のようなマルチリージョン構成で、エンドユーザーから最もレイテンシーの低いリージョンへルーティングできます。リクエストの入り口はエッジロケーションです。世界中のエッジロケーションを使用して、アプリケーションのパフォーマンスを向上できます。

AWS Fault Injection Simulator

災害対策設計が想定どおり復元できるか、テストが必要です。災害時に発生しうる状態をシミュレーションする必要があります。AWS Fault Injection Simulatorは用意されたシナリオによる障害をAWSリソースに注入することで、災害をシミュレーションできます。特定のサブネットへのトラフィックを止めたり、スポットインスタンスを停止したり、インスタンスを停止したりできます。

疎結合化による信頼性の改善

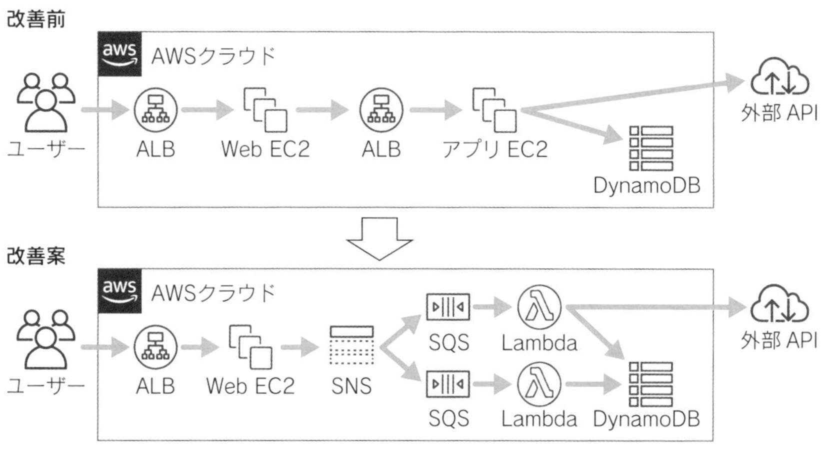

❏ 疎結合化による信頼性の改善

図の改善前のアーキテクチャでは、ユーザーからのリクエストを、Web EC2インスタンスからアプリケーションEC2インスタンスへApplication Load Balancer（ALB）を介してリクエストします。アプリケーションEC2インスタンスの主な処理は2つで、ユーザーリクエストの情報と、外部のAPIへリクエストして受け取ったレスポンスをDynamoDBテーブルへ書き込んでいます。リクエストの順番を守る必要があるとします。

この改善前のアーキテクチャには、次のような課題があるとします。外部APIは同時実行数が決まっていて、ユーザーからのリクエストが急速に増加した場合、スロットリングによるリクエスト拒否が発生することもありました。また、現時点では発生していませんが、外部APIの障害やサービス停止が発生することも考慮しなければなりません。

図の下の改善案アーキテクチャでは、**SNSとSQSでファンアウト（Fanout）**して、アプリケーションEC2インスタンスが行っていた処理を**Lambda**が実行しています。順番を守るためには、SNSトピックとSQSキューの両方で**FIFO（先入れ先出し）トピックとFIFOキューを選択**します。外部APIにリクエストしているLambda関数の**同時実行数**を外部APIの同時実行数に合わせて制限します。外部APIの障害時の対応としては、キューの**デッドレターキュー（DLQ）**によってメッセージが失われないようにします。DynamoDBへは**並列で非同期**な書き込みをすることにより、外部APIの状態へ極力依存しない設計になっています。

これでサービス全体の信頼性が向上できました。

データベースへのリクエスト改善

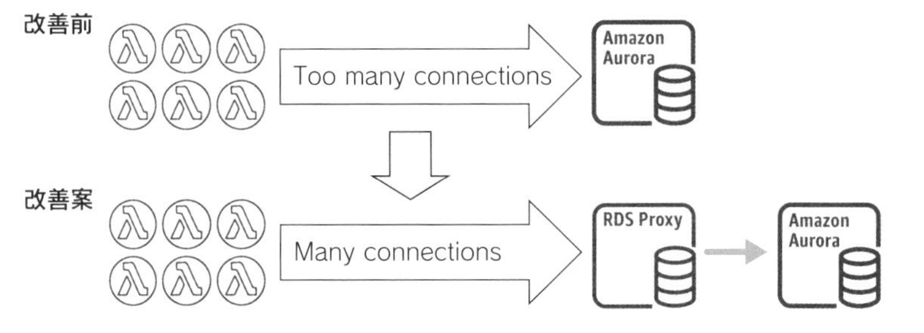

❏ RDS Proxyの使用

MySQLやPostgreSQLに、Lambda関数などから多くの接続が発生する可能性があるアーキテクチャの場合、リクエストが少ないときは安定しています。しかし、リクエストの増加に伴い接続が増える設計の場合、「Too many connections」などのメッセージとともに接続拒否が発生します。ユーザーからのリクエストが拒否されて機会損失が生じたり、プロセスからのリクエストが拒否されて未処理のデータが失われてしまいます。

このようなケースで信頼性を高めるために、RDS Proxyが使用できます。RDS Proxyはデータベース接続プールを確立して再利用することで効率的な接続を提供します。データベース本体の接続が使えないときには、RDS Proxy側で自動調整されます。データベースへの接続拒否などの問題が発生する可能性のあるアーキテクチャでは有効な機能です。

RDS Proxyを作成するときに、**Aurora、RDSのMySQL、PostgreSQL**デー

タベースに関連付けます。Auroraサーバーレス（Serverless）はサポートしていないので設定できません。RDS Proxyを作成するとRDS Proxyのエンドポイントが生成されるので、アプリケーションからはRDS Proxyのエンドポイントにリクエストを実行します。データベースのユーザー名、パスワード用にSecrets Managerが必要で、セキュリティグループはアプリケーションからリクエスト送信を許可する必要があります。また、データベース本体のセキュリティグループではRDS Proxyからのリクエスト送信を許可する必要があります。

Auroraサーバーレスでは、RDS Proxyは使用できませんが、Data APIが使用できます。たとえば、次のようなコードでSQLの実行ができます。

❑ Aurora Data APIでSQLを実行する

```
import boto3

def lambda_handler(event, context):
  rds_data_client = boto3.client('rds-data')
  response = rds_data_client.execute_statement(
    resourceArn='arn:aws:rds:us-east-1:123456789012:cluster:
➥cluster-id',
    secretArn='arn:aws:secretsmanager:us-east-1:123456789012:
➥secret:secret-name',
    database='demo',
    sql='select * from user'
  )
  print (response['records'])
```

Aurora Data APIでは、Secrets Managerが必要になります。IAMポリシーはSecrets Managerからシークレットの取得と、rds-data:ExecuteStatementなど、RDSDataServiceのAPIアクションへの権限が必要です。

3 ソリューション設計と継続的改善

リフト&シフトからの信頼性の改善

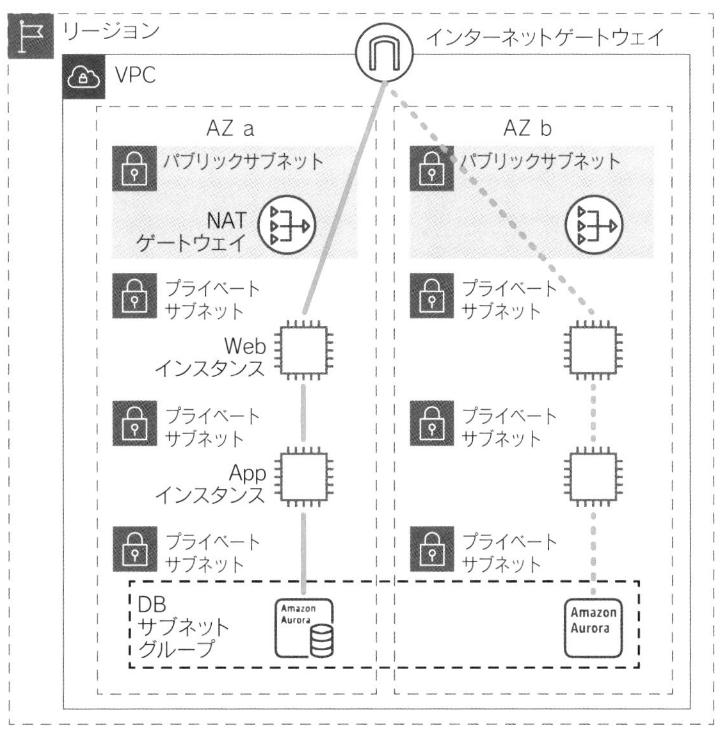

❏ オンプレミスから移行したアーキテクチャ

この図はオンプレミスから移行してきたアーキテクチャです。青の実線がアクティブで青の点線はスタンバイです。Webインスタンスとアプリケーションインスタンスは、サーバーのローカルにデータを保存するアプリケーションで、いわゆるステートフルなアプリケーションですので、リクエストの分散もできません。アクティブからスタンバイへフェイルオーバーするために、データのレプリケーションも必要です。

AZ(アベイラビリティゾーン)レベルの障害でなくても、EC2インスタンスが起動しているハードウェアに障害が発生しただけで、システムにはダウンタイムが発生します。このような信頼性の低い設計を、次の図のように改善します。

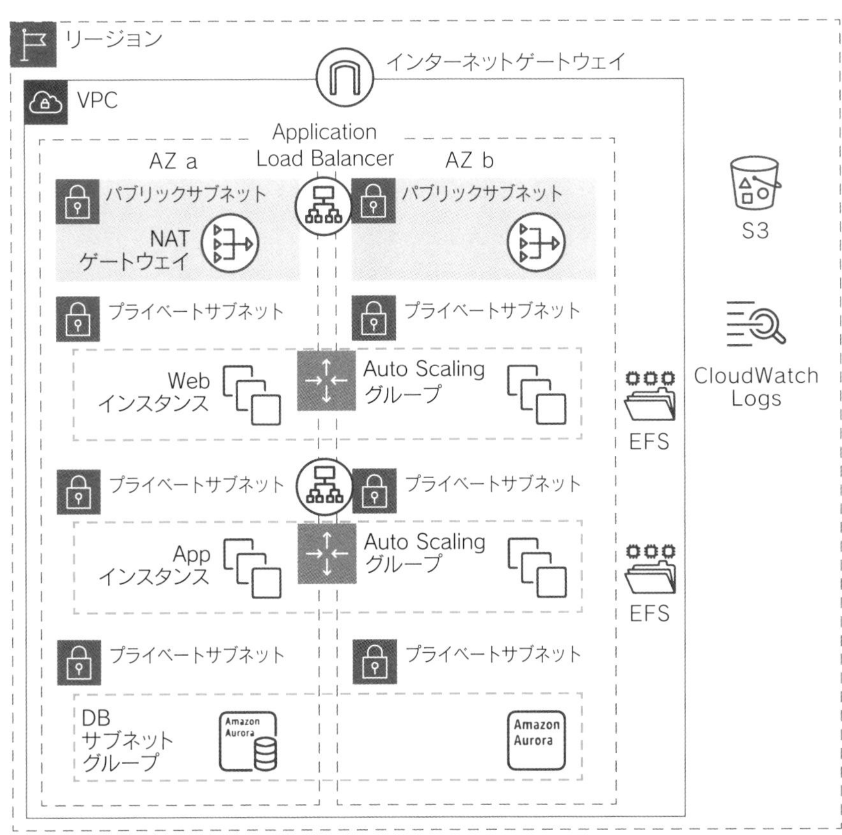

❑ EC2インスタンスをステートレスにする

改善するためには、EC2インスタンスを**ステートレス**にして使い捨てすることを検討します。そのためにはEC2インスタンスにデータを保存しないことが必要です。もちろん、アプリケーションを動作させるために必要なデータは、AMIに紐付くスナップショットへ保存しておく必要があります。保存してはいけないデータは、起動後にユーザーやシステムによって追加されるデータです。

データを保存しなければ、ユーザーからのリクエストは複数のEC2インスタンスに分散できます。分散できるので複数のAZ(アベイラビリティゾーン)に冗長化できます。一方のAZやEC2インスタンスに障害が発生しても、もう一方のAZやEC2インスタンスでリクエストに対しての処理を継続できます。

データの保存先としてS3を使用するケースでは、アプリケーションをSDKを使ってカスタマイズします。保存したデータを編集する必要もなく、直接ユーザーがダウンロードするケースでは最適です。たとえば、PDFや画像・動画、ユーザーがアップロードしてくるドキュメントなども有効です。

アプリケーションのカスタマイズができないケースでは、EFSを使用します。複数のEC2インスタンスから共有ファイルシステムとしてマウントして使用できます。また、保存後に編集する必要があるデータを扱うときにも有効です。

ログなどローカルに書き込まれる記録は、EC2にCloudWatchエージェントをインストールして、CloudWatch Logsに出力します。

これでEC2インスタンスはステートレスになり、AMIから起動したインスタンスをすぐに使用できます。不要になったEC2インスタンスは終了できるので、Application Load Balancer（ALB）による分散リクエストだけではなく、Auto Scalingを使うことも可能です。

EC2 Auto Scaling

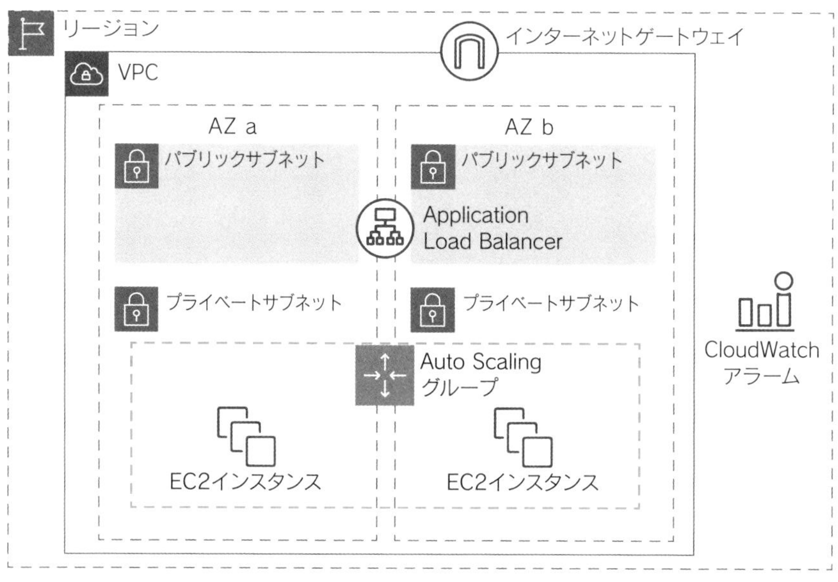

❏ EC2 Auto Scaling

EC2 Auto ScalingはEC2インスタンスを自動で増減します。複数のEC2インスタンスへは、Elastic Load Balancingでユーザーリクエストを受け付けて負荷分散します。CloudWatchアラームや時間ベース、予測ベースでスケールポリシーを設定し、状況や特定日時、過去実績をもとにした予測によってEC2インスタンスが増減します。起動するEC2インスタンスは、起動テンプレートであらかじめ定義しておきます。

スケーリングポリシー

スケールアウト（追加）／スケールイン（削除）をいつ行うか、どのような状態になったら行うか、どうなりそうなら行うかを設定するのが**スケーリングポリシー**です。

- スケジュールに基づくスケーリング
- シンプル（単純、簡易）スケーリングポリシー
- ステップスケーリングポリシー
- ターゲット追跡スケーリングポリシー
- 予測スケーリング

＊スケジュールに基づくスケーリング

希望する最小の容量、最大の容量の指定を、特定時間に変更できます。時間は1回限りの設定にも、繰り返し設定にもできます。Cronでも書けるので、月～金の毎朝8時なども可能です。あらかじめ予測できるインスタンス数を指定するのに適しています。また、他では変更できない最小値、最大値の指定を変更できるので、需要の幅が時間帯によって変化する場合に有効です。

＊シンプル（単純、簡易）スケーリングポリシー

シンプルスケーリングポリシーは、CloudWatchアラームを指定して、追加、削除するポリシーです。**クールダウン**という機能により、スケールアウト／スケールインの後、クールダウンに指定した秒数が経過するまでは、次のスケールアクションは行われません。たとえば、EC2インスタンスが1つ起動して、ソフトウェアの準備が完了していないタイミングで次のインスタンスが起動するなど、無駄なインスタンスが起動することを防ぎます。その反面、本当に必要なタイミングでインスタンスが必要な量に達しない可能性もあります。シンプルスケーリングポリシーよりも後にリリースされたステップスケーリングポリシーのほうにメリットがあるので、多くの場合はそちらを選択します。

✱ステップスケーリングポリシー

ステップスケーリングポリシーは、1つのCloudWatchアラームをトリガーにして、段階的にスケールアウト／スケールインを設定できます。クールダウンはありませんが、**ウォームアップ**という機能により、無駄なインスタンスが起動することを防ぎつつ、前回のスケールアウトから指定の秒数が経過していなくても必要なインスタンスが起動します。

シンプルスケーリングポリシーよりも後に追加されたスケーリングポリシーなので、シンプルスケーリングポリシーで実現できることはほぼ可能です。特定のCloudWatchアラームを指定してスケールアウト／スケールインを指定する場合は、シンプルスケーリングポリシーではなく、ステップスケーリングポリシーを使用します。

✱ターゲット追跡スケーリングポリシー

ターゲット追跡スケーリングポリシーは、ターゲット値を決めるだけです。スケーリングに必要なCloudWatchアラームはAWSが作ります。スケールアウトは、すばやく行うために短い時間で起動するようにアラームがトリガーされ、スケールインはゆっくり時間をかけて行われます。

ポリシータイプ
ターゲット追跡スケーリング ▼
スケーリングポリシー名
Target Tracking Policy
メトリクスタイプ
平均 CPU 使用率 ▼
ターゲット値
50
インスタンスには以下のものが必要です
300 メトリクスに含める前にウォームアップする秒数
☐ スケールインを無効にしてスケールアウトポリシーのみを作成する

❑ターゲット追跡スケーリングポリシー

✱ 予測スケーリングポリシー

過去のメトリクス履歴をもとに機械学習を使って予測し、必要な時間になる前にはEC2インスタンスの数を増やします。学習に使う履歴データは最低24時間分が必要です。新たな履歴に対して24時間ごとに再評価が実行されて、次の48時間の予測が作成されます。5分前など、どれくらい前にEC2インスタンスを起動させるかを設定できます。

同期的設計

次の図のアーキテクチャでは、エンドユーザーからのリクエストを、Application Load Balancer(ALB)からターゲットのWebサーバー EC2 Auto Scalingへ送信します。Webサーバーのアプリケーション画面でユーザーが操作してリクエストを送信し、内部ALBを介してAppサーバー EC2 Auto Scalingへ送信されます。Appサーバーは、データベースにSQLリクエストを実行し、その結果をWebサーバーへレスポンスとして応答します。Webサーバーはレスポンスを受け取って画面に表示し、ユーザーは結果を同期的に知ることができます。

このアーキテクチャには次のメリットがあります。

- ○ Webサーバー、Appサーバー、データベースがプライベートサブネットで外部の攻撃から保護されている。
- ○ WebサーバーとAppサーバーが、インターネット上のコンテンツ(アップデートモジュールや外部APIなど)にアクセスする場合は、NATゲートウェイを介してアクセスできる。
- ○ WebサーバーとAppサーバーそれぞれが個別にスケーリングできる。障害発生時の復旧も互いに影響を減らしている。
- ○ データベースインスタンスに障害が発生した場合は、データを失うことなくスタンバイデータベースにフェイルオーバーできる。

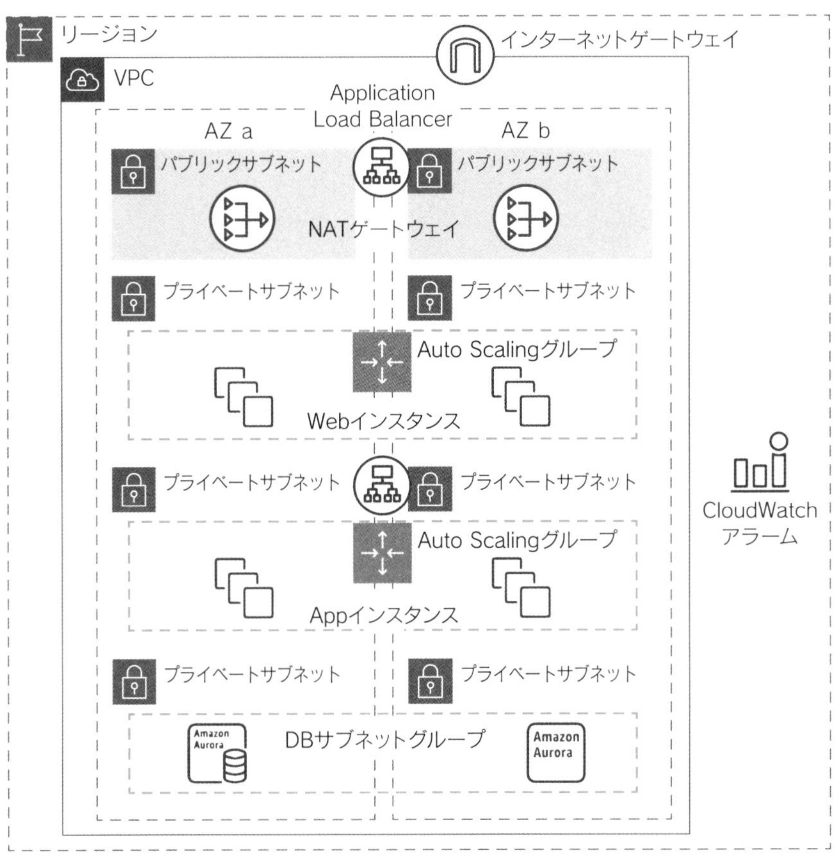

❑ 3層アーキテクチャ

非同期的設計

エンドユーザーからのリクエストに即時のレスポンスを返さなくてもいいのであれば、非同期な設計を検討します。

次の図の設計例では、エンドユーザーがWebサーバーの画面から送信したリクエストメッセージをSQSキューに送信して処理完了としています。VPC内にデプロイしたLambda関数を、SQSキューのイベントトリガーにより実行して、データベースにSQLリクエストを処理させています。

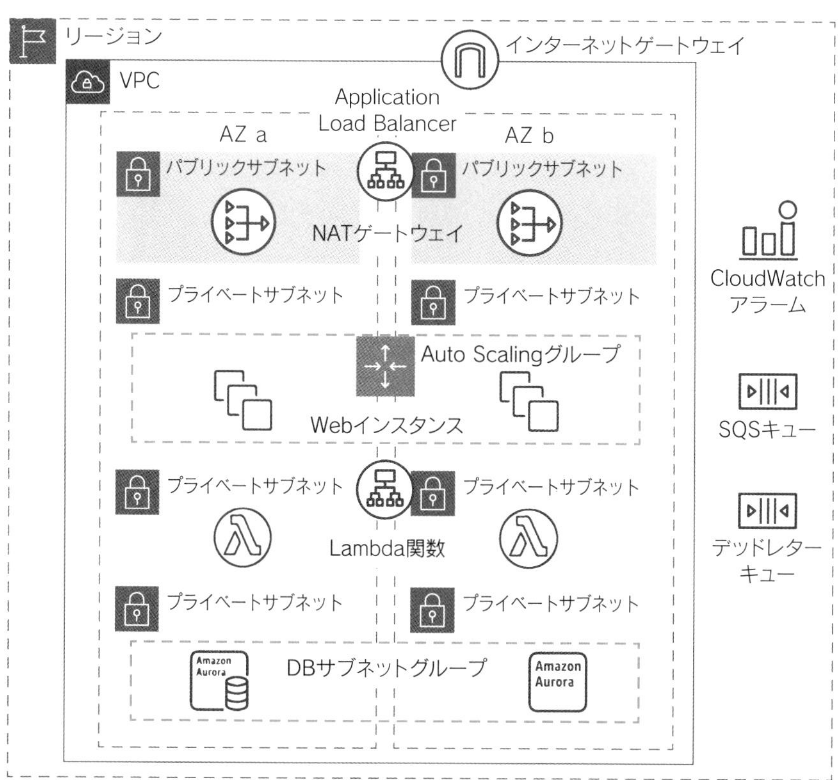

❏ 非同期アーキテクチャ

このアーキテクチャには、同期的設計のメリットに加えて次のメリットがあります。

- データベースインスタンスの障害時など、データベースに一時的にアクセスできないときも、メッセージはSQSキューかデッドレターキューに残るので、フェイルオーバー後にリトライできる。
- AWS Lambdaを使うことによりインスタンスやOSの障害が影響しない。
- トリガーのオン／オフを切り替えて、データベースのピークタイムを避けて動作させるなど、処理時間をコントロールできる。
- データベースリソース許容量を考慮するのであれば、Lambda関数ごとの同時実行数の制限が可能。

同期処理のオフロード

同期的に行うべき処理のみアプリケーション層で完了し、非同期処理をキューにメッセージ送信することも検討できます。もしくはユーザーからのアップロードデータを処理する場合など、リクエスト量に変動がある場合は閾値を決めて、少ない処理を先に終わらせ、並列処理が必要なものを非同期処理で行うオフロード戦略も検討できます。

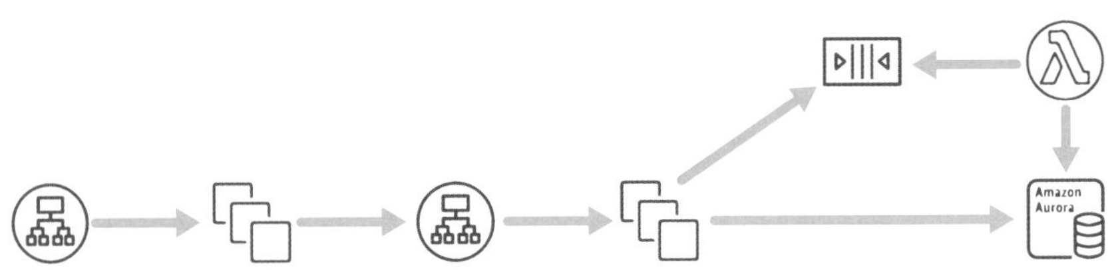

❑ 同期処理のオフロード

SQSに基づくスケーリング

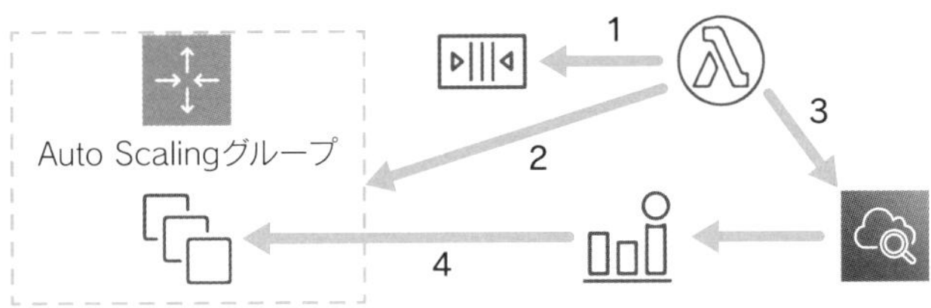

❑ SQSに基づくスケーリング

SQSキューからジョブメッセージを受信して処理をしているコンシューマーアプリケーションが、EC2インスタンスにデプロイされています。このEC2インスタンスをAuto Scalingグループで起動して、ジョブメッセージ数に応じてスケーリングさせることができます。

その場合、1つのインスタンスで処理できるジョブメッセージ数、処理時間に応じて指標を決める必要があります。SQSのメトリクスApproximateNumberOfMessagesVisibleはキューのメッセージ数ですが、これだけではAuto Scalingのインスタンス数はわからないため、スケールアウトするべきかの判断には使えません。そこで、キューのメッセージ数とAuto ScalingグループのEC2インスタンス数を取得し、1インスタンスが処理する必要のあるジョブメッセージ数を計算してCloudWatchにカスタムメトリクスとして書き込み、そのメトリクスに閾値を設定してAuto Scalingアクションを実行します。

処理は以下のとおりです。

1. キューの属性ApproximateNumberOfMessagesを取得する。
2. Auto ScalingグループからInService状態のインスタンス数を取得する。
3. CloudWatchのPutMetricData APIで送信する。ここまでの処理を定期的に繰り返すLambda関数をデプロイする。
4. Auto Scalingグループのスケーリングポリシーによって、PutMetircDataされたメトリクスの閾値アラームに応じたスケールアウト／スケールインアクションが実行される。

ファンアウト

「fanout」とは扇形に広がるという意味です。エンドユーザーのリクエストはALB + EC2のフロントエンドアプリケーションから、SNSトピックへパブリッシュされます。そのメッセージは複数のSQSキューへサブスクライブされます。そして、各SQSキューをポーリングしているEC2インスタンスがメッセージを受信し、それぞれ並列で処理をします。

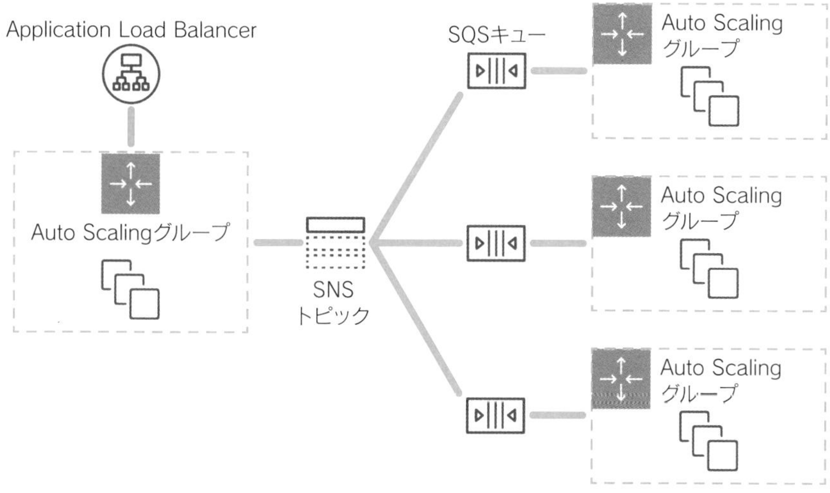

❏ ファンアウト

たとえば、ユーザーが動画をアップロードしたとします。動画のサムネイルを作成する処理、動画にロゴや透かしを入れる処理、動画を分析する処理を並列処理します。それぞれのコンシューマーアプリケーションとしてのEC2 Auto Scalingグループは、それぞれの基準でスケーリングでき、どれか1つの処理に問題があったとしても他の2つの処理には影響しません。失敗した処理だけリトライが実行されます。

優先処理を考慮したキュー

SQSキューのメッセージは、コンシューマーアプリケーションが受信して処理をして削除します。この設計パターンでは、優先度の高いキュー、優先度の低いキューを構築しています。コンシューマーアプリケーションは、優先度の高いキューからメッセージを受信します。優先度の高いキューにメッセージがない場合は、優先度の低いキューからメッセージを受信して処理します。

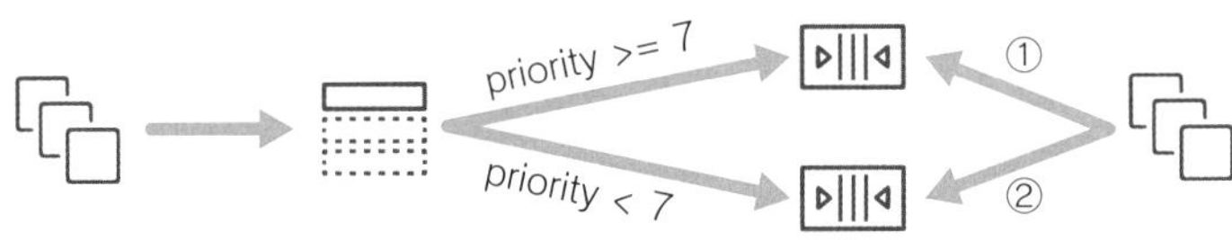

❑ 優先処理を考慮したキュー

SNSトピックで2つのSQSキューをサブスクリプションとして設定しています。SNSトピックの機能に、サブスクリプションフィルターがあります。2つのSQSキューのサブスクリプションフィルターを設定して、SNSトピックへパブリッシュするメッセージに属性として指定したフィルターを追加します。

これにより指定した優先度で、メッセージが優先度別にキューへ送信されます。

❑ 高優先度キューのサブスクリプションフィルター

```
{"priority": [{"numeric": [">=", 7]}]}
```

❑ 低優先度キューのサブスクリプションフィルター

```
{"priority": [{"numeric": ["<", 7]}]}
```

❏ SNSトピックにパブリッシュするコード例（Python）

```
import sys
import boto3

args = sys.argv
priority = args[1]

sns = boto3.resource('sns')
topic = sns.Topic('arn:aws:sns:us-east-1:123456789012:
➥FilterTest')

  response = topic.publish(
    Message='Priority:{}'.format(priority),
    MessageAttributes={
      'priority': {
      'DataType': 'Number',
      'StringValue': priority
    }
  }
)
```

ライフサイクルフック

EC2 Auto Scalingには**ライフサイクルフック**という機能があります。スケールアウト時にソフトウェアのデプロイを完全に完了したことを確認してからInServiceにしたり、スケールイン時に必要なデータのコピーを完了してからターミネートする場合などに利用できます。スケールアウトではInServiceになる前、スケールインではTerminatingになる前に、Pending:Wait待機状態にします。

ライフサイクル移行では、起動時（スケールアウト）か、削除（スケールイン）かが選べます。**ハートビートタイムアウト**はPending:Wait待機状態の最大秒数で、この秒数が経過すると、デフォルトの結果に基づいて処理されます。ABANDONはインスタンスがターミネートされ、CONTINUEはスケールアウトではインスタンスがInServiceになり、スケールインではインスタンスがターミネートされます。

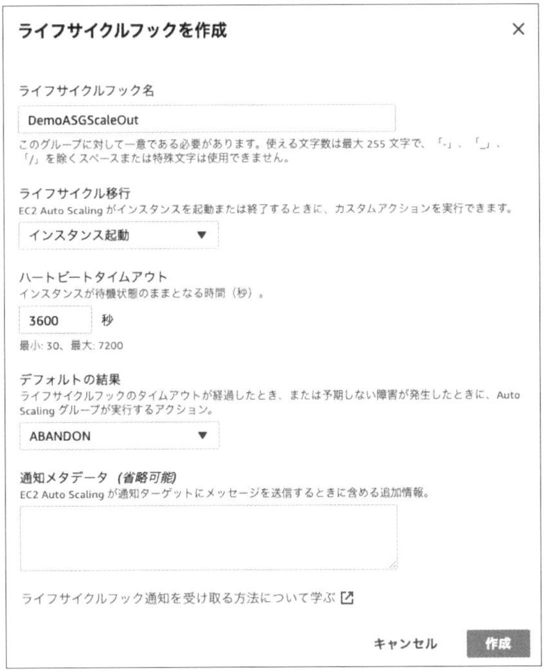

ライフサイクルフックを作成 ×

ライフサイクルフック名

DemoASGScaleOut

このグループに対して一意である必要があります。使える文字数は最大 255 文字で、「-」、「_」、「/」を除くスペースまたは特殊文字は使用できません。

ライフサイクル移行

EC2 Auto Scaling がインスタンスを起動または終了するときに、カスタムアクションを実行できます。

インスタンス起動 ▼

ハートビートタイムアウト

インスタンスが待機状態のままとなる時間（秒）。

3600 秒

最小: 30、最大: 7200

デフォルトの結果

ライフサイクルフックのタイムアウトが経過したとき、または予期しない障害が発生したときに、Auto Scaling グループが実行するアクション。

ABANDON ▼

通知メタデータ *(省略可能)*

EC2 Auto Scaling が通知ターゲットにメッセージを送信するときに含める追加情報。

ライフサイクルフック通知を受け取る方法について学ぶ

キャンセル 作成

❏ ライフサイクルフックの設定

ハートビートを最初から再開して延長するには、RecordLifecycleActionHeartbeatをCLI、SDK、APIから実行します。必要な処理を完了させてライフサイクルフックを終了するには、CompleteLifecycleActionをCLI、SDK、APIから実行します。

ライフサイクルフックはEventBridge（Cloudwatch Events）でルールをトリガーとして設定できます。必要な処理をLambdaなどに連携できます。

Amazon Route 53

Amazon Route 53は、パブリックまたはプライベートなホストゾーンやリゾルバーを提供するDNSサービスです。ドメインの購入、管理も可能です。さまざまなルーティングを使うことができ、ヘルスチェック、SNS、CloudWatchなどのAWSサービスとの連携が可能な高機能なDNSサービスです。エッジロケーションを利用して展開しています。

Route 53ヘルスチェック

ヘルスチェックの環境設定

Route 53 ヘルスチェックでは、ウェブサーバーやメールサーバーなどのリソースのヘルスステータスを追跡し、機能停止が生した場合にアクションを実行できます。

名前　srr-1

モニタリングの対象　● エンドポイント　○ 他のヘルスチェックのステータス (算出されたヘルスチェック)　○ CloudWatch アラームの状態

エンドポイントの監視

複数の Route 53 ヘルスチェックは以下のリソースとの TCP 接続を確立しようと試み、正常かどうかを判断します。 詳細はこちら

エンドポイントの指定　● IP アドレス　○ ドメイン名

プロトコル　HTTP

IP アドレス *　54.88.211.77

ホスト名　www.example.com

ポート *　80

パス　/ images

▾ 高度な設定

リクエスト間隔　○ スタンダード (30 秒)　● 高速（10秒）

失敗しきい値 *　2

文字列マッチング　● いいえ　○ はい

レイテンシーグラフ

ヘルスチェックステータスを反転

ヘルスチェックの無効化　デフォルトでは、無効化されたヘルスチェックは正常と見なされます。詳細はこちら

ヘルスチェッカーのリージョン　○ カスタマイズ　● 推奨を使用する

❑ Route 53ヘルスチェック

IPアドレスかドメインとポートを指定して、接続テストが実行できます。

フェイルオーバールーティングポリシー

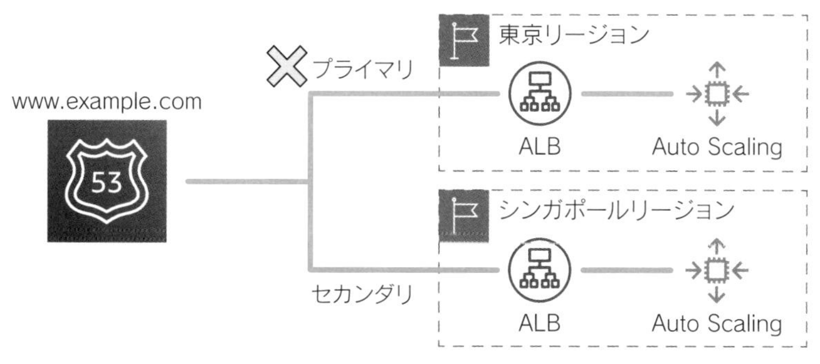

❑ フェイルオーバールーティングポリシー

プライマリが東京リージョンです。東京リージョンのレコードにヘルスチェックが設定されています。ヘルスチェックが失敗した場合はセカンダリとして設定しているシンガポールリージョンへフェイルオーバーされます。ユーザーからのDNSクエリに対して返すIPアドレスが、東京リージョンのApplication Load Balancer (ALB) からシンガポールのリージョンに設定されているIPアドレスに変わります。

位置情報ルーティングポリシー

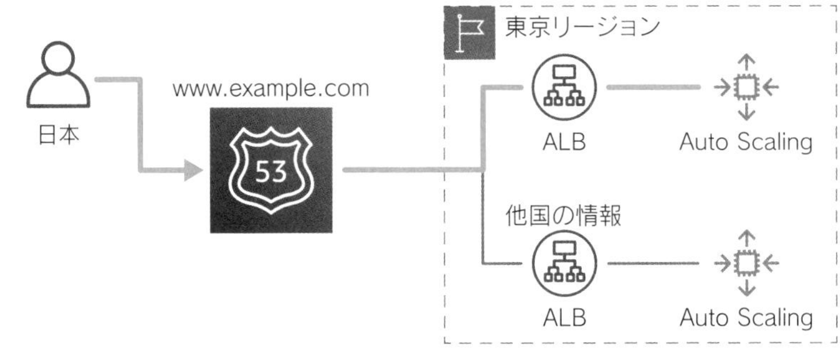

❏ 位置情報ルーティングポリシー

位置情報ルーティングでは、レコードの決定条件を、Route 53にあらかじめ用意されている大陸、国、アメリカの州から選択します。日本からのDNSクエリには日本の情報を提供するアプリケーションのApplication Load Balancer (ALB) を返して、それ以外は他国の情報など、地域に基づいてコントロールする場合に使用します。

レイテンシールーティングポリシー

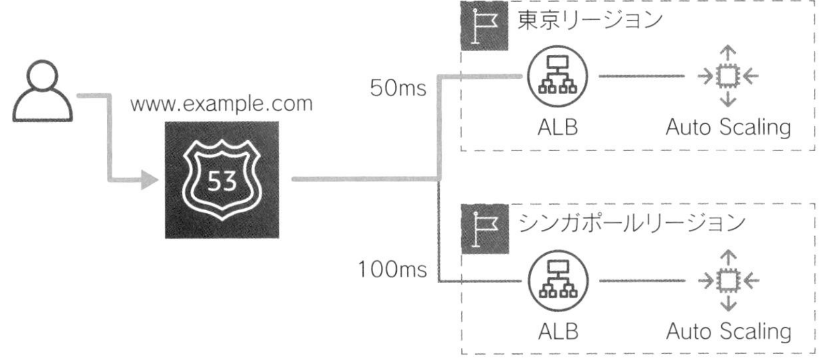

❑ レイテンシールーティングポリシー

レイテンシールーティングポリシーは複数レコードのうち、より低いレイテンシーのレコードを返します。複数リージョンに同じサービスをデプロイしていて、どちらにアクセスしてもいいがよりネットワークパフォーマンスを向上させたい、という場合に使用します。

AWS Service Quotas

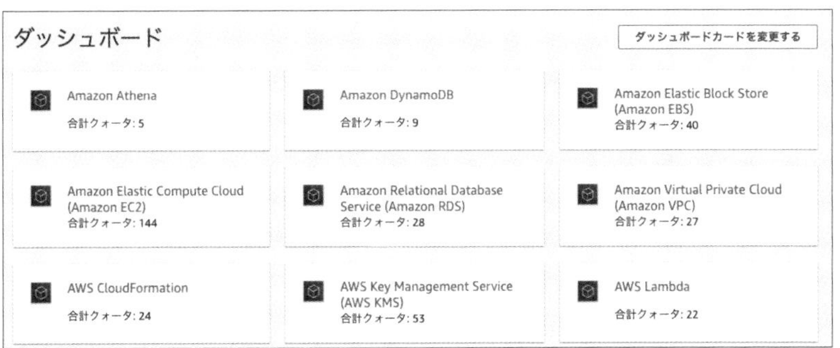

❑ AWS Service Quotas

AWSの各サービス使用量には制限があります。制限には、調整可能な制限と調整できない制限があります。調整可能な制限値と使用量が、現在のAWSアカウントでどうなっているかを**AWS Service Quotas**で確認できます。制限値を調整する必要がある場合は、Service Quotasからクォータの引き上げリクエストが実行できます。制限値に達するとそれ以上のリソースが使用できなくなるので、スケーラビリティを失い信頼性を損ねることになります。

クォータモニタ(AWS Limit Monitor)

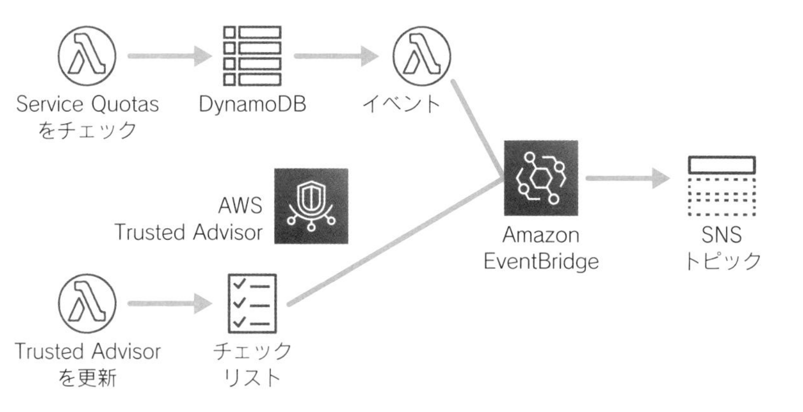

❏ クォータモニタ

クォータモニタは、サービス使用量が制限に近づいているかのモニタリングを自動化するソリューション実装です。以前は「AWS Limit Monitor」と呼ばれていました。

サービス制限値のいくつかはTrusted Advisorで検出できます。Trusted Advisorチェックリストを更新するLambda関数と、チェックリスト更新を検知するEventBridgeルールによってSNSトピックから担当者へ通知できます。

Trusted Advisorがチェックしない制限値は、Service Quotasをチェックする Lambda関数を用意して情報を収集し、制限値に近づいている場合は、EventBridgeイベントバスへ送信します。同様にSNSトピックから担当者へ通知できます。

クォータモニタにはCloudFormationテンプレートが用意されているので、すばやく構築して運用できます。

信頼性のポイント

- RPOは目標復旧時点でデータが失われる時間、RTOは目標復旧時間でデータが復旧するまでの時間。
- Storage Gatewayを使用することで、AWSのストレージをオンプレミスからシームレス（透過的）に使用できる。
- ファイルゲートウェイは、NFS、SMBプロトコルで使用する。
- ボリュームゲートウェイは、iSCSIブロックストレージボリュームで使用する。
- テープゲートウェイは、既存のバックアップソフトウェアをそのまま使用して、テープ装置から仮想テープライブラリに変更できる。
- Elastic Disaster Recoveryによりサーバーのダウンタイムを最小限に抑えて復元できる。
- EBS、RDS、Redshiftのスナップショットはクロスリージョンスナップショットコピーができる。
- EC2、EBSはDLM（Data Lifecycle Manager）、RDSは組み込みのスナップショット機能でクロスリージョンコピーの自動化も可能。
- AWS Backupを使用して、バックアップの一元化、自動化ができ、クロスリージョンスナップショットコピーの自動化も可能。
- S3バケットはクロスリージョンレプリケーションが可能。S3 RTCによって要件対応がサポートされる。
- DynamoDBテーブルは他リージョンにグローバルテーブルとしてレプリカを作成できる。
- RDSは他リージョンにクロスリージョンリードレプリカを作成できる。
- Route 53により、ヘルスチェックと複数リージョンでのDNSフェイルオーバーが可能。
- Global Acceleratorにより、複数リージョンでの即時のトラフィック転送が可能。
- Fault Injection Simulatorにより障害を注入しシミュレーションできる。
- バックエンド処理でエラーが発生したときに、プロセスのはじめではなく、途中から処理が再開できるようにSQSで非同期な疎結合化を実装する。
- RDSデータベースの接続拒否の対応にRDS Proxyが使用できる。
- Aurora ServerlessではData APIを使用できる。
- EC2インスタンスをスケーリングできるよう使い捨てにするにはステートレスにする。そのために適切なストレージやサービスを選択する。

- ターゲット追跡スケーリングでは、CloudWatchアラームはAWSが自動作成する。アラームの調整が必要な場合はステップスケーリングポリシーを使用する。
- 予測スケーリングには過去24時間の実績が必要。定期的に訪れるスパイク的なピークに対応するインスタンスを必要な時間前に用意する。
- Web層、アプリケーション層に分かれている場合は、内部ロードバランサーを使用することで疎結合を実現する。
- 非同期な処理はSQSキューを使用することで、コンポーネント同士の依存性をさらに減らすことでき、耐障害性、可用性を向上する。
- SQSキューを使用して、処理のオフロード、ジョブメッセージに応じたEC2 Auto Scaling、ファンアウト、優先処理などを実現しやすくなる。
- EC2 Auto Scalingのライフサイクルフックにより、スケールアウト／スケールインに処理を追加できる。
- Route 53ヘルスチェックとフェイルオーバールーティングポリシーによりマルチリージョンでの信頼性を高められる。
- 位置情報ルーティングポリシーは、DNSクエリ元の位置情報に基づいてリージョンを指定するルーティング。レイテンシールーティングポリシーはDNSクエリ元からレイテンシーの低いリージョンにルーティングされる。
- サービス制限はTrusted AdvisorとService Quotasでモニタリングでき、Lambda関数により自動化できる。

3-4

パフォーマンス

本節ではパフォーマンスの向上について解説していきます。

EC2のパフォーマンス

オンプレミスのサーバーとEC2インスタンスの大きな違いは、EC2では必要なときに必要な量を使い捨てにできることです。大量のデータ処理が必要な場合も、順列で処理するのではなく、並列で一気に処理をしてEC2インスタンスを終了させることができます。そうすることで処理全体が早く終わります。EC2インスタンスの特性や機能を有効に使用することによってパフォーマンスの向上が可能です。

ここでは、EC2インスタンスのパフォーマンスに関係する機能や使い方を解説します。

インスタンスタイプ

❑インスタンスタイプ

EC2インスタンスにはさまざまなインスタンスタイプがあり、最初のアルファベット数文字(m)がファミリー、次の数字(6)が世代、次のアルファベット(g)が追加機能で、ピリオド(.)の後ろがサイズです。新しい世代を選択したほうが、コスト、パフォーマンスでメリットのある場合が多いです。

追加機能には主に次のものがあります。

○ **d**：インスタンスストアが使用できる
○ **n**：ネットワーク強化
○ **a**：AMDプロセッサ搭載
○ **g**：Gravitonプロセッサ搭載

Gravitonは、EC2に最高のパフォーマンスを提供できるようにAWSが設計しているプロセッサです。

インスタンスファミリー

EC2インスタンスをパフォーマンス効率よく使用するためには、適切なインスタンスファミリーの選択が重要です。代表的なユースケースと各インスタンスファミリーについては押さえておきましょう。

❑ インスタンスファミリーの用途とユースケース

用途	ユースケース	インスタンスファミリー
汎用	Web、アプリケーションなど	T3、T4g、M5、M6g、A1
コンピューティング最適化	HPC、メディアトランスコード、機械学習推論など	C5、C7g
メモリ最適化	大きなデータセット処理など	R5、R6g、X1
高速コンピューティング	機械学習推論、GPUグラフィックス処理など	P4、G5、F1、Trn1
ストレージ最適化	ビッグデータ処理など	I3、D3、H1

まず用途に応じてファミリーを選択します。サイズは検証結果のパフォーマンス測定によって暫定で選択し、運用を開始した後、モニタリング状況に応じて調整するというアプローチで考えます。

バーストパフォーマンスインスタンス

T2、T3、T3a、T4gインスタンスにはCPUバーストパフォーマンスがあります。通常は、インスタンスサイズごとに決まっているベースラインまでのCPUが使用できますが、そのベースラインを超えてバーストできます。ベースラインを超えるときにはCPUクレジットが消費されます。ベースラインを下回っているときはCPUクレジットが蓄積されます。

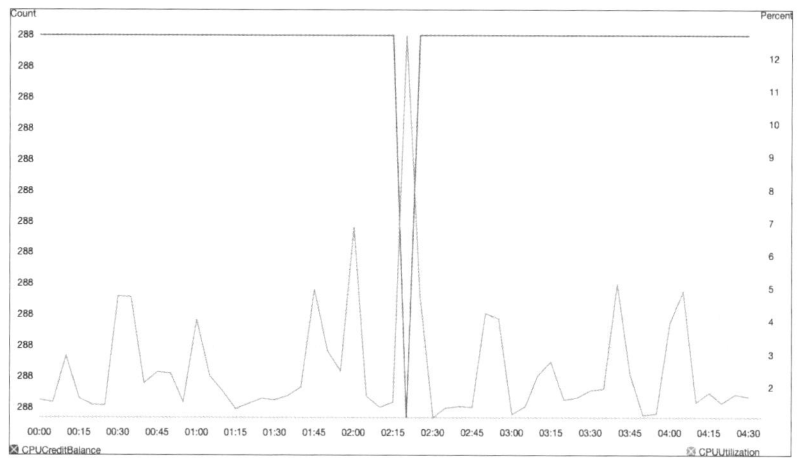

❑ CPUクレジットメトリクス

このCloudWatchメトリクスは、CPUCreditBalance（CPUクレジット残高）とCPUUtilization（CPU使用率）です。インスタンスタイプはt3.microです。t3.microのCPUベースラインは10%で、1時間あたり12クレジットが蓄積され、最大蓄積クレジットは288です。このメトリクスでは2:20ごろにCPU使用率が13%くらいになっています。10%を超えているのでバーストしています。バーストしているタイミングで、288まで蓄積されていたCPUクレジットが少しだけ下がって、その直後にバーストが終わったのでまた蓄積されています。このようにバーストパフォーマンスインスタンスは、クレジットの範囲内でときどきバーストするようなユースケースに使用することが望ましいです。

CPUクレジットがなくなるとバーストできなくなりますが、Unlimited（無制限）モードが有効な場合は余剰クレジットを使用してバーストします。余剰クレジットはいわば借金のようなものです。借金は返さなければなりません。CPUがベースライン内に戻った際には返済が始まります。その返済期間は24時間です。24時間で獲得できる最大クレジット以上に余剰クレジットを使用していた場合は課金されます。余剰クレジットが残ったままEC2インスタンスを停止、終了した場合も追加課金が発生します。

CPU使用率がベースラインを超え続けるような使い方は、バーストパフォーマンスインスタンスの使い方として不向きです。M5などのインスタンスを検討してください。

拡張ネットワーキング

シングルルートI/O仮想化（SR-IOV）を使用して、高い帯域幅、1秒あたりのパケットの高いパフォーマンス、低いインスタンス間レイテンシーが提供されます。現行世代を含むほとんどのインスタンスタイプでは、Elastic Network Adapter（ENA）がサポートされていて、EC2インスタンスを起動した際に、拡張ネットワーキングが有効になっています。ENAの拡張ネットワーキングでは最大100Gbpsのネットワーク速度がサポートされています。一部のインスタンスでは、ENAではなくIntel 82599 Virtual Function（VF）インターフェイスがサポートされていて、最大10Gbpsのネットワーク速度です。10Gpsを超える速度が必要な場合は、現行世代を含むEC2インスタンスタイプを選択します。

Amazon Linux 2を例として拡張ネットワーキングの確認をします。

❏ enaモジュールがインストールされていることの確認

```
$ modinfo ena
filename: /lib/modules/4.14.238-182.422.amzn2.x86_64/kernel/
➥drivers/amazon/net/ena/ena.ko
version: 2.5.0g
license: GPL
description: Elastic Network Adapter (ENA)
author: Amazon.com, Inc. or its affiliates
```

enaモジュールがない場合は「Module ena not found.」と出力されてエラーになります。

❏ ネットワークインターフェイスドライバーの確認

```
$ ethtool -i eth0
driver: ena
version: 2.5.0g
firmware-version:
expansion-rom-version:
bus-info: 0000:00:05.0
supports-statistics: yes
supports-test: no
supports-eeprom-access: no
supports-register-dump: no
supports-priv-flags: yes
```

driver: enaとなっているので拡張ネットワーキングが設定されています。

❑ AWS CLIでインスタンス属性の確認

```
aws ec2 describe-instances --instance-ids i-07cebed37a5d4f38b
➥ --query "Reservations[].Instances[].EnaSupport"
[
  true
]
```

有効化されています。旧世代のインスタンスから移行する場合は、enaモジュールのインストール、インスタンス属性の有効化が必要です。

❑ AWS CLIでインスタンス属性を有効化する場合

```
aws ec2 modify-instance-attribute --instance-id
➥ i-07cebed37a5d4f38b  --ena-support
```

ジャンボフレーム

最大送信単位（MTU）は単一パケットで渡すことのできる最大許容サイズです。すべてのEC2で1500MTUがサポートされ、かつほとんどのインスタンスタイプで9001MTU（**ジャンボフレーム**）がサポートされています。MTUはインターフェイスで確認できます。以下はAmazon Linux 2をt3a.nanoで起動した場合です。

❑ ip link showでMTUを確認

```
$ ip link show eth0
2: eth0: <BROADCAST,MULTICAST,UP,LOWER_UP> mtu 9001 qdisc mq
➥ state UP mode DEFAULT group default qlen 1000
link/ether 0e:2e:28:de:7a:e3 brd ff:ff:ff:ff:ff:ff
```

eth0でMTUが9001になっていることがわかりました。同じVPC内の同じ構成のEC2インスタンスに対してtracepathで確認します。

❏ tracepathでMTUを確認

```
$ tracepath 172.31.41.246
1?: [LOCALHOST] pmtu 9001
1: ip-172-31-41-246.ec2.internal 1.301ms reached
1: ip-172-31-41-246.ec2.internal 0.303ms reached
Resume: pmtu 9001 hops 1 back 1
```

MTUは9001のままであることが確認できました。しかし、外部のサイトに対して確認すると、MTUが1500に制限されています。

❏ 外部サイトのMTUを確認

```
$ tracepath www.yamamanx.com
1?: [LOCALHOST] pmtu 9001
1: ip-172-31-32-1.ec2.internal 0.219ms pmtu 1500
11: 100.64.50.253 19.778ms asymm 15
30: no reply
Too many hops: pmtu 1500
Resume: pmtu 1500
```

VPCではインターネットゲートウェイやVPN接続で、MTUが1500に制限されます。AWS Direct ConnectとVPCの接続ではジャンボフレームが使用できます。ハイブリッド構成でジャンボフレームが必要な場合は、Direct Connectで接続します。逆に、VPC内の通信でMTUを制限したい場合は、OSで設定します。

プレイスメントグループ

EC2インスタンスは、AZ(アベイラビリティゾーン)を分散させることにより、障害発生時の影響を最小限に抑えることができます。そのためネットワークレイテンシーの影響は少なくとも発生します。ネットワークレイテンシーを低くして、ネットワークパフォーマンスを向上する選択肢として**プレイスメントグループ**があります。プレイスメントグループは3つの戦略から選択できます。

- クラスタプレイスメントグループ
- パーティションプレイスメントグループ
- スプレッドプレイスメントグループ

✱クラスタプレイスメントグループ

クラスタプレイスメントグループにEC2インスタンスを起動すると、同じAZの同じネットワークセグメントに配置されます。こうすることで同じクラスタプレイスメントグループのEC2インスタンス同士の低いネットワークレイテンシー、高いネットワークスループットを実現できます。拡張ネットワーキング、ジャンボフレームをサポートしているEC2インスタンスを起動することで、最も低いネットワークレイテンシー、高いネットワークスループットを実現できます。

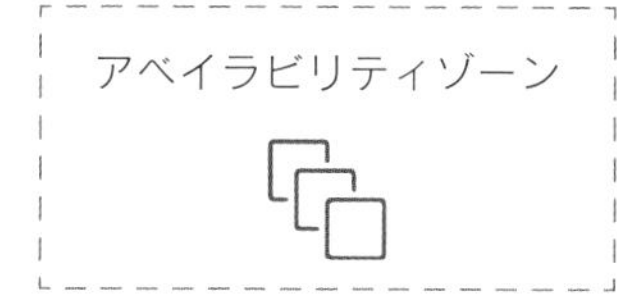

❏ クラスタプレイスメントグループ

✱パーティションプレイスメントグループ

パーティションプレイスメントグループにEC2インスタンスを起動すると、同じAZでハードウェア障害の影響を軽減しながらパーティションというセグメントに配置できます。1つのAZに7つまでパーティションを作成できます。各パーティションはラックを共有しないので、それぞれのパーティションで独自の電源、ネットワークが使用されます。HDFS、HBase、Cassandraなどの、大規模な分散および複製ワークロードを異なるラック間でデプロイするために使用できます。

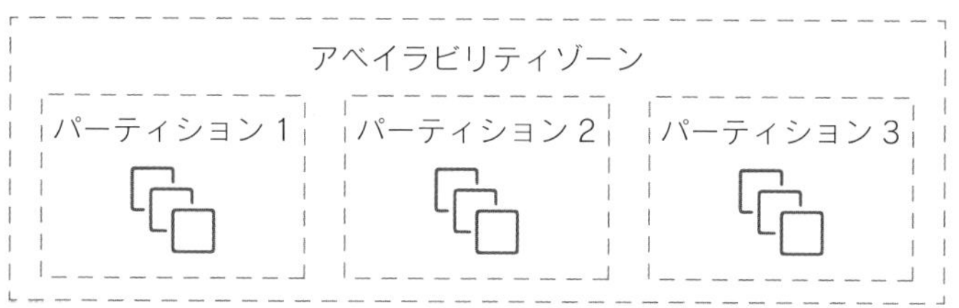

❏ パーティションプレイスメントグループ

✱ スプレッドプレイスメントグループ

スプレッドプレイスメントグループにEC2インスタンスを起動すると、EC2インスタンスごとに独自のネットワーク、電源がある異なるラックに配置されます。1つのAZに7つまでEC2インスタンスを起動できます。同じAZで起動しながらも、ハードウェア、ネットワーク、電源などの障害リスクを軽減できます。

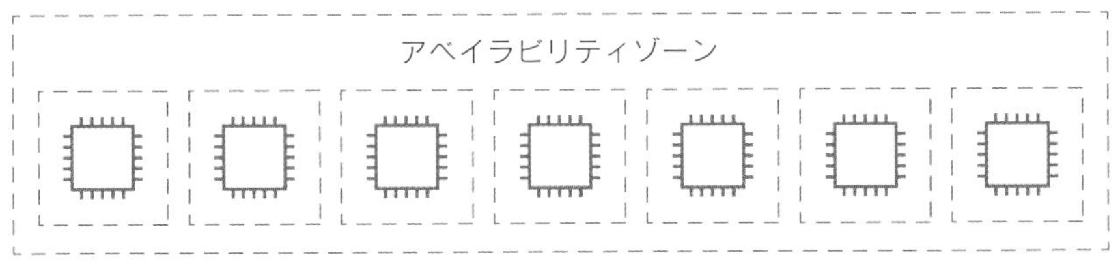

❑ スプレッドプレイスメントグループ

ストレージのパフォーマンス

用途に応じて最適なストレージサービスを選択することでアプリケーションのパフォーマンスは向上します。また、各ストレージサービスにもパフォーマンスのための機能があります。ストレージサービスと機能の選択について解説します。

Amazon FSx for Lustre

Lustreという、大規模なHPC（ハイパフォーマンスコンピューティング）やスーパーコンピュータで使用されている分散ファイルシステムがあります。FSx for Lustreは、Lustreを簡単に効率よく起動できます。SSD、HDDからストレージを選択できます。また、S3と統合することで、S3のオブジェクトをインポートすることも、S3にエクスポートすることもできます。

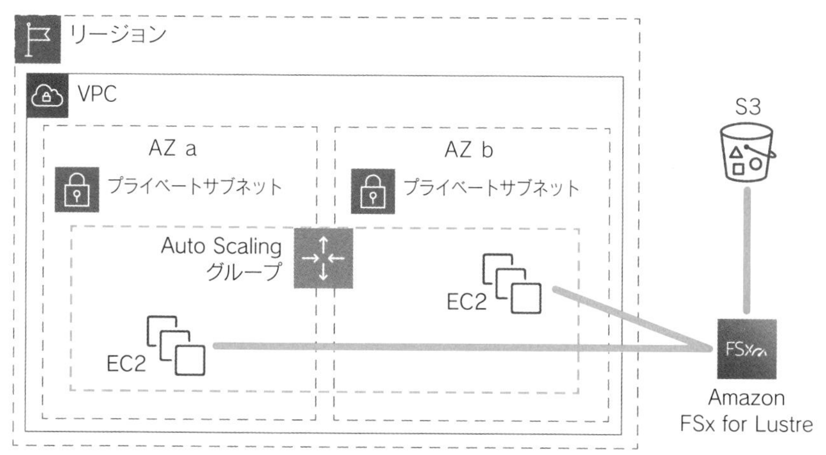

❑ FSx for Lustre

Amazon S3のパフォーマンス最適化

Amazon S3を使用する際のパフォーマンスを最適化する機能について解説します。

＊S3マルチパートアップロードとダウンロード

S3マルチパートアップロードを使用することで、容量の大きなオブジェクトのアップロードを効率化できます。

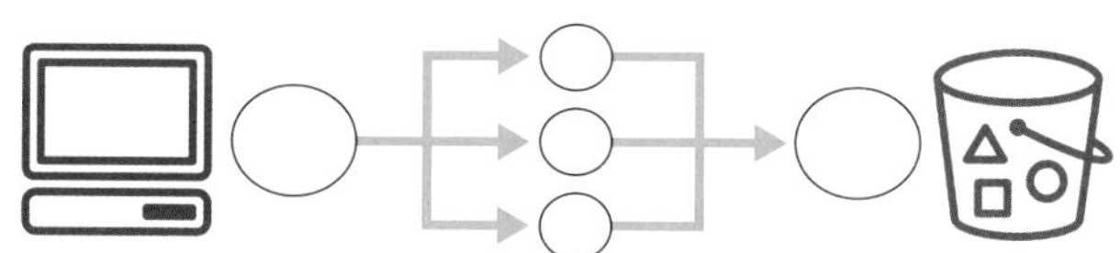

❑ S3マルチパートアップロード

オブジェクトを複数のパートに分けて並列アップロードして、完了すれば元のオブジェクトになります。低レベルのAPIを扱うCLIやSDKでは、マルチパートアップロードのプロセスをコントロールできます。そうすることにより途中で中断した処理のリトライなど、再試行を実装できます。

マルチパートアップロードでは、主に3つのプロセスをプログラムにより実行します。

1. **マルチパートアップロードの開始**：CreateMultipartUploadアクションを実行して、UploadIdが返される。
2. **各パートのアップロード**：UploadIdを指定して、UploadPartアクションを実行する。
3. **マルチパートアップロードの完了**：CompleteMultipartUploadアクションを実行して、アップロードしたパートがまとめられる。

この主な3つのプロセスを個別に実施しなくても、高レベルAPIを使用すれば自動的にマルチパートアップロードを実行してくれます。multipart_threshold、multipart_chunksizeなどを指定します。たとえば、次のようなPython SDKのコードで実行することもできます。

❑ マルチパートアップロードのコード例

```
boto3.resource('s3').Bucket('bucket_name').upload_file(
  'file.txt',
  'object_key',
  Config=TransferConfig(
    multipart_chunksize=1 * MB
  )
)
```

完了せずに不完全な状態で残ってしまったパートもストレージ料金の対象になります。ライフサイクルポリシーで自動的に削除することが可能です。

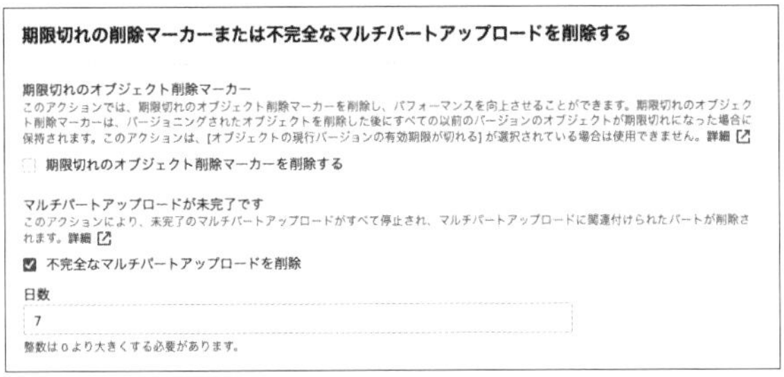

❑ 不完全なマルチパートアップロードの削除

ダウンロード時にはダウンロードするバイト範囲を指定することにより、時間のかかる大容量データのダウンロード効率化を図ったり、中断時のリトライを実装することも可能になります。

＊S3 Transfer Acceleration

S3バケットのあるリージョンから離れた大陸や地域からアップロードが実行される場合、グローバルなインターネット上のさまざまな影響を受けレイテンシーが高くなる可能性があります。その場合はTransfer Accelerationを有効にすることで、全世界のエッジロケーションを経由してアップロードを実行できます。

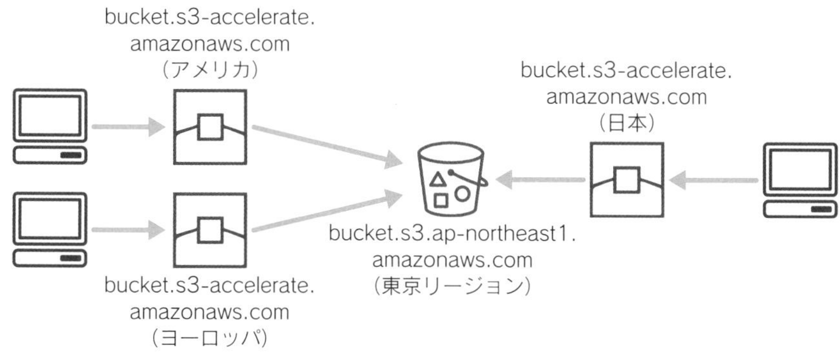

❏ S3 Transfer Acceleration

Amazon DynamoDBのパフォーマンス最適化

DynamoDBはNoSQL（非リレーショナル）のフルマネージドデータベースサービスです。DynamoDBテーブルではパーティションキーの値のハッシュ値によって分散保存されるパーティションが決定されます。パーティションキーはアクセスが分散しやすくなるキーで設計することが望ましいです。

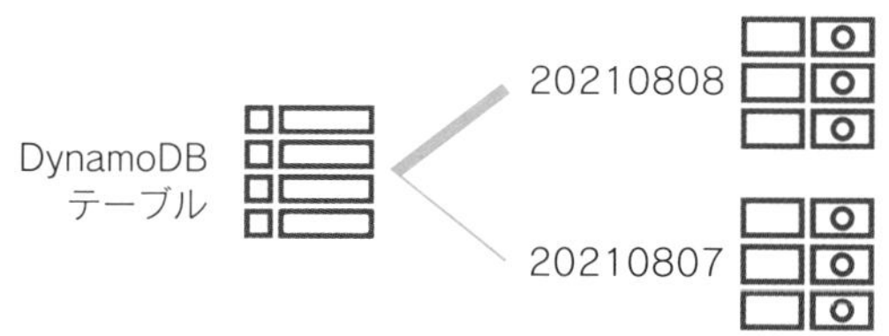

❏ DynamoDBのパーティション

上図のように日付をパーティションキーにする必要があり、直近のアイテムほどアクセスが集中しやすいアプリケーションの場合は、特定のパーティションにアクセスが集中しやすくなる可能性があります。このようなアプリケーションのパフォーマンス最適化を図るために、パーティションにサフィックスを付加する方法があります。

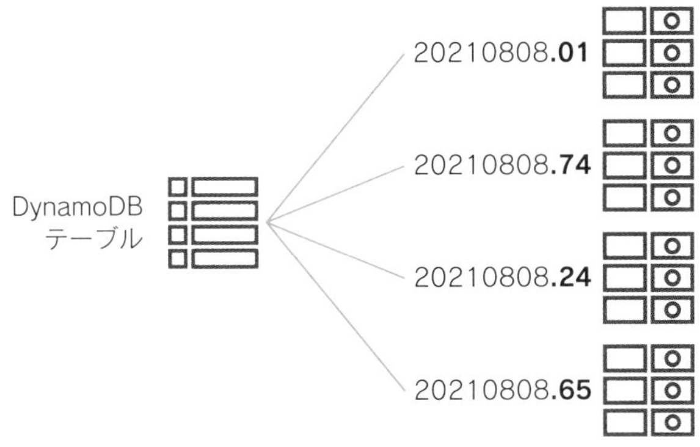

❏ パーティションキーサフィックス

パーティションキーにサフィックスが付与されてハッシュ計算されるので、同じ日のアイテムも別のパーティションに分散されやすくなります。クエリ検索をどのように行うかによって、サフィックスをランダムに設定する方法もありますし、他の属性をもとに計算されたサフィックスを設定する方法もあります。

投票アプリケーションのように、まとめて集計するように全アイテムにアクセスすることが多く、書き込みの処理時間を短くする要件の場合はランダムサフィックスを検討します。注文データを扱うアプリケーションのように、個別のアイテムにアクセスすることが多い場合は、計算されたサフィックスを検討します。

Amazon CloudFront

Amazon CloudFrontはWebコンテンツを、グローバルに低いレイテンシーで配信できます。全世界に展開されているエッジロケーションからキャッシュしたコンテンツを配信できます。オリジンとして指定したS3やApplication Load Balancerへのリクエストが軽減され、バックエンドにあるEC2やRDSに対しての負荷も軽減され、さらにパフォーマンス最適化の効果もあります。

Webコンテンツの配信

CloudFrontの配信設定のことをディストリビューションと呼びます。CloudFrontディストリビューションのオリジンには、S3やWebサーバーのドメインを指定できます。複数のオリジンを設定して、ビヘイビア(Behavior)の設定により、パスパターンに応じてオリジンへのルーティングをコントロールできます。

CloudFrontは、cloudfront.netサブドメインのDNSを提供します。cloudfront.netサブドメインに対して、独自ドメインから名前解決できるように、Route 53 Aレコードエイリアス、もしくは独自のDNSサービスでCNAMEレコードを設定します。

エンドユーザーがCloudFrontで構成されたWebコンテンツにアクセスしたとき、レイテンシーの面から最寄りのPOP(Point Of Presence)エッジロケーションにルーティングされます。そのPOPに対象のコンテンツファイルがあれば、ユーザーに返されます。POPになければ、ビヘイビアに設定されたパスパターンに応じてオリジンへリクエストされ、オリジンからPOPへファイルが転送されて保存されます。そしてPOPからユーザーにファイルが返されます。

オリジンへのアクセス制限

CloudFrontディストリビューションを構築したのにオリジンへ直接アクセスされてしまったのでは、例外的なリクエストによるパフォーマンスの悪化が懸念されます。オリジンへのアクセスを制限するOAC(OAI)、カスタムヘッダー、IPアドレス制限の3つの方法を解説します。

✱OAC

S3バケットがオリジンの場合はOAC(Origin Access Control)が使用できます。OACというCloudFrontのコントロールを作成して、オリジン設定に関連付けます。S3のバケットポリシーでCloudFrontサービスからのGetObjectのみを許可します。

OACを有効にしてCloudFrontサービスからのリクエストのみを許可したS3バケットポリシーの例を示します。

❑ OACを有効にしてCloudFrontサービスからのリクエストのみを許可したS3バケットポリシー

```
{
  "Version": "2012-10-17",
  "Statement": [
    {
      "Effect": "Allow",
      "Principal": {
        "Service": "cloudfront.amazonaws.com"
      },
      "Action": "s3:GetObject",
      "Resource": "arn:aws:s3:::bucket-name/*",
      "Condition": {
        "StringEquals": {
          "AWS:SourceArn": "arn:aws:cloudfront::123456789012:
➥distribution/E3EZDZE4A6MDA3"
        }
      }
    }
  ]
}
```

OACで保護しているS3バケットのオブジェクトがSSE-KMSで暗号化されている際は、KMSキーポリシーでCloudFrontサービスからの複合リクエストを許可して対応できます。

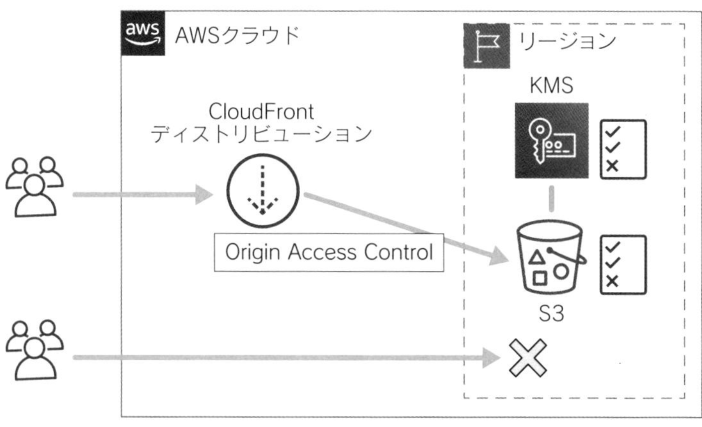

❑ OACによるSSE-KMSのサポート

OACは2022年8月にリリースされました。以前はOAI(Origin Access Identity、現在はレガシー)が使用されていました。OAIはSSE-KMSに対応していなかったり、POST、PUTリクエストがそのままではできなかったりと機能に課題がありました。今後はOACが推奨で、OAIは新しいリージョンではサポートされていません。

＊カスタムヘッダー

カスタムヘッダーは、オリジンがApplication Load Balancerなどの場合に有効な方法です。ディストリビューションのオリジン設定に任意のキーと値でカスタムヘッダーを追加します。Application Load Balancerのルーティングで、指定したHTTPヘッダーがリクエストに含まれる場合のみ、正常なターゲットへルーティングします。指定したHTTPヘッダーが含まれない場合は、403 Access Deniedを返すように設定します。

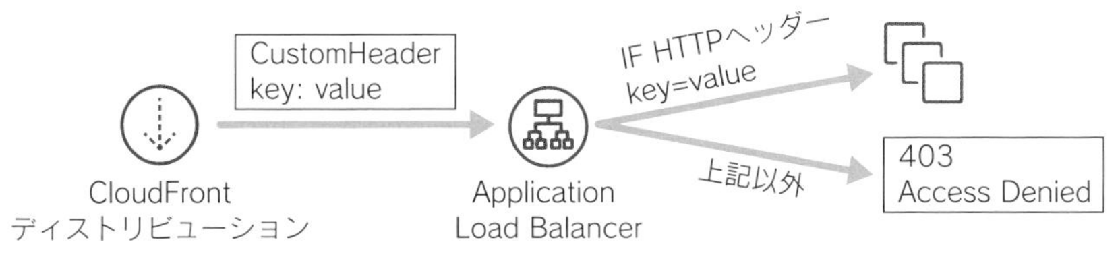

❑ カスタムヘッダーによるALBへのリクエスト制限

＊IPアドレス制限

Application Load Balancerのセキュリティグループで保護する方法も検討できます。CloudFrontが使用しているIPアドレス範囲は、AWSが管理するマネージドプレフィックスリストとしてVPCに用意されています。セキュリティグループのソースにマネージドプレフィックスリストを指定すれば、CloudFront以外からのネットワークトラフィックを拒否できます。

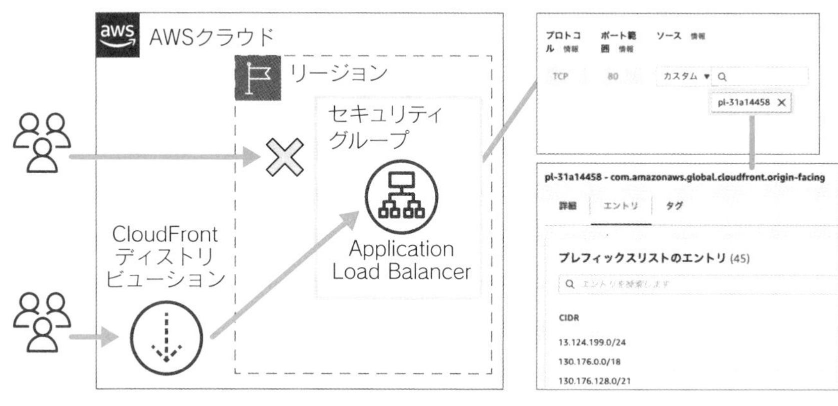

❏ セキュリティグループとマネージドプレフィックスリストで保護

セキュリティグループはデフォルトでルール数は60と制限されています。CloudFrontのマネージドプレフィックスリストを使用すると55でカウントされるので、複数のルールと組み合わせる場合は、上限の引き上げ申請が必要です。

CloudFrontのマネージドプレフィックスリストは2022年2月にリリースされました。それ以前はEventBridgeによりLambda関数を定期的に実行し、セキュリティグループを更新して使用していました。AWSの主要サービスが使用するIPアドレスは次のURLで公開されています。

📖 AWSの主要サービスが使用するIPアドレス

URL https://ip-ranges.amazonaws.com/ip-ranges.json

オンデマンドビデオ、ライブストリーミングビデオの配信

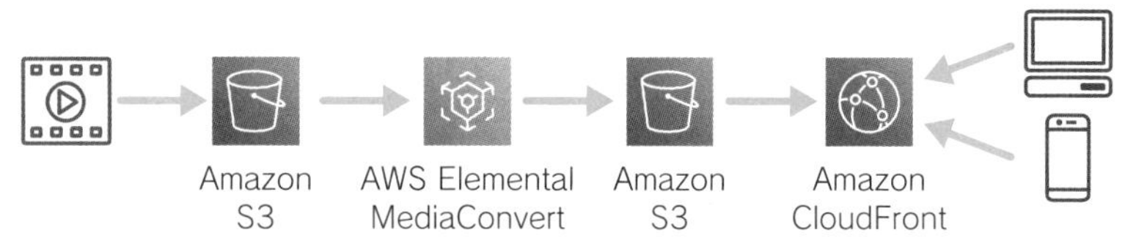

❏ CloudFrontオンデマンドビデオの配信

アプリケーションからS3バケットにアップロードされた動画ファイルを、AWS Elemental MediaConvertによってHLSなどに変換して、配信用のS3

バケットに保存します。CloudFrontディストリビューションから再生アプリケーションやデバイスへ配信できます。変換元の動画ファイルはライフサイクルに従ってGlacierへアーカイブします。

❏ CloudFrontライブストリーミング配信

AWS Elemental MediaLiveで、リアルタイムにエンコードしたコンテンツを**AWS Elemental MediaStore**に保存して、CloudFontを使用して配信できます。

フィールドレベルの暗号化

000-0000-0000　**************　000-0000-0000

❏ CloudFrontフィールド暗号化

CloudFrontではフィールドレベルの暗号化が可能です。公開鍵と秘密鍵を使用した非対称暗号化で、指定したフィールドを暗号化できます。たとえば、ユーザーがフォームに入力した電話番号を、CloudFrontディストリビューションで登録された公開鍵で暗号化して、オリジンのAPI GatewayにPOSTします。API Gatewayは、暗号化された電話番号をDynamoDBにPutItemします。DynamoDBテーブルには、暗号化された電話番号が保存されます。

秘密鍵は、パラメータストアでSecure StringとしてKMSで暗号化して保存しておきます。LambdaはGetParameterした秘密鍵を使用して、DynamoDBテーブルからGetItemした暗号化された電話番号を復号し、Amazon Connectを呼び出して、自動で電話発信できます。アプリケーション開発者もシステム管理者も電話番号を知る必要はなく、セキュアに保存できています。

署名付きURLと署名付きCookieを使用したプライベートコンテンツの配信

CloudFrontディストリビューションでもリクエストに認証を必要とさせることができます。公開鍵・秘密鍵のキーペアをローカルで作成して、CloudFrontへアップロードしてキーグループに追加します。ルートユーザーを使ってCloudFrontのキーペアとして作成して使用できますが、ルートユーザーを使用すること自体が非推奨です。IAMユーザーによるキーグループへの追加が推奨とされています。キーグループは、署名者としてディストリビューションへビヘイビア設定で選択できます。

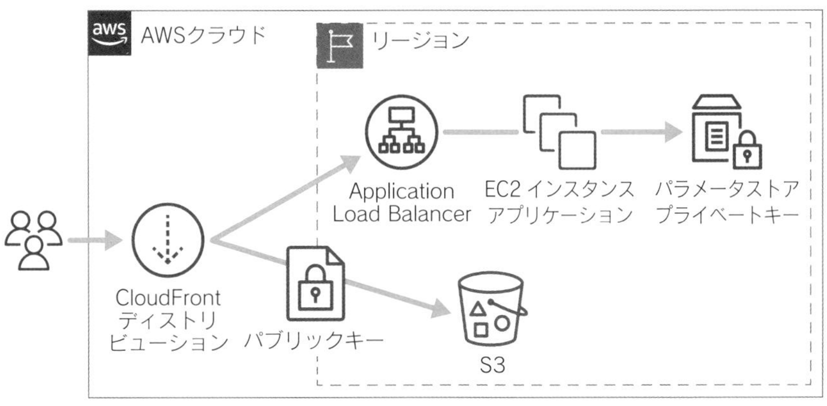

❑ CloudFront署名付きURL

CloudFrontビヘイビアの設定で、特定のパスパターンにキーグループのパブリックキーを設定して、署名付きURL(または署名付きCookie)でないとアクセスできないように制御できます。署名はプライベートキーによって生成します。

たとえば、上図のアプリケーションが会員制のポータルサイトだとします。エンドユーザーはログインが必要です。EC2インスタンスとApplication Load Balancerで構成されるアプリケーションではプログラムによる認証をしているので、ログインしていない非会員にはアクセスを許可しません。

この場合、S3へのアクセスを会員のみに制限しなければなりません。S3へアクセスできるように特定時間内の一時的な認証を持つ署名を、EC2インスタンスのアプリケーションにより生成します。プライベートキーはSystems

Managerパラメータストアなどに保管して使用します。生成された署名付きURLにリダイレクトして、無事コンテンツのダウンロードが可能になります。直接S3にアクセスしてもリクエストは拒否されます。

エッジ関数

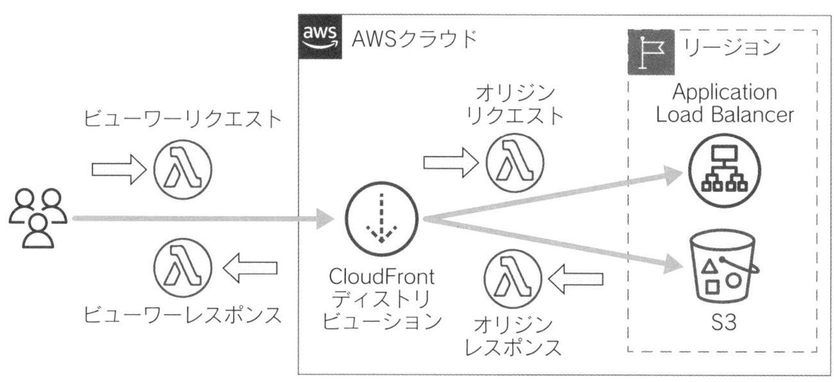

❏ エッジ関数

CloudFrontディストリビューションへのHTTPリクエスト、レスポンスの処理をエッジ関数でカスタマイズできます。エッジ関数にはCloudFront FunctionsとLambda@Edgeの2種類があります。

- CloudFront Functions：CloudFrontの機能です。JavaScriptで実装できます。Lambda@Edgeよりも軽量な実行時間の短い関数に適しています。ビューワーのリクエスト、レスポンス処理のみをサポートしていて、オリジンへのリクエスト、レスポンスはサポートしていません。リクエストURLを変換することで、キャッシュキーの正規化によってキャッシュヒット率を向上したり、ヘッダーを追加したり、リクエストのトークン検証をするためなどに使用できます。CloudFront Functionsでは最大2MBのメモリしか使用できません。
- Lambda@Edge：AWS Lambdaの拡張機能で、Node.js、Pythonがサポートされます。CloudFront Functionsではできない処理に使用します。メモリサイズが必要な場合や、オリジンへのリクエスト、レスポンスの処理や、他のAWSサービスとの統合や外部サービスの利用などの場合に使用します。

AWS Global Accelerator

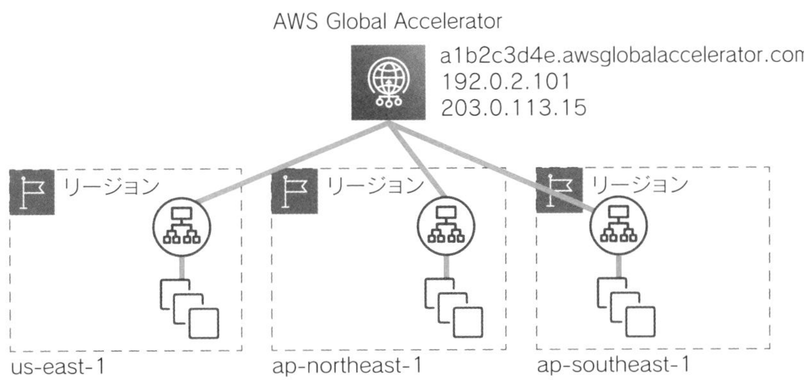

❑ AWS Global Accelerator

AWSグローバルネットワークを利用することで、AWSリージョンへのネットワーク経路を最適化します。静的エニーキャストIPアドレスが提供されます。BYOIPとしてIPアドレスを持ち込むこともできます。

作成したアクセラレーターには、複数のエンドポイントを設定できます。エンドポイントには、Application Load Balancer、Network Load Balancer、EC2インスタンス、Elastic IPアドレスを設定できます。トラフィックダイヤルを使用してエンドポイントに重み付けができます。リージョンごとにアプリケーションをデプロイするために重み付けを変更したり、近いリージョンではなく混合的なトラフィックにしたい場合に変更します。デフォルトは100です。各リージョン内に複数エンドポイントがある場合は、そのエンドポイントごとにWeight設定で重み付けができます。

エンドユーザーがアクセラレーターにアクセスすると、最も近いエッジロケーションでリクエストが受け付けられて、ヘルスチェックに合格したエンドポイントのうち、近い場所や重み付けした設定によってルーティングされます。エンドポイントがヘルスチェックに失敗し、異常と見なされた場合は、即座に他のエンドポイントにルーティングされます。IPアドレスは変わらないため、DNSフェイルオーバーのようにキャッシュなどの影響を受けません。

リスナーでポート番号範囲とTCP/UDPを設定できます。リスナー設定でクライアントアフィニティを有効化した場合、同じ送信元IPアドレスからは同じエンドポイントに継続的にリクエストを送信できます。ステートフルアプリケーションの場合など、リクエストの送信先を維持したい場合はアフィニティを有効にします。

Amazon ElastiCache

Amazon ElastiCacheは、マネージドなインメモリのデータストアとしてMemcahced、またはRedisを提供します。

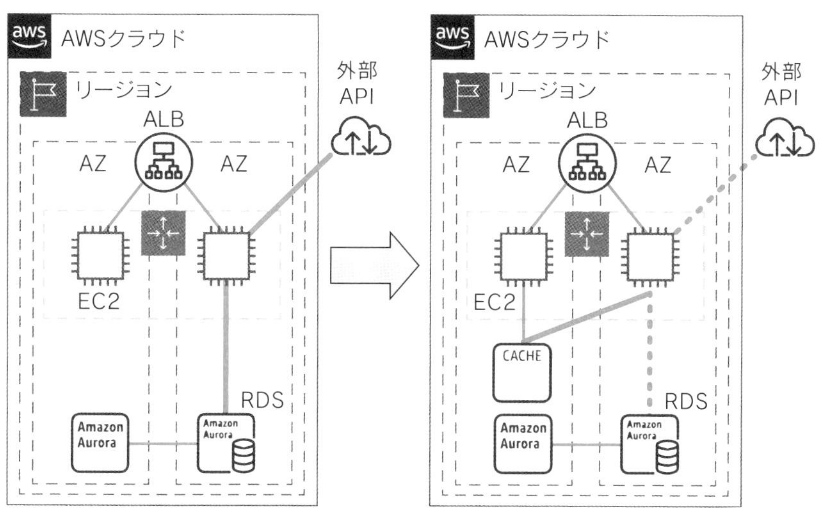

❑ Amazon ElastiCacheの利用

たとえば、上図の左の例では、ElastiCacheを使っていません。ユーザーセッションはEC2のローカルで保存するので、Application Load Balancerではスティッキーセッションを有効にしています。そして、ユーザーからリクエストがあるたびに外部APIへGETリクエスト、RDSへSQLクエリを実行しています。

ElastiCacheを使ってユーザーセッションを保存して、Application Load Balancerのスティッキーセッションはオフにすることで、EC2インスタンスへのリクエストを均等にできます。そして、外部APIへのGETリクエスト結果をElastiCacheに保存することで、外部APIへリクエストを重複させることなく、アプリケーションの応答時間を短縮できます。RDSへのクエリ結果をElastiCacheに保存することで、データベースへも重複したクエリを排除でき、アプリケーションの応答時間を短縮し、さらにデータベース負荷を下げることによりインスタンスクラスを縮小しコストの最適化も可能です。

MemcahcedとRedis

次の表は、ElastiCache for MemcachedとElastiCache for Redisを比較したものです。

❑ MemcahcedとRedisの比較

	ElastiCache for Memcached	ElastiCache for Redis
マルチスレッド	○	
水平スケーリング	○	
構造化データ		○
永続性		○
アトミックオペレーション		○
Pub/Sub		○
リードレプリカ/フェイルオーバー		○

Memcachedは、マルチスレッドでの実行が可能です。自動検出機能によってノードの追加、削除が行われ、自動的に再設定がなされます。フラットな文字列をキャッシュするように設計されています。永続性はありません。

Redisは、複数の構造化データ（ソート済みセット型、ハッシュ型など）をサポートしています。永続性を持ち、キャッシュ目的だけではなくプライマリデータストアとして使用できます。アトミックオペレーションによりキャッシュ内のデータ値をINCR/DECRコマンドで増減できます。パブリッシュ、サブスクライブメッセージング機能により、チャットやメッセージングサービスにも使用できます。マルチAZでリードレプリカを作成してフェイルオーバーすることも可能です。

Redisのソート済みセット型の使用例として、ゲームアプリケーションのリーダーボードがあります。

❑ ゲームアプリケーションのリーダーボードの例

```
ZADD leaderboard 132 Robert
ZADD leaderboard 231 Sandra
ZADD leaderboard 32 June
ZADD leaderboard 381 Adam

ZREVRANGEBYSCORE leaderboard +inf -inf
1) Adam
2) Sandra
3) Robert
4) June
```

ZADDコマンドでleaderboardに各プレイヤーのスコアを記録しています。ZREVRANGEBYSCOREコマンドで順位を出力しています。

Amazon RDSのパフォーマンス

インスタンスクラス

RDSの性能はインスタンスクラスによって選択できます。db.m5.largeのようにEC2インスタンスタイプと同様の表記のインスタンスクラスから要件に合わせて選択します。db.m6g、db.x2g、db.r6g、db.t4gなど、「g」がついているインスタンスクラスは、AWS Graviton2プロセッサを搭載しています。

ストレージ

汎用SSD、プロビジョンドIOPS、マグネティックから選択できます。マグネティックは下位互換性のための古いストレージなので新規で選択する理由はありません。汎用SSDはgp2、gp3ボリュームから選択できます。より高い性能が必要な場合は、プロビジョンドIOPS SSDストレージを使用します。

リードレプリカ

読み取り専用のリードレプリカを最大5～15まで作成できます。最大数はデータベースエンジンによって異なります。それぞれのリードレプリカには個別のエンドポイントが生成されます。アプリケーションから読み取りリクエストをリードレプリカのエンドポイントへ向けることで、プライマリデータベースの負荷を下げられ、システム全体のパフォーマンス向上に役立ちます。リードレプリカは非同期にレプリケーションされる別のインスタンスなので、インスタンスクラスを個別に設定できます。

読み取り可能なスタンバイを備えたマルチAZ

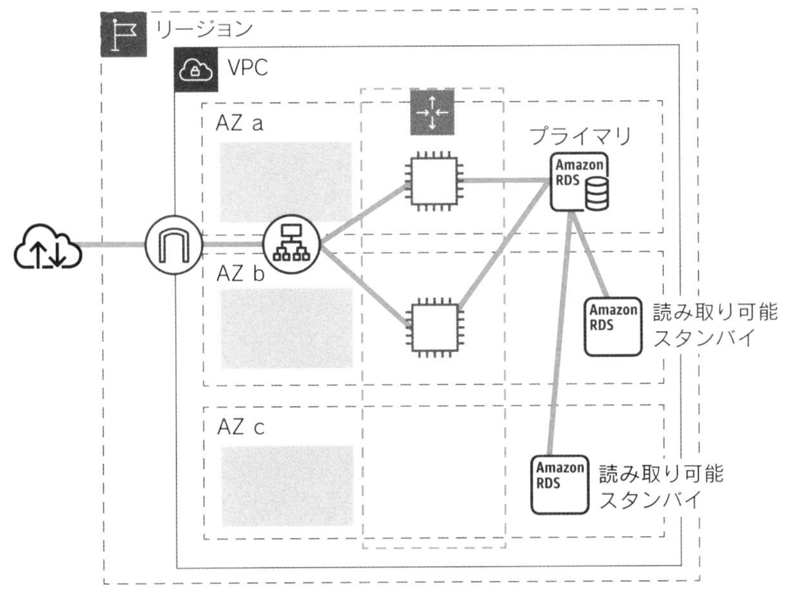

❏ 読み取り可能なスタンバイを備えたマルチAZ

2022年3月に新しいマルチAZ配置オプションとして、2つの読み取り可能なスタンバイを備えたマルチAZがMySQL、PostgreSQLでリリースされました。35秒以内のフェイルオーバー、これまでのマルチAZの書き込み同期レイテンシーの2倍の高速化、スタンバイへの読み取りを許可などが追加されました。これにより可用性とパフォーマンスの両方が向上できます。

読み取り可能なスタンバイを備えたマルチAZでは、インスタンスクラスが限定されます。

Amazon Aurora

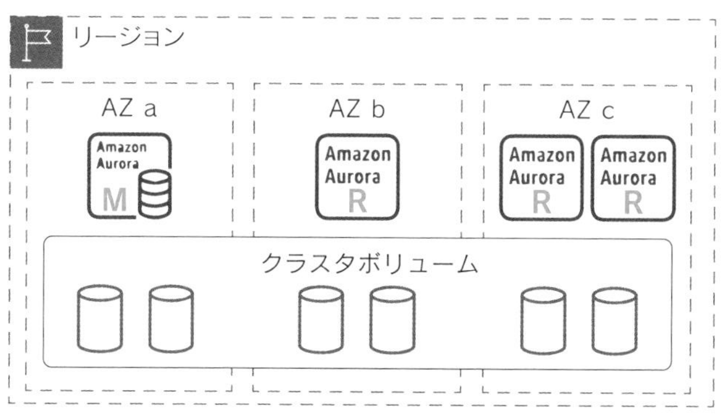

❑ Amazon Aurora

MySQL、PostgreSQLと互換性のあるそれぞれのタイプを用意している、高パフォーマンスデータベースエンジンがAmazon Auroraです。ボリュームは3つのAZ(アベイラビリティゾーン)に6つのレプリケーションを持ちます。

リクエストを受けるインスタンスは、書き込み可能なライターインスタンスがプライマリデータベースとして利用されます。スタンバイはなく、最大15の読み取り可能なリードレプリカインスタンスが作成でき、ライターの障害発生時にはリードレプリカが自動でライターに昇格し復旧します。ライター、リードレプリカで同じクラスタボリュームを共有しています。

サーバーレス

Serverless v2を使用すると、インスタンスクラスを指定する必要はなく、ACU(Aurora Capacity Unit)の最小値、最大値を決めます。0.5ACUで1GiBのメモリ性能を提供し、リクエストと負荷の状況により自動で増減します。

性能を増減させないといけないような、リクエストが変動、急増するアプリケーションに適しています。開始して間もない、リクエスト量が読めないアプリケーションにも向いています。開発やテスト目的で使用しない時間帯が発生する場合も、自動でスケールダウンするので不要なコストを削減できます。

Amazon API Gateway

Amazon API Gatewayのパフォーマンスに関する機能を解説します。

API Gatewayキャッシュ

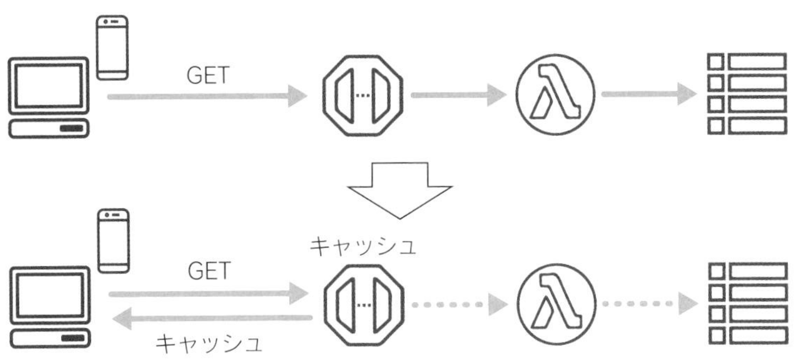

❏ API Gatewayキャッシュ

API GatewayのAPIステージで、GETリクエストに対してキャッシュを有効にできます。上図の例では、APIからLambdaを呼び出してDynamoDBを検索して結果をレスポンスします。キャッシュを有効にすることにより、LambdaからDynamoDBへの検索は行われないので、その分の処理レイテンシーが省略されパフォーマンスは向上します。キャッシュを有効にすると容量に応じて時間単位での追加料金が発生します。

指定した容量のキャッシュインスタンスが作成されます。キャッシュ容量を変更したときはインスタンスの再作成になるので、その時点までのキャッシュは削除されます。TTL（Time To Live、有効期限）を秒数で指定できます。

APIエンドポイント

API GatewayのAPIエンドポイントには、エッジ最適化APIエンドポイント、リージョンAPIエンドポイント、プライベートAPIエンドポイントの3つのタイプがあります。エッジ最適化APIエンドポイントはエッジロケーションPOPを経由してルーティングされるので、全世界のユーザーが使用するようなAPI

に最適です。使用するユーザーが特定地域に集中している場合はリージョンAPIエンドポイントを使用します。VPCのみから使用するAPIにはプライベートAPIエンドポイントを使用します。

使用量プラン

使用量プランを使用して、APIキーごとに1秒、1日、1週間、1か月のAPI利用量を設定できます。顧客へ配布するAPIキーごとに設定します。特定の顧客のキーによって発生した異常な数のAPIリクエストが、全体へ影響しないように調整できます。

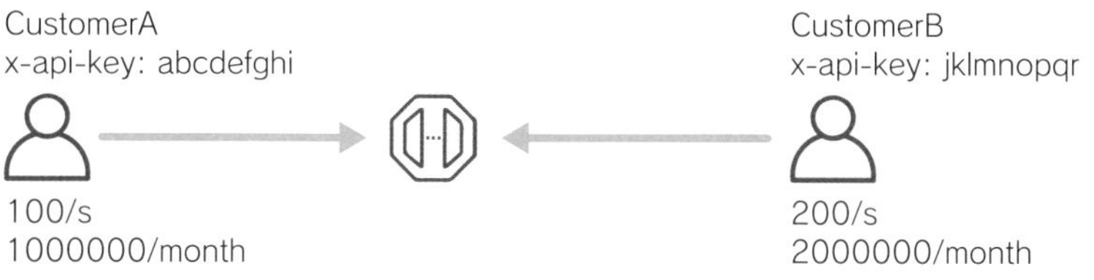

❏ API使用量プラン

APIの認証

APIの実行に関して認証を有効にすることで、不要なリクエストを排除できます。

✱ IAM認証

IAM認証を有効にすると、IAMポリシーで許可されたIAMユーザーのみにAPIの実行が許可されます。実行を許可するIAMユーザーのアクセスキーID、シークレットアクセスキーを発行して、署名バージョン4で署名を作成して、リクエストに含めます。実行を許可するIAMユーザーには以下のようなIAMポリシーを設定します。

❏ 実行を許可するユーザーのIAMポリシー

```
{
  "Version": "2012-10-17",
  "Statement": [
    {
      "Effect": "Allow",
      "Action": [
        "execute-api:Invoke"
      ],
      "Resource": [
        "arn:aws:execute-api:us-east-1:123456789012:apiid/*/GET/"
      ]
    }
  ]
}
```

他アカウントのIAMユーザーに許可する場合は、API Gatewayのリソースベースポリシーに他アカウントからの実行を許可するポリシーを定義する必要があります。

✱ Cognitoオーソライザー

Cognitoユーザープールでサインインして取得したJWT（JSON Web Token）をAuthorizationヘッダーに含めて、API Gatewayにリクエストを実行します。Cognitoユーザープールで認証済みのJWTがなければ、APIを実行できません。

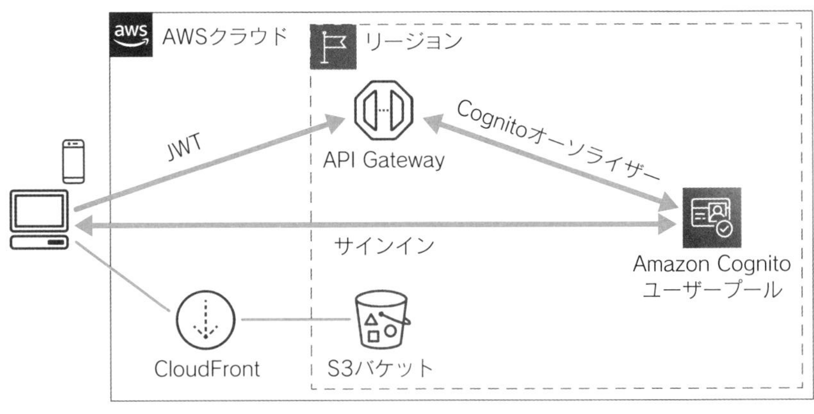

❏ Cognitoオーソライザー

✱ Lambdaオーソライザー

Lambdaオーソライザーによって、カスタム認証を検証したり、サードパーティ製品の認証を検証することができます。

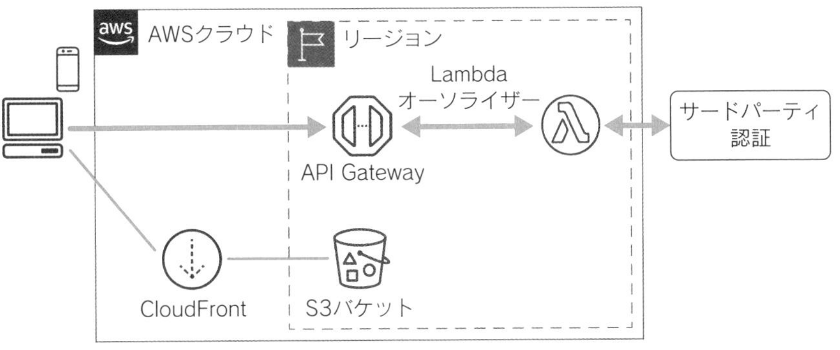

❑ Lambdaオーソライザー

パフォーマンスのポイント

- T3などのバーストパフォーマンスインスタンスは、ベースラインをときどき超えることがあるワークロードで使用する。
- 拡張ネットワーキング、ENAが有効な現行世代のインスタンスを積極的に使用することでパフォーマンスの最適化が図れる。
- ハイブリッド構成でジャンボフレームが必要な場合はDirect Connectを検討する。
- 低レイテンシー、高スループットが最大要件の場合はクラスタプレイスメントグループを検討する。
- HDFS、HBase、Cassandraなどの大規模な分散および複製ワークロードではパーティションプレイスメントグループを検討する。
- 低レイテンシー、高スループットを求めるものの、障害時の影響を可能な限り軽減する場合はスプレッドプレイスメントグループを検討する。
- HPCワークロードで複数EC2インスタンスからの共有ファイルシステムが必要な場合はFSx for Lustreが使用できる。
- S3オブジェクトのアップロード／ダウンロードでは並列化によって、効率化と中断時の再試行が実現できる。

- 離れた地域からのアップロードの効率化にS3 Transfer Accelerationが使用できる。
- DynamoDBパーティションキーにサフィックスを付加することで分散化を検討できる。
- CloudFrontを使用することでエンドユーザーに近い場所から生成済みのキャッシュコンテンツを配信する。
- CloudFront S3オリジンへのアクセス制限はOACで、Application Load Balancerオリジンへのアクセス制限はカスタムヘッダーとヘッダーベースのルーティングで設定できる。
- オンデマンドビデオ配信ではElemental MediaConvertを使用して動画を変換できる。
- ライブストリーミング配信では、Elemental MediaLive、Elemental MediaStoreが使用できる。
- CloudFrontフィールドレベルの暗号化でセキュアな情報の送信と保存を実現できる。
- Lambda@Edge、CloudFront Functionsを使用してリクエストをエッジでカスタマイズできる。
- Global Acceleratorで静的エニーキャストIPアドレスが使用でき、マルチリージョンでの低レイテンシーアプリケーション、即時のフェイルオーバーが可能。
- ElastiCacheを使用してアプリケーションの検索結果をキャッシュしたりセッション情報をキャッシュすることが可能。
- ElastiCache for Redisにより、複数の構造化データ型、Pub/Sub、アトミックオペレーション、リードレプリカ、フェイルオーバーが可能。
- RDSのパフォーマンスはインスタンスクラスとボリュームタイプ、IOPSで調整できる。
- RDSリードレプリカ、読み込み可能なマルチAZ、Auroraのリーダーによって書き込み負荷を軽減し、読み込みパフォーマンスを向上できる。
- MySQL、PostgreSQLの場合はAuroraへ移行することでパフォーマンスを向上できる。
- Auroraサーバーレスにより負荷の状況に応じたパフォーマンスが増減できる。
- API Gatewayでキャッシュを有効化できる。
- エッジ最適化APIによりネットワークパフォーマンスが最適化される。
- 使用量プランによりAPIキーごとに秒間、月間のリクエストを制限できる。
- APIの実行に認証（IAM認証、Cognitoオーソライザー、Lambdaオーソライザー）を有効にすることで不要なリクエストを排除できる。

3-5

コスト最適化

本節ではコスト最適化について解説します。

Amazon EC2のコスト

ここでは、EC2のリザーブドインスタンス、スポットインスタンスの使い分け、Dedicated Hosts（専有ホスト）の使い方、Savings Plansの設定と対象サービスを解説します。

リザーブドインスタンス

Savings Plansもありますが、**リザーブドインスタンス**も依然として有効な割引オプションです。1年または3年の購入期間が必要なので、1年以上継続する予定の場合に必ず使用する量の分を選択します。たとえば、1インスタンス分購入している場合、30日ある月では720時間使用分にリザーブドインスタンスが適用されます。同一インスタンスの利用ではなくても適用されます。リザーブドインスタンスの適用は、Organizationsで一括請求している場合は、複数のアカウントで共有できます。

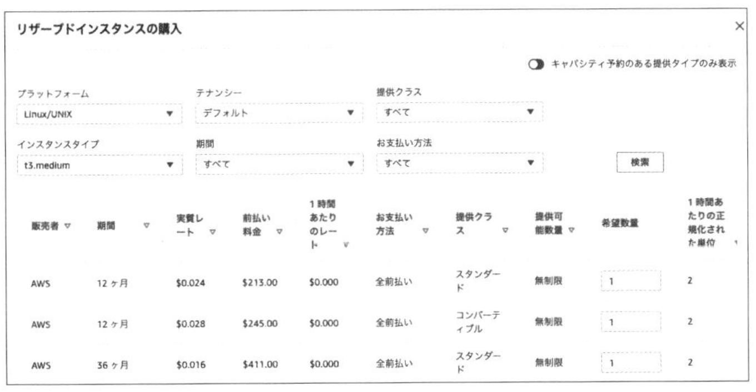

販売者	期間	実質レート	前払い料金	1時間あたりのレート	お支払い方法	提供クラス	提供可能数量	希望数量	1時間あたりの正規化された単位
AWS	12ヶ月	$0.024	$213.00	$0.000	全前払い	スタンダード	無制限	1	2
AWS	12ヶ月	$0.028	$245.00	$0.000	全前払い	コンバーティブル	無制限	1	2
AWS	36ヶ月	$0.016	$411.00	$0.000	全前払い	スタンダード	無制限	1	2

❏ リザーブドインスタンス購入画面

即時購入することも、購入予約をキューに入れることもできます。キューに入れておくことで、現在のリザーブドインスタンスの期限切れに合わせて予約しておくことができます。ただし、購入予約ではAZ（アベイラビリティゾーン）の指定はできません。予約日まではいつでもキャンセルできます。

料金は次の条件で決定します。

- **インスタンスタイプ**：起動するEC2インスタンスタイプを指定します。正規化係数（nano 0.25、micro 0.5、small 1、medium 2、large 4、xlarge 8、……）に基づきます。たとえば、t2.medium 1インスタンスのリザーブドインスタンスを購入していると、「t2.medium 1インスタンス」や「t2.small 2インスタンス」だけでなく、「t2.large 1インスタンスの使用料金の半分」でも適用されます。
- **リージョン**：EC2インスタンスを起動するリージョンを指定します。
- **AZ（アベイラビリティゾーン）**：必須ではありませんがAZも指定してキャパシティを予約し、確実に起動させることも可能です。ですが1年継続して使わない場合もあります。その場合はリザーブドインスタンスではなく、割引はありませんがオンデマンドインスタンスのキャパシティ予約により確実な起動ができます。
- **プラットフォーム**：Linux/Unix、SUSE Linux、Red Hat Enterprise Linux、Windowsなど、OSの選択です。
- **テナンシー**：デフォルトの共有だけでなく、専有インスタンスも選択できます。
- **購入期間**：1年または3年です。
- **支払い**：すべて前払い、一部前払い、前払いなし（毎月払い）から選択できます。
- **提供クラス**：スタンダード、コンバーティブルから選択できます。スタンダードは変更できますが、交換はできません。変更は次のパターンが可能です。「スコープをリージョンからAZ」「その逆のAZからリージョンへの変更」「同じリージョン内でのAZの変更」「同じインスタンスファミリー内でのサイズ変更」です。ただし、サイズの変更は元の正規化係数の合計と一致している必要があります。

  コンバーティブルは変更だけでなく、交換も可能です。交換できるのはインスタンスファミリー、プラットフォーム、テナンシーですが、元のリザーブドインスタンスよりも下がるレベルには交換できません。同等か上のレベルのみです。

スポットインスタンス

スポットインスタンスは、各AZの各インスタンスタイプの使用されていない量によって決定されるスポット料金で使用できます。上限料金をリクエストして使用します。スポット料金が上限料金を超えた場合か、AZに利用可能なキャパシティがなくなった場合、スポットインスタンスは中断されます。中断時にはEC2インスタンスは終了、停止、休止状態になります。中断の2分前にメタデータ（spot/instance-action）への通知とEventBridge（"detail-type": "EC2 SpotInstance Interruption Warning"）で知ることができます。また、中断のリスクが高まったときにも再調整に関する推奨事項がEventBridge（"detail-type": "EC2 Instance Rebalance Recommendation"）で通知されます。

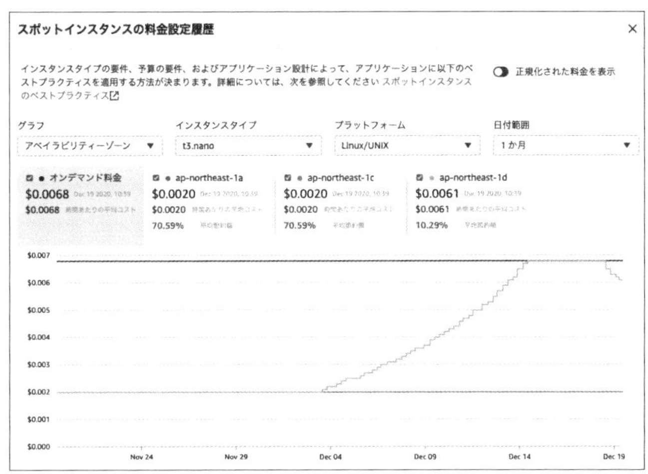

❏ スポットインスタンス料金設定履歴

中断が発生してもアプリケーションに影響が少ないケースで使用します。たとえば、実行時間の期限が厳密ではないデータ分析や、ステートレスなバッチジョブや検証環境です。また最低限必要なインスタンス数があるようなアプリケーションの場合は、Auto Scalingグループでオンデマンドインスタンスとスポットインスタンスの割合を決めることができます。複数のAZ、複数のインスタンスタイプを含めることができるので、中断が発生したとしても他のAZ、他のインスタンスタイプでカバーできるように構成します。

＊ 中断に備えたベストプラクティス

- ○ リクエスト料金にデフォルトのオンデマンドインスタンス料金を使用する。
- ○ 中断されたインスタンスの代わりのインスタンスをすぐに起動できるように、AMI、起動テンプレートを準備しておく。

○ S3、DynamoDB、RDS、EFSなどにデータを保存する。
○ SQSからジョブメッセージを受信して処理をし、中断時には可視性タイムアウトによって他のインスタンスによって再試行できる構成にする。
○ 中断前の処理が必要な場合、メターデータのポーリングかEventBridgeで検知し処理を完了させる。
○ Fault Injection Simulatorでスポットインスタンス中断を発生させてアプリケーションをテストする。

Dedicated Hosts（専有ホスト）

Dedicated Hosts（専有ホスト）で専用物理サーバーにEC2インスタンスを起動できます。Dedicated Hostsを使用すれば、Windows Server、Microsoft SQL Server、SUSE Linux Enterprise Serverなどのソフトウェアのライセンスを、既存のソケット単位、コア単位またはVM単位でBYOLとして使用できます。Dedicated Hostsはインスタンスファミリー、AZ（アベイラビリティゾーン）を指定する必要があります。ホストが起動した後は、ホストにインスタンスを作成できます。

EC2インスタンスが停止した後に再起動するときに、同じホストで再開するためにはアフィニティでホストを選択します。インスタンスとホストの間にアフィニティの関係が作成されます。

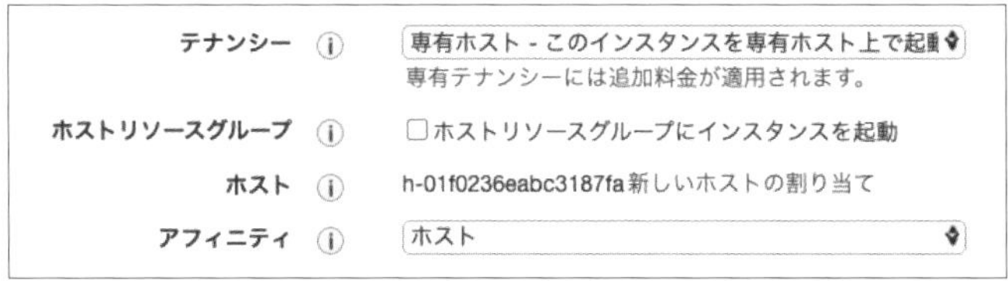

❑ アフィニティ設定

＊Dedicated Hosts料金オプション

オンデマンドDedicated Hostsでは最低1分、以降1秒単位の請求が発生します。Dedicated Hosts Reservationsでは1年または3年でインスタンスファミリー、AZを指定して予約することで割引が適用されます。リザーブドインスタンス同様に支払いオプションも「全額前払い」「一部前払い」「前払いなし」から選択できます。

✻ Dedicated Instance（ハードウェア専有インスタンス）との違い

専用物理サーバーを使用するもう1つのオプションにハードウェア専有インスタンスがあります。ソケット、コア、ホストIDはハードウェア専有インスタンスでは見えません。インスタンスの配置もコントロールできません。そのためアフィニティも設定できません。ハードウェア専有インスタンスはユーザーのAWSアカウントで物理サーバーを専有しますが、配置はAWSによって行われます。ライセンス要件ではなく、専用物理サーバーのみが必要な要件で選択します。

Savings Plans

1年または3年期間で時間あたりの使用料金を契約することで、割引料金で使用できます。EC2 Instance Savings Plans、Compute Savings Plans、SageMaker Savings Plansの3種類があります。

✻ EC2 Instance Savings Plans

期間（1年、3年）、リージョン、インスタンスファミリー、時間あたりの料金（＄0.001以上）、支払い（全額前払い、一部前払い、前払いなし）を決定します。インスタンスタイプではなくインスタンスファミリーを決めればいいので、Dedicated Hostsにも適用されます。サイズ、OSも関係ありません。

✻ Compute Savings Plans

EC2インスタンス、Fargate、Lambdaの使用に適用されます。期間（1年、3年）、時間あたりの料金（＄0.001以上）、支払い（全額前払い、一部前払い、前払いなし）を決定します。EC2はリージョン、Dedicated Hostsなどテナンシー、インスタンスファミリー、サイズ、OSに関係なく適用されます。Fargate、Lambdaもリージョンに関係なく適用されます。

✻ SageMaker Savings Plans

SageMaker Studio Notebook、SageMaker On-Demand Notebook、SageMaker Processing、SageMaker Data Wrangler、SageMaker Training、SageMaker Real-Time Inference、SageMaker Batch Transformなど、対象となるSageMaker MLインスタンスの使用に適用されます。期間（1年、3年）、時間あたりの料金

（＄0.001以上）、支払い（全額前払い、一部前払い、前払いなし）を決定します。リージョン、インスタンスファミリー、サイズに関係なく適用されます。

＊リザーブドインスタンスとSavings Plansの比較

❑リザーブドインスタンスとSavings Plansの比較

料金オプション	インスタンスタイプ	リージョン	OS
リザーブドインスタンス	選択	選択	選択
EC2 Instance Savings Plans	ファミリーのみ	選択	–
Compute Savings Plans	–	–	–

リザーブドインスタンスよりもEC2 Instance Savings Plans、EC2 Instance Savings PlansよりもCompute Savings Plansのほうが、あらかじめ選択しなければならない項目が少なく、より柔軟に使用できることがわかります。実際に使用する際は使用ケースに応じて料金を確認して、どの料金オプションを使用するか検討します。

Amazon S3のコスト

S3のコスト最適化のためにS3ストレージクラス（S3標準とS3標準IA、S3 Intelligent-Tiering）を比較して解説します。

S3ストレージクラス（S3標準とS3標準IA）

S3標準と**S3標準IA**（低頻度アクセス）は、どちらもオブジェクトにミリ秒単位でリアルタイムにアクセスできます。アクセス頻度によって使い分けをします。東京リージョンの料金で以下のオブジェクトアクセスパターンで料金を比較します。1GBのオブジェクトが1000、2か月に1回、1か月に1回、1か月に2回、ダウンロードを1年継続した場合の比較です。データ転送料金は同じなので比較には含めません。

次ページの料金計算の結果、1か月に1回であればS3標準のほうのコスト効率がよいことになります。2か月に1回の場合はS3標準IAのほうのコスト効率が上回ります。S3標準IAのデータ取り出し料金が大きく影響しています。アップロード後に経過した日数でアクセス頻度が下がり、S3標準IAのほうのコスト効率がよくなるケースの場合は、ライフサイクルルールによりS3標準IAに自動で移動するように設定します。S3標準IAの最小保存期間は30日なので、30日経過前に削除した場合は30日分の料金が請求されます。

✱S3標準料金　(1年間のストレージ料金)＋(リクエスト料金)

○ 2か月に1回

($0.025×1000×12)＋($0.00037×6)＝$300.00222

○ 1か月に1回

($0.025×1000×12)＋($0.00037×12)＝$300.00444

○ 1か月に2回

($0.025×1000×12)＋($0.00037×12×2)＝$300.00888

✱S3標準IA料金

(1年間のストレージ料金)＋(リクエスト料金)＋(データ取り出し料金)

○ 2か月に1回

($0.019×1000×12)＋($0.001×6)＋($0.01×6×1000)＝$288.006

○ 1か月に1回

($0.019×1000×12)＋($0.001×12)＋($0.01×12×1000)＝$348.012

○ 1か月に2回

($0.019×1000×12)＋($0.001×12×2)＋($0.01×12×2×1000)＝$468.024

S3 Intelligent-Tiering

アップロード後の経過日数によってアクセス頻度の変化するパターンが一定でない場合は、S3 Intelligent-Tieringを使用することによってコストを最適化できます。アクセスパターンが予測できない場合に最もコスト効率のよいストレージクラスです。

Intelligent-Tieringでは30日間アクセスされていないオブジェクトを自動で低頻度アクセス階層へ移動します。90日間アクセスされていないオブジェクトはアーカイブインスタント階層へ移動します。低頻度アクセス階層、アーカイブインスタント階層のオブジェクトにリクエストがあると高頻度アクセス階層へ移動します。

次の図は筆者のブログの画像を保存配信しているS3バケットのIntelligent-Tiering高頻度階層と低頻度階層のストレージ容量メトリクスです。3月の最初に約1.2GBのオブジェクトをIntelligent-Tieringへ保存しました。最初の30日が経過したタイミングで、約400MBが低頻度階層へ移動しました。その後は、互いの階層間を移動しながら遷移していることがグラフからわかります。

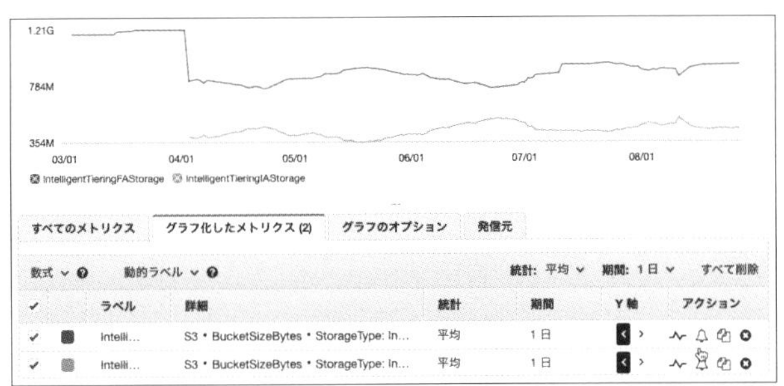

❏ Intelligent-Tieringの階層メトリクス

S3リクエスタ支払い

S3の利用料金のうち、リクエスト料金とデータ転送料金をリクエストした側のアカウントに請求するのが、**リクエスタ支払い**です。リクエスタ支払いを有効にすると、AWSアカウント以外からのアクセスができなくなります。とはいえ、認証済みのユーザーやロールからのリクエストに対して送信元の許可なく請求が発生するわけにもいかないので、リクエスタはヘッダーに**x-amz-request-payer**を含めることで、課金されることを了解している旨を伝える必要があります。x-amz-request-payerの値には、requesterを設定する必要があります。

次のコードは、CLIで別のAWSアカウントのIAMユーザーから取得する例です。

❏ requesterの設定

```
$ aws s3api get-object \
> --bucket bucket-name \
> --key object.png \
> object.png \
> --request-payer requester
```

S3 Storage Lens

S3 Storage Lensを有効にして複数アカウント、複数のS3バケットの使用状況をS3コンソールのダッシュボードで分析できます。

❑ S3 Storage Lens概要

コスト最適化メトリクスを複数アカウント、バケットで確認できます。旧バージョンのサイズ割合、削除マーカーのあるオブジェクト数、未完了のマルチパートアップロードサイズが表示されています。不要なものがあれば削除対応していきます。

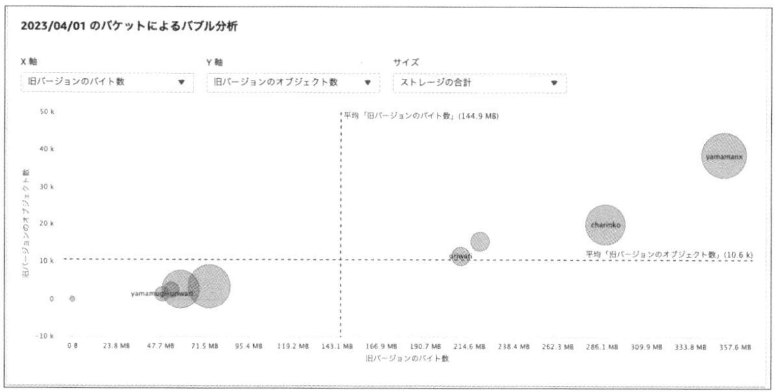

❑ S3 Storage Lensバブル分析

バブル分析、棒グラフ、折れ線グラフなどでX軸Y軸に任意のメトリクスを選択しながら分析できます。S3使用状況において無駄を省けます。

Amazon DynamoDBのコスト

DynamoDBのアイテムの読み込み・書き込みにはオンデマンドモードとプロビジョンドキャパシティモードがあります。コスト最適化のための2つのモードの選択を東京リージョンの料金を例に解説します。

オンデマンドモード

オンデマンドモードでは、書き込みリクエスト、読み込みリクエストが発生するごとに料金が発生します。次の例の書き込みは1KBの項目100万回あたりの料金です。読み込みは4KBの項目を強い整合性の読み込み100万回または結果整合性の読み込み200万回分の料金です。

- **書き込み**：＄1.4269
- **読み込み**：＄0.285

プロビジョンドキャパシティモード

プロビジョンドキャパシティモードは、1秒間の書き込み回数・容量に対して設定するWCU、読み込み回数・容量に対して設定するRCUを設定します。

1WCUで1秒間に1KBの項目を1回書き込みできます。1RCUで1秒間に4KBの項目を強い整合性で1回、または結果整合性で2回読み込みできます。次の例はWCU、RCUの1時間あたりの料金です。

- **WCU**：＄0.000742
- **RCU**：＄0.0001484

プロビジョンドキャパシティモードには、**リザーブドキャパシティ**があります。1年または3年の期間から選択できます。容量は100RCU、100WCU単位です。

比較

プロビジョンドキャパシティモードの1時間あたりの料金に合わせた場合、オンデマンドモードでは何回リクエストが実行できるのかを確認してみると約520回であることがわかります。

- ○ **書き込み**：$ 1.4269×0.000001×520＝$ 0.000741988
- ○ **読み込み**：$ 0.285×0.000001×520＝$ 0.0001482

プロビジョンドキャパシティモードは1秒間に1回実行できるので、毎秒実行したとして3600回実行できる計算になります。単純に比較するとオンデマンドモードのほうが1回あたりのコストは高くなることがわかりました。

しかし、リクエストが常に発生せず稀に発生するケースでは、頻度にもよりますが、リクエスト単位で料金が発生するオンデマンドモードのほうに優位性があると考えられます。また、急激なスパイクリクエストが発生するケースでは、プロビジョンドキャパシティモードのAuto Scalingは間に合わない場合もあるので、オンデマンドモードを採用するべきと考えられます。

継続的なリクエストが発生し、ゆるやかな増減が発生するケースではプロビジョンドキャパシティモードの優位性が高いと考えられます。

請求モードはテーブル作成後にも24時間に1回切り替えることができます。

DynamoDB Accelerator (DAX)

DynamoDB Accelerator（DAX）は、VPC内でDynamoDBのキャッシュにアクセスできます。DynamoDBテーブルへは数ミリ秒でのリクエストができますが、さらにパフォーマンスが求められるマイクロ秒の応答が必要なケースでDAXを検討できます。DAXは複数のノードでクラスタを作成して、複数のAZ（アベイラビリティゾーン）に配置できます。ノードの時間単位で料金が発生します。

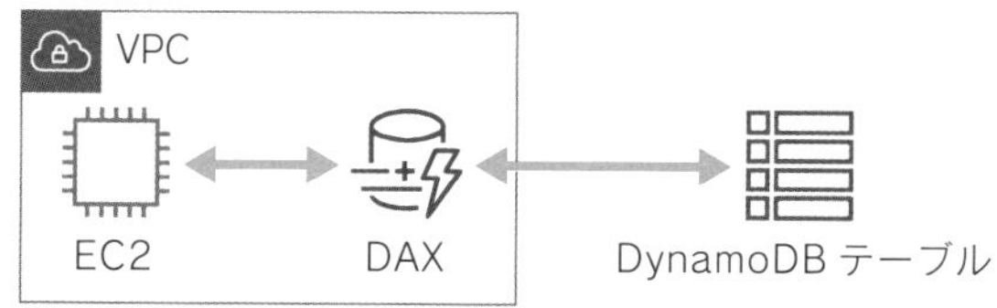

❑ DAX

DAXの追加料金は発生しますが、同じGETリクエストを何度も大量にDynamoDBテーブルへ実行しているのであれば、DAXを使用することでDynamoDBテーブルへの読み込みリクエストを低減でき、全体のコストとパフォーマンスの最適化を検討できます。

その他リザーブドオプション

その他リザーブド（予約）オプションのあるサービスです。

○ Amazon RDS：リージョン、データベースエンジン、インスタンスクラス、マルチAZ、期間、支払い方法を選択して購入できます。
○ Amazon ElastiCache：リージョン、Memcached or Redis、ノードタイプ、期間を選択して購入できます。
○ Amazon Redshift：リージョン、ノードタイプ、期間、支払い方法を選択して購入できます。
○ Amazon OpenSearch Service：リージョン、インスタンスクラス、インスタンスサイズ、期間、支払い方法を選択して購入できます。

コスト配分タグ

タグをサポートしているリソースに適切なタグを設定することは、コスト分析、モニタリングに役立ちます。組織におけるタグのルールを決め、そのルールに基づいてタグを運用します。タグキーの例としては、Project、CostCenter、Environmentなどがよく使われます。

アカウントや組織のリソースで使用されているタグは、請求メニューのコスト配分タグで指定してアクティブにできます。アクティブにしたタグは、コスト配分レポートで使用されます。Cost Explorerで分析に使うことも可能です。

タグのルールをエンジニアに守ってもらわなければいけません。次の2つは、適切なタグをエンジニアに設定してもらうための方法です。

○ Organizationsタグポリシー：キーの大文字・小文字を統一化し、値の種類を限定する。リソースグループのコンプライアンスレポートで管理し、非準拠タグを修正できる。
○ SCP：SCPで特定のリソース作成時のタグ付けを必須にする。

❑ EC2インスタンス起動時にProject、CostCenterタグキーがないと拒否するSCP

```
{
  "Version": "2012-10-17",
  "Statement": [
    {
      "Sid": "DenyRunInstanceWithNoProjectTag",
      "Effect": "Deny",
      "Action": "ec2:RunInstances",
      "Resource": [
        "arn:aws:ec2:*:*:instance/*",
        "arn:aws:ec2:*:*:volume/*"
      ],
      "Condition": {
        "Null": {
          "aws:RequestTag/Project": "true"
        }
      }
    },
    {
      "Sid": "DenyRunInstanceWithNoCostCenterTag",
      "Effect": "Deny",
      "Action": "ec2:RunInstances",
      "Resource": [
        "arn:aws:ec2:*:*:instance/*",
        "arn:aws:ec2:*:*:volume/*"
      ],
      "Condition": {
        "Null": {
          "aws:RequestTag/CostCenter": "true"
        }
      }
    }
  ]
}
```

AWS Cost Explorer

AWS Cost Explorerでは、コストと使用状況のグラフビューが使用できます。コスト配分タグでアクティブにしたタグキーで分析したり、さまざまなフィルタリングでコストデータを確認できます。フィルタリングの種類には、API、リージョン、AZ、アカウント、サービス、使用タイプ、インスタンスタイプ、データベースエンジンなどがあります。

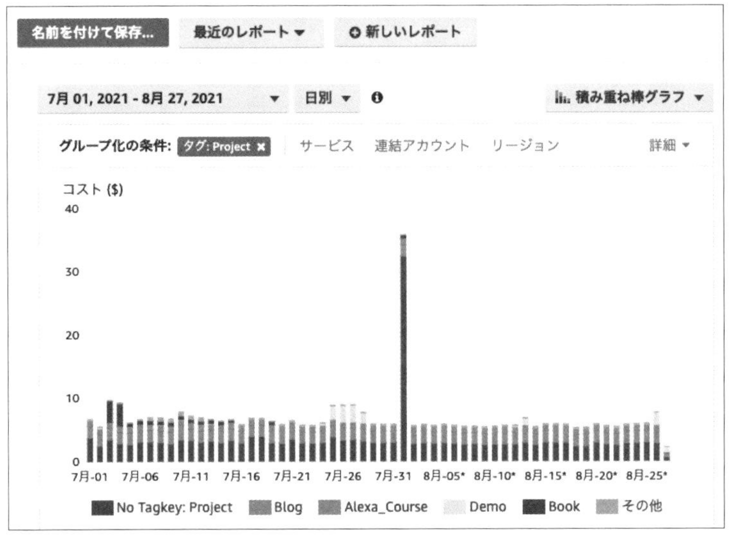

❑ AWS Cost Explorer

使用タイプでは、EC2：Data Transfer-Internet（Out）、RDS：ストレージなど、特定サービスの使用状況のモニタリングにも使用できます。除外フィルターでは、クレジット、払い戻し、税金などを除外でき、より正確な使用状況を確認できます。時系列のグラフで見ることができるので、いつもと異なるコストの状況にいち早く気づくことができます。設定したフィルター状態を保存したり、CSVでダウンロードしたりもできます。

コストの予測

日付範囲に未来の日付を含めることで、予測を作成できます。

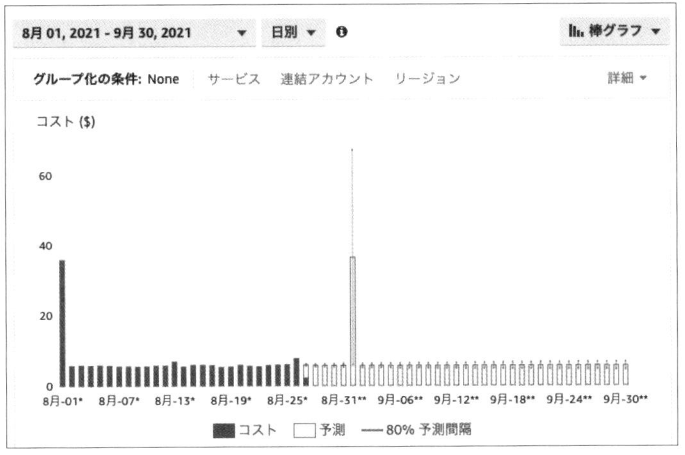

❏ コストの予測

予約と Savings Plans

Cost Explorerでは、使用状況だけではなく、予約（EC2 RI、ElastiCache、OpenSearch Service、Redshift、RDS）の使用状況と過去実績に基づく推奨事項が確認できます。期限切れのアラートを、指定したメールアドレスに送信することもできます。

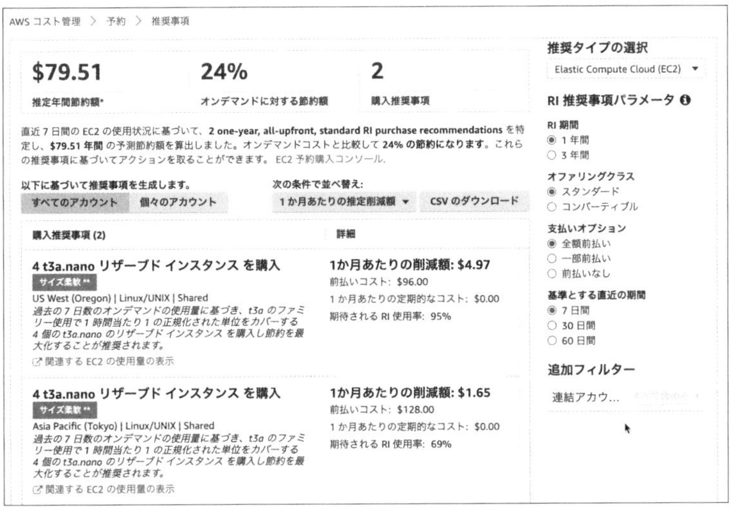

❏ 予約の推奨事項

現在の使用状況に対しての予約推奨事項を提供してくれます。使用状況が1年や3年続くのであれば、リザーブドインスタンスやSavings Plansを購入することでコスト最適化を実現できます。

AWS Cost Anomaly Detection

AWS Cost Anomaly Detectionは、支払いパターンをモニタリングしながら異常なコストを検出します。AWSサービス別、アカウント別、コスト配分タグの値に対して、コストカテゴリーで任意のカテゴリーを設定しての異常検知が可能です。コストモニターとして、それぞれ作成できます。

Organizationsでの連結アカウントは、最大10までコストモニターで選択できます。検証用のリソースを削除し忘れていたり、不正アクセスによって正常時には使われないリソースが使用された場合など、コストに影響のある検知を行えます。

AWS Cost and Usage Reports

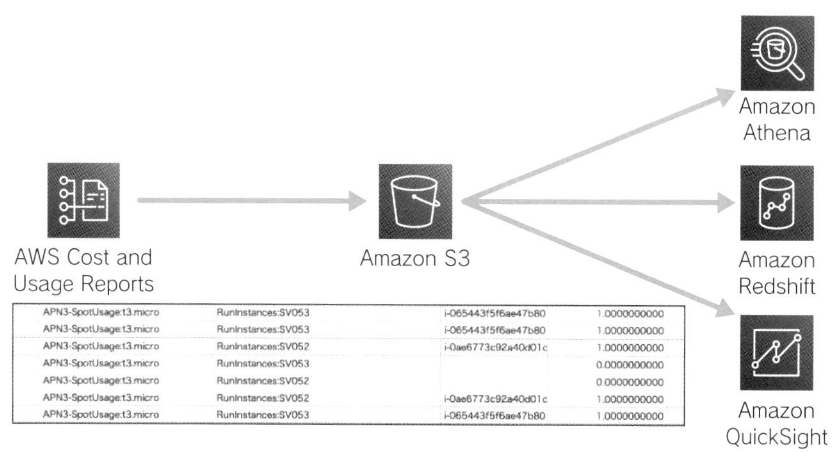

APN3-SpotUsage:t3.micro	RunInstances:SV053	i-065443f5f6ae47b80	1.0000000000
APN3-SpotUsage:t3.micro	RunInstances:SV053	i-065443f5f6ae47b80	1.0000000000
APN3-SpotUsage:t3.micro	RunInstances:SV052	i-0ae6773c92a40d01c	1.0000000000
APN3-SpotUsage:t3.micro	RunInstances:SV053		0.0000000000
APN3-SpotUsage:t3.micro	RunInstances:SV052		0.0000000000
APN3-SpotUsage:t3.micro	RunInstances:SV052	i-0ae6773c92a40d01c	1.0000000000
APN3-SpotUsage:t3.micro	RunInstances:SV053	i-065443f5f6ae47b80	1.0000000000

❏ AWS Cost and Usage Reports

AWS Cost and Usage Reports（コストと使用状況レポート）を有効化すると、より詳細な課金の情報を、S3に保存されるCSV、Parquetデータで確認できます。CSVデータを個別にダウンロードして確認、分析するのではなく、AthenaからSQLクエリで分析をしたり、さらにQuickSightを使用して可視化されたグラフのGUIで分析をしたり、Redshiftにロードして統計レポート分析をするなどが可能です。

AWS Budgets

AWS Budgetsでは、AWSアカウント、Organizations組織にまたがった全体の予算や、特定の条件でフィルタリングした条件での予算を作成できます。

設定した予算の閾値を超えたとき、もしくは超えることが予測されたタイミングでアラートを発信できます。Budgetsダッシュボードで予算に対しての使用状況をモニタリングできます。固定目標金額で予算管理もできますが、キャンペーン施策など目標金額が変わる月のために月次予算や、増加していく予算パターンの設定もできます。Budgetsの情報は8～12時間に1回更新されるので、1日の更新は2～3回です。予算アラートでは、最大10個のメールアドレスに直接送信するか、1つのSNSトピックにパブリッシュできます。

コスト、使用量、予約（リザーブド）、Savings Plansに対しての予算を設定できます。コストは、課金状況に対しての予算が作成できます。使用量は、使用タイプと使用タイプグループで設定できます。EC2、RDS、S3、DynamoDBの時間、容量などの使用量に基づいて作成できます。予約（リザーブド）、Savings Plansは、それぞれの使用率などの予算が作成できます。

予算にはフィルターを追加できて、コスト配分タグもフィルターの対象にできます。次の図では、ProjectタグがBlogのリソースのみにフィルタリングしました。2021年4月から予算超過していることがわかります。

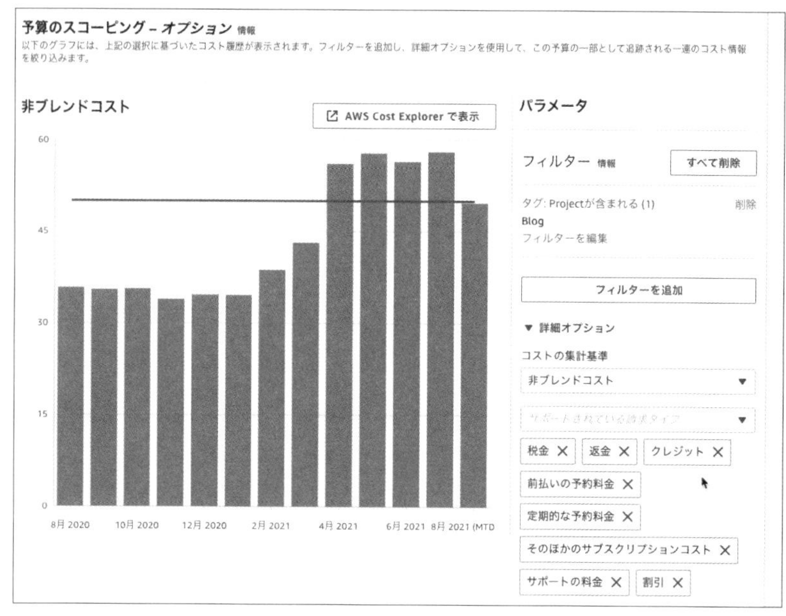

❏ 予算フィルター分析

通知以外に閾値超過時のアクションを設定できます。特定のEC2インスタンス、RDSインスタンスを停止したり、IAMポリシーやSCPを自動適用したりして、今以上の課金を止めたり、これ以上のリソース起動を抑制できたりします。

請求アラーム

アカウントの請求設定で、「請求アラートを受け取る」オプションを有効にしていると、バージニア北部のCloudWatchで請求アラームを設定できます。AWSアカウント全体、またはOrganizations組織全体の請求額メトリクスに対してアラーム設定し、SNSトピックを介して担当者に通知できます。

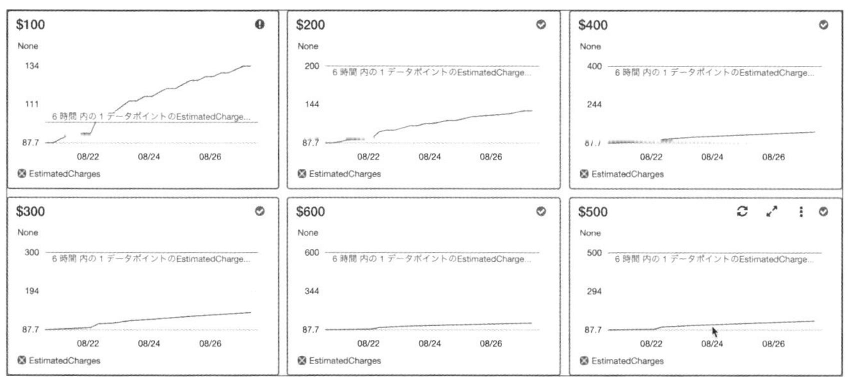

❏ 請求アラーム

上図では、＄100から＄100単位でアラームを設定していて、＄100の閾値だけがアラーム状態です。段階的に設定していると、いつもより課金のペースが速いことなどを検知できますが、アラームにも課金は発生するので不要なアラートを作成しないようにしましょう。

Organizationsで一括請求としている場合、マスターアカウントで組織の合計請求額に対しての請求アラームと各アカウント別の請求アラームを設定できます。

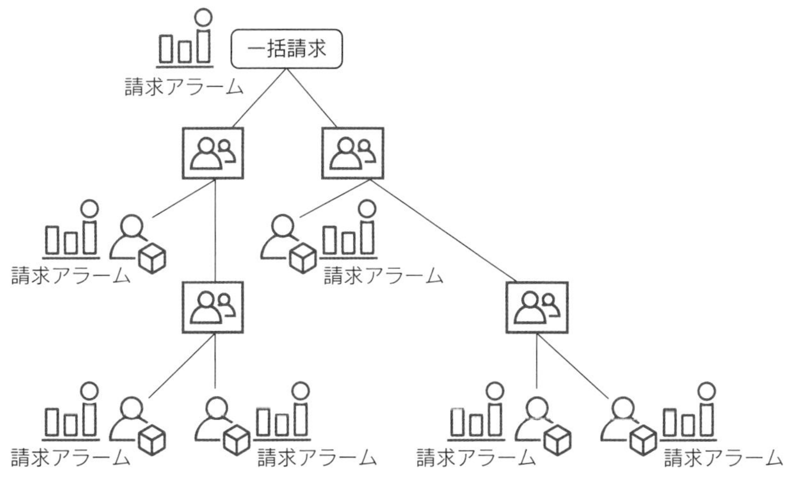

❏ マルチアカウントの請求アラーム

マネージドサービスの利用

AWSの請求だけがコストではありません。運用に関わるコスト、開発にかかるコスト、人が行う手作業に時間がかかればそれはコストに直結します。

アンマネージドサービスのEC2インスタンスを使えば、OSを管理者権限で操作できるので、OSの設定を自由に変更し、使いたいソフトウェアをインストールできます。しかし自由な反面、OSの運用管理も必要です。また、ユーザー側が自由に設定できるということは、冗長化などについてもAWSが全面的に行うことはできません。すべて、ユーザー側で設定する必要があります。つまり、構築、設定、運用、障害対応にコストが発生することになります。また、CPUやメモリリソースを効率的に使えるかどうかはユーザー次第です。

ここでは、コスト最適化の面から2つの例を解説します。

EC2中心のアーキテクチャからサーバーレスアーキテクチャへ

エンドユーザーのサインインや、サービスに登録して使えるようにするサインアップが必要で、データベースへのシンプルな書き込み・読み取りを必要とするアプリケーションがあります。このアプリケーションでは外部のAPIへのリクエストも発生するので、NATゲートウェイを使用しています。このようなWebアプリケーションを、サーバーレスアーキテクチャにリファクタリングすることによってコストが圧倒的に下がります。

次の図の例のサーバーレスアーキテクチャでは、Web GUIを構成する静的なコンテンツはS3から配信しています。エンドユーザーのサインイン、サインアップにはCognitoユーザープールを使用します。Cognito IDプールで、IAMロールを介したDynamoDBテーブルからの読み込みを許可します。フォームなどからのエンドユーザーの入力情報の送信は、API GatewayとLambdaで構成したAPIへPOSTして、DynamoDBへ書き込まれます。外部APIへのリクエストもLambdaからGETリクエストを実行します。EC2インスタンスの運用を必要とせず、AZ(アベイラビリティゾーン)を意識することもありません。さらにAWSのサービス利用料金についても、EC2を中心としたアーキテクチャよりもコストが圧倒的に下がります。

サーバーレスな構成にするために、AWS SDKやAWSのベストプラクティス、各サービスについて学ぶ必要がある開発者の場合、開発コスト、開発期間を削減するために、次図の左側のEC2を中心としたアーキテクチャにする場合もあります。特にLAMP構成の開発を得意とするチームの場合には、EC2を中心としたアーキテクチャのほうが開発コストと開発期間を削減できる可能性が高いです。要件として、どのコストの削減が望まれているのかも考慮してアーキテクチャを検討します。EC2を中心としたアーキテクチャの場合でも、Elastic Beanstalkを使用することで、デプロイを簡易化できます。

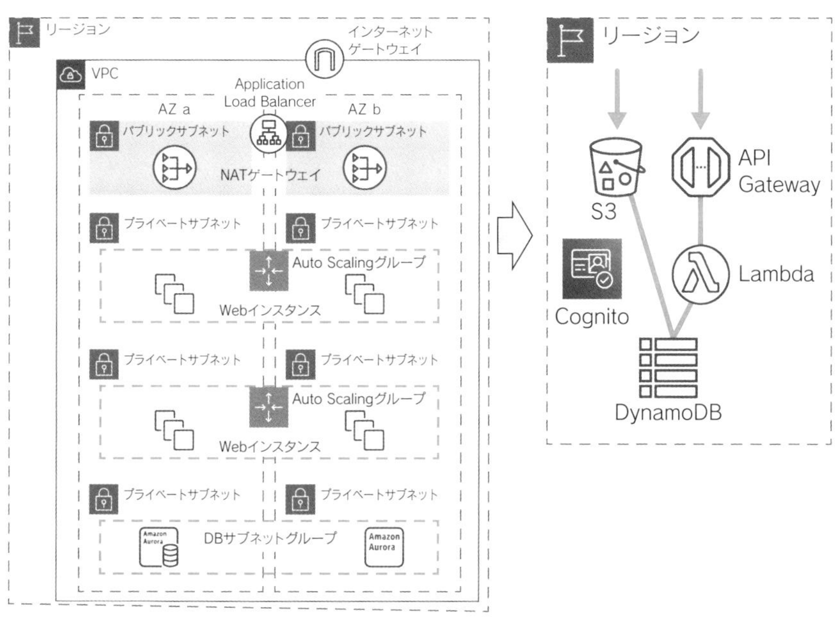

❑ EC2中心のアーキテクチャからサーバーレスアーキテクチャへ

NATインスタンスをNATゲートウェイに変更する

次の図の左側にはプライベートサブネットに2つのEC2インスタンスが配置されていて、外部のAPIへリクエストを実行しています。このシステムは問題なく稼働していましたが、突然ある日から処理の50%が失敗し始めました。このような状況が発生した場合に疑うのは、いずれかのNATインスタンスの障害です。最適な対応はNATインスタンスをNATゲートウェイに変更することです。

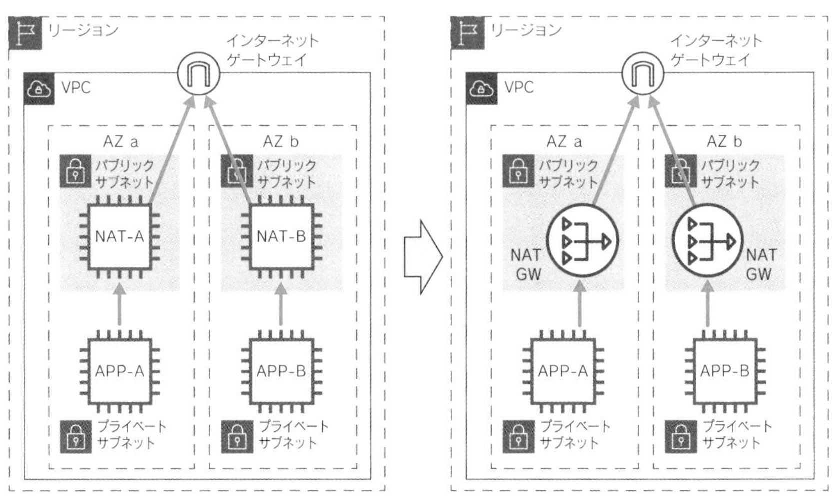

❏ NATインスタンスからNATゲートウェイへ

NATゲートウェイは、内部的な冗長化、復元可能性を持っているので、コンポーネントレベルの障害からは自動復旧します。帯域幅は45Gbpsまで拡張できます。メンテナンスの必要もありません。

NATインスタンスは、送信先・送信元チェックを無効化したEC2インスタンスです。コンポーネントレベルの障害で到達不能になります。復旧はユーザーが行い、ENIをアタッチし直すか、プライベートサブネットのルートテーブルを変更する必要があります。OSレベルのメンテナンスも必要です。帯域幅はEC2インスタンスタイプによって異なります。これだけでもNATゲートウェイのほうが運用面でのコストの大きな削減になります。

NATゲートウェイの料金は東京リージョンを例にすると、1つあたりの利用料金が＄0.062/時間、NATゲートウェイを経由するデータの処理料金が＄0.062/GBです（本書執筆時点）。NATインスタンスはEC2インスタンスなので、EC2インスタンスの料金と比較します。ファミリーにもよりますが、Large以上のサイズの場合、オンデマンドインスタンスではNATゲートウェイよりも利用料金は高くなります。Medium以下のサイズでは、帯域幅が最大5Gbps程度のものが多いので、転送量が低ければ検討できます。EC2のリザーブドインスタンスも検討できます。ただし、運用において復元、メンテナンスが必要になることを考慮して決定します。

データ転送料金の削減

データ転送料金の削減に関する検討事項を、2つのケースで解説します。

NATゲートウェイの料金削減

NATゲートウェイには時間利用料金とデータ処理料金が発生します。データ処理料金はデータ量に応じて増加します。

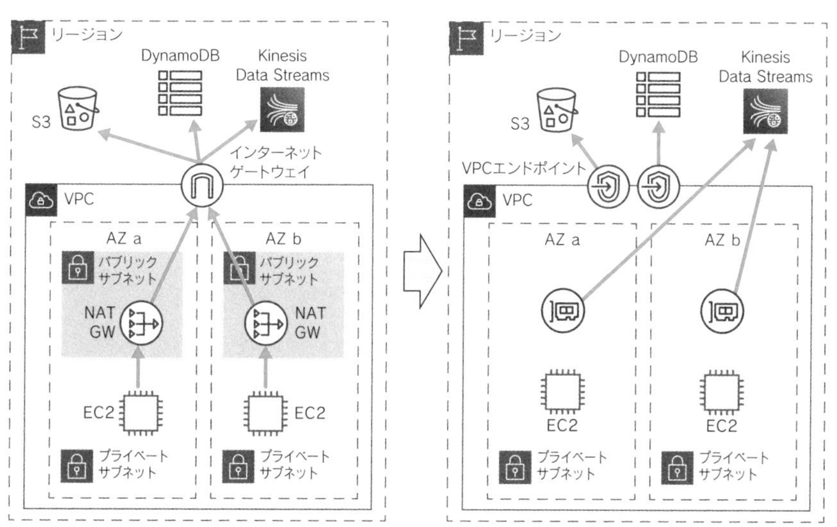

❏ NATゲートウェイの料金削減

VPC内のEC2インスタンスからS3、DynamoDBへリクエストしている場合は、ゲートウェイエンドポイントを使用することでコスト削減になります。ゲートウェイエンドポイントは利用料金が発生しないので、NATゲートウェイの利用料金とデータ処理料金が削減されます。

Kinesis Data Streamsなど、いくつかのサービスにはインターフェイスエンドポイントがあります。インターフェイスエンドポイントは利用料金が発生します。例として挙げると、東京リージョンでの利用料金は＄0.014/時間、データ処理料金が＄0.01/GBです（本書執筆時点）。NATゲートウェイよりも安価ですが、サービスごとに必要なので、いくつのAWSサービスに対してEC2からリクエストを実行しているかによってコストの比較ができます。

セキュリティのためにプライベートサブネットでEC2インスタンスを起動していますが、とにかくコストを最優先したい場合は、EC2インスタンスをパブリックサブネットで起動し、パブリックIPアドレスを付与する設計も検討します。こうすれば、NATゲートウェイもVPCエンドポイントも必要ありませんし、AWS以外の外部のAPIへのリクエストも問題なく実行できます。

この場合は、セキュリティグループの管理が重要になります。設定を間違えるとたちまちリスクになります。IAMポリシーは最小権限の原則を実装し、AWS Configルールで開放されたポートを検知できるようにします。また、必要に応じてサブネットのネットワークACLの設定も検討します。

メディア配信コストの最適化

データのリージョン外への転送にはコストが発生します。メディアファイルは比較的容量が大きくなりますが、アプリケーションで必要としている容量はオリジナルよりも低いケースが多いです。

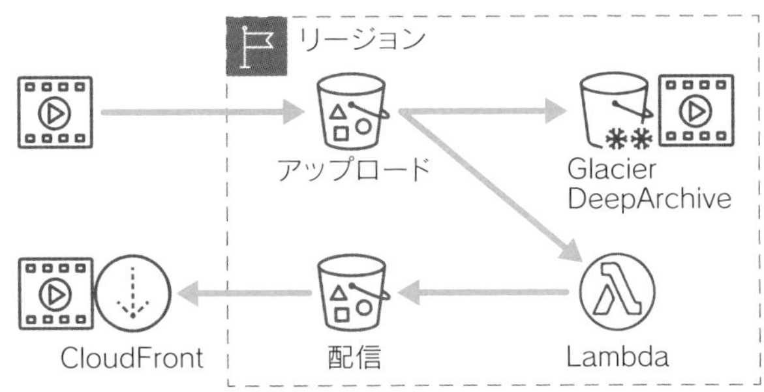

❏ メディア配信コストの最適化

アップロードされた画像や動画を、S3トリガーによりLambda関数でアプリケーションに必要なサイズへリサイズして、配信用バケットに保存します。トリガーとなっているバケットと保存先とを同一のバケットにしてしまうと、Lambda関数が再帰的に実行されるリスクがあるので、別のバケットにします。

配信のためにCloudFrontからキャッシュ配信を使用します。変換元のオリジナルのメディアファイルは保存しておく必要はありますが、アプリケーションではいっさい利用しない場合は、Glacier Deep Archiveの使用を検討します。取り出しには12時間必要になりますが、アクセスする必要がなければ取り出すこともありません。

AWS Compute Optimizer

AWS Compute OptimizerはEC2インスタンス、Auto Scalingグループ、EBSボリューム、Lambda関数、Fargate（ECS）について、使用率メトリクスを分析し、リソースサイズの選択が最適かどうかをレポートして、コスト削減とパフォーマンスに関する推奨事項を提供します。Organizationsと連携して、組織のアカウントすべてに対して有効にできます。

EC2インスタンスは特定のインスタンスファミリー（C、D、H、I、M、R、T、X、Zなど）を対象にします。過去14日間で30時間以上のメトリクスが必要です。Lambda関数は、過去14日間に50回以上呼び出された場合、メモリサイズの推奨事項が提供されます。

コスト最適化のポイント

- リザーブドインスタンスはOrganizations組織で共有できる。
- リザーブドインスタンスは正規化係数により複数サイズの組み合わせでも適用できる。
- スポットインスタンスは中断が発生しても影響が少ないケースで使用できる。
- Dedicated Hostsを使用してソフトウェアライセンスを使用できる。
- Savings Plansにより柔軟でコスト最適化したコンピューティングサービスの利用ができる。
- S3標準IAはおよそ1か月に1回未満のGETリクエストしか発生しないオブジェクトに有効。
- S3 Intelligent-Tieringを使用することで、高頻度階層と低頻度階層、アーカイブ階層が自動で移行し、コスト最適化が実現される。
- DynamoDBの2つの請求モードを要件に応じて選択する。
- DAXによってパフォーマンスと全体コストの最適化を実現できる。
- リザーブドオプションはEC2だけでなく一部のデータベースサービスでも提供されている。

- リソースに適切なタグを設定するルールを設けることでコストの分析に使用できる。
- タグ付けを強制する場合は、SCP、IAMポリシー、タグの形式を統一するためのタグポリシーを使う。AWS Configルールでの検知も可能。
- Cost Explorerで時系列、およびフィルタリングしたコスト分析を行える。
- Cost Explorerでコストの予測、予約(リザーブド)、Savings Plansの推奨事項も提供される。
- Cost Anomaly Detectionでコストに影響のある異常を検知できる。
- Budgetsでは、予算に対するアラート、予算のモニタリング、分析が行える。
- Budgetsでは、コスト配分タグでフィルタリングができる。
- 一括請求していてもアカウント別に請求アラームが作成できる。
- EC2からマネージドサービスに変更することで、運用も含めたコストの最適化が可能。
- EC2を中心とした設計よりもサーバーレスアーキテクチャのほうが圧倒的にコスト最適化が図りやすい。
- Elastic Beanstalkを使用することで開発エンジニアの学習コストを削減できる。
- NATインスタンスをNATゲートウェイにすることで、運用も含めたコスト削減が可能。
- 設計によってはNATゲートウェイを使わずにVPCエンドポイントを使用したほうがコスト削減になるケースもある。
- データ転送コスト削減のためにメディアファイルは適切なサイズにリサイズし、オリジナルはGlacierまたはDeep Archiveに保存することでコスト削減が可能。
- Compute Optimizerによって、EC2、EBS、Lambda、Fargateの最適な設定推奨が提供される。

3-6

確認テスト

問題

問題1

CodeDeployでEC2インスタンスにアプリケーションをデプロイする直前にOSレベルでの処理を実行したいです。どうすればいいですか？ 1つ選択してください。

A. Ebextensionsの設定ファイルのcommandに処理を記述する。
B. buildspec.ymlのpre_buildに処理を記述する。
C. appspec.ymlのBeforeInstallに処理を記述する。
D. cfn-initのcommandに処理を記述する。

問題2

CloudFormationスタックの作成時にLambda関数を実行して追加の処理を実行したいです。次のどの機能を使えばいいですか？ 1つ選択してください。

A. 変更セット
B. DeletionPolicy
C. カスタムリソース
D. cfn-init

問題3

CodeCommitとECRのどちらかが更新されたときに、ECSへのリリースをしたいです。どのように設定すればいいでしょうか？ 1つ選択してください。

A. CodePipelineを2つ作成してソースをそれぞれ設定する。ビルドとデプロイには同じ内容を設定する。

B. イメージをECRで管理することをやめてCodeCommitのリポジトリに保管する。
C. CodeCommitで保管しているソースをECRにアップロードしているイメージに含める。
D. CodePipelineのソースでCodeCommitとECRのそれぞれを設定して、2つのEventBridgeルールによってCodePipelineが実行されるようにする。

問題4

EC2インスタンスのホストがリタイアする前に自動でEC2インスタンスのホストを変更したいです。次のどの方法を使用しますか？ 1つ選択してください。

A. EventBridgeのイベントルールで、eventTypeCodeにAWS_EC2_API_ISSUEを設定する。ターゲットにSystems Manager AutomationのAWSRestartEC2 Instanceを指定する。パラメータのInput Transformerに、{"Instances": "$.resources"}、{"InstanceId": <Instances>}を指定する。適切な権限を持ったIAMロールを指定する。
B. EventBridgeのイベントルールで、eventTypeCodeにAWS_BILLING_SUSPENSION_NOTICEを設定する。ターゲットにSystems Manager AutomationのAWS-RestartEC2Instanceを指定する。パラメータのInput Transformerに、{"Instances":"$.resources"}、{"InstanceId": <Instances>}を指定する。適切な権限を持ったIAMロールを指定する。
C. EventBridgeのイベントルールで、eventTypeCodeにAWS_EC2_PERSISTENT_INSTANCE_RETIREMENT_SCHEDULEDを設定する。ターゲットにSystems Manager AutomationのAWS-RestartEC2Instanceを指定する。パラメータのInput Transformerに、{"Instances":"$.resources"}、{"InstanceId": <Instances>}を指定する。適切な権限を持ったIAMロールを指定する。
D. EventBridgeのイベントルールで、eventTypeCodeにAWS_EC2_PERSISTENT_INSTANCE_RETIREMENT_SCHEDULEDを設定する。ターゲットにSNSトピックを設定して管理者に通知して再起動を促す。

問題5

AWS X-Rayによって抽出できるものを2つ選択してください。

A. アプリケーションのセキュリティ審査
B. 不正アクセスによるAPIコール
C. アプリケーションのバグ
D. 脅威の調査
E. アプリケーションのボトルネック

問題6

VPC内のトラフィックのパケットの内容をモニタリングしたいです。次のどの機能を使用しますか？ 1つ選択してください。

A. CloudTrail
B. CloudWatchメトリクス
C. VPC Flow Logs
D. トラッフィクミラーリング

問題7

企業はLinuxでのSSH接続を止めることにしました。次のどの手順が必要でしょうか？ 3つ選択してください。

A. EC2 Instance Connectを使用できるようIAMユーザーにポリシーを追加する。
B. EC2インスタンスが引き受けるIAMロールにAmazonSSMManagedInstanceCoreポリシーをアタッチし、IAMユーザーはセッションマネージャーを使用できるようにポリシー追加する。
C. SSMエージェントがインストール済みのAMIを選択するか、EC2インスタンスにSSMエージェントをインストールする。
D. CloudWatchエージェントをEC2インスタンスにインストールする。
E. IAMユーザーのアクセスキーID、シークレットアクセスキーを無効化する。
F. EC2インスタンスがSSMサービスへ通信できるようにネットワーク設定する。

問題8

複数のEC2インスタンスに効率的かつ正確にOSレベルでのコマンドを実行したいです。どの機能を使用すればいいですか？ 1つ選択してください。

A. パッチマネージャー
B. RunCommand
C. セッションマネージャー
D. OpsCenter

問題9

特定のEC2インスタンスに特定のパッチを除外して、必要なパッチを適用します。どの方法が最適ですか？ 1つ選択してください。

A. パッチマネージャーでベースラインを設定し、対象のEC2インスタンスにタグを設定しRunCommandを実行する。
B. RunCommandでyum updateコマンドを実行する。
C. セッションマネージャーから個別でyumコマンドを実行する。
D. SSHで接続してyumコマンドを実行する。

問題10

S3バッチオペレーションでできることを3つ選択してください。

A. オブジェクトロックの保持設定
B. 一部のオブジェクトタグの置換
C. 一部のオブジェクトタグの削除
D. オブジェクトのコピー
E. AWS Lambda関数の呼び出し
F. 一部のアクセスコントロールリストの置換

問題11

なるべくコストを抑えてKMSを使用したいと考えています。どの選択肢が適切ですか？ 1つ選択してください。

A. カスタマー管理キーを任意の名前で作成して使用する。
B. カスタマー管理キーを任意の名前で作成して自動ローテーションを有効にする。
C. AWS管理キーを使用する。
D. カスタムキーストアにキーを保存する。

問題12

非対称暗号化が要件として必要です。コストを最小化しながら最も簡単に実現できる方法を、次から1つ選択してください。

A. CloudHSMを構築する。
B. DIYなキーサーバーを新規に構築する。
C. KMSでカスタマー管理キーを作成する。
D. KMSカスタムキーストアを使用する。

問題13

1年ごとのキーローテーションが必要です。コストを最小化しながら最も簡単に実現できる方法を、次から1つ選択してください。

A. CloudHSMを構築する。
B. DIYなキーサーバーを新規に構築する。
C. KMSでカスタマー管理キーを作成する。
D. KMSでカスタマー管理キーを作成してキーローテーションを有効にする。

問題14

複数のアプリケーションサーバーで使用するパラメータを暗号化して保存したいです。コストの最小化を図りながら実現できるサービスは次のうちどれですか？ 1つ選択してください。

A. パラメータストア
B. シークレットマネージャー
C. セッションマネージャー
D. システムズマネージャー

問題15

使用中のEBSボリュームを暗号化しなければならなくなりました。どうしたらいいですか？ 1つ選択してください。

A. 暗号化オプションを有効化する。

B. 暗号化オプションを有効化した後に暗号化コマンドを実行する。

C. ボリュームのコピー機能で暗号化を有効化し、新しくできた暗号化ボリュームをEC2インスタンスにアタッチする。

D. スナップショットを作成して、スナップショットをもとに新規ボリュームを作成するときに暗号化を有効にする。新しくできた暗号化ボリュームをEC2インスタンスにアタッチする。

問題16

特定のS3バケットでアップロードされるS3オブジェクトの保管時の暗号化設定が必要です。どの方法で実現しますか？ 最も簡単な方法を1つ選択してください。

A. バケットポリシーでサーバーサイド暗号化オプションが指定されていない場合はPutObjectを拒否する。

B. アプリケーションのIAMロール実行ポリシーで、サーバーサイド暗号化オプションが指定されていない場合は、PutObjectを拒否する。

C. バケットのプロパティでTransfer Accelerationを有効にする。

D. バケットのプロパティでデフォルトの暗号化を設定する。

問題17

キー管理に専有ハードウェアと高可用性が必要です。どの選択肢が最適ですか？ 1つ選択してください。

A. KMSでカスタマー管理キーを作成して使用する。

B. CloudHSMクラスタを複数のAZを指定して起動し、HSMインスタンスを複数作成して使用する。

C. CloudHSMクラスタを複数のAZを指定して起動し、HSMインスタンスを1つ作成して使用する。

D. CloudHSMクラスタを1つのAZを指定して起動し、HSMインスタンスを複数作成して使用する。

問題18

Webアプリケーションにユーザーがhttpsでアクセスできるように証明書が必要です。Webアプリケーションは CloudFrontを使って配信しています。次のどの方法で実現できますか？ 1つ選択してください。

A. CloudFrontのオリジンになっているEC2インスタンスに証明書をアップロードする。
B. CloudFrontのオリジンになっているALBにACMの証明書を設定する。
C. CloudFrontにACMの証明書を設定する。
D. CloudFrontに証明書をアップロードする。

問題19

開発するモバイルアプリケーションにサインインする際にMFAの実装が必要です。次のどの方法が最も早く実装できますか？ 1つ選択してください。

A. MFAサインインを開発してモバイルアプリケーションに実装する。
B. IAMユーザーにMFA認証を必須にするようIAMポリシーに条件を追加する。
C. Cognito IDプールでMFAを有効にする。
D. Cognitoユーザープールで MFAを有効にする。

問題20

EC2インスタンスが、ビットコインのマイニングに使用されている可能性があることなどの脅威を検出するサービスは次のどれですか？ 1つ選択してください。

A. AWS Config
B. Amazon GuardDuty
C. Amazon Macie
D. Amazon CloudWatch

問題21

RDSデータベースで使用しているパスワードを毎月変更する必要があります。どの方法が最も適切で安全でしょうか？ 1つ選択してください。

A. 各アプリケーションローカルの設定ファイルをSystems Manger Run Commandで一括で書き換える。
B. Systems Managerパラメータストアに文字列型で格納して各アプリケーションから参照する。
C. Systems Managerパラメータストアに Secure String型で格納して各アプリケーションから参照する。
D. Secrets Managerシークレットに格納して自動ローテーションを有効にする。

問題22

CloudFrontディストリビューションで構成しているサイトを来週から公開します。外部からの攻撃が発生したらルールベースで対応していくことを検討しています。ただし、一般的な攻撃はあらかじめ排除しておくように要望がありました。どの方法で対応するのが最も作業量が少ないでしょうか？ 1つ選択してください。

A. CloudFront Functionで想定される一般的な攻撃パターンを網羅してブロックするコードを実装する。
B. Lambda@Edgeで想定される一般的な攻撃パターンを網羅してブロックするコードを実装する。
C. AWS WAFマネージドルールでコアルールセットを有効にする。
D. AWS WAFカスタムルールで一般的な攻撃パターンを網羅してブロックするルールを作成する。

問題23

組織は24時間365日対応のShield Response Team (SRT) を必要としています。どのサービスを使用しますか？

A. AWS Shield Standard
B. AWS Shield Advanced
C. AWS WAF v2

D. AWS WAF Classic

問題24

オンプレミスのデータベースのバックアップデータをAWSに保存することを検討しています。復元時間よりもコストを最優先したいとのことです。次のどこに保存するといいでしょうか？ 1つ選択してください。

A. S3低頻度アクセス
B. Glacier
C. Glacier Deep Archive
D. S3標準

問題25

オンプレミスのストレージ容量を節約しながらオンプレミスのアプリケーションサーバーからiSCSIで接続してデータを保存したいです。最適な選択肢はどれですか？ 1つ選択してください。

A. Storage Gatewayテープゲートウェイ
B. Storage Gatewayファイルゲートウェイ
C. Storage Gatewayボリュームゲートウェイ保管型モード
D. Storage Gatewayボリュームゲートウェイキャッシュモード

問題26

EC2のスケールインが実行される前に追加の処理が必要です。どうすればいいですか？ 1つ選択してください。

A. インスタンス終了するときのライフサイクルフックを設定して、EventBridgeルールを作成し、処理をするLambdaをターゲットに設定する。
B. インスタンス終了するときのライフサイクルフックを設定する。
C. インスタンス起動するときのライフサイクルフックを設定して、EventBridgeルールを作成し、処理をするLambdaをターゲットに設定する。
D. インスタンス起動するときのライフサイクルフックを設定する。

問題27

EC2同士のネットワークレイテンシーを極力低くするためのオプションは次のどれですか？ 1つ選択してください。

A. クラスタプレイスメントグループ
B. スプレッドプレイスメントグループ
C. リザーブドインスタンス
D. スポットインスタンス

問題28

Auroraクラスタデータベースへの多くの接続とリクエストにより接続拒否が発生しています。どの機能で改善しますか？ 1つ選択してください。

A. RDS Proxy
B. Data API
C. Global Database
D. マルチAZ配置

問題29

CloudFrontディストリビューションで配信するサイトのオリジンがS3バケットです。直接S3バケットへのリクエストは拒否したいです。次のどの手順が必要ですか？ 2つ選択してください。

A. S3バケットポリシーでCloudFront OACからのリクエストだけを許可する。
B. セキュリティグループでCloudFrontからのリクエストのみを許可する。
C. CloudFrontオリジン設定でカスタムヘッダーを設定する。
D. CloudFrontオリジン設定でOACを設定する。
E. ルーティングでカスタムヘッダーが含まれている場合以外はエラーにする。

問題30

AWS Global Acceleratorが提供するものは次のどれですか？ 1つ選択してください。

A. リージョンごとの固定化されたIPアドレス。
B. DNSエイリアスとルーティング機能。
C. グローバルな静的エニーキャストIPアドレス。
D. エッジロケーションからのキャッシュコンテンツの配信。

問題31

ElastiCache for Memcachedの特徴を以下から2つ選択してください。

A. ソート済みセット型をサポートする。
B. アトミックオペレーションによりキャッシュ内のデータ値をINCR/DECRコマンドで増減。
C. マルチスレッドでの実行が可能。
D. 自動検出機能によってノードを追加、削除する。
E. 永続性を持つ。

問題32

API Gatewayから呼び出されるLambdaの実行回数をなるべく減らしたいです。APIはすでにデプロイされていて、APIコールは始まっています。最も少ない作業で実現する方法を1つ選択してください。

A. ElastiCacheでRDSのクエリ結果を保持し、LambdaはElastiCacheにリクエストする。
B. Application Load BalancerをLambdaの前に置き、スティッキーセッションを有効にする。
C. API Gatewayでキャッシュを有効にする。
D. CloudFrontディストリビューションをAPI Gatewayよりもユーザー側に構築する。

問題33

組織でバックオフィスアプリケーションを運用しています。EC2インスタンスはm5.largeを3つのアベイラビリティゾーンに1つずつ、Auroraはdb.r5.largeを使用しています。このアプリケーションを使用している事業が終了したとしてもエンドユーザーとの利用規約で1年間はサービスが利用できることを約束しています。組織の営業時間9:00～18:00以外はユーザーのアプリケーションアクセスはありませんが、業務停止は致命的なので発生してはいけません。18:00～9:00は2つのアベイラビリティゾーンで日中とは別のm5.mediumインスタンスが1つずつ起動しています。コストの最適化を実現するためには次のどの選択肢が有効でしょうか？ 1つ選択してください。

A. EC2はスポットインスタンスを使用し、RDSのリザーブドインスタンスを必要数購入。
B. EC2のリザーブドインスタンスm5.largeを3インスタンス分とRDSのリザーブドインスタンスを必要数購入。
C. EC2のリザーブドインスタンスm5.largeを2インスタンス分とRDSのリザーブドインスタンスを必要数購入。
D. EC2のリザーブドインスタンスm5.largeを1インスタンス分とRDSのリザーブドインスタンスを必要数購入。

問題34

組織ではリザーブドインスタンスを1年単位で複数購入しています。担当者は期限切れになったときになるべく未適用期間が発生しないようにしたいと考えています。どの方法が最適でしょうか？ 1つ選択してください。

A. 期限切れアラートをSNSにパブリッシュし、担当者のメールアドレスにサブスクライブして、担当者が手動で購入する。
B. EventBridgeでスケジュール設定し、ターゲットで起動したLambda関数がDynamoDBから項目を読み取り事前設定されたとおりにリザーブドインスタンスを購入するコードをデプロイする。
C. 購入予約をキューに入れる。
D. 卓上カレンダーに期限切れ日をマークしておき、出勤時に毎朝確認するルーティン。

問題35

組織ではOrganizationsで複数アカウントを管理しています。アカウントには開発者が個人別に検証で使用しているものも多数あります。検証用のコードやデータは別途S3やCodeCommitリポジトリに保存するルールとなっていて、EC2インスタンスにはデータを持ちません。財務担当者は、開発者の自由を奪うことなくコストの最適化を図るために、開発者に何を指示するべきでしょうか？ 1つ選択してください。

A. 検証用のEC2インスタンスはオンデマンドインスタンスを予約して使うように推奨する。
B. 検証用のEC2インスタンスはスポットインスタンスをなるべく使うように推奨する。
C. 検証用のEC2インスタンス用にリザーブドインスタンスを購入し、指定したインスタンスタイプのみしか使えないようにSCPで制限する。
D. 検証用のEC2インスタンス用にリザーブドインスタンスを購入し、指定したインスタンスタイプのみを使うように推奨する。

問題36

スポットインスタンスを使用してバッチアプリケーションを実行しています。トリガーとなるジョブメッセージはSQSに格納され、各処理のステータスはDynamoDBで管理しています。中断が発生したときにはなるべく早く処理途中のデータから続きが再開できるようにしたいと考えています。次のどの方法が最適でしょうか？ 1つ選択してください。

A. EventBridgeで"detail-type": "EC2 Spot Instance Interruption Warning"のイベントを作成しターゲットのSSM AutomationでEBSスナップショットを作成する。
B. オンデマンドインスタンスに変更して中断されないようにする。
C. http://169.254.169.254/latest/meta-data/spot/instance-actionをポーリングして、中断通知を確認した際にS3へ処理途中のファイルをアップロードする。S3のイベントでLambdaを実行して、DynamoDBテーブルでオブジェクトキーとステータスを更新する。
D. オンデマンドインスタンスを予約して確実に実行できるようにする。

問題37

組織は保持しているWindows Serverのライセンスを有効に利用することを検討しています。一時停止した際も開始時には同一ホストで再開する必要があります。次のどのオプションを使用しますか？ 1つ選択してください。

A. Dedicated Hosts（専有ホスト）
B. Dedicated Instance（ハードウェア専有インスタンス）
C. Reserved Instance
D. EC2 Savings Plans

問題38

組織ではオンプレミスアプリケーションをEC2に移行した後、1年を目標期間として、順次コンテナ化して、部分的にサーバーレスアーキテクチャに変更することも予定しています。可能な限り割引を適用したいと考えています。どのオプションを使用しますか？ 1つ選択してください。

A. EC2 Instance Savings Plans
B. Compute Savings Plans
C. SageMaker Savings Plans
D. EC2 Reserved Instance

問題39

S3 Intelligent-Tieringでオブジェクトはどのように扱われますか？ 適するものを1つ選択してください。

A. アーカイブされるのでアクセスするときは取り出しに3～5時間が必要。
B. アクセスされないオブジェクトは自動的に低頻度階層へ移動し、自動的にコストが最適になる。
C. アップロードした日から設定した日数追加したオブジェクトがS3標準IAへ移動する。
D. コンプライアンスモードではオブジェクトが削除から保護される。

問題40

S3オブジェクトに対してリクエストしたアカウントに請求が発生するようにしたいです。次のどの選択肢が最適でしょうか？ 1つ選択してください。

A. リクエスタ支払いを有効にして、リクエスト側はx-amz-request-payerをリクエストに含める。リクエスト料金とデータ転送料金とストレージ料金がリクエスト側に請求される。

B. リクエスタ支払いを有効にして、リクエスト料金とデータ転送料金とストレージ料金がリクエスト側に請求される。

C. リクエスタ支払いを有効にして、リクエスト料金とデータ転送料金がリクエスト側に請求される。

D. リクエスタ支払いを有効にして、リクエスト側はx-amz-request-payerをリクエストに含める。リクエスト料金とデータ転送料金がリクエスト側に請求される。

問題41

部門やプロジェクトなど独自のカテゴリーでのコスト分析をするには何を設定しますか？ 1つ選択してください。

A. 請求アラーム

B. コスト配分タグ

C. 一括請求

D. 通貨設定

問題42

未来のコスト予測を日時ベースで確認したいです。どうすれば簡単にできますか？ 1つ選択してください。

A. Cost Explorerの日付範囲で未来の日付を選択する。

B. Cost Explorerの未来予測ビューで確認する。

C. Cost Explorerの未来予測機能を有効にする。

D. 使用量と請求データをAmazon Forecastで分析して予測を確認する。

問題43

コストの異常検知をするためにはどの機能を使用しますか？ 1つ選択してください。

A. コスト配分タグを有効にする。

B. Budgetsを設定する。

C. Cost Explorerでアカウント別分析を有効にする。

D. Cost Anomaly Detectionでコストモニターを作成する。

問題44

課金状況に対して月ごとに増加する予算管理をしたいです。どの方法が最適でしょうか？ 1つ選択してください。

A. コスト予算の月次予算設定で初期予算と成長率を入力する。

B. 使用量予算を作成する。

C. 予約に対しての予算を作成する。

D. Savings Plansに対しての予算を作成する。

問題45

複数アカウントの一括請求をしている組織でアカウントごとの請求アラームを設定したいです。簡単に設定できる方法を1つ選択してください。

A. 各アカウントのCloudWatchで請求メトリクスにアラームを設定する。

B. Cost Explorerからエクスポートしたデータを分析してメール送信する。

C. マスターアカウントのCloudWatchでアカウント別の請求メトリクスにアラームを設定する。

D. 使用量レポートを使用してアラームを設定する。

問題46

静的なHTML、CSS、JavaScript、画像で構成されるWebフォームがあります。次のうちコスト効率のよい選択肢はどれですか？ 1つ選択してください。

A. EC2にNginxをインストールして複数のAZでALBとAuto Scalingで構成する。
B. Elastic BeanstalkでWebアプリケーション環境を構築する。
C. ハードウェアを購入してオンプレミスデータセンターでWebサーバーを構築する。
D. S3バケットを作成してファイルを保存して適切なアクセス権限を設定する。

問題47

エンドユーザーがアプリケーションにサインインしている場合のみ実行可能な保護されたAPIを開発します。どのように実現しますか？ 次から2つ選択してください。

A. API GatewayでIAM認証を有効にする。
B. API GatewayでLambdaオーソライザーを有効にする。
C. API GatewayでCognitoオーソライザーを有効にする。
D. Cognito IDプールでエンドユーザーを認証する。
E. Cognitoユーザープールでエンドユーザーを認証する。

問題48

EC2インスタンスタイプ、Lambda関数のメモリの最適化レポートを確認できるサービスは次のどれですか？ 1つ選択してください。

A. AWS Cost Explorer
B. AWS Cost Anomaly Detection
C. AWS Compute Optimizer
D. AWS Budgets

解答と解説

✓問題1の解答

答え：C

A. EbextensionsはElastic Beanstalkの拡張機能です。
B. buildspec.ymlはCodeBuildのビルド仕様です。
C. CodeDeployのアプリケーション仕様です。
D. cfn-iniはCloudFormationのヘルパースクリプトです。

✓問題2の解答

答え：C

A. 変更セットはスタック更新時にリソースの追加、削除、変更、置換を事前確認できる機能です。

B. DeletionPolicyはスタック削除時にリソースを保護する機能です。

C. Lambda関数のARNを指定して実行できます。

D. cfn-initはOS上での追加設定を実行します。

✓問題3の解答

答え：D

A. CodePipelineを2つ作成する必要はありません。

B、C. ソース、コンテナイメージのそれぞれに適したリポジトリサービスを使用します。

D. ソースステージを追加して設定できます。

✓問題4の解答

答え：C

A、B. eventTypeCodeのAWS_EC2_API_ISSUEはEC2APIの遅延などAPIの問題で、AWS_BILLING_SUSPENSION_NOTICEは請求未払いがありアカウント停止か無効化されている問題です。ホストのリタイアとは関係ありません。

C. AWS_EC2_PERSISTENT_INSTANCE_RETIREMENT_SCHEDULEDイベントで、Systems Manager Automationを呼び出して自動処理が可能です。

D. 要件は自動での変更なので違います。

✓問題5の解答

答え：C、E

A、B、D. AWS X-Rayが収集しているトレース情報からは調査できません。

✓問題6の解答

答え：D

A. AWSアカウントのAPIリクエストの記録です。

B. AWSリソースの性能などの数値情報です。

C. ENI単位でのトラフィックログですが、パケットの内容までは出力しません。

D. パケットの内容を含むトラフィックそのもののコピーを送信します。

✓問題7の解答

答え：B、C、F

EC2のSSMエージェントがSSMサービスにネットワーク通信できて、APIリクエストも許可されている必要があります。

A. EC2 Instance Connectはブラウザから使用するSSH接続です。
D. CloudWatchエージェントは関係ありません。
E. IAMユーザーのアクセスキーID、シークレットアクセスキーは関係ありません。

✓問題8の解答

答え：B

A. パッチベースラインを設定してEC2グループにパッチを適用する機能です。
B. 複数のターゲットに事前定義したコマンドを一括で実行できます。
C. 対話形式のターミナル操作を提供します。
D. インシデント管理機能です。

✓問題9の解答

答え：A

A. 効率的です。
B. 特定のパッチが除外できません。
C、D. 非効率です。

✓問題10の解答

答え：A、D、E

A. 可能です。
B. すべてのオブジェクトタグが置換されます。
C. すべてのオブジェクトタグが削除されます。
D. 可能です。
E. 可能です。複雑な処理が必要な場合はLambda関数を呼び出します。
F. すべてのアクセスコントロールリストが置換されます。

✓問題11の解答

答え：C

A、B. カスタマー管理キーのストレージ料金が発生します。
C. ストレージ料金分のコストが抑えられます。
D. カスタムキーストアを使用しても、カスタマー管理キーのストレージ料金は変わりません。

✓問題12の解答

答え：C

A. CloudHSMでも非対称暗号化は実現できますが、KMSよりもコストがかかります。
B. オンプレミスもしくはEC2で管理するキーサーバーを構築すれば時間がかかるうえにKMSよりもコストが発生します。

C. KMSも非対称暗号化をサポートしています。選択肢の中で最も簡単に低いコストで開始できます。
D. カスタムキーストアを使用しても、カスタマー管理キーのストレージ料金は変わりません。

✓問題13の解答

答え：D

A、B. KMSより時間とコストがかかります。
C. キーローテーションは有効にする必要があります。

✓問題14の解答

答え：A

A. システムズマネージャーパラメータストアのSecureStringを使用すれば、KMSのキーで暗号化されます。パラメータストアは無料で使用できます。
B. 暗号化はされますがシークレットマネージャーに課金が発生します。ローテーションなどシークレット情報の管理に必要な機能を備えています。
C. サーバーにブラウザからインタラクティブにコマンドを実行する機能です。パラメータを保存するサービスではありません。
D. 答えが不十分です。選択肢Aのほうが明確です。

✓問題15の解答

答え：D

A、B. 作成済みのEBSボリュームは暗号化できません。
C. EBSボリュームコピー機能はありません。
D. EBSボリュームは作成時に暗号化可能です。

✓問題16の解答

答え：D

A、B. 強制化はできますが、選択肢Dのほうが簡単です。
C. Transfer Accelerationはネットワーク最適化オプションです。暗号化とは関係ありません。
D. アップロードされたオブジェクトが自動的にサーバーサイドで暗号化されます。

✓問題17の解答

答え：B

A. KMSでは共有ハードウェアが使用されます。
B. CloudHSMクラスタを複数AZで起動し、HSMインスタンスを複数作成することで1つのAZが使えなくなっても継続して使用できます。
C. HSMはAZに依存するので複数作成して高可用性を実現します。

D. CloudHSMクラスタは複数のAZで作成して高可用性を実現します。

✓問題18の解答

答え：C

A、B. オリジンに設定してもユーザーからのアクセスはCloudFrontなので関係ありません。
C. ACMで所有しているドメインの証明書を作成してCloudFrontで設定できます。
D. サイト証明書はCloudFrontに直接アップロードできません。

✓問題19の解答

答え：D

A. 開発に時間がかかります。
B. モバイルアプリケーションのサインインにはIAMユーザーのMFAは関係ありません。
C. IDプールにはサインインそのものの機能はありません。
D. ユーザープールでMFAの有効化をすることで比較的簡単に実装できます。

✓問題20の解答

答え：B

A. Configは設定履歴によって組織のルールに準拠しているかを検出します。
B. GuardDutyで検出できます。
C. MacieはS3バケットに保存された機密データを機械学習とパターンマッチングで検出します。
D. CloudWatchでLogsやVPC Flow Logsなどから検知できるように設定すれば可能ですが、ビットコインだけでなく、考えられるすべての脅威に検出ルールを設定するのは現実的でありません。

✓問題21の解答

答え：D

A. 起動しているアプリケーションサーバーだけでなく、AMIやバックアップも更新しなければならず、ローカルに接続情報を保持するのは適切でありません。
B. 文字列型で保存するのは適切でありません。
C. ローテーション機能を持っていないので手動作業かスクリプトで制御する仕組みが別途必要です。
D. 最も適しています。

✓問題22の解答

答え：C

A、B、D. 作業量が選択肢Cよりも多く複雑です。
C. 最も作業量が少なく早い方法です。

✓問題23の解答

答え：B

A. 無料のShield StandardにはSRTサービスはありません。
B. DDoSレスポンスチーム（Shield Response Team、SRT）にエスカレーションできます。
C、D. ルールを設定してブロックするサービスです。

✓問題24の解答

答え：C

選択肢の中でGlacier Deep Archiveが最も保存コストは低いです。取り出しには最大12時間がかかります。

✓問題25の解答

答え：D

A. 仮想テープライブラリへの接続を提供します。
B. NFS/SMBプロトコルでの接続を提供します。
C. iSCSI接続ですが、オンプレミスにも同じ容量のストレージが必要です。AWSを非同期で透過的なバックアップとして使用する場合に選択します。
D. オンプレミスのキャッシュストレージにキャッシュデータを持ちます。それ以外はAWSのみに保存します。

✓問題26の解答

答え：A

A. スケールインはインスタンスの終了です。トリガーはEventBridgeルールで設定します。
B. EventBridgeルール設定記述がないので、選択肢Aのほうが正確な説明です。
C、D. インスタンス起動はスケールアウトです。

✓問題27の解答

答え：A

A. 同じAZの同じネットワークセグメントに配置されます。
B. 同じAZのEC2インスタンスごとに独自のネットワーク、電源がある異なるラックに配置されます。クラスタプレイスメントグループのほうがレイテンシーは低くなる可能性があります。
C、D. コストのためのオプションです。

✓問題28の解答

答え：A

A. RDS ProxyによってSQLリクエストが調整されます。

B. Aurora Serverlessの機能です。
C. 他リージョンにスタンバイデータベースを作成する機能なのでリクエスト拒否には関係ありません。
D. 複数のAZでマスターとスタンバイでレプリケーションをして障害時にフェイルオーバーできる機能です。リクエスト拒否には関係ありません。

✓問題29の解答

答え：A、D

A. S3バケット側の設定です。PrincipalにCloudFrontサービスを設定することで許可します。
B. S3にセキュリティグループの設定はありません。
C. S3に対してはカスタムヘッダーでは制御をしません。Application Load BalancerやWebサーバーに対しては有効です。
D. OACを新規で作成するか既存のOACを選択します。
E. Application Load Balancerの設定です。S3ではありません。

✓問題30の解答

答え：C

AWS Global Acceleratorが提供するものは、この中では選択肢Cのグローバルな静的エニーキャストIPアドレスです。

✓問題31の解答

答え：C、D

A、B、E. ElastiCache for Redisの特徴です。

✓問題32の解答

答え：C

A、B. Lambdaの実行回数を減らすことに関係ない構成です。
C. 最も少ない作業で実現できます。キャッシュで応答できるぶんLambdaの実行回数は減ります。
D. Lambdaの実行回数は減りますが、作業量は選択肢Cよりも多くなります。

✓問題33の解答

答え：D

A. スポットインスタンスは中断する可能性があります。3つのAZで一気に中断することは想定しづらいですが、「業務が停止してはいけない」という前提があり、バックオフィスアプリケーションの仕様（メモリ上のデータやセッションなど）が明確でないので、中断する可能性があるスポットインスタンスは利用できません。

B、C、D. m5.medium 2つはリザーブドインスタンス正規化係数により、m5.large 1つ分に該当します。24時間稼働しているのはm5.large 1つ分となるので選択肢Dが正解です。選択肢B、Cは過剰です。

✓問題34の解答

答え：C

A. 実現できますが、手動作業です。正確性、リアルタイム性が損なわれています。
B. 実現できますが、購入予約機能のほうが簡単に準備、実現できます。
C. 他の方法でも実現できますが、簡単で便利な機能がある場合はそれを選択します。
D. 実現できますが、最も正確性、リアルタイム性の低い方法です。

✓問題35の解答

答え：B

A. オンデマンドインスタンスの予約はコストの最適化には影響ありません。
B. 開発者がインスタンスタイプを選択できる自由を残したまま、コストの最適化を図れます。検証用でデータは保存しないので中断しても大きな影響はありません。
C. リザーブドインスタンスを複数アカウントで共有できますが、開発者の自由を強く妨げています。
D. リザーブドインスタンスを複数アカウントで共有できますが、インスタンスタイプが制限されています。

✓問題36の解答

答え：C

A. 処理途中のデータはEBSスナップショットに残りますが、ボリューム全体までを残す必要はありませんし、DynamoDBのステータス更新はされていません。
B. 中断が発生しないようにしたいのではなく、中断が発生しても柔軟に対応できることが要件です。
C. crontabなどで繰り返しスクリプトを実行してメタデータを確認します。S3にアップロードして、その後の処理はS3イベントで実行できます。
D. EC2インスタンスが確実に実行できることが要件ではなく、中断が発生しても柔軟に対応できることが要件です。

✓問題37の解答

答え：A

A. ライセンス要件のために使用できます。同一ホストを使い続けるアフィニティも設定できます。
B. アフィニティは設定できず自動配置です。
C、D. ライセンス要件のために使用するオプションではなく、長期契約で割引を受けるオプションです。

✓問題38の解答

答え：B

A、D. EC2インスタンスのみに適用できます。コンテナ、サーバーレスには適用できません。

B. EC2インスタンス、Fargate、Lambdaに適用できます。アーキテクチャを変更してもコンピューティングリソースの割引が受けられます。

C. SageMakerインスタンスの割引オプションです。

✓問題39の解答

答え：B

A. Glacierの特徴です。

B. S3 Intelligent-Tieringの特徴です。

C. ライフサイクルルールの特徴です。

D. オブジェクトロックの特徴です。

✓問題40の解答

答え：D

A、B. ストレージ料金はバケット所有アカウントに請求されます。

C. 選択肢Dのほうが正しい選択肢です。

D. リクエスト側がx-amz-request-payerをリクエストに含めることも書いてあるので、選択肢Cよりも正確に説明されています。

✓問題41の解答

答え：B

A. 金額の閾値を決めてSNSトピックからメール送信します。

B. 任意のタグをリソースに設定してコスト分析機能で利用できるようにアクティブ化します。

C. 複数アカウントの請求をまとめます。

D. 指定した通貨の請求にできます。

✓問題42の解答

答え：A

A. 日付範囲で未来の日付を含めると予測が確認できます。

B、C. そのようなビューや機能はありません。

D. Cost Explorerで未来の日付を選択するほうが簡単です。

✓問題43の解答

答え：D

Cost Anomaly Detectionでコストモニターを作成することで簡単に異常検知のモニタリングが可能です。

✓問題44の解答

答え：A

A. 課金状況に対しての予算は、コスト予算で作成できます。月次予算設定で初期予算と成長率を入力することで、増加する予算を設定できます。

B、C、D. Budgetsの他の予算設定です。

✓問題45の解答

答え：C

A. 各アカウントでの設定も可能ですが、マスターアカウントでまとめて設定できます。

B、D. 手間がかかります。

C. マスターアカウントで各アカウント別に設定ができます。

✓問題46の解答

答え：D

A、B、C. 実現できますが、コスト効率はよくありません。

D. 静的なコンテンツはS3から配信できます。

✓問題47の解答

答え：C、E

A. API GatewayのIAM認証はIAMユーザーに対して認証する機能でエンドユーザー向けではありません。

B. API GatewayのLambdaオーソライザーは独自の認証ロジックを組み込んだり、外部認証を呼び出したりする場合に使用します。Cognitoユーザープールと組み合わせる際には必要ありません。

C. Cognitoユーザープールで認証されたユーザーのみAPIの実行が可能になります。

D. エンドユーザーの認証はIDプールではなくユーザープールです。

E. Cognitoユーザープールを API GatewayのCognitoオーソライザーで連携できます。

✓問題48の解答

答え：C

A. コスト分析サービスです。

B. コストの異常検出サービスです。

C. コンピューティングサービスの最適化レポートを提供します。

D. 予算管理サービスです。

第4章 移行とモダナイゼーションの加速

オンプレミスからAWSへ移行する際には、移行の目的、移行の可否、移行の対象や移行ツール、移行後に置き換えられる機能などを検討します。本章では、この検討プロセスにおいて要件に応じた最適な選択をするためのサービスについて解説します。

4-1

移行評価とアプローチ

移行対象のシステムとそれを構成しているそれぞれのコンポーネントを、どのように移行するかの評価、移行ツールの選定などの計画、移行タスクの実行について解説します。

7つのR

移行する際の考え方が**7つのR**として公開されています。Rから始まる7つの単語のことですが、単語自体はそれほど重要でありませんので、それぞれ移行方式の指標として考えます。

Refactor(リファクタリング)

Refactor(リファクタリング)は、アプリケーションをフルにカスタマイズできるケースです。すべてのコードや詳細設計をやり直すことができるので、コストもアプリケーション内部のレイテンシーも制約にはなりません。ベストプラクティスに突き進める移行戦略です。

Replatform(リプラットフォーム)

Replatform(リプラットフォーム)では、アプリケーションのカスタマイズは行いません。ですのでアプリケーション内部のレイテンシー、オンプレミスで使用しているソフトウェアやデータベースなどの制約はそのまま引き継ぐ場合に選択します。可能な要素をマネージドサービスに置き換えます。

たとえば、RDSでデータベースのためのOSメンテナンス、ソフトウェアメンテナンス、バックアップ、レプリケーションフェイルオーバーのための運用コストを削減できます。もちろん、MySQLやPostgreSQLをAuroraに移行することにも大きな価値があります。Amazon EFSやFSxを使用して、複数のアプリケーションサーバーから共通のクラウドストレージを使用する構成も検討できます。オンプレミスで使用している権威DNSサーバーをRoute 53パブリックホストゾーンに変更することでも、クラウドのメリットを活用できます。

Amazon MQもActiveMQやRabbitMQを提供しているので、そのまま移行できる可能性が高いです。Amazon ElastiCacheは、MemcachedやRedisを提供しています。

デプロイメントでは、ChefやPuppetを採用している組織はOpsWorksが最短の選択肢です。PythonやTypeScriptでインフラストラクチャを管理したいのであればCDKがあります。

アプリケーションや運用をカスタマイズしなくても、そのまま置き換えることのできるサービスがAWSには多数あります。例として、OSS（オープンソースソフトウェア）のEC-CUBEをAWSに移行するとします。高可用性を実現するために複数のAZ、EC2 Auto Scalingグループを使用します。ファイルの保存先にEFSをマウントします。データベースにはAuroraを使用することで高可用性、高パフォーマンスを実現します。ここまでがReplatformです。

追加の機能が必要な場合は、Refactorとして追加のフォームをS3で静的に作成してAPI Gateway、Lambdaなど、サーバーレスアーキテクチャでマイクロサービスを構築して、EC-CUBE APIと連携することで機能追加できます。このようにEC-CUBEのソースコードに手を加えることなく、AWSのさまざまなサービスを使用したり、機能追加したりといったことが考えられます。

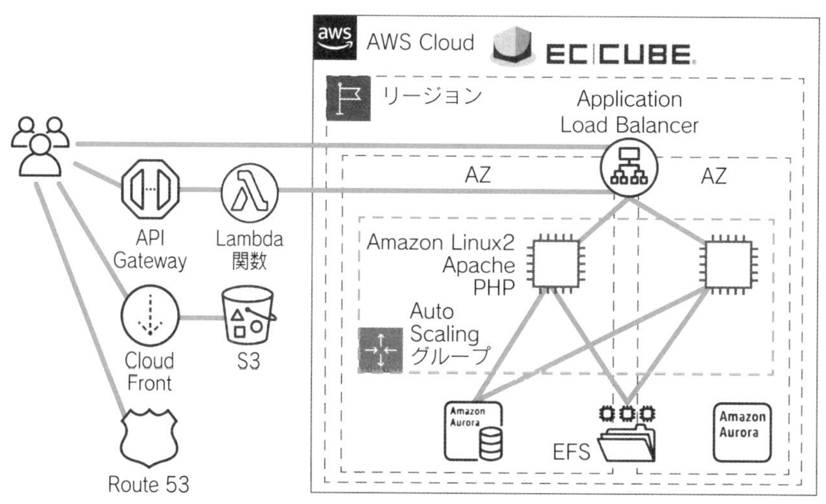

❏ ReplatformとRefactorの組み合わせ

Repurchase（再購入）

これまで組織で構築し運用していたシステムをSaaSなどに変更する方法です。同じ価値をエンドユーザーやバックオフィスに提供できるのであれば、Repurchase（再購入）は最適な選択肢です。

たとえば、サーバーに構築していたRedmineをBacklogやJiraなどのSaaSに変更するケースや、社内メールサーバーをクラウドメールサービスに変更することもRepurchaseです。

Rehost（リホスト）

Rehost（リホスト）はシンプルな乗せ替えです。アンマネージドサービスであるEC2を中心に構成します。オンプレミス構成と設計、運用、考え方、知識、スキルの変更は少ないです。その反面、制約によってはEC2を使い捨てできないことによりスケーリングできないなど、クラウドのメリットをフル活用できないケースもあります。

まずはReplatformを検討した上で、Replatform先がないものやOSレベルでのフルコントロールが必要なもののみをRehostにします。もちろん、「プラットフォームはいっさい変更してはいけない」「最も何も変更しない選択肢」と問われた場合には選択する可能性はあります。

Relocate（再配置）

Relocate（再配置）はここ数年で追加された「R」です。VMware Cloud on AWSの使用を開始し、そのままAWSへ移行する手段です。Rehostと同じ要件で、さらに移行における工数を削減できます。

Retain（保持）

クラウドに移行する目的があり、検討した結果、オンプレミスのままというビジネス判断をしたものです。検討した結果、Retain（保持）が最適な選択肢であれば、システムを見直すいい機会になったということになります。妥協によるものである場合は、他の「R」を再検討します。

Retire（廃止）

移行を検討する段階で、そもそも不要なシステムやインフラストラクチャが発見できた場合は、Retire（廃止）します。

移行評価支援のサービス

AWS Cloud Adoption Readiness Tool

AWS Cloud Adoption Readiness Tool（CART）はクラウド導入準備ツールです。6つのパースペクティブ（ビジネス、人材、プロセス、プラットフォーム、運用、セキュリティ）についての質問に答えることで、クラウド移行の準備状況に関する大まかな推奨事項のレポートが生成されます。

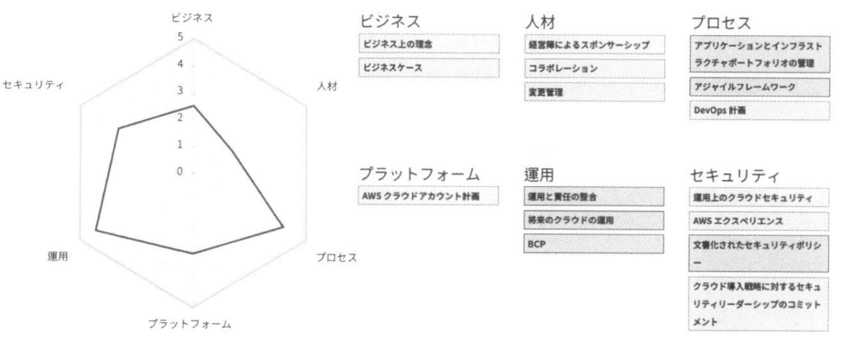

❏ AWS Cloud Adoption Readiness Tool

Webフォームとして公開提供されているので、AWSアカウントを作らなくても使用できます。移行に向けてエンジニアリングだけではなく、組織として準備するべきプロセスを計画することに役立ちます。レポートはPDFでダウンロードできるので、関係者間で共有して意思疎通を図ることができます。

AWS Application Discovery Service

AWS Application Discovery Serviceは、オンプレミスのサーバーの使用状況や設定データを収集することで、AWSへの移行計画をサポートします。

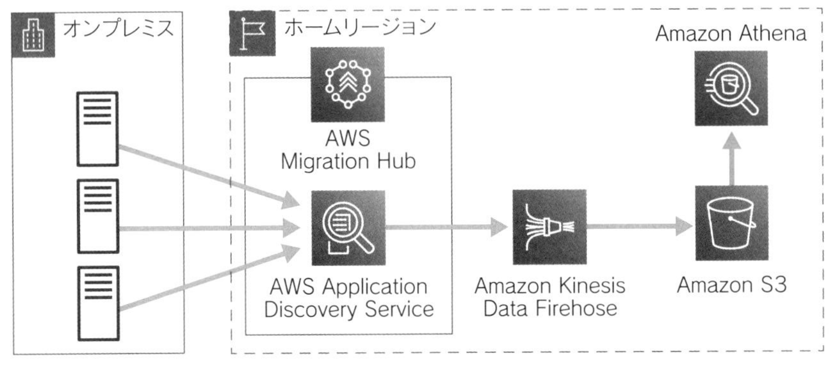

❏ AWS Application Discovery Service

Application Discovery ServiceはAWS Migration Hubに統合されており、収集した情報はAWS Migration Hubで確認でき、そのまま移行管理にも使用できます。追加のオプションで、収集した情報をKinesis Data FirehoseからS3へ送信し、AthenaでSQL分析することも可能です。

WindowsやLinuxにインストールできるエージェント型と、VMware環境で動作し複数のサーバー情報を収集できるAgentless Collectorがあります。

サーバーの設定情報（IPアドレス、ホスト名、ストレージ容量など）や、パフォーマンス情報（CPU、メモリ、ディスクI/O、ネットワークなど）を収集します。サーバーからのネットワーク送信先情報についても自動で収集され、可視化されます。

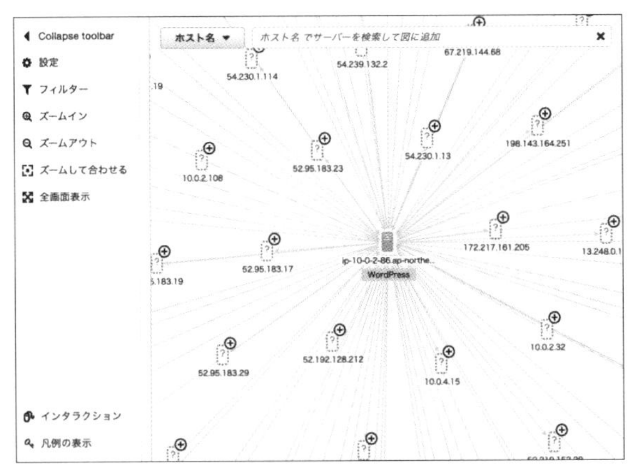

❏ Application Discovery Service Network

データ、アプリケーション移行のサービス

AWSへのサーバー移行、データ移行を支援するサービスについて解説します。

AWS Snowファミリー

AWS Snowファミリーは、Snowball Edgeをはじめ、物理的な筐体を運送することでデータを移行できます。

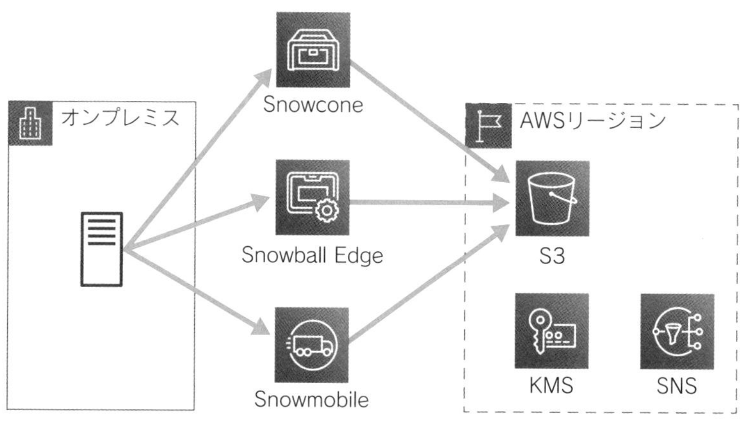

❑ Snowファミリー

データセンターのネットワーク回線が不安定な場合や回線速度が低い場合に利用します。また、物理的に隔離された場所からのデータ転送も可能です。データ転送にはおよそ1週間程度の期間が必要です。S3へのデータインポートだけではなく、S3からのデータエクスポート、転送を目的としないデバイスの使用も可能です。S3からのデータエクスポートの場合は、Snowファミリーの利用料金に加え、データ転送料金も必要です。

次のページの写真は、筆者が実際にSnowball Edgeを持っているところです。これはAWS re:Inventの展示場で撮影しました。すぐ後ろには水に浸けられているSnowball Edgeもあります。防水や耐衝撃性のある物理デバイスになっています。マネジメントコンソールなどでジョブを作成することで、指定した住所にSnowball Edgeが届きます。Snowball Edgeのネットワークインターフェイスに、ローカルエリアネットワークを接続してデータをコピーします。

❑ Snowball Edge

Snowball Edgeに保存されたデータは、KMS(Key Management Service)のキーを使って暗号化されます。次の図はSnowballのジョブ作成画面のKMSキー選択です。キーはデバイスに保存されることはありません。物理的にも不正開封防止の機能により保護されています。

❑ SnowballジョブのKMSキー選択

Snowballは、Amazon SNS(Simple Notification Service)によりステータス変更の通知を行います。

通知設定を選択 Info

通知を設定 Info
ジョブのステータスが変更されると、Amazon SNS から E メールを受信します。

既存の SNS トピックを使用
新しい SNS トピックを作成

トピック
1~256 文字、使用できる文字: a~z A~Z 0~9 _ -
demojob

E メールアドレス
連絡先にサブスクリプションの確認リクエストが送信されます
test@example.com

キャンセル　戻る　次へ

❏ Snowballジョブの通知設定

通知されるイベントステータスは主に以下です。

- Job created（ジョブ作成）
- Preparing device（デバイスの準備）
- Preparing shipmen（出荷準備）
- In transit to you（配送中）
- Delivered to you（配送完了）
- AWSに配送中
- AWSデータセンター到着
- S3へデータインポート中
- S3へデータ転送完了
- ジョブのキャンセル

Snowball EdgeなどのSnowファミリーのデバイスでは、EC2インスタンスをホストしたり、AWS IoT GreengrassでLambda関数をデプロイしたりできます。デバイス側でデータの加工処理や分析処理を行うことができます。

❏ Snowballコンピューティングオプション

Snowデバイスは用途に応じて数種類から選択できます。

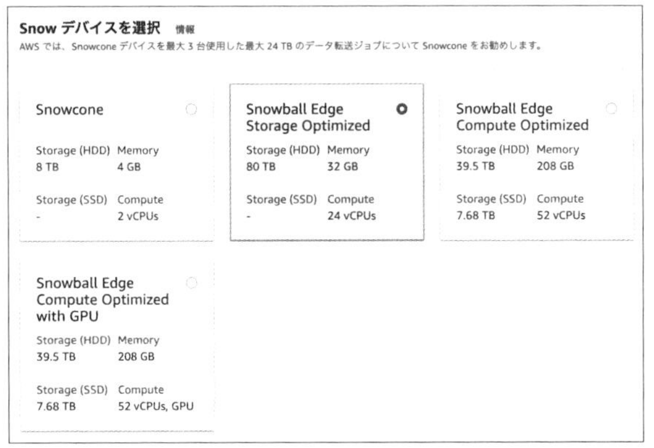

❏ Snowデバイスの選択

- ○ Snowcone：8TBのHDDストレージ、4GBのメモリ、2vCPUを搭載した一番小さなデバイスです。スペースが限られている場合や、データセンターの外への持ち運びが必要な場合に有用です。IoT、車載、ドローンなどの用途での使用ケースもあります。オフラインでのデータ転送目的だけではなく、AWS DataSyncを使用したエッジロケーション経由のデータ転送も可能です。
- ○ Snowball Edge Storage Optimized **（ストレージ最適化）**：80TBのHDDストレージ、32GBのメモリ、24vCPUを搭載したデバイスです。データ加工などの処理を必要としない転送に向いています。
- ○ Snowball Edge Compute Optimized **（コンピューティング最適化）**：39.5TBのHDDストレージ、7.68TBのSSDブロックストレージ、208GBのメモリ、52vCPUを搭載したデバイスです。EC2インスタンスをホストして、データの加工処理が可能です。Snowファミリージョブを作成する際にAMIを選択します。
- ○ Snowball Edge Compute Optimized with GPU **（コンピューティング最適化GPU）**：39.5TBのHDDストレージ、7.68TBのSSDブロックストレージ、208GBのメモリ、52vCPUに加え、P3 EC2インスタンスタイプで利用可能なGPUを搭載したデバイスです。デバイス側での推論処理などの利用のために選択します。
- ○ Snowmobile：選択画面にはありませんが、エクサバイト規模のデータ転送をサポートするSnowmobileというオプションもあります。セミトレーラートラックが牽引する長さ14mの輸送コンテナで、1台あたり100PBまでのデータ転送が可能です。

AWS DataSync

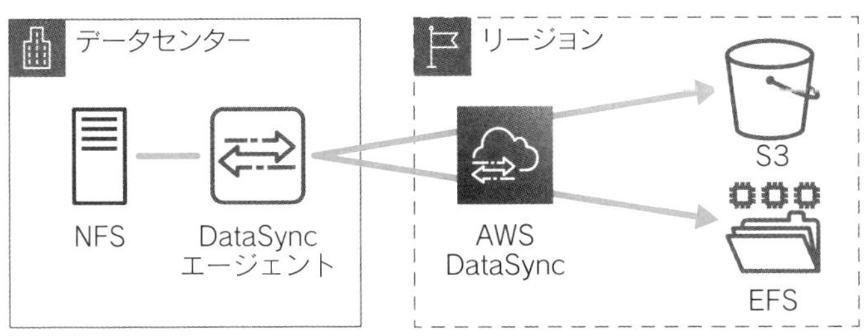

❏ AWS DataSync

AWS DataSyncは、オンプレミスなどのデータをS3、EFS、FSxへ、安全かつ高速に転送するサービスです。データの転送については、DataSyncエージェントをスケジュールにより定期実行できます。DataSyncエージェントをオンプレミスで実行する場合、専用の仮想マシンがマネジメントコンソールからダウンロードできます。DataSyncは送信中のデータを暗号化し、整合性チェックを実行します。

送信元はNFS、SMBプロトコルやHDFSなどをサポートしています。DataSyncは送信元としてオンプレミスだけではなく、S3、EFS、FSxなどAWSサービスもサポートしています。AWSサービス同士でのデータ転送にも使用できます。

DataSyncエージェントとDataSyncサービスの通信は、デフォルトではインターネットを介した通信ですが、VPCエンドポイントを使用することで、VPN接続やDirect Connectでの接続も可能です。

Retainとしてオンプレミスに残すことを選択したシステムとAWSストレージとの同期や、移行途中のデータ同期などに使用します。

AWS Application Migration Service

AWS Application Migration Service（MGN）は、オンプレミスのサーバーをAWSへ移行するサービスです。同様のサービスにCloudEndure Migration、AWS Server Migration Serviceがありますが、いずれのサービスよりも後継のApplication Migration Serviceが推奨されています。

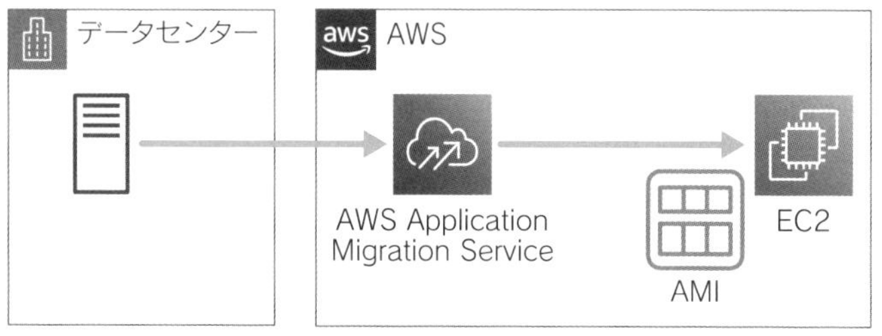

❑ AWS Application Migration Service（MGN）

✱ ソースサーバーから継続移行

物理サーバー、仮想サーバーの両方とも対象のソースサーバーにできます。ソースサーバーには、AWS Replication Agentをインストールして移行を開始できます。Replication AgentがEC2で起動されたReplication Serverへデータを送信します。このデータの同期は継続的に行われるので、ソースサーバーを停止することなく開始できます。

データの同期が完了後、Replication ServerにアタッチされたEBSボリュームをもとにAMIが作成されます。AMIから起動テンプレートによってEC2インスタンスを起動できます。

✱ MGNの料金

90日以内に移行が完了したサーバーには、Application Migration Serviceそのもののコストは発生しません。

AWS Database Migration Service

AWS Database Migration Service（DMS）は、データベースの移行サービスです。オンプレミスからAWSへの移行、AWSからオンプレミスへの移行をサポートします。

1回だけの実行や継続的な差分移行が可能です。継続的なデータ移行では、ソースデータベースの変更をキャプチャ（CDC、変更データキャプチャ）します。

現時点では、次のようなさまざまなソースデータベース、ターゲットデータベースをサポートしています。

○ **ソースデータベース**

- Oracle
- Microsoft SQL Server
- MySQL
- MariaDB
- PostgreSQL
- MongoDB
- SAP Adaptive Server
- IBM DB 2
- Azure SQLデータベース
- RDS
- Aurora
- S3
- DocumentDB

○ **ターゲットデータベース**

- Oracle
- Microsoft SQL Server
- MySQL
- MariaDB
- PostgreSQL
- SAP Adaptive Server
- Redis
- RDS
- Aurora
- Redshift
- DynamoDB
- S3
- OpenSearch Service
- Kinesis Data Streams
- DocumentDB
- Neptune
- Apache Kafka
- Managed Streaming for Apache Kafka (MSK)
- ElastiCache for Redis

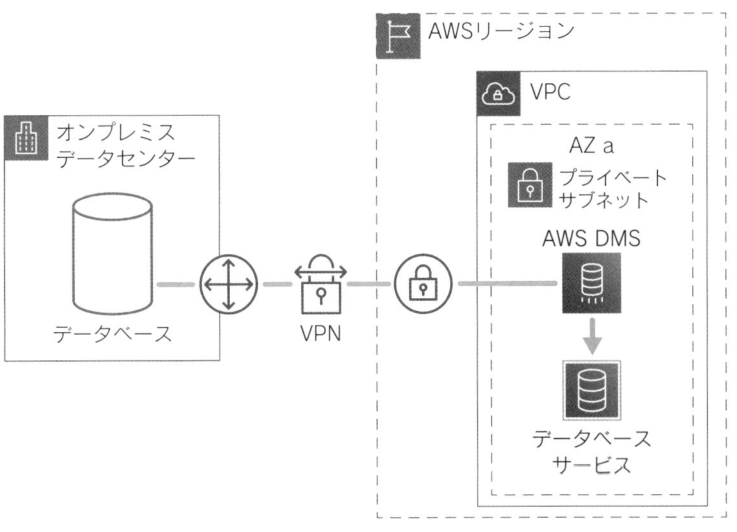

❑ AWS DMS

✱ DMSの設定

EC2やRDSと同様に、レプリケーションインスタンスタイプを選択します。評価目的であれば、dms.t3.microなどを選択して安価に検証することも可能です。

ソースデータベースとターゲットデータベースを選択して、移行タイプを選択します。移行タイプでは、「既存データの移行」「既存データを移行して、継続的な変更をレプリケート」「データ変更のみのレプリケート」から選択できます。「既存データを移行して、継続的な変更をレプリケート」では、変更データキャプチャ(CDC)プロセスが継続的な差分を移行します。CDCプロセスには、Oracleではサプリメンタルロギングの追加、MySQLでは行レベルのバイナリログ(binログ)が必要です。

✱ 移行のモニタリング

移行タスクを開始するとモニタリングが可能になります。テーブル統計情報ではテーブルごとのステータスや行数を確認できます。イベントはSNSで通知できます。CloudWatchではレプリケーションインスタンスのメトリクスをモニタリングできます。

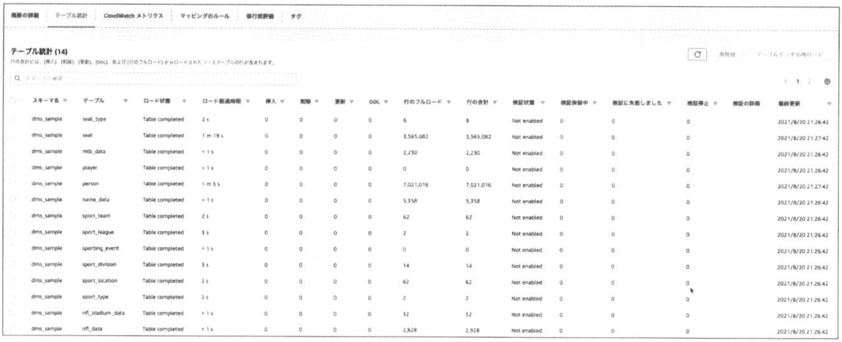

概要の詳細 | テーブル統計 | CloudWatch メトリクス | マッピングのルール | 移行前評価 | タグ

テーブル統計 (14)

行の合計には、[挿入]、[削除]、[更新]、[DDL]、および[行のフルロード]からロードされたソーステーブルの行が含まれます。

スキーマ名	テーブル	ロード状態	ロード経過時間	挿入	削除	更新	DDL	行のフルロード	行の合計	検証状態	検証保留中	検証に失敗しました	検証停止	検証の詳細	最終更新
dms_sample	seat_type	Table completed	2 s	0	0	0	0	6	6	Not enabled	0	0	0		2021/8/20 21:26:42
dms_sample	seat	Table completed	1 m 19 s	0	0	0	0	3,565,082	3,565,082	Not enabled	0	0	0		2021/8/20 21:27:42
dms_sample	mlb_data	Table completed	< 1 s	0	0	0	0	2,230	2,230	Not enabled	0	0	0		2021/8/20 21:26:42
dms_sample	player	Table completed	< 1 s	0	0	0	0	0	0	Not enabled	0	0	0		2021/8/20 21:26:42
dms_sample	person	Table completed	1 m 5 s	0	0	0	0	7,021,016	7,021,016	Not enabled	0	0	0		2021/8/20 21:27:42
dms_sample	name_data	Table completed	< 1 s	0	0	0	0	5,358	5,358	Not enabled	0	0	0		2021/8/20 21:26:42
dms_sample	sport_team	Table completed	2 s	0	0	0	0	62	62	Not enabled	0	0	0		2021/8/20 21:26:42
dms_sample	sport_league	Table completed	3 s	0	0	0	0	2	2	Not enabled	0	0	0		2021/8/20 21:26:42
dms_sample	sporting_event	Table completed	< 1 s	0	0	0	0	0	0	Not enabled	0	0	0		2021/8/20 21:26:42
dms_sample	sport_division	Table completed	3 s	0	0	0	0	14	14	Not enabled	0	0	0		2021/8/20 21:26:42
dms_sample	sport_location	Table completed	2 s	0	0	0	0	62	62	Not enabled	0	0	0		2021/8/20 21:26:42
dms_sample	sport_type	Table completed	2 s	0	0	0	0	2	2	Not enabled	0	0	0		2021/8/20 21:26:42
dms_sample	nfl_stadium_data	Table completed	< 1 s	0	0	0	0	32	32	Not enabled	0	0	0		2021/8/20 21:26:42
dms_sample	nfl_data	Table completed	< 1 s	0	0	0	0	2,928	2,928	Not enabled	0	0	0		2021/8/20 21:26:42

❑ データ統計

✱ DMSスキーマ変換

2022年11月に**DMSスキーマ変換**機能がリリースされました。本書執筆時点で、Oracle、Microsoft SQL Serverのソースから、ターゲットのMySQL、PostgreSQLへのスキーマ変換をします。対応しているソース、ターゲット以外は次に解説するSCTを検討します。

✱ AWS Schema Conversion Tool (AWS SCT)

AWS Schema Conversion Tool（AWS SCT）は、WindowsやmacOSなどのクライアントにインストールして、データベースエンジン間のスキーマ変換に使用します。

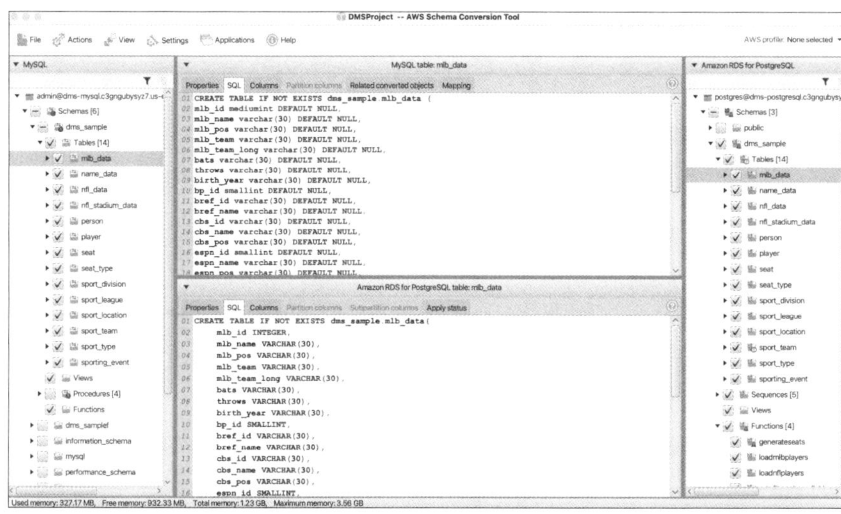

❑ AWS Schema Conversion Tool（AWS SCT）

テーブル、インデックス、ビュー、トリガーなどの一部またはすべてをソースデータベースから読み取って、ターゲットデータベースへ変換して作成できます。

✱ AWS Snowball Edgeを使用した大規模データストアの移行

DMSのローカルエージェントとSCTを使用して、データをソースデータベースからSnowball Edgeへ抽出し、AWSへ移行することも可能です。次のようなソースデータベースに対応しています。

- Oracle
- Microsoft SQL Server
- ASE SAP Sybase
- MySQL
- PostgreSQL
- DB2 LUW

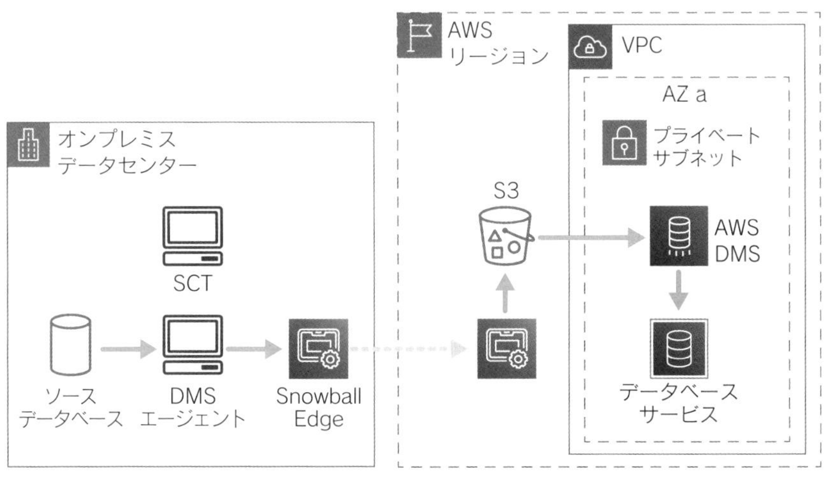

❑ DMSローカルエージェントを使用した大規模データストアの移行

対象のソースデータベースによっては、SCTデータ抽出エージェントというエージェントを使用するケースもあります。次のようなデータソースに対応しています。

- Greenplumデータベース
- Netezza
- Teradata
- Vertica

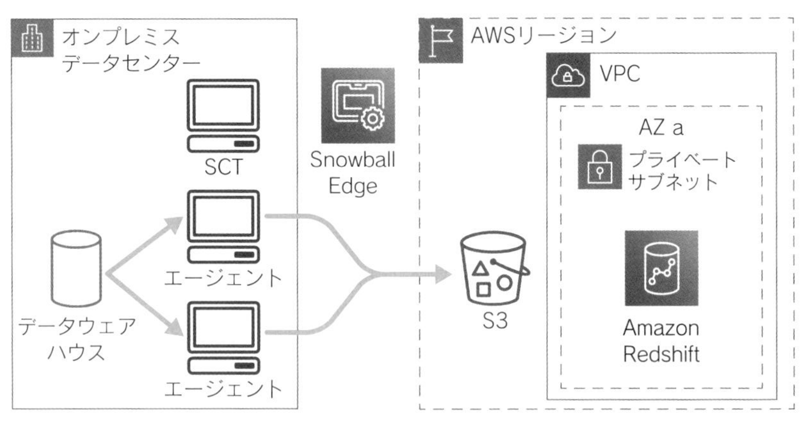

❑ SCTデータ抽出エージェント

移行評価とアプローチのポイント

- 要件によっては必ずしもクラウドのベストプラクティスを実装するべきではない場合もある。
- アプリケーションのカスタマイズができるかできないかで、ReplatformかRefactorかを判断する。
- Refactorの場合は、要件次第でベストプラクティスを実装する。
- Replatformの場合は、ソフトウェアや同じプロトコルのマネージドサービスを使用することで移行できる可能性が高くなる。
- 組織とシステムの両面において、移行対象と目的、準備を計画する。
- AWSクラウド導入準備ツール（CART）を使用して、組織として準備するべき推奨事項を確認できる。
- AWS Application Discovery Serviceはサーバーの設定、パフォーマンス、ネットワーク情報を検出する。WindowsやLinux向けのエージェント型と、VMware環境で動作し、複数のサーバー情報を収集できるAgentless Collectorがある。
- AWS Application Discovery Serviceで移行対象アプリケーションを決定し、サーバーと紐付けて移行管理ができる。
- AWS Application Discovery ServiceはKinesis Data Firehose、S3、Athenaと連携してさらに詳細情報の分析もできる。
- Snowファミリーを使用して物理デバイスを介して大容量データを移行できる。
- SnowファミリーではKMSによるデータの暗号化、物理セキュリティが実装されている。
- SnowファミリーのステータスはSNSによって通知される。
- DataSyncにより安全、効率的にオンプレミスとS3/EFSのデータ移行、同期ができる。
- MGNによりオンプレミスサーバーからAMIへ継続的な移行ができる。
- DMSはデータベースの差分移行をCDCプロセスによって継続的に実行できる。
- DMSスキーマ変換、SCTによって異なるデータベースエンジンのスキーマを変換できる。
- DMSエージェント、SCTデータ抽出エージェントによってSnowball Edgeの使用も検討できる。

4-2 移行後アーキテクチャとモダナイゼーション

AWSへの移行時に、オンプレミスのすべてを移行し、クラウドへ最適化するためにすべてをリファクタリングするのは、必ずしも移行プロセスにおける正解ではありません。移行してからクラウドの最適化を進め、継続的な改善ができる状態にしていくことを一般的に**クラウドジャーニー**と呼びます。

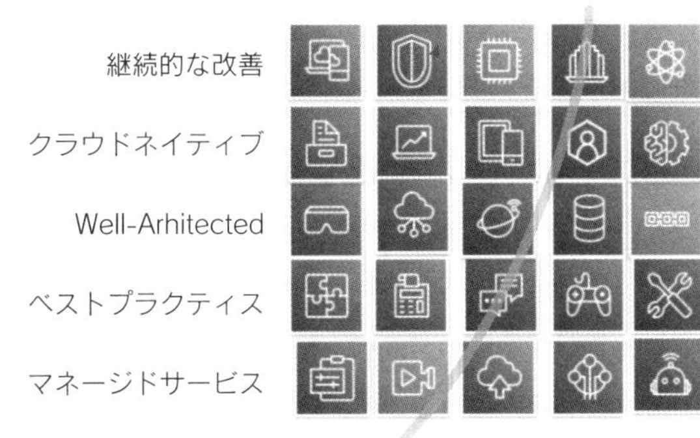

計画

移行

AWS

❑ クラウドジャーニー

クラウドジャーニーのプロセスでは、人員の状況、ステークホルダーとの関係、要件、将来的な事業計画など、さまざまな理由が各組織ごとに千差万別であると考えられます。ベストプラクティスに基づくクラウドネイティブアーキテクチャについては第3章で触れています。この節では特定の要件を満たす設計の選択肢について解説します。

コンテナ

オンプレミスなどからAWSにコンテナを移行する際には、EC2にDockerサーバーを構築して運用することも可能ですが、多くのEC2インスタンスやコンテナの管理・運用は煩雑になります。AWSには、コンテナを管理するサービスとしてECSとEKSがあります。アプリケーションをシンプルにデプロイするApp Runnerもあわせて解説します。

Amazon ECS

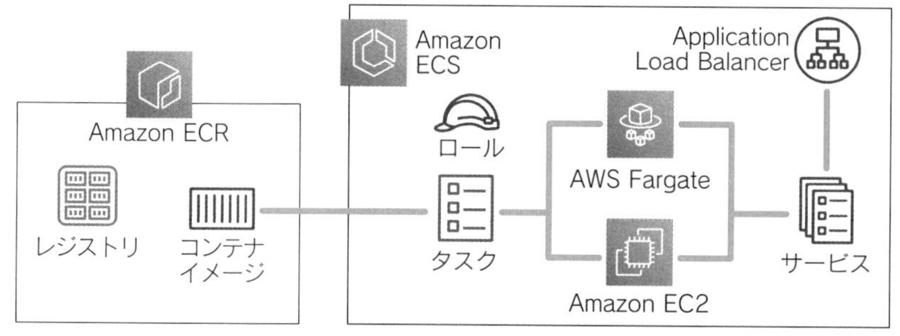

❏ Amazon ECS

Amazon ECS(Amazon Elastic Container Service)には、クラスタ、タスク定義、サービスの設定があります。コンテナイメージの保存先としてAmazon ECRも使用できます。

✱ Amazon ECR

Amazon ECR(Amazon Elastic Container Registry)は、コンテナイメージを管理するレジストリです。リポジトリという単位でECRにプッシュされたコンテナイメージを管理し、ECS、EKS、App Runnerなどのコンテナ実行サービスから使用できます。IAMアイデンティティベースのポリシーとリポジトリポリシーによってアクセス許可をコントロールするプライベートリポジトリと、公開するパブリックリポジトリを作成できます。

＊ECSクラスタ

コンテナを実行するためのサービスとタスクのグループが**クラスタ**です。組織のチームや部門ごとに分けたり、アクセス権限やコストで分離したりします。

＊タスク定義

タスク定義では、コンテナイメージ、タスクサイズ、使用するポート、コンテナタスクがAWSサービス（S3、DynamoDBなど）へのアクセスを許可するためのIAMロール（TaskRole）、コンテナを実行するためのIAMロール（ExecutionRole）、環境変数、ログ記録などを定義できます。タスク定義はJSONで直接記述することもできます。ボリュームの追加でEFSファイルシステムを指定して使用することもできます。Amazon EventBridgeでスケジュールを設定して、ターゲットにECSタスクのコンテナを指定し、定期的に実行することも可能です。

❑ タスク定義の例

```
{
  "taskDefinitionArn": "arn:aws:ecs:us-east-1:123456789012:
➥task-definition/DemoTask:1",
  "containerDefinitions": [
    {
      "name": "DemoContainer",
      "image": "123456789012.dkr.ecr.us-east-1.amazonaws.com/
➥demoimage:latest",
      "cpu": 0,
      "portMappings": [
        {
          "containerPort": 80,
          "hostPort": 80,
          "protocol": "tcp"
        }
      ],
      "essential": true,
      "environment": [],
      "logConfiguration": {
        "logDriver": "awslogs",
        "options": {
          "awslogs-group": "/ecs/DemoTask",
          "awslogs-region": "us-east-1",
```

```
            "awslogs-stream-prefix": "ecs"
          }
        }
      }
    ],
    "family": "DemoTask",
    "taskRoleArn": "arn:aws:iam::123456789012:role/
➡ecsTaskExecutionRole",
    "executionRoleArn": "arn:aws:iam::123456789012:role/
➡ecsTaskExecutionRole",
    "networkMode": "awsvpc",
    "revision": 1,
    "requiresCompatibilities": [
      "FARGATE"
    ],
    "cpu": "256",
    "memory": "512"
}
```

✳ サービス

サービスでは、実行するタスク定義、コンテナを配置するVPC、サブネット、セキュリティグループ、スケーリングポリシー、Application Load Balancerのターゲットグループ、インフラストラクチャなどが設定できます。インフラストラクチャの設定では、起動タイプとキャパシティプロバイダーから指定できます。

✳ 起動タイプとキャパシティプロバイダー

起動タイプは、コンテナを**AWS Fargate**とAmazon EC2のどちらで実行するかを選択できます。Amazon EC2を選択した場合はEC2インスタンスが起動して、その上でコンテナを実行するよう指定ができます。ただし、EC2インスタンスのOS、可用性、エージェントの更新など、運用が必要となります。元はEC2起動タイプしかありませんでしたが、今ではFargate起動タイプが追加されています。

Fargateでコンテナを起動すれば、OS、クラスタの可用性、ソフトウェアの管理が必要なくなり、コンテナの実行に集中できます。

キャパシティプロバイダーはより詳細にコントロールできるコンテナの実行環境です。クラスタで利用可能なキャパシティプロバイダーを設定して、サービスで指定できます。EC2のキャパシティプロバイダーでは、EC2 Auto Scalingグループをキャパシティプロバイダーに紐付けて、キャパシティプロバイダーごとの重み付けを設定できます。これにより起動するサブネットごとにタスク数を均等化したり、スポットインスタンスとの割合を決められます。

Fargateのキャパシティプロバイダーには Fargate と Fargate Spotがあり、Fargate Spotにより最大70%の割引料金で使用できます。ただし、スポットインスタンス同様にコンテナ中断の可能性があります。

✱ネットワークモード

Fargateはawsvpcモードのみで、タスクにENIが割り当てられて使用できます。コンテナタスクにセキュリティグループが設定できます。Application Load Balancerのターゲットとしているときには、インバウンドルールをヘルスチェックとアプリケーションリクエストが受け付けられるように設定します。

EC2起動タイプは、awsvpcモード以外にも、none、bridge、hostを使用できます。EC2タイプのhostを使用すれば、EC2のENIにコンテナポートを直接マッピングすることもできます。

✱ECSイベントストリーム

❏ EventBridgeのルール

```
{
  "source": [
    "aws.ecs"
  ],
  "detail-type": [
    "ECS Task State Change",
    "ECS Container Instance State Change"
  ]
}
```

Amazon EventBridgeで上記のルールを設定します。ECSがタスクを開始または停止したときと、コンテナインスタンス上のリソース利用や確保が変更されたときにイベントが発生します。このイベントをLambdaやSNS、OpenSearch Serviceに連携させることで、コンテナタスク、インスタンスの状態変更時のリアルタイムな通知やダッシュボード機能を実現できます。

AWS Proton

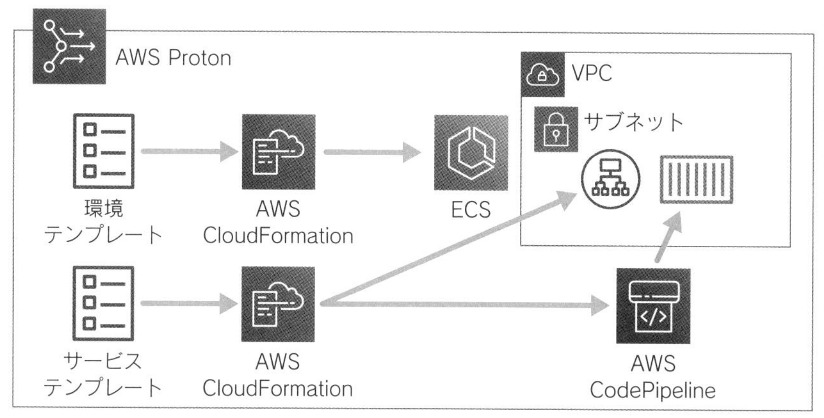

❑ AWS Proton

AWS Protonはコンテナの実行環境を環境テンプレートとサービステンプレートに分けて、自動構築、管理できるサービスです。環境テンプレートでVPC、IAMロール、ECSクラスタなどが作成され、サービステンプレートによってApplication Load Balancer、ECSタスク、ECSサービス、ECR、CodePipelineが作成されます。アプリケーションコードが更新されると、CodePipelineにより自動でビルドされデプロイされます。

AWS Protonによって、インフラストラクチャの管理者と開発者で管理するテンプレートを分けて自動化できます。

Amazon EKS

Amazon EKS(Amazon Elastic Kubernetes Service)は、Kubernetesというコンテナオーケストレーション(オーケストラの指揮者のようにコントロールすること)のためのオープンソースソフトウェアのマネージドサービスです。EKSでもEC2起動タイプとFargateを使用できます。標準的なKubernetesアプリケーションとの互換性があるので、オンプレミスなどから移行する際にも選択肢として検討できます。Elastic Load Balancing、IAM、VPC、PrivateLink、CloudTrail、AppMeshなどのAWSサービスと統合されています。

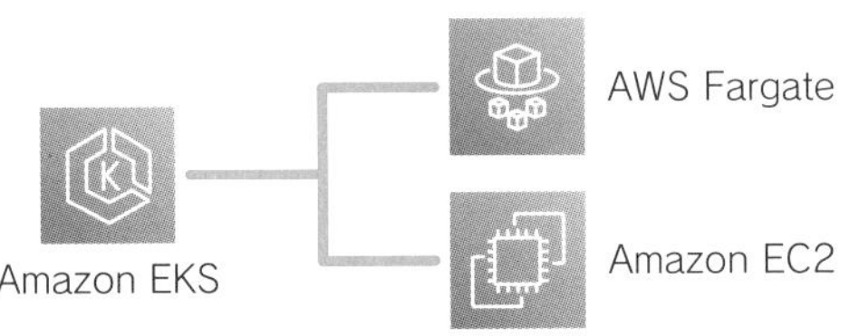

❑ Amazon EKS

AWS App Runner

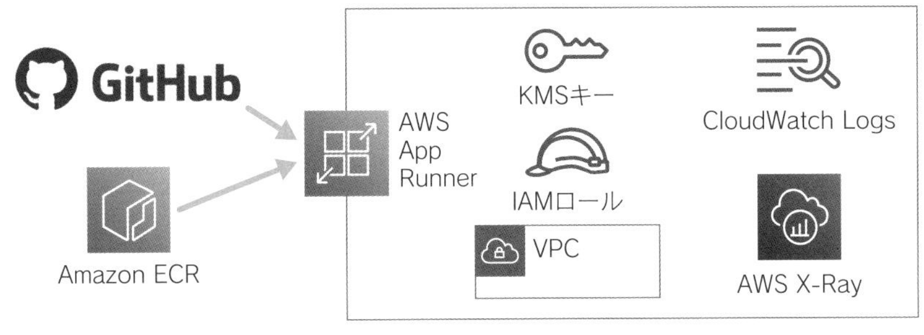

❑ AWS App Runner

AWS App RunnerによりGitHubのソースリポジトリまたはECRイメージからアプリケーションを継続的にデプロイ、運用できます。アプリケーションを起動するためのインフラストラクチャの管理は不要です。

GitHubのソースリポジトリを選択した際には、そのソースをデプロイするコンテナイメージが内部的に自動で作成されます。追加の構築コマンドを設定し、依存関係(外部のモジュールなど)をインストールしたり、コードをコンパイルするなどのビルドもApp Runnerにより実行できます。

実行環境のvCPU、メモリ、環境変数、IAMロールを設定できます。他にはAuto Scaling、KMSキー、アプリケーションがAWSサービスにアクセスするためのIAMロール、CloudWatch Logs、X-Rayをオプションで設定できます。

アプリケーションはサービスという単位で実行されます。パブリックにアクセス可能なサービスも、VPCとVPCエンドポイントを指定してプライベートなアクセスとすることも可能です。

Amazon Managed Service for Prometheus

❑ Amazon Managed Service for Prometheus

Amazon Managed Service for Prometheusは、Prometheusとの互換性を持つモニタリング、アラートサービスです。Prometheusは、コンテナによって構築されたマイクロサービスと相性のよいモニタリングソフトウェアです。Prometheusクエリ言語（PromQL）を使用して、コンテナで構築されたサービスのモニタリングとアラートを出せます。ECS、EKSと統合されています。

Amazon Managed Service for Grafana

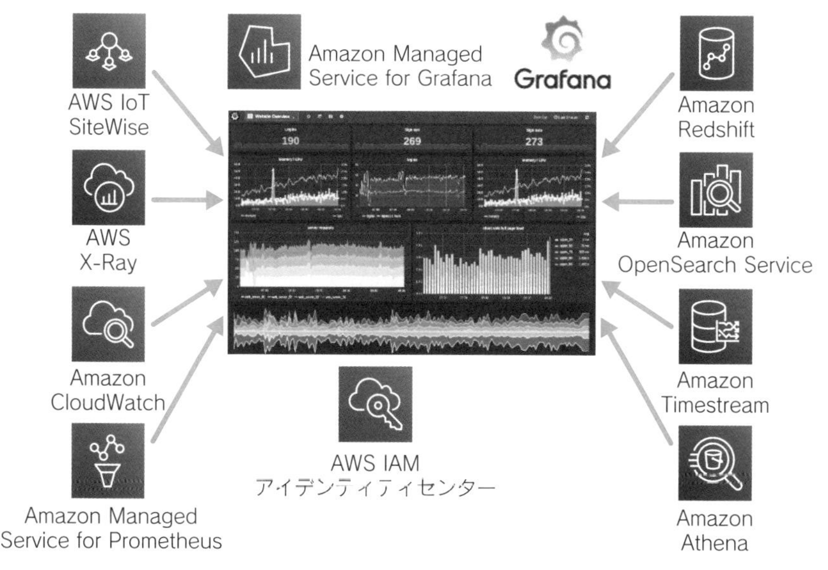

❑ Amazon Managed Service for Grafana

Amazon Managed Service for GrafanaはGrafanaのフルマネージドサービスです。GrafanaはKibanaやOpenSearch Dashboardsのようにさまざまなデータソースを可視化、分析できるダッシュボードです。Prometheusもデータソースとして使用できます。

Amazon Kinesis

Kinesisはストリーミングデータを扱うサービスです。ストリーミングデータとは、継続的に生成され続けるデータです。たとえば、ECサイトでのユーザーの行動履歴やゲームアプリケーションのユーザーの行動データ、TwitterなどSNSの投稿、IoTデバイスからの大量のデータなどです。

Amazon Kinesis Data Streams

Amazon Kinesis Data Firehose

Amazon Kinesis Data Analytics

Amazon Kinesis Video Streams

❑ Kinesis

データを溜め込んで定期的(たとえば夜間に1回など)に実行するのはバッチ処理です。ユーザーの行動やTwitterのツイートに対しては、翌日にアクションするよりも、なるべく早くニアリアルタイムでアクションしたほうがユーザーの満足度に繋がります。そのためには、継続的に生成されたデータを継続的に収集して、分析などの処理も継続的に行う必要があります。このような処理を得意としているサービスがKinesisです。

現在、Kinesisには4つのサービスがあります。これらのサービスを要件に応じて使い分けたり、組み合わせたりして使用します。

- ○ Amazon Kinesis Data Streams
- ○ Amazon Kinesis Data Firehose
- ○ Amazon Kinesis Data Analytics
- ○ Amazon Kinesis Video Streams

Amazon Kinesis Data Streams

Kinesis Data Streamsは、ストリームデータを収集して順番どおりにリアルタイム処理を実現します。送信データにはパーティションキーを指定します。

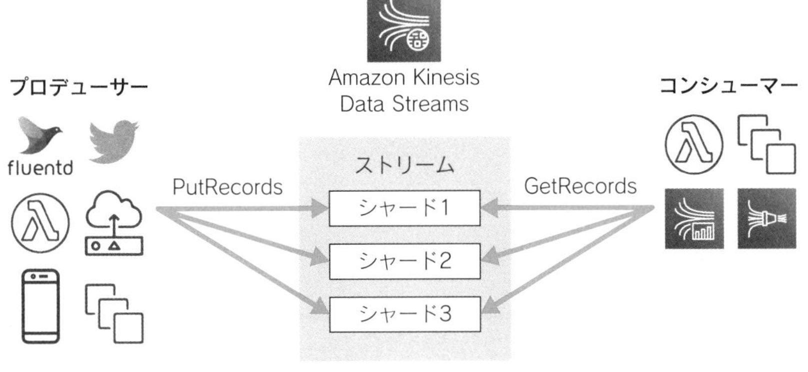

❑ Amazon Kinesis Data Streams

❑ 送信されたデータの例

```
{
  "SequenceNumber":
    "49620455832371788626058682015593048160444895903640190978",
  "ApproximateArrivalTimestamp":
    "2021-07-25T03:28:54.481000+00:00",
  "Data": "xxxxxxxxxxxxxxxxxxxxxxxxxxxxxxxxxxx",
  "PartitionKey": "1418971668987322369"
}
```

パーティションキーによって保存されるシャードが決定されます。パーティションキーはプライマリキーではないので、同じパーティションキーを持ったデータも送信できます。

シャード1つで、1秒あたり最大1MB、1000レコードの取り込みと、1秒あたり最大2MBの読み込みが可能です。1秒あたりに発生する最大の取り込み量と読み込み量に応じてシャードの数を決めます。シャードは後からでもリシャーディングにより増減可能です。

2021年11月にKinesis Data Streamsのオンデマンドモードが追加されました。シャードを設定しなくても自動でスケールしてくれます。リクエスト量が予測不可能な場合にオンデマンドモードを選択します。予測できる場合はこれまで同様にシャード数を設定する**プロビジョンドモード**を使用します。

Kinesis Data Streamsのデータ保持期間はデフォルトで24時間です。追加料金が発生しますが、最大365日までデータを保持できます。KMSキーによるサーバーサイド暗号化も可能です。

メトリクスは標準ではストリーム単位ですが、追加料金によりシャード単位の詳細なメトリクスもCloudWatchでモニタリングできます。送信されたデータは、コンシューマーがすぐにGetRecordsして使用できます。データのレイテンシーは1秒未満です。コンシューマーアプリケーションは、データを取得してリアルタイムに近い時間で加工や重複判定、有効判定処理を独自のコードで実行できます。

Amazon Kinesis Data Firehose

Kinesis Data Firehoseは大量のデータを、指定した送信先へ簡単に送ります。

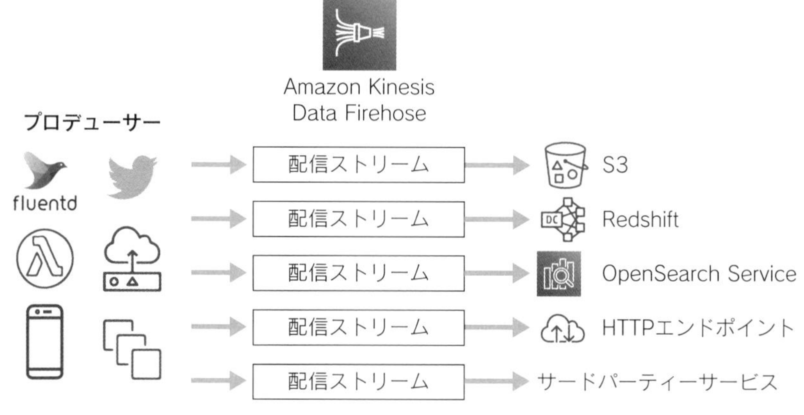

❑ Amazon Kinesis Data Firehose

送信先はS3、Redshift、OpenSearch Service、HTTPエンドポイント、SaaSなどのサードパーティサービスから選択できます。送信前にAWS Glueでのデータ変換、AWS Lambdaでのデータ加工がオプションで行えます。

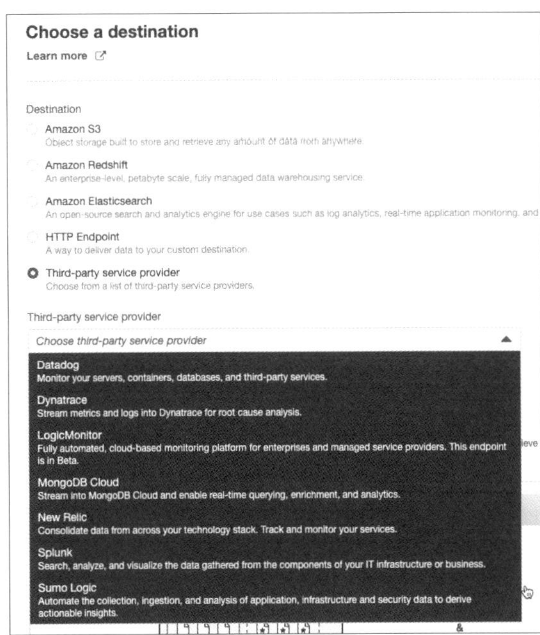

❑ Firehose送信先

送信先に送信するタイミングはバッファ設定により決定されます。指定のサイズまでデータが蓄積されるか、指定した時間が経過するかのいずれかです。最小時間は60秒です。Kinesis Data Streamsと比較してデータの遅延が発生します。

S3 buffer conditions

Kinesis Data Firehose buffers incoming records before delivering them to your S3 bucket. Record delivery will be triggered once either of these conditions has been satisfied. **Learn more**

Buffer size

5 MiB

Enter a buffer size between 1 - 128 MiB.

Buffer interval

300 seconds

Enter a buffer interval between 60 - 900 seconds.

❑ Firehoseバッファ

送信にバッファ時間が発生してもよく、送信先がFirehoseで選択できるものの場合はKinesis Data Firehoseが使用できます。逆にバッファ時間が待てない場合や、送信先がDynamoDBテーブルなどFirehoseが対応していない場合はKinesis Data Streamsを選択します。

Amazon Kinesis Data Analytics

Kinesis Data Analyticsでは、Kinesis Data Streams、Kinesis Data Firehoseのストリーミングデータを主にSQLクエリを使用して分析できます。分析結果は指定の送信先に送信できます。

❑ Amazon Kinesis Data Analytics

❑ サンプルクエリ

```
CREATE OR REPLACE STREAM
  "DESTINATION_SQL_STREAM"
    (ticker_symbol VARCHAR(4), sector VARCHAR(12),
      change REAL, price REAL);

CREATE OR REPLACE PUMP
  "STREAM_PUMP" AS INSERT INTO "DESTINATION_SQL_STREAM"
  SELECT STREAM ticker_symbol, sector, change, price
  FROM
  "SOURCE_SQL_STREAM_001"
  WHERE
  sector SIMILAR TO '%TECH%';
```

データのソースにはKinesis Data StreamsまたはKinesis Data Firehoseでストリーミングしているデータを指定できます。データに対してスキーマを定義して、SQLが実行できるようにしておきます。上記のサンプルクエリは、ストリーム(SOURCE_SQL_STREAM_001)に対してSELECTした結果をポンプ

（PUMP）を介して、ストリーム（DESTINATION_SQL_STREAM）にINSERTしています。

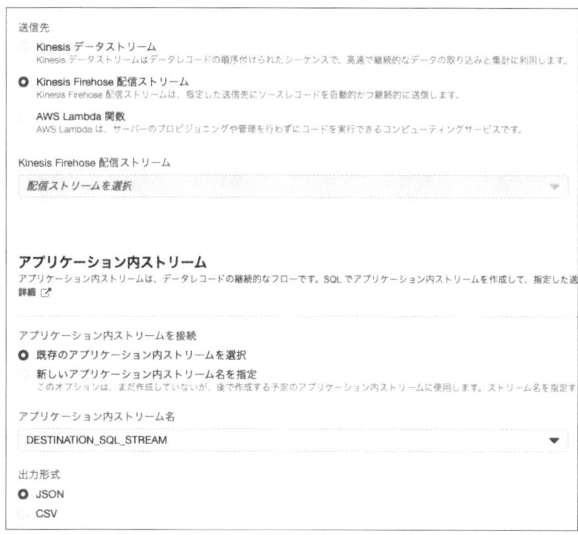

❏ Analytics送信先

こうして定義したAnalyticsアプリケーション内のストリームと送信先を設定します。

次の図は、Kinesis Data Streams、Kinesis Data Analytics、Kinesis Data Firehoseを組み合わせたストリーミングソリューションの例です。

❏ Twitterツイート分析ソリューション

繰り返しTwitterを検索して、該当ツイートをKinesis Data StreamsにLambda関数がPutRecordします。データはKinesis Data Analyticsによって条件に基づき抽出されて、Kinesis Data Firehoseに送信されます。FirehoseはS3バケットに送信します。S3バケットに蓄積されたオブジェクトはAthenaでユーザーベースのSQL検索が行えます。

Amazon Kinesis Video Streams

Kinesis Video Streamsでは、動画ストリームをAWSに収集して、Amazon Rekognition Videoなどと連携して、リアルタイムな動画分析を行えます。

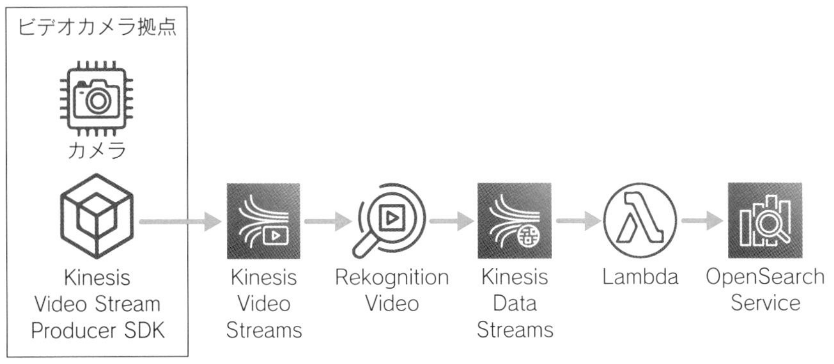

❑ Amazon Kinesis Video Streams

Amazon Managed Streaming for Apache Kafka

❑ Amazon Managed Streaming for Apache Kafka（MSK）

Amazon Managed Streaming for Apache Kafka（Amazon MSK）は、マネージドなApache Kafkaを提供するサービスです。Apache Kafkaは分散型のキューシステムにより、大量のストリーミングデータをプロデューサー、コンシューマーサービス間で受け渡す際に使用されます。VPCを指定して複数のAZ（アベイラビリティゾーン）のサブネットでKafkaクラスタを起動できて、高い可用性を提供します。

オンプレミスでApache Kafkaを使用している際の移行先や、Apache Kafkaが使用要件にある場合などに使用されます。

S3を中心としたデータレイク

クラウドに送信されたデータを収集して保存し、保存したデータを加工処理したり、分析したり、可視化したりします。可視化された結果から気づきを得てビジネス戦略を練ったり、エンドユーザーに対しての提案をしたりしています。

そのために組織はさまざまな大量のデータを収集します。データの保存先には、管理が必要なく無制限に保存でき、耐久性の高いストレージが望まれます。その要件を満たすため、ビッグデータの保存先として、S3やDynamoDBが採用されます。収集したデータは多方面から処理・分析・可視化されますが、そのためにデータの複製を持つのではなく、ストレージと他のプロセスを分けることによって、1種類のデータの保存先は1リソースと一元化してまとめることができます。このようなアーキテクチャが**データレイク**です。

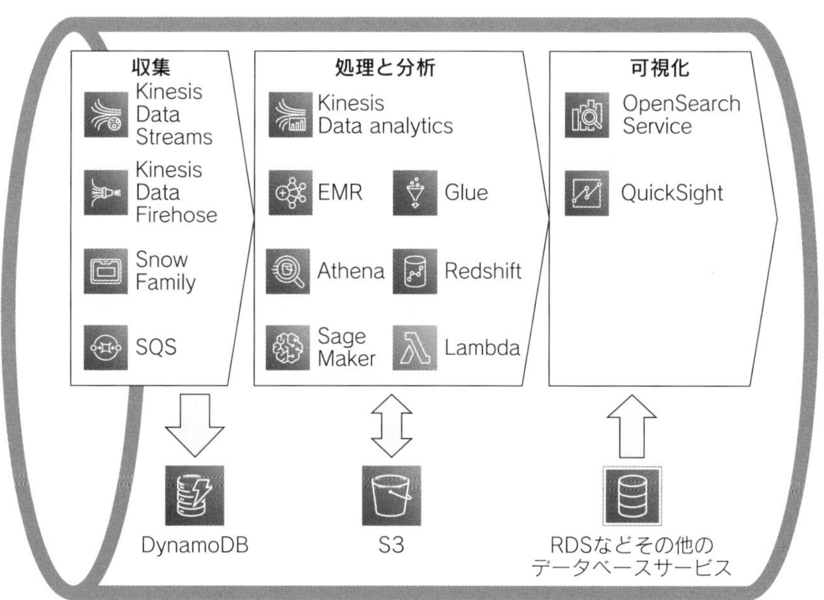

❏ データレイク

さまざまな構造化データ、非構造化データを保存する先としてS3バケットが選択され、EMR、Athena、Redshift、SageMakerなど、多方面から分析や集計レポートの作成、機械学習モデルの生成などを実行します。

ここでは関連サービスとしてGlue、Athena、Lake Formationの概要を解説します。

AWS Glue

AWS GlueはフルマネージドなETL（Extract・抽出、Transform・変換、Load・格納）サービスです。GlueはS3のデータをGlue**データカタログ**でカタログ化し、これはAthenaやRedshift Spectrumでも使用できます。

データソースとして、S3、RDS（他JDBC対応データベース）、DynamoDB、DocumentDB（他MongoDB）、Kinesis Data Streams、Apache Kafkaをサポートしています。データターゲットとしては、S3、RDS（他JDBC対応データベース）、DocumentDB（他MongoDB）をサポートしています。

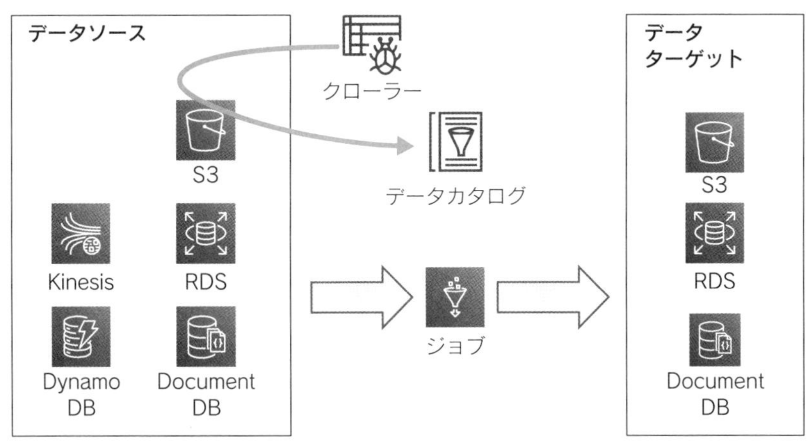

❏ AWS Glue

クローラーは指定したデータソースを読み取って、データカタログにテーブル定義を入力します。クローラーは1回の実行で複数のデータストアをクロールできます。データソースがS3の場合、オプションの増分クロールで、最後の実行後に追加されたフォルダのみをクロールし時間を短縮できます。クローラーにカスタム分類子を組み込んで、独自のスキーマを確実に読み込むことも可能です。

ETLジョブでは、データカタログをソースの定義として、ターゲットへマッピングするとPythonコードを自動生成します。ETLジョブはスケジュールによって定期的に、またはイベントトリガーで実行し、データを変換します。

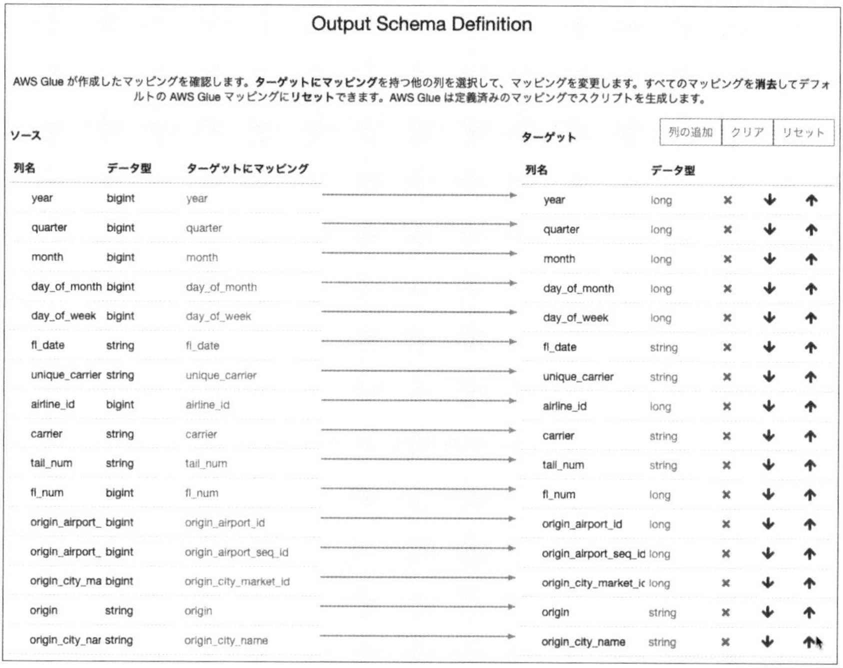

Output Schema Definition

AWS Glue が作成したマッピングを確認します。**ターゲットにマッピング**を持つ他の列を選択して、マッピングを変更します。すべてのマッピングを**消去**してデフォルトの AWS Glue マッピングに**リセット**できます。AWS Glue は定義済みのマッピングでスクリプトを生成します。

ソース　　　**ターゲット**　　列の追加　クリア　リセット

列名	データ型	ターゲットにマッピング	列名	データ型
year	bigint	year	year	long
quarter	bigint	quarter	quarter	long
month	bigint	month	month	long
day_of_month	bigint	day_of_month	day_of_month	long
day_of_week	bigint	day_of_week	day_of_week	long
fl_date	string	fl_date	fl_date	string
unique_carrier	string	unique_carrier	unique_carrier	string
airline_id	bigint	airline_id	airline_id	long
carrier	string	carrier	carrier	string
tail_num	string	tail_num	tail_num	string
fl_num	bigint	fl_num	fl_num	long
origin_airport_	bigint	origin_airport_id	origin_airport_id	long
origin_airport_	bigint	origin_airport_seq_id	origin_airport_seq_id	long
origin_city_ma	bigint	origin_city_market_id	origin_city_market_ic	long
origin	string	origin	origin	string
origin_city_nar	string	origin_city_name	origin_city_name	string

❑ ETLジョブのマッピング

たとえば、ソースであるS3バケットのJSONを、データカタログのテーブル定義に沿って読み取って、分析しやすいようにApache Parquet形式に変換してターゲットのS3バケットへ保存できます。

Amazon Athena

Amazon Athenaは、S3内のデータをSQLを使用して簡単に分析できるサービスです。S3に格納したCSV、JSON、ParquetなどのデータをSQLで分析する要件の場合は、まずAthenaを検討します。

❑ Amazon Athenaのクエリ実行画面

S3バケットに格納されているCloudTrailのログをSQLで抽出した画面です。

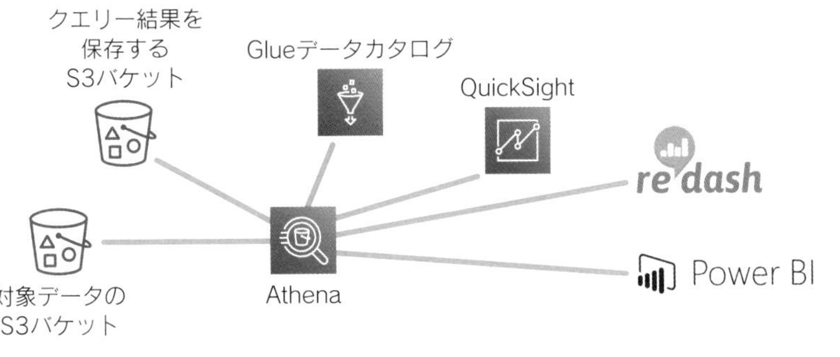

❑ Amazon Athena

Athenaはクエリの結果をあらかじめ指定したS3バケットに保存します。AthenaをデータソースとしてサポートしているBI(ビジネスインテリジェンス)ツールを使うことでSQLクエリの結果をグラフなどで可視化したり、セルフ分析できます。もちろん、AWSのBIサービスであるQuickSightからも可視化できます。

Athenaで使用するデータベース、テーブルはGlueのデータカタログのデータベース、テーブルです。AthenaのクエリエディタからSQLで作成することも、

Glueクローラーで自動作成することも可能です。

❏ テーブル作成時のCREATE文

```
REATE EXTERNAL TABLE `cloudtrail_yamamugi_partiion_table`(
  `eventversion` string COMMENT 'from deserializer',
  `eventtime` string COMMENT 'from deserializer',
  `eventsource` string COMMENT 'from deserializer',
  `eventname` string COMMENT 'from deserializer',
  `awsregion` string COMMENT 'from deserializer',
  `sourceipaddress` string COMMENT 'from deserializer',
  `useragent` string COMMENT 'from deserializer',

  ～中略～

  `sharedeventid` string COMMENT 'from deserializer',
  `vpcendpointid` string COMMENT 'from deserializer')
PARTITIONED BY (
  `region` string,
  `year` string,
  `month` string,
  `day` string)
ROW FORMAT SERDE
  'com.amazon.emr.hive.serde.CloudTrailSerde'
STORED AS INPUTFORMAT
  'com.amazon.emr.cloudtrail.CloudTrailInputFormat'
OUTPUTFORMAT
  'org.apache.hadoop.hive.ql.io.HiveIgnoreKeyTextOutputFormat'
LOCATION
  's3://bucketname/AWSLogs/123456789012'
TBLPROPERTIES (
  'transient_lastDdlTime'='1622711468')
```

上記はCloudTrailログを検索する際のテーブル作成時のCREATE文の例です。このようにSQLを直接実行してテーブルを作成できます。対象データは、次のようにLOCATIONで指定したプレフィックスの後ろに、さらにプレフィックスがあっても問題ありません。

最終更新日	Thu Jun 03 18:11:08 GMT+900 2021
入力形式	com.amazon.emr.cloudtrail.CloudTrailInputFormat
出力形式	org.apache.hadoop.hive.ql.io.HiveIgnoreKeyTextOutputFormat
Serde シリアル化ライブラリ	com.amazon.emr.hive.serde.CloudTrailSerde
Serde パラメータ	serialization.format 1
テーブルのプロパティ	EXTERNAL TRUE transient_lastDdlTime 1622711468

スキーマ

表示中: 1 - 27 of 27

	列名	データ型	パーティションキー	コメント
1	eventversion	string		
2	useridentity	struct		
3	eventtime	string		
4	eventsource	string		
5	eventname	string		
6	awsregion	string		
7	sourceipaddress	string		
8	useragent	string		
9	errorcode	string		
10	errormessage	string		
11	requestparameters	string		
12	responseelements	string		

❑ Glueデータカタログ

Athenaで作成したテーブルの定義はGlueデータカタログに保存されます。

AWS Lake Formation

AWS Lake Formationによりデータレイクのすばやい構築、きめ細やかなアクセス制限を設定できます。

✱ ブループリント

Lake Formationに用意されているブループリントを使用すると、RDSデータベース、CloudTrail、Application Load BalancerからS3へデータを収集するために必要なリソースを自動で作成できます。作成されるリソースはGlueのクローラー、ジョブとそれらを実行制御するワークフローです。ブループリントによって作成したデータ収集を定期的に実行することも可能です。ブループリントによって作成されたワークフローは編集して個別の要件に合わせて調整できます。

✱Lake Formationのアクセス制御

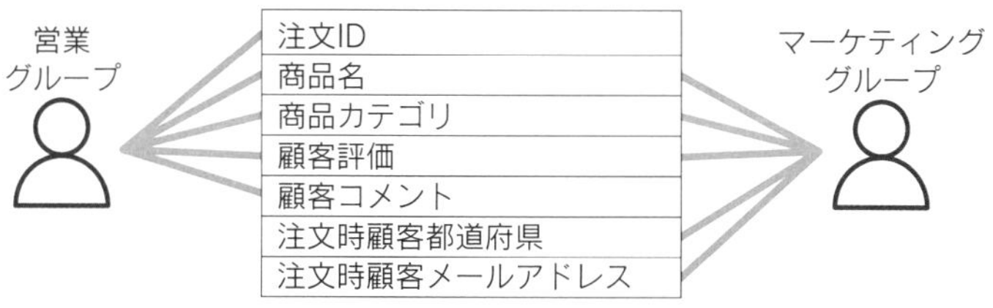

❑ Lake Formationのアクセス制御

Lake Formationに登録されたS3バケットのプレフィックスなどのロケーションのデータへ、パーミッション設定によりきめ細やかなアクセス設定ができます。

上図では、営業グループには商品に対する顧客の評価とコメントへのアクセスは許可して、メールアドレスなど個人情報にはアクセスさせません。マーケティンググループは一定以上の評価をした特定地域の顧客にDMを送信するためにアクセスしますが、コメントは必要ないのでアクセスさせないといったような制御が可能です。

Lake Formationのデータロケーション設定はGlueデータベースと連携され、データベース、テーブル、列、行、セルの単位までIAMユーザーやグループごとに制御可能です。Select文を実行する場合も、特定の列を一部のIAMユーザーには見せないなど、BIソフトウェアのような細かなアクセス権限が設定できます。

AWS Data Exchange

❑ AWS Data Exchange

AWS Data Exchangeでは、データプロバイダーが提供するデータ製品をS3バケットにインポートできます。たとえば、IMDbの映画テレビ関連のマーケティングデータや、Foursquareの位置SNSで収集されたデータなど、さまざまな有料・無料のデータが提供されています。このようなデータを社内で生成されたデータと組み合わせる際に活用できます。

❏ AWS Data Exchangeデータ製品

データカタログを検索するとCOVID-19関連のデータなども使用できることがわかります。

Amazon AppFlow

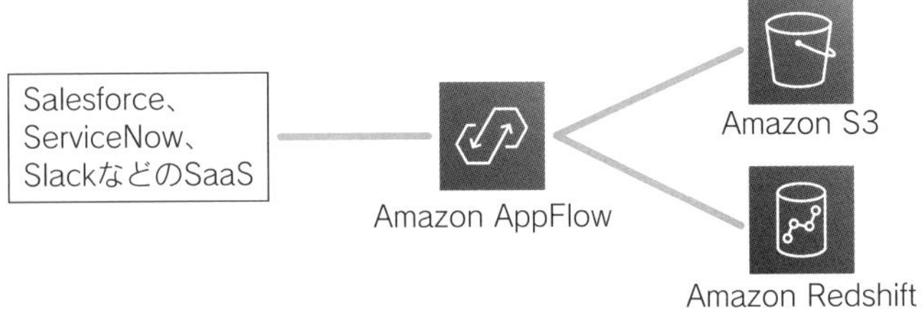

❏ Amazon AppFlow

Amazon AppFlowはSalesforce、ServiceNow、Slack、Datadog、Zendeskなど、さまざまなSaaSサービスから、コードを開発することなく、S3やRedshiftなどのAWSサービスへデータを連携できます。外部SaaSからのノーコードなデータ連携サービスです。AWS以外のSaaSから生成されたデータもデータレイクに統合できます。

Amazon SageMaker

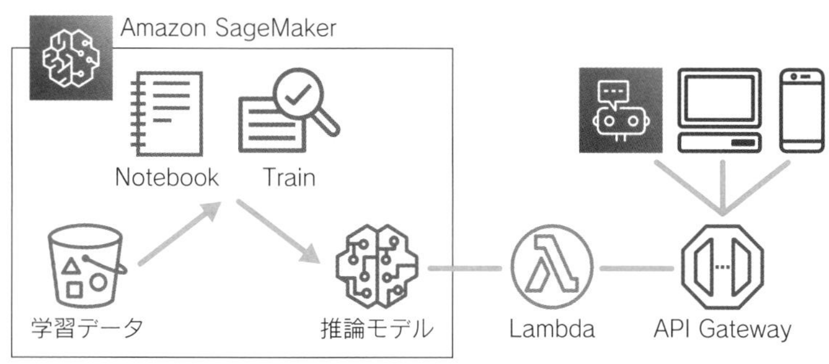

❑ Amazon SageMaker

機械学習のトレーニングのための環境構築、作成した推論モデルのデプロイなどを提供しているサービスがAmazon SageMakerです。学習が終われば学習のための環境は維持する必要がなく、解放して請求を止められます。

S3に蓄積したデータをSageMakerによりトレーニングして企業独自の推論モデルを作成して、アプリケーションから使用できます。

学習データのラベリング作業をサポートするGround Truth、学習を指示するJupyter NotebookなどがSageMakerにより提供されます。学習が完了するとモデルはECRにコンテナイメージとしてアップロードされます。

Amazon Comprehend

Amazon Comprehendは、文章テキストから自動でキーワードを抽出したり、ネガティブ／ポジティブを判定したりできます。S3バケットに蓄積した顧客の問い合わせデータを自動分析してネガティブ／ポジティブを数値判定したり、商品レビューからキーワードを抽出したりすることで、顧客がどこに注目しているかを判定するのに役立ちます。個人特定情報(PII)の自動識別も可能です。

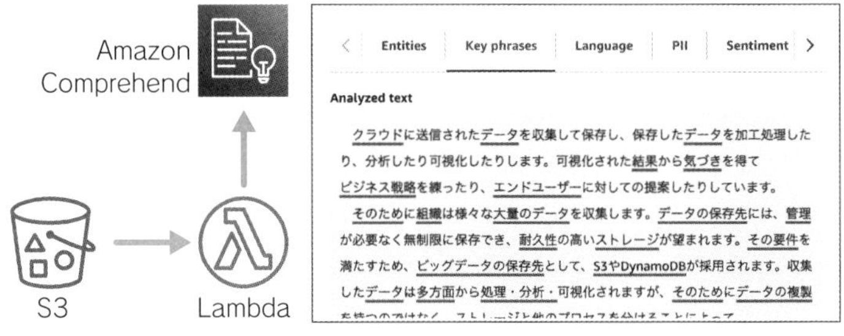

❏ Amazon Comprehend

Amazon Rekognition

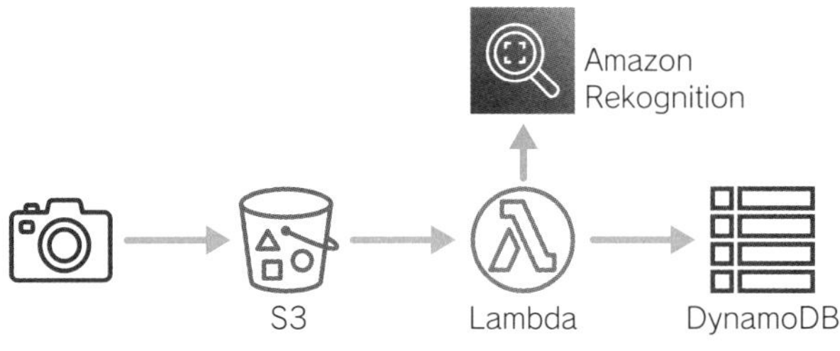

❏ Amazon Rekognition

Amazon Rekognitionは画像、動画を分析できるサービスです。S3バケットにアップロードした画像データから顔を比較して個人を自動特定して顔認証を実現したり、写真内の要素を検出して自動でラベルを設定したり、マスクやヘルメット装着判定を自動化したりできます。他のユースケースとしては、ロゴの不正使用の自動検出や、利用規約に違反した動画・画像のアップロードを自動で防ぐなどがあります。

Amazon Forecast

Amazon ForecastではS3に蓄積した過去の時系列データをもとに、将来予測を作成できます。Forecastにデータを読み込ませることで、解析、特徴判定、モデルの作成、再トレーニングなどの機械学習環境を管理することなく実現できます。

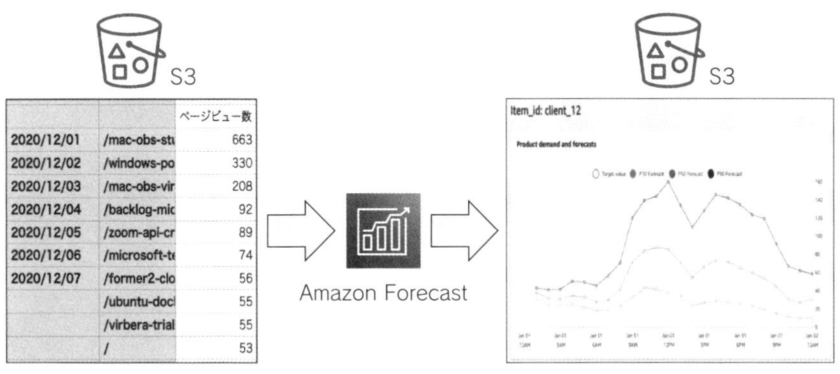

❑ Amazon Forecast

Amazon Fraud Detector

❑ Amazon Fraud Detector

Amazon Fraud Detectorはオンライン決済詐欺や偽アカウントによる不正を自動検知できます。Fraud Detectorでは、与えたS3バケットのデータによって自動で不正を検出するAPIが構築されます。アプリケーションからは、そのAPIへユーザーの決済や新規アカウント登録のパラメータとともにリクエストして、不正かどうかの結果を確認できます。

Amazon Kendra

Amazon KendraはS3、FSx、RDSなどのAWSサービスや、SaaSのストレージサービスの情報をインデックスして、自然言語検索サービスを構築できます。自然言語で検索できるFAQシステムや、社内で情報を検索するサービスを構築することなどができます。

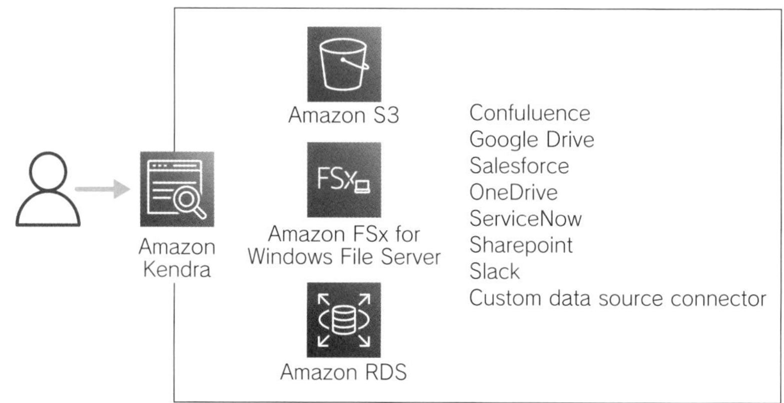

❏ Amazon Kendra

Amazon Translate

❏ Amazon Translate

Amazon Translateは翻訳サービスです。すぐに使い始めることもできますし、サービスやブランドの特定言語の翻訳定義のカスタマイズも可能です。翻訳対象のファイル形式はテキスト、HTML、Word、Excel、PowerPointなどから選択できます。

グローバルに展開するサービスのローカライゼーションや、他サービスと連携した多言語での分析、音声変換、字幕作成などが実現できます。

Amazon Polly

❏ Amazon Polly

Amazon Pollyはテキストを音声に変換します。言語ごとに男性／女性の音声が用意されていて、プロパティで選択できます。MP3などの音声ファイルへの変換をサポートしていて、ほぼリアルタイムな変換、ストリーミング再生が可能です。

SSML（Speech Synthesis Markup Language）に対応していて、声の音程を上下させたり、スピードを調整したり、ささやき声にしたり、間を取ったりといった微調整が可能です。

Amazon Transcribe

❏ Amazon Transcribe

Amazon Transcribeは音声をテキストに変換します。顧客との音声での会話をTranscribeでテキストに変換し、Comprehendで自動分析するなどして、チャットやメールだけでなく音声コミュニケーションも分析対象にできます。議事録の作成補助や字幕にも使用できます。

Amazon Textract

Amazon Textractは手書きのドキュメントから自動で文字を抽出して、テキストデータにできます。アンケートや申込書など、手書きで集めた情報からのテキスト抽出を自動化できます。

光学文字認識（OCR）と呼ばれる技術に該当するサービスですが、従来のOCRのレベルに留まらず、どこに書いてあっても自動で抽出できます。定型フォームの記載場所などを手動で指定しておく必要がありません。

❑ Amazon Textract

Amazon Lex

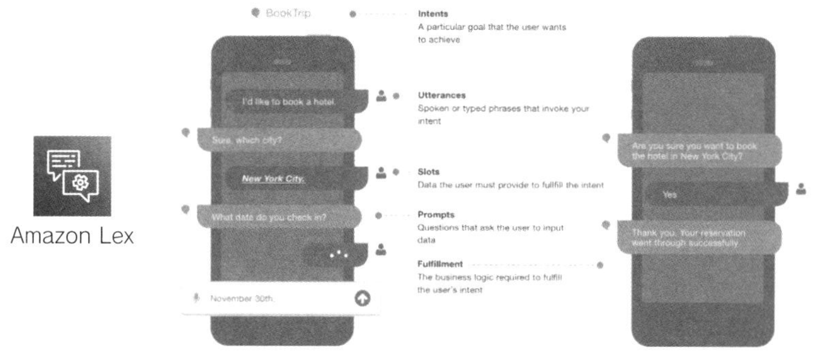

❑ Amazon Lex

Amazon LexはAlexaと同じ会話型AIでチャットボットを作成できます。よくある対応やナビゲートなどを、チャットボットによって無人化できます。

Amazon ConnectやKendraと連携して、サポートセンターを構築するのに役立ちます。顧客の問い合わせから指定したLambda関数を実行して、複雑なバックエンド処理も実行できます。

Amazon Simple Email Service

Amazon Simple Email Service（SES）は、大規模なEメール送受信を可能とするサービスです。所有ドメインに対してのメール受信や、キャンペーンメールの送信などを行うことが可能です。

SES受信

Route 53などのDNSサービスで、MXレコードをSESドメインに向けて設定します。たとえば、バージニア北部ならinbound-smtp.us-east-1.amazonaws.comです。

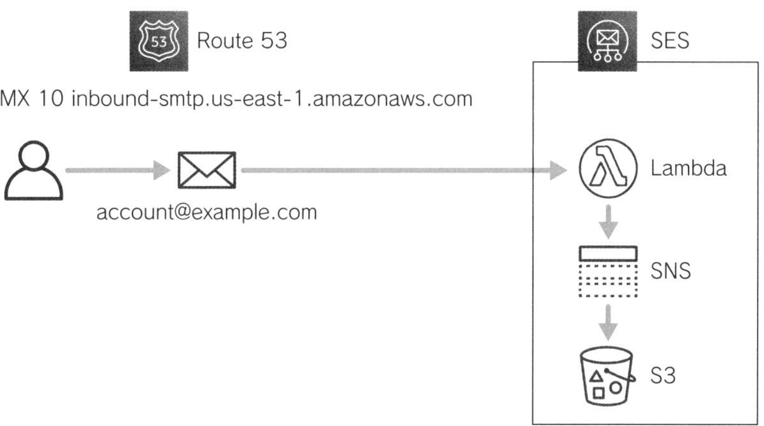

❑ SESメール受信

受信時のアクションをルール定義できます。たとえば、任意のLambda関数でスパムなどのフィルタリング判定をして、SNSトピックにメール受信したことをイベントとして通知して、S3バケットにメールメッセージを保存するといったことができます。メール受信をイベントトリガーとして、その後の運用を自動化できます。

SES送信

SESはメールを送信できます。エンドユーザーからの問い合わせフォームや資料請求、ECサイトでの購入確認メールの送信など、取引における送信メールの自動化、マーケティング目的のダイレクトメールや、エンドユーザーへの一括アナウンスを自動化できます。

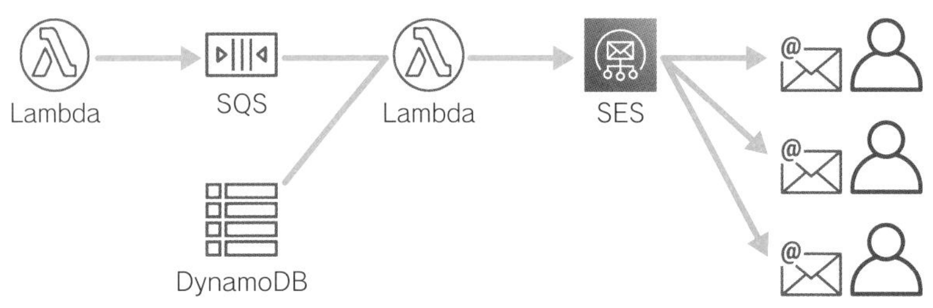

❏ SESメール送信

たとえば、フォームから問い合わせが送信されたときに、必要な情報や返信する文章などはDynamoDBに保存されているとします。送信するためのジョブメッセージはSQSキューに送信されます。SQSキューをトリガーとしているLambdaがSES SendEmail APIにリクエストして、メールを送信できます。

キャンペーンメールなどを配信した後には、メールの到達や開封などのイベントをモニタリングして、分析します。そうすることで、より効果的でエンドユーザーに価値のある情報発信へと改善していくことができます。そのためにマーケティング部門の担当者がSQLなどで分析することもあります。

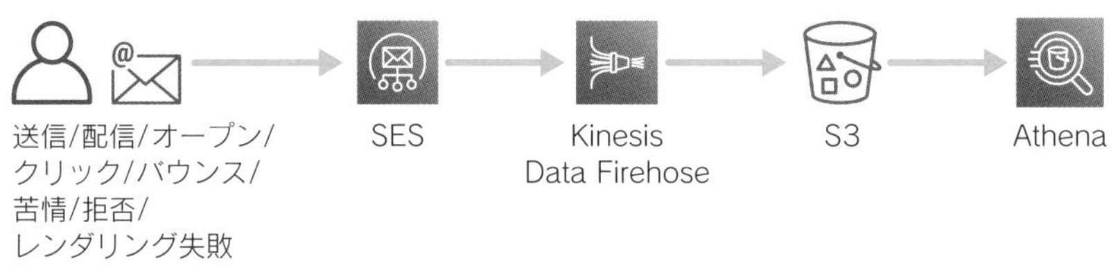

❏ Firehoseへイベント発行

Amazon SESはイベント発行設定で、Kinesis Data Firehose、CloudWatch Event、Pinpoint、SNSを送信先として設定できます。上図ではKinesis Data FirehoseからS3へイベントを保存して、AthenaでSQL分析できるようにしています。ses.amazonaws.comからのsts:AssumeRoleを許可した信頼ポリシーを持つIAMロールに、実行ポリシーでfirehose:PutRecordBatchを許可する必要があります。SES設定セットを作成して、イベント送信先にKinesis Data

Firehoseなどを指定します。SendEmail APIアクションのパラメータで、X-SES CONFIGURATION-SETに設定セットを指定してメールを送信します。

Amazon Pinpoint

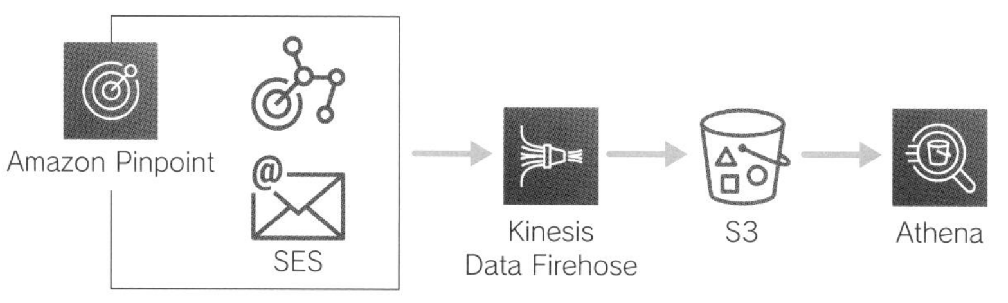

❑ Amazon Pinpoint

Amazon Pinpointはマーケティングのためのサービスです。顧客にメール、ショートメッセージ（SMS）、アプリケーションプッシュメッセージなどでキャンペーンメッセージを送ります。そのメッセージが届いた、見られた、リンクがクリックされたなどのアクティビティを分析できます。

メッセージの送信にはAmazon SESなどが使用できて、分析にはPinpoint、S3＋Athena、Redshiftなどを使用できます。

AWS Transfer Family

AWS Transfer Familyを使用することで、S3バケット、EFSファイルシステムへのデータ保存に、SFTP、FTPS、FTPプロトコルが使用できます。S3やEFSへのデータの読み取り、書き込みの権限は、TransferサービスがIAMロールを引き受けることで実現できます。S3に関してはセッションポリシーも有効なので、クライアントユーザーごとに対象のプレフィックスを絞り込むことも可能です。SFTPでパブリックなエンドポイントを使用することもできますし、VPCエンドポイントを使用したプライベートなエンドポイントを作成することもできます。

ユーザーIDの認証は、Transfer Familyサービス自体でマネージドとして管理するか、AWS Directory Service for Microsoft Active Directoryを使用するか、API Gateway経由で独自の認証サービスも利用するか、選ぶことができます。

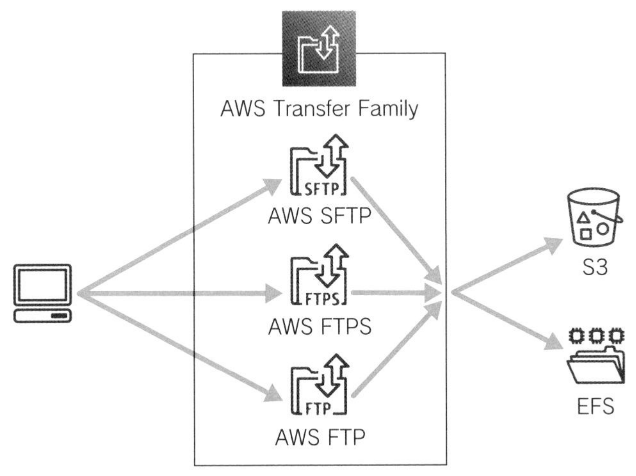

❏ AWS Transfer Family

クライアントから送信先のIPアドレスを固定化したい場合は、Elastic IPアドレスの使用もできます。SFTP対応サーバーをVPCで設定し、パブリックサブネットにエンドポイントを設定します。リージョンで作成済みのElastic IPアドレスを設定できます。エンドポイントにはセキュリティグループが設定できるので、特定の送信元からの送信のみを許可できます。

エンドポイントの設定 情報

エンドポイントのタイプ
エンドポイントをパブリックにアクセス可能にするか、VPC 内でホストするかを選択します。

○ パブリックアクセス可能
インターネット経由でアクセス可能

◉ VPC でホスト 情報
セキュリティグループを使用したアクセスコントロール

カスタムホスト名 情報
サーバーエンドポイントのカスタムエイリアスを指定してください。
なし ▼

アクセス 情報
○ 内部
◉ インターネット向け

VPC
VPC ID を選択
vpc-0b75df0ec79a8d4dd ▼ | C | VPC を作成

アベイラビリティーゾーン

☑ us-east-1a

サブネット ID
subnet-0a015efcd527db160 ▼

IPv4 アドレス
50.16.120.90 (eipalloc-0184deb9... ▼

❏ SFTP対応サーバーでElastic IPアドレスを使用する

IPアドレスに依存した設計

Network Load BalancerにIPアドレスを固定する

たとえば、外部送信元サーバーに許可リストがあり、そのサーバーが所有している固定化されたパブリックIPアドレスが登録済みで、変更には運用プロセス上の時間がかかることもあります。このような柔軟ではない構成に対応する必要がある場合は、サービスをNetwork Load Balancerで構築する手段もあります。

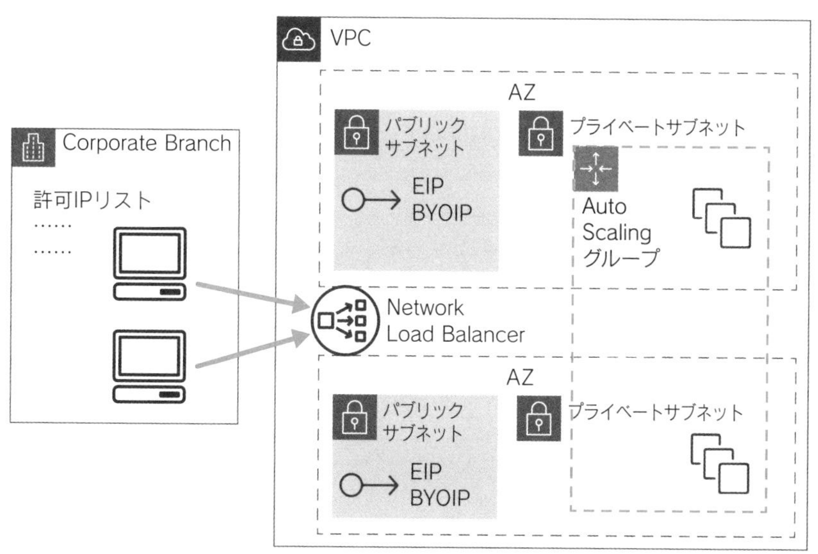

❏ Network Load BalancerにIPアドレスを固定する

Elastic IP（EIP）アドレスには、BYOIPとしてAWSに持ち込んだIPアドレスを設定できます。Network Load BalancerにはAZ（アベイラビリティゾーン）ごとにElastic IPアドレスを設定できます。これによりオンプレミスで使用していたIPアドレスを使用できるので、外部の許可リストを更新しなくてもシステムを移行できます。

Elastic Network Interface

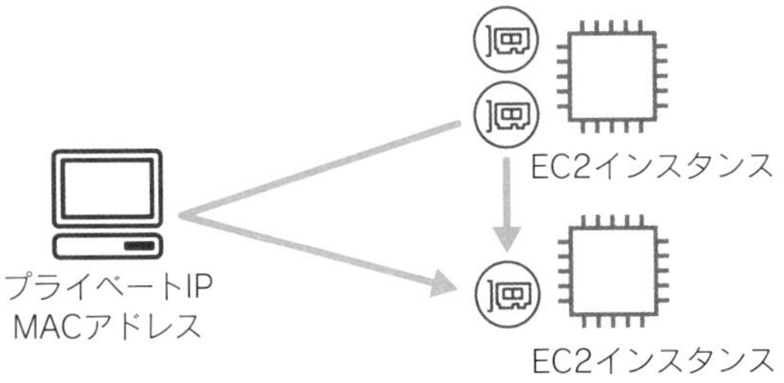

❑ Elastic Network Interface

Elastic Network Interface（ENI）には、プライベートIPアドレス、MACアドレスやセキュリティグループ、Elastic IPアドレスなどを紐付けておくことができます。プライベートIPアドレス、MACアドレスが情報として事前に必要な場合や、固定しないといけない場合は、ENIを作成しておいて起動したEC2インスタンスにアタッチできます。

Egress-Onlyインターネットゲートウェイ

VPCではIPv6を使用できます。IPv4では、プライベートサブネットからインターネットへの出口にNATゲートウェイを使用しますが、IPv6ではEgress-Onlyインターネットゲートウェイを使用します。

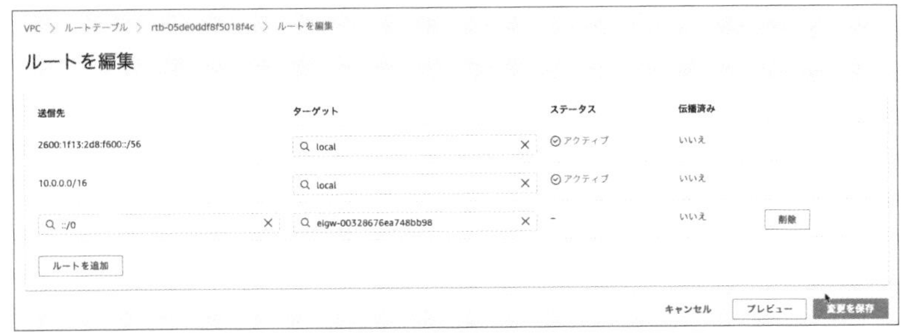

❑ Egress-Onlyインターネットゲートウェイ

Egress-Onlyインターネットゲートウェイは、インターネットゲートウェイ同様にVPCにアタッチしてルートテーブルでターゲットとして設定します。名前のとおりVPC内からのアウトバウンド専用のゲートウェイです。

低遅延を実現するサービス

低遅延（低レイテンシー）といえばCloudFrontやGlobalAcceleratorが思い浮かびますが、ここでは特別な要件に対応するためのOutposts、Wavelength、Local Zonesについて解説します。

AWS Outposts

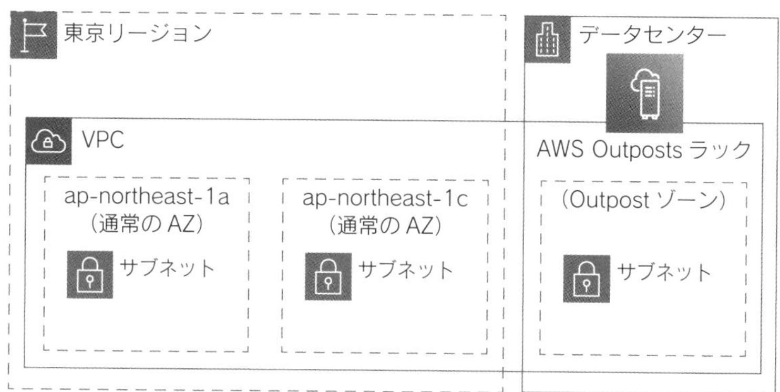

❏ AWS Outposts

AWS Outpostsでは、AWSのデータセンターで運用されているものと同様のハードウェア機器が、ラックサーバー単位で、指定したオンプレミスデータセンターに設置されます。最も近い場所でAWSサービスを使用できるサービスです。オンプレミスのロケーションでAWSサービスを使用することにより極力レイテンシーを下げます。クラウドへの移行が簡単ではないローカルの大量なデータを処理するために使用したり、非常に厳しい規制を実現するために、特定の地域にデータを留めなければならない場合にも検討できます。

❏ re:Invent会場に展示されていたAWS Outposts

ラック、サーバー、スイッチ、ケーブルなどのOutposts機器は、すべてAWSが所有し管理するので、ユーザーは物理的な管理をしません。本書執筆時点でサポートされているサービスは以下のとおりです。

- Amazon EC2、EBS
- Amazon ECS/EKS
- Amazon ElastiCache
- Amazon EMR
- Amazon RDS
- Amazon S3
- Application Load Balancer
- AWS App Mesh

AWS Local Zones

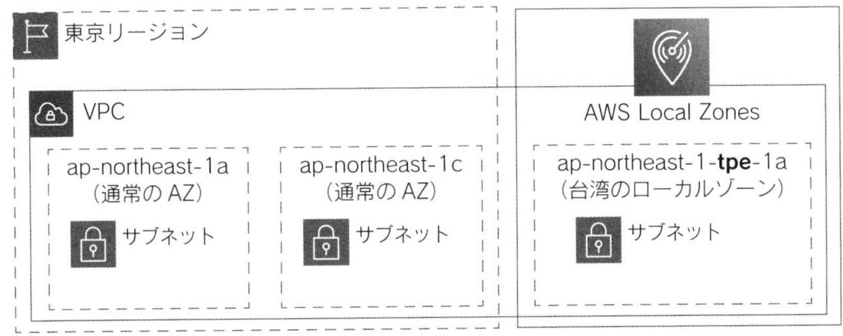

❑ AWS Local Zones

AWS Local Zonesはリージョンの拡張です。リージョンよりもユーザーに近い拠点で一部のサービスを使用できます。VPCのダッシュボードから有効にすることでサブネット作成時に選択できます。

Local Zonesは主要都市に作成され、リージョンに紐付いて使用できます。東京リージョンには台湾の台北リージョンがあります。バージニア北部リージョンにはマイアミ、シカゴ、ボストンなど東海岸に近い主要都市のLocal Zonesがあります。

AWS Wavelength

AWS Wavelengthでは、5Gネットワークの通信事業者のネットワークへの直接的なデータ送受信が可能になります。Wavelengthを使用することにより、インターネット上のホップを経由することで生じるレイテンシーを回避し、

5Gネットワークの低レイテンシー、広い帯域幅のメリットを最大限に活かすことが可能です。日本ではKDDI 5Gネットワークを利用できます。

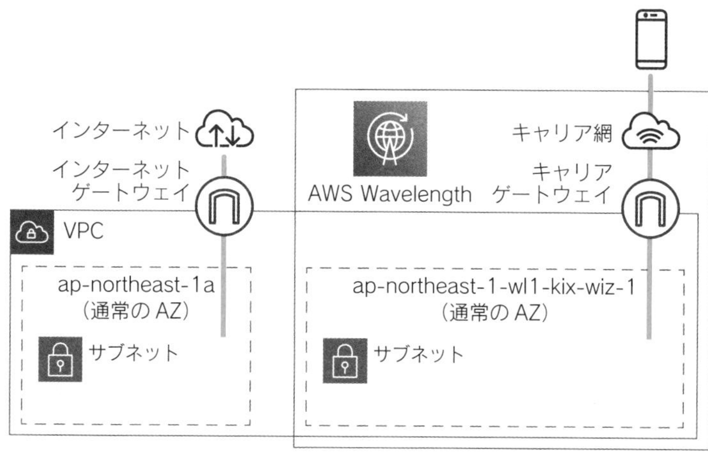

❑ AWS Wavelength

AWS Local Zones同様にEC2のダッシュボードから有効にすることで、リージョンに紐付いたWavelengthゾーンをサブネット作成時に選択できます。キャリアゲートウェイとキャリアゲートウェイへのルートをサブネットに関連付けて使用します。

❑ Wavelengthゾーン選択

マネージドデータベース

目的別データベースとマネージドデータベース

❑ マネージドデータベース

データベースはそれぞれの目的のために作られています。1つのデータベースエンジンやデータベースだけをどんな場合でも使うのではなく、要件に応じて選択することが重要です。

AWSにはさまざまなマネージドデータベースが目的別で用意されているので、最適なデータベースを選択できるように使い分けを意識しましょう。既存のデータベースソフトウェアと互換性を持っているマネージドデータベースサービスも多数あり、簡単に移行できます。

ここでは、特定要件で選択されるマネージドデータベースサービスを解説します。

Amazon Neptune

Amazon Neptuneはグラフデータベースで、ノード同士の関係性を保存して検索する機能を提供します。次の図では、ノードは人や使用端末やWebサービスです。「友達」や「いいね」などが関係性です。

顧客の関係性をもとに興味を推測したり、同じ趣味の人の購入履歴から商品を提案したりできます。不正検出のユースケースでは、送信元IPアドレスやメールアドレスの使用パターンに基づいて、不正な会員登録などを予防できます。

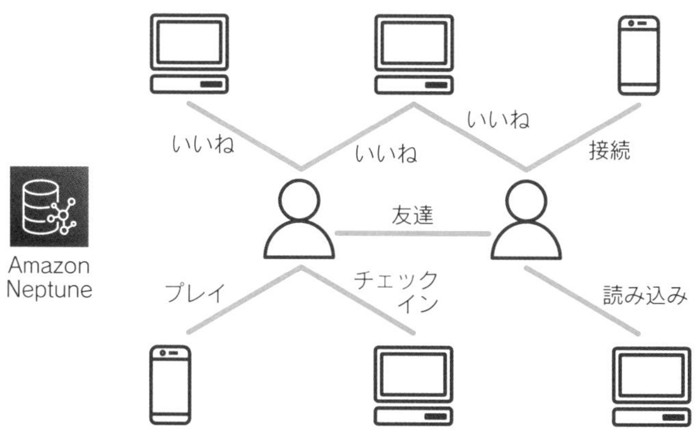

❑ Amazon Neptune

Amazon DocumentDB

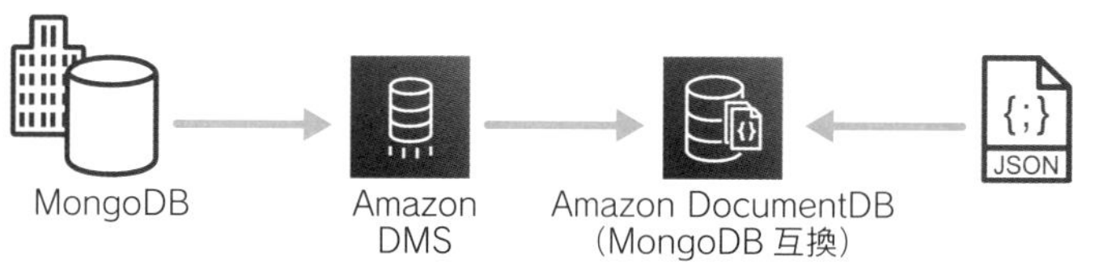

❑ Amazon DocumentDB

Amazon DocumentDBはMongoDBと互換性を持ったマネージドデータベースサービスです。MongoDB同様にJSONデータを保管し、クエリ検索、インデックス作成ができます。

AWS Database Migration Service（AWS DMS）はMongoDBからDocuemntDBへの移行をサポートしています。JSONドキュメントをそのまま格納できる、スキーマを意識しないデータベースです。CMSコンテンツやユーザープロファイルなど、属性を固定しない情報を扱うユースケースで特に使用されます。

Amazon Keyspaces

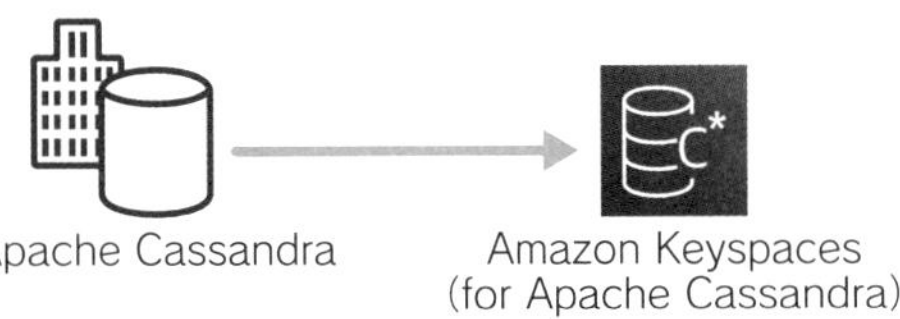

❏ Amazon Keyspaces

Amazon KeyspacesはApache Cassandra互換のマネージドデータベースサービスです。EC2インスタンスにApache Cassandraをインストールしてアンマネージドとして使用しなくても、メンテナンス、バックアップなどの運用を管理することなく使用できます。

Apache Cassandra同様にCassandraクエリ言語(CQL)、API、Cassandraドライバーをサポートしているので、これまで同様の開発者ツールを使えます。暗号化、複数のAZ(アベイラビリティゾーン)での高可用性、継続的バックアップ、1桁ミリ秒の応答時間など、他のAWSマネージドデータベースサービス同様に、ユーザーが苦労しなくても高機能、高性能を提供します。

Amazon Timestream

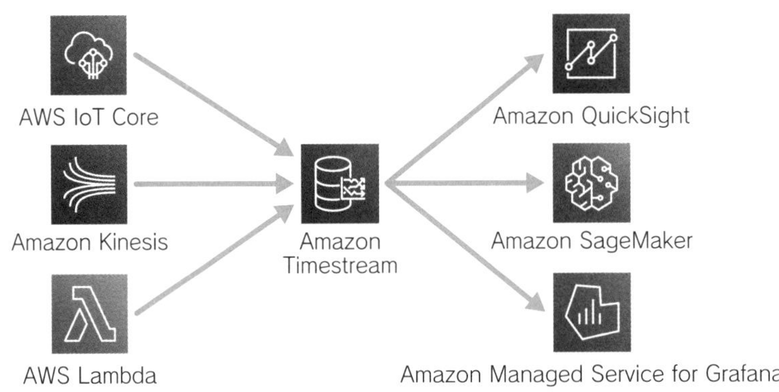

❏ Amazon Timestream

Amazon Timestreamは時系列データを管理することに特化した、マネージドデータベースサービスです。RDSなどのリレーショナルデータベースや、DynamoDBなどの非リレーショナルデータベースでももちろん時系列データの管理はできますが、Timestreamのほうがパフォーマンス、コストの面でメリットがあります。

マネージドアプリケーションサービス

特定要件で選択される一部のマネージドアプリケーションサービスを解説します。

AWS AppSync

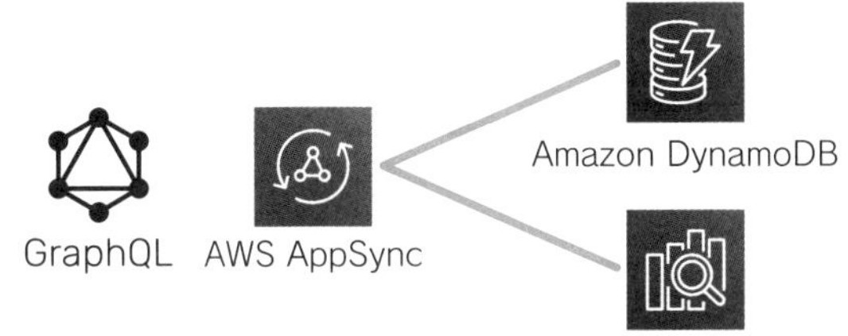

❏ AWS AppSync

AWS AppSyncはGraphQL APIとPub/Sub APIを高速に開発できます。DynamoDBテーブル、OpenSearch Serviceなどへ安全に接続してデータの読み書きが行えます。モバイルアプリケーションなどから安全に接続したり、Webチャットアプリケーションで更新メッセージを相互に受け取ったりすることが実現できます。

AWS Device Farm

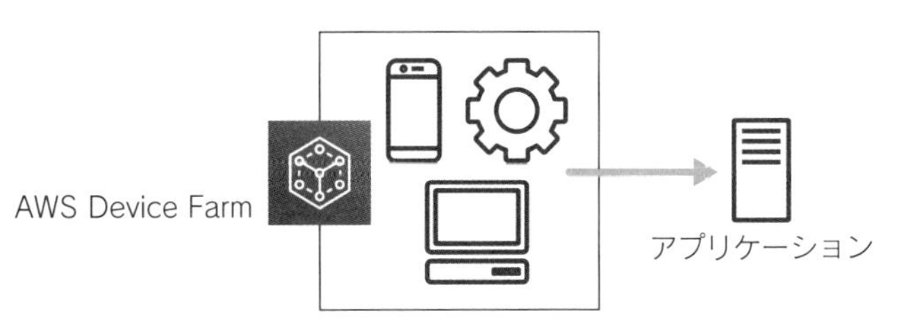

❏ AWS Device Farm

AWS Device Farmはアプリケーションに対する複数のブラウザ、複数のモバイルデバイスからのテストを実行します。

アプリケーションをテストするために、ブラウザはまだしも、複数のiPad/iPhone/Android端末を揃えて維持するのはたいへんです。Device Farmは複数の端末デバイスからのテストをクラウド上で行えます。CodePipelineなどで実行するCI/CDパイプラインで、Device Farmのテストを組み込んで自動化できます。

移行後アーキテクチャとモダナイゼーションのポイント

- コンテナイメージはECRで管理、共有できる。
- Kubernetesを使用する場合はEKSを選択する。
- App Runnerを使用してGitHub、ECRから簡単にアプリケーションをデプロイして運用できる。
- Managed Service for Prometheusはコンテナと相性のよいモニタリング、アラートサービス。
- Managed Service for Grafanaはさまざまなデータソースを統合するダッシュボード。
- Kinesis Data Streamsによりリアルタイムなデータ収集、順番を守った処理が実現できる。
- Kinesis Data Streamsのシャードは1シャードにつき1秒間の1MB、1000回の書き込み、2MBの読み込みが可能。
- Kinesis Data Firehoseは最小60秒のバッファが必要だが、簡単にデータを送信できる。
- Kinesis Data AnalyticsはストリームデータにSQLで検索をかけることができ、送信先に送信できる。
- Kinesis Video Streamsは動画ストリーミングデータをAWSに収集して分析などの処理と連携する。
- ストリーミングデータの処理にApache Kafkaを使用する場合はManaged Streaming for Apache Kafka(MSK)を使用する。
- 大量のデータを無制限に保存できるS3バケットをデータレイクとして、データのさまざまな加工処理、分析、可視化ができる。
- Glueクローラーは、データソースを読み取ってデータカタログにテーブル定義を自動入力する。

- ECSを使用することでコンテナの管理を集中的に実行できる。
- Fargateを使用することで、EC2クラスタの管理が不要になり、よりコンテナの管理に集中できる。
- awsvpcネットワークモードで起動することで、タスクのENIにセキュリティグループが設定できる。
- ECSタスク定義でIAMロール、環境変数などが設定できる。
- Glue ETLジョブは、データソースからデータカタログ定義に沿ってデータを読み取って、変換して、ターゲットに保存する。
- AthenaはS3内のデータをSQLを使用して分析できる。
- Lake Formationのブループリントによりすばやくデータレイクを構築できる。
- Lake Formationにより、列、行、セル単位の細かなアクセス権限を設定できる。
- Data Exchangeはデータプロバイダーの提供データをインポートできる。
- AppFlowはSaaSのデータを連携してAWSに統合できる。
- SageMakerでは機械学習モデルを作成するための環境構築、推論モデルのデプロイなどが提供される。
- Comprehendは自然言語分析を行う。
- Rekognitionは画像分析を行う。
- Forecastは将来予測を行う。
- Fraud Detectorは不正検知を行う。
- Kendraは自然言語による検索を行う。
- Translateは翻訳を行う。
- Pollyはテキストを音声にできる。
- Transcribeは音声をテキストにできる。
- Textractは画像から文字を抽出する。
- Lexは会話フローを生成する。
- SESでメールの送受信ができる。メールのアクティビティをFirehoseに発行してS3に保存できる。
- Pinpointによりマーケティングの実行、分析ができる。
- Transfer FamilyでSFTP、FTPS、FTPプロトコルを使用して、S3、EFSへデータを保存できる。
- Transfer Familyではパブリックエンドポイント、IPアドレス固定、VPCのみのアクセスも可能。
- BYOIPとしてAWSに持ち込んだIPアドレスを、Elastic IPアドレスで使用できる。
- Network Load Balancerには、サブネットごとにElastic IPアドレスを設定できる。

- Elastic Network Interfaceには、プライベートIPアドレス、MACアドレスが紐付く。
- IPv4アドレスではNATゲートウェイを使用するが、IPv6アドレスではEgress-Onlyインターネットゲートウェイを使用する。
- Outpostsは専用のラックで、ユーザーの施設内でAWSサービスを使用し、低レイテンシーを実現できる。
- Local Zonesは、リージョンよりもユーザーに近いロケーションを選択して低レイテンシーを実現できる。
- Wavelengthは、5Gネットワークの低レイテンシー、広い帯域幅のメリットを最大限に活かすことができる。
- Neptuneはソーシャルネットワークの不正検知など複雑な関係性に対応できる。
- DocumentDBはMongoDB互換のデータベースサービスで、JSONドキュメントなどのコンテンツ管理に向いている。
- KeyspacesはApache Cassandra互換のデータベースサービス。
- Timestreamは時系列データを管理することに特化したデータベースサービス。
- AppSyncはGraphQL APIとPub/Sub APIを開発できる。
- Device Farmはモバイルアプリケーションのシミュレーションテストを行う。

4-3

確認テスト

問題

問題1

エンジニアリングだけではなくビジネスや人材についての質問にも回答することで、クラウド移行の準備に役立つツールは次のどれですか？ 1つ選択してください。

A. AWS Application Migration Service
B. AWS Migration Hub
C. AWS Application Discovery Service
D. CART

問題2

オンプレミスのサーバーの使用状況や設定データを自動収集するサービスは次のどれですか？ 1つ選択してください。

A. Database Migration Service
B. AWS Migration Hub
C. AWS Application Discovery Service
D. CART

問題3

音声ファイルをデータセンターからS3へ移行します。インターネット回線の帯域幅が少なくオンラインではデータの移行に1か月かかることが予想されます。2週間で移行を完全に完了したい場合、次のどのサービスを使用しますか？ 1つ選択してください。

A. DMS
B. Snowball
C. AWS Application Migration Service
D. File Transfer

問題4

仮想マシンの移行を継続的に実行します。次のどのサービスを使用しますか？ 1つ選択してください。

A. AWS Application Migration Service
B. AWS Application Discovery Service
C. DMS
D. SCT

問題5

異なるデータベースエンジン間でデータ移行します。最も簡単かつ安全に実行できる方法は次のどれですか？ 1つ選択してください。

A. DMSでスキーマ変換してSCTでデータ移行する
B. SCTでスキーマ変換してDMSでデータ移行する
C. SCTでスキーマ変換してMGNでデータ移行する
D. MGNでスキーマ変換してDMSでデータ移行する

問題6

S3バケットに格納されているJSONデータを変換して別のS3バケットに格納します。次のどのサービスを使用しますか？ 1つ選択してください。

A. Athena
B. Kinesis
C. Glue
D. DocumentDB

問題7

S3バケットに保存したデータをSQLで分析したいです。次のどのサービスを使用しますか？ 1つ選択してください。

A. SNS
B. SES
C. Glue
D. Athena

問題8

メールの送受信のためのサービスはどれですか？ 1つ選択してください。

A. SNS
B. SES
C. AWS Application Migration Service
D. SQS

問題9

固定したIPアドレスのSFTPサーバーにデータをアップロードしてS3に保存したいです。どの方法で実現できますか？ 1つ選択してください。

A. Transfer FamilyでFTP対応サーバーを作成する。
B. Transfer FamilyでFTPS対応サーバーを作成する。
C. Transfer FamilyでSFTP対応サーバーを作成する。
D. Transfer FamilyでSSH対応サーバーを作成する。

問題10

5Gネットワークのレイテンシー、帯域幅のメリットを最大限に活かすためのサービスはどれですか？ 1つ選択してください。

A. Outposts
B. Local Zones
C. Wavelength

D. Availability zone

問題11

ユーザーの敷地内でAWSのサービスを使用できるサービスはどれですか？ 1つ選択してください。

A. Outposts
B. Local Zones
C. Wavelength
D. Availability Zone

問題12

オンプレミスでApache ActiveMQを使用しているアプリケーションがあります。AWSへなるべくカスタマイズなしで移行する場合に選択するサービスは次のどれですか？ 1つ選択してください。

A. ElastiCache
B. SQS
C. Amazon MQ
D. DocumentDB

問題13

ある企業ではオンプレミスで運用しているMongoDBをAWSに移行する計画を立てています。移行に使用できるサービスの組み合わせを選択してください。(2つ選択)

A. Amazon DocumentDB
B. Amazon QLDB
C. Amazon Timestream
D. AWS Database Migration Service
E. AWS Server Migration Service

問題14

2015年よりAWSを使用している企業があります。EC2インスタンスにApache Cassandraをインストールして運用しています。メンテナンスなどに運用負荷がかかっていて軽減したいと考えています。次のどのサービスが適切でしょうか。

A. Amazon Keyspaces
B. Amazon DocumentDB
C. Amazon QLDB
D. Amazon Timestream

問題15

統合ポータルサイトのユーザー行動ログデータをモニタリングするダッシュボードをOpenSearch Serviceで構築しています。ユーザー行動ログデータは5分に1回送信されればいいです。コンシューマーアプリケーションの開発はしません。次のどの方法が使用できますか。

A. Kinesis Data Streams
B. Kinesis Data Firehose
C. Kinesis Data Analytics
D. Kinesis Video Streams

解答と解説

✓問題1の解答

答え：D

A. サーバーを移行するサービスです。
B. 移行を統合管理するサービスです。
C. サーバーの設定や情報を自動収集するサービスです。
D. AWS Cloud Adoption Readiness Toolです。Webフォームで質問に答えることで移行準備に役立つレポートが提供されます。

✓問題2の解答

答え：C

A. データベースを移行するサービスです。
B. 移行を統合管理するサービスです。
C. サーバーの設定や情報を自動収集するサービスです。
D. AWS Cloud Adoption Readiness Toolです。Webフォームで質問に答えることで移行準備に役立つレポートが提供されます。

✓問題3の解答

答え：B

A. データベースの移行サービスです。
B. 物理デバイスを輸送してデータ移行を1週間ちょっとで完了できます。
C. サーバーの移行サービスです。
D. SFTP、FTPS、FTPプロトコルが使用できます。オンラインでは移行に1か月かかるとあるので、期日に間に合いません。

✓問題4の解答

答え：A

A. サーバーの継続移行が可能です。
B. サーバーの設定や情報を自動収集するサービスです。
C. データベースの移行サービスです。
D. 異なるデータベースエンジン間のスキーマを変換するツールです。

✓問題5の解答

答え：B

A. DMSとSCTが逆です
B. SCTはスキーマ変換が可能です。DMSはデータの差分移行も1回の移行も可能です。データベースエンジンによってはDMSのみでも変換と移行が可能ですが、この選択肢の中ではBが正解です。
C、D. MGNは仮想サーバーの移行サービスです。

✓問題6の解答

答え：C

A. S3のデータをSQLで分析します。
B. シャードにレコードを格納します。変換はしません。
C. データソースからデータを変換してターゲットに保存できます。
D. MongoDB互換のデータベースサービスです。

✓問題7の解答

答え：D

A. メッセージ通知のサービスです。
B. メール送受信サービスです。
C. ETLサービスです。
D. SQLで分析できます。

✓問題8の解答

答え：B

A. サブスクライブでメール送信はできますが、メール受信はできません。
B. ドメイン設定して送受信できます。
C. サーバーの移行サービスです。
D. キューのサービスです。

✓問題9の解答

答え：C

A. FTPです。
B. FTPSです。
C. VPCのパブリックサブネットでElastic IPをアタッチすることでIPアドレスを固定できます。
D. SSH対応サーバーはありません。

✓問題10の解答

答え：C

A. ユーザーのデータセンターなどでAWSサービスを実行できるラックを設置して低レイテンシーを実現します。
B. リージョンよりもユーザーに近いロケーションを選択して低レイテンシーを実現できます。
C. 5Gネットワークの通信事業者のネットワークへの直接的なデータ送受信を可能とします。
D. 複数のデータセンターで構成されます。

✓問題11の解答

答え：A

A. ユーザーのデータセンターなどでAWSサービスを実行できるラックを設置して低レイテンシーを実現します。
B. リージョンよりもユーザーに近いロケーションを選択して低レイテンシーを実現できます。

C. 5Gネットワークの通信事業者のネットワークへの直接的なデータ送受信を可能とします。

D. 複数のデータセンターで構成されます。

✓問題12の解答

答え：C

A. Memcached、Redisを提供するマネージドサービスです。

B. AWSフルマネージドのキューサービスです。ActiveMQとの互換性はありません。

C. Apache ActiveMQを提供するマネージドサービスです。

D. MongoDBの互換データベースです。

✓問題13の解答

答え：A、D

DocumentDBはMongoDBと互換性のあるマネージドデータベースサービスです。Database Migration ServiceはMongoDBからDocumentDBへの移行をサポートしています。

B、C. MongoDBの移行先に向いていません。

E. Server Migration Serviceはサーバーの移行に使用します。

✓問題14の解答

答え：A

KeyspacesはApache Cassandra互換のマネージドデータベースサービスです。2015年時点では存在しなかったので、当時はCassandraを使用する場合は、EC2インスタンスにインストールして使用するアンマネージドな選択肢しかありませんでした。今はKeyspacesが選択できます。

B、C、D. 他のデータベースサービスはKeyspacesよりもCassandraの移行に向いていません。

✓問題15の解答

答え：B

5分に1回の送信でよい点と、データを受け取って加工や判定をするコンシューマーアプリケーションは開発しないという点からFirehoseを選択します。

A. Data Streamsはコンシューマーアプリケーションの開発が必要です。その分複雑な加工や判定処理を実装でき、バッファ時間を必要とせずリアルタイムにデータを受け取れます。

C. Data AnalyticsはData Streams、Data FirehoseのデータをリアルタイムにSQL分析できるサービスです。

D. Video Streamsは動画をリアルタイムにアップロードするサービスです。

第5章

模擬テスト

ここでは、実践的な模擬テストを提供します。本書で学んだ知識がどの程度身についているのか、確認するのに便利です。また、本番の試験に慣れるための練習にもなります。ぜひチャレンジしてください。

5-1 問題

問題1

現在LAMPで構成されているオンプレミスのWebアプリケーションがあります。ユーザーが文書を補足する添付ファイルをアップロードできます。添付ファイルはWebアプリケーションサーバーのローカルストレージに保存されています。現在Webアプリケーションサーバーは1つのみです。データベースのデータモデルへの制約は特にありません。キーでクエリした結果を単一のマスターテーブルから取得するシンプルなルックアップテーブルです。使用部門からはアプリケーションの開発コストを抑え、移行期間を可能な限り短くしたいという要望があります。移行後のWebアプリケーションにはアベイラビリティゾーンレベルの障害に対応できる高可用性が必要です。次のうち要件を満たす最適な選択肢はどれですか？

A. ストレージ用にS3をセットアップする。標準ストレージクラスを使用する。Application Load Balancerを使って複数のアベイラビリティゾーンにリクエストを分散する。データベースはDynamoDBテーブルを作成する。セカンダリインデックスは作成せず、シンプルなパーティションキーを持ったテーブルを作成する。ポイントタイムリカバリーを有効にして任意のタイミングに戻せるように設定する。

B. ストレージにEBSを使用する。Application Load Balancerを使って複数のアベイラビリティゾーンにリクエストを分散する。データベースはDynamoDBテーブルを作成する。セカンダリインデックスは作成せず、シンプルなパーティションキーを持ったテーブルを作成する。グローバルテーブルを使用して複数リージョンにデプロイする。DynamoDBストリームを有効化する。

C. EC2と同じVPCにEFSファイルシステムを作成し、マウントポイントを複数のサブネットを指定して作成する。EC2インスタンスからEFSをマウントして、アプリケーションの設定で添付ファイルの保存先としてEFSをマウントしたパスにする。データベースにAurora MySQLを使用して、オンプレミスのデータベースをエクスポート／インポートして移行する。

D. ストレージにEBSを使用する。EBSボリュームにはプロビジョンドIOPS SSDを使用する。Application Load Balancerを使って複数のアベイラビリティゾーンにリクエストを分散する。データベースにAurora MySQLを使用してオンプレミスのデータベースをエクスポート／インポートして移行する。

問題2

組織ではアカウント内の特定の一部のユーザーに対して共通で利用できるEC2サンドボックスを提供しています。EC2インスタンスを作成する際にユーザー名をタグに設定しなければ作成できないように制限します。EC2にアタッチするIAMロールの作成も許可しています。この環境を構成するにあたり、以下から最適な選択肢を1つ選択してください。

A. タグキーCreatorに${aws:username}を条件に、EC2インスタンスの作成を許可するポリシーをIAMグループにアタッチする。IAMグループにIAMロールの作成を許可するが、Conditionにアクセス権の境界設定ポリシーとして、ユーザーに許可している範囲のポリシーを追加した場合のみ許可する。

B. タグキーCreatorに${aws:username}を条件に、EC2インスタンスの作成を許可するSCPを作成して、AWSアカウントに設定する。IAMロールの作成を許可するが、Conditionにアクセス権の境界設定ポリシーとして、ユーザーに許可している範囲のポリシーを追加した場合のみ許可する。

C. タグキーCreatorに${aws:username}を条件に、EC2インスタンスの作成を許可するポリシーをIAMグループにアタッチする。IAMグループにIAMロールの作成を許可する。IAMユーザーにはMFAを設定して、MFA認証をした場合のみIAMロールの作成を許可する。

D. タグキーCreatorに${aws:username}を条件に、EC2インスタンスの作成を許可するポリシーをIAMグループにアタッチする。IAMグループにIAMロールの作成を許可する。CloudTrailでIAMロールの作成とEC2へのアタッチを監視する。

問題3

マーケティングチームは外部のSaaSサービスのOutGoingWebhook機能を使って、ユーザーアクティビティを収集するAPIをAPI Gateway、Lambda、DynamoDB

で構築しています。あるキャンペーンに予想を超えた反響があり、いつもの100倍のアクティビティが発生しました。それによりDynamoDBではスロットリングが発生して、Lambdaのタイムアウト時間内に処理できなかったアクティビティを失ってしまうことになりました。マーケティング本部長はこのキャンペーンの第2弾をグレードアップして開催することを検討しています。希望するエンドユーザーにはオペレーターから申し込み順に通話対応をすることも決めました。チームはアーキテクチャを改善するために以下のどの選択肢を検討するべきでしょうか？ 3つ選択してください。

A. API Gatewayのキャッシュを有効化し、キャッシュバイパスされないように設定する。
B. Lambda、SQSそれぞれにDLQを設定する。
C. 希望するユーザーの情報をSQS FIFOキューに送信する。
D. 希望するユーザーの情報をSQS標準キューに送信してDelaySecondsを調整する。
E. DynamoDB Acceleratorを導入する。
F. DynamoDBオンデマンドモードを設定する。

問題4

組織は新たな取引先と協業記念のコラボレーションキャンペーンを始めることになりました。新たな取引先のエンドユーザーが使用するポータルサイトから特定の操作によりAPIリクエストを受け付ける必要があります。そのAPIはシンプルで認証のための識別情報とともに検索キーがリクエストされるので、指定されたJSONフォーマットで情報をレスポンスします。既存のデータベースへのSQLでの検索と、既存のAPIサービスへのリクエストによって取得可能なデータなので、複数のPythonマイクロサービスのLambda関数から構成されたAPIを呼び出せるように構築しました。当面は取引先からの送信ログとAPIの処理ログを突き合わせてチェックを行う運用です。テストも問題なく完了し、本番運用が開始されて1週間が経過しました。取引先からの送信数とAPIの処理数に差異が発生していることが判明しました。このように今はまだ不特定な問題が発生しうる想定で、原因をすばやく抽出するためには次のどの選択肢が望ましいですか？ 1つ選択してください。

A. AWSアカウントでCloudTrailを有効にしておき、S3バケットのログをAthenaでSQL検索できるようにしておく。すばやく検索できるようにパーティション分割を構成し、AWS Glueによりパーティションの定期更新をする。

B. Lambdaに実装していたデバッグコードから出力されたCloudWatch LogsをCloudWatch Logs Insightsでクエリして問題発生箇所を抽出する。

C. Lambda関数のアクティブトレースを有効化しておき、X-Ray Python SDKでAPI呼び出しや、SQL実行に対してパッチ適用をしておく。サービスマップでエラー発生やボトルネックがないかを俯瞰的に確認して、エラーが発生している呼び出しのログを調査する。

D. LambdaからAPIの呼び出しやエラーの情報をS3に出力するよう実装し、Athenaで検索可能とする。QuickSightでAthenaと連携し、エラー発生箇所の抽出を迅速に行う。

問題5

組織で運用している販売管理システムは東京リージョンで問題なく稼働しています。販売管理システムは、VPC、Application Load Balancer、EC2 Auto Scaling、RDS PostgreSQL、S3、CloudWatch、Systems Manager、Lambda、DynamoDB、SNS、SQS、API Gateway、CloudFront、Route 53で構成されています。ある日チームは社外取締役から「AWS東京リージョン全体の災害時のプランをRTOは2時間、RPOは24時間、かつコスト最優先で検討すること」と指示を受けました。チームのアーキテクトは次のうちどのプランを示すのが最適でしょうか？ 1つ選択してください。

A. 必要なリソースを構築するCloudFormationテンプレートを作成し、EC2のAMIを災害対策リージョンへコピーしておく。RDSのクロスリージョンリードレプリカを災害対策リージョンへ作成する。S3バケットのクロスリージョンレプリケーションを災害対策リージョン向けに作成する。DynamoDBのグローバルテーブルを作成する。

B. 必要なリソースを構築するCloudFormationテンプレートを作成し、EC2のAMIを災害対策リージョンへコピーしておく。RDSの日次自動バックアップのコピーを災害対策リージョンへ作成する。S3バケットのクロスリージョンレプリケーションを災害対策リージョン向けに作成する。DynamoDBのオンデマンドバックアップコピーを災害対策リージョンへ作成する。

C. Route 53のヘルスチェックとDNSフェイルオーバーを構成し、災害対策リージョンにも同じ構成でデプロイする。RDSのクロスリージョンリードレプリカを災害対策リージョンへ作成する。S3バケットのクロスリージョンレプリケーションを災害対策リージョン向けに作成する。DynamoDBのグローバルテーブルを作成する。
D. Route 53のヘルスチェックとDNSフェイルオーバーを構成し、災害対策リージョンにも同じ構成でデプロイする。ただしEC2インスタンスは最低限必要な数だけ起動しておく。RDSのクロスリージョンリードレプリカを災害対策リージョンへ作成する。S3バケットのクロスリージョンレプリケーションを災害対策リージョン向けに作成する。DynamoDBのグローバルテーブルを作成する。

問題6

水道検針アプリケーションでは、検針員がモバイルアプリで当月の該当データをダウンロードして検針作業を開始します。複数の地域に展開している事業会社です。月ごとに変動する係数料金マスターなど料金計算のためのパラメータファイルが多数生成されます。モバイルアプリへのデータダウンロードは最寄りのリージョンから行えるように構成しています。毎月、検針作業を開始する日の前日にパラメータファイルをセンターで作成し、自動でS3バケットに保存されます。保存されたファイルは自動的にクロスリージョンレプリケーションされます。15分以内にパラメータファイルのレプリケーションが完了しなかった場合にチェックする必要があります。次のどの設定を使用するのが適切ですか？ 1つ選択してください。

A. S3クロスリージョンレプリケーションは15分以内に必ず完了するのでチェックする必要はない。
B. パラメータファイル作成15分後にaws s3 ls --recursive --summarizeコマンドを送信元バケットと送信先バケットを対象に実行して内容を比較確認する。
C. レプリケーション送信元のS3バケットのPutObjectイベントでStepFunctionsステートマシンを実行してアクティビティを待機する。アクティビティのタイムアウトを15分にする。レプリケーション送信先のS3バケットのPutObjectイベントにより該当アクティビティを完了にし、ステートマシンを成功にして終了する。

D. レプリケーションルールでS3 RTCを有効化して、イベント通知のオブジェクトが15分の閾値を超えたイベントと15分の閾値経過後にレプリケートされるオブジェクトイベントで通知を有効化し、送信先にSNSトピックを指定して、サブスクリプションに管理チームのEメールアドレスを設定する。

問題7

情報システム部チームはオンプレミスで運用していたGitLabをEC2に移行しました。まずシングルAZのシングルインスタンスでElastic IPアドレスを関連付けて運用を開始しました。オンプレミスではバックアップソフトウェアを使用してGitLabのリポジトリのバックアップを日次で作成していました。オンプレミスにはまだいくつかのサーバーが継続して運用されているのでバックアップサーバーはAWSには移行されません。EC2で運用しているGitLabのリポジトリのバックアップを作成する最もシンプルな方法はどれですか？ 1つ選択してください。

A. バックアップデータを保存するためのS3バケットを作成する。S3バケットにアップロードできる権限のIAMポリシーを作成して、IAMロールにアタッチする。IAMロールをEC2で引き受ける。gitlab.rbにS3バケットとIAMロールを指定し、gitlab-rake gitlab:backup:createコマンドをEC2上で毎日自動実行する。

B. EC2にアタッチされているリポジトリを保存しているEBSボリュームのスナップショットを、Data Lifecycle Managerで毎日作成する。

C. AWS Backupを使用してEBSのスナップショットを毎日作成するバックアッププランを作成する。災害対策サイトへ自動コピーする。

D. GitLab EC2のAMIを毎日作成するLambda関数を開発してデプロイする。EventBridgeで毎日時間を指定して実行する。

問題8

エンターテイメントショーを提供するA店では店舗でダンサーの面接をしています。面接当日からバックダンサーとして採用されるケースもあります。Instagram、TwitterなどのPR業務は本部で一括して行っています。店舗はPRのための資料を本部へすぐに送信する必要があります。これらの資料はS3バケットへ保存されてすぐに本部の担当者に渡されます。この企業ではSFTPクライアントを使用してデータをアップロードするルールがあります。SFTPプロトコルに対しては送信先IPアドレスを事前に設定しておく必要があります。次のどの方法を組み合わせて実現しますか？3つ選択してください。

A. Elastic IPアドレスを割り当ててネットワーク担当者に連絡して送信先IPアドレスに追加してもらう。
B. SFTP対応サーバーのDNSに割り当てられているIPアドレスをネットワーク担当者に連絡して送信先IPアドレスに追加してもらう。
C. AWS Transfer FamilyでS3向けのSFTP対応サーバーを作成する。パブリックアクセス可能として作成して、Elastic IPアドレスを設定する。
D. AWS Transfer FamilyでS3向けのSFTP対応サーバーを作成する。SFTP対応サーバーはVPCホストで作成して、サブネットを指定する際にElastic IPアドレスを設定する。
E. セキュリティグループのインバウンドルールで店舗が使用しているグローバルIPアドレスを送信元にして22番ポートを許可する。
F. S3バケットポリシーで店舗が使用しているグローバルIPアドレスを、許可するIPアドレスとして条件に追加する。

問題9

お客様向けポータルサイトを運用しています。このポータルサイトは販売管理システムと連携して、データ連携には中間のCSVファイルが作成されています。CSVファイルには独自の区切り文字が使用されています。このCSVファイルをコピーしてポータルサイトテスト環境用のインポートファイルを作成する予定です。テスト環境ではなるべく本番環境と同じデータを使用したいのですが、個人情報に該当する情報のみを特定文字列に変更する予定です。次のどの方法を使用すれば柔軟な実現が可能でしょうか？ 1つ選択してください。

A. AWS GlueのクローラーにCSVカスタム分類子を追加して区切り文字を判別できるようにする。ジョブを作成して、該当列を変換する処理を実行する。
B. S3バッチオペレーションのオブジェクトコピー機能でコピーする際に変換する。
C. S3バケットレプリケーションを使用してテスト環境バケットへCSVファイルをコピーする。

D. Amazon AthenaでALTER TABLE ADD COLUMNSステートメントを使用してCSVを変換して保存する。

問題10

企業はキャンペーンのご案内メールを送信します。送信したメールが拒否されたことやスパムとしてマークされたこと、メールが開かれたこと、メール内のリンクがクリックされたことをマーケティング担当者はSQLで分析する必要があります。次のどの組み合わせで実現できますか？ 3つ選択してください。

A. RDSデータベースのテーブルに対してSQLクエリを実行する。
B. S3バケットを指定してAthenaでテーブル定義を作成して、SQLクエリを実行する。
C. イベント送信先にKinesis Data Firehoseを指定した設定セットをAmazon SESで作成し、メール送信時のパラメータで指定する。
D. サブスクリプションにKinesis Data Firehoseを指定したSNSトピックを作成する。
E. Kinesis Data FirehoseからS3バケットを送信先に設定する。
F. Kinesis Data FirehoseからRDSを送信先に設定する。

問題11

ネットワークチームはVPCで起動しているEC2 Webサーバーに対してのトラフィックを調査する必要があります。特にUser-Agentなどを確認する必要があります。次のどの方法を使用しますか？ 1つ選択してください。

A. S3バケットを作成し、バケットポリシーでdelivery.logs.amazonaws.comからのPutObjectを許可する。VPC Flow Logsを有効にして、S3バケットを送信先に設定する。Athenaからフローログを調査する。
B. IAMロールを作成し、vpc-flow-logs.amazonaws.comからのAssumeRoleを許可する信頼ポリシーを作成する。VPC Flow Logsを有効にして、Cloud Watch Logsを送信先に設定しIAMロールを設定する。Cloud WatchLogs Insightでフローログを調査する。
C. VPCトラフィックミラーリングを使用してCloudWatch Logsに送信する。Cloud Watch Logs Insightでパケットを調査する。

D. VPCトラフィックミラーリングを使用して送信先EC2インスタンスに送信する。Wiresharkなどのツールを使ってパケットを調査する。

問題12

バックエンドでSQSキューのジョブメッセージを受信して非同期処理を行っているステートフルなアプリケーションサーバーをEC2インスタンスで運用しています。アプリケーションサーバーが停止しても未完了のジョブはキューに残っています。過去の処理内容を次回以降の処理でも利用するのでOSのローカルストレージにデータを蓄積しています。EBSのスナップショットは定期的に取得しています。先月、このEC2インスタンスが停止していたことに気づかず、数日にわたってジョブが実行されていませんでした。EC2インスタンスのホストがリタイアしていたことに担当者も気づいていなかったようです。同様のことが発生しないよう対応を自動化する最適な方法は次のどれですか？ 1つ選択してください。

A. EC2インスタンスのホストリタイア予定メールの送信先をSESで受信できるメールに変更して、S3バケットで受信する。S3バケットでメールメッセージオブジェクトが作成されたイベントを設定し、Lambda関数を実行して該当のEC2インスタンスを停止、開始してホストを変更する。

B. Personal Health DashboardからCloudWatch Eventsリンクにアクセスして、AWS_EC2_PERSISTENT_INSTANCE_RETIREMENT_SCHEDULEDイベントのターゲットにSSM AutomationのAWS-RestartEC2Instanceを指定する。

C. Service Health Dashboardの通知イベントで、AWS_EC2_PERSISTENT_INSTANCE_RETIREMENT_SCHEDULEDイベントのターゲットにSSM AutomationのAWS-RestartEC2Instanceを指定する。

D. EventBridgeのルールで、AWS_EC2_OPERATIONAL_ISSUEイベントのターゲットにSSM AutomationのAWS-RestartEC2InstanceとSNSトピックから管理者へのメール通知サブスクリプションを指定する。

問題13

A社の取締役は、システム運用チームが業務過多により脆弱性検査の優先度を落として後回しにしていることを懸念しています。このままではいつか脆弱性を侵害されて、個人情報の漏洩など大きな問題が発生するのではないかと考えています。運用チームの人員は増やせません。対象のEC2インスタンスは100インスタンスあります。取締役から相談を受けた外部協力会社のアーキテクトはどのようなアドバイスを提供するといいでしょうか？ 1つ選択してください。

A. Inspectorエージェントを各EC2インスタンスのOSにログインしてインストールする。Inspectorの検査をスケジューリングする。結果をSNSトピックに送信してサブスクリプションにLambda関数を設定しておく。Lambda関数はSystems Manager Run Commandを実行して該当のEC2インスタンスの脆弱性を修復する。
B. Inspectorを有効化する。Inspectorの結果のEventBridgeルールを作成してターゲットにLambda関数を指定する。Lambda関数はSystems Manager RunCommandを実行して該当のEC2インスタンスの脆弱性を修復する。
C. CloudWatchエージェントをSystems Manager Run Commandで一括インストールする。Inspectorの結果をSNSトピックに送信してサブスクリプションにLambda関数を設定しておく。Lambda関数はSystems Manager RunCommandを実行して該当のEC2インスタンスの脆弱性を修復する。
D. Inspectorを有効化する。Inspectorの結果のEventBridgeルールを作成してターゲットでSNSトピックに送信してサブスクリプションにLambda関数を設定しておく。SNSトピックポリシーでは、inspector.amazonaws.comからのアクションを許可する。Lambda関数はSystems Manager Run Commandを実行して該当のEC2インスタンスの脆弱性を修復する。

問題14

企業ではオンプレミスで運用しているときに契約していたソフトウェアライセンスが使用できます。ソフトウェアライセンスの期限よりも2年早くデータセンターとハードウェアの利用期間が終了するためにAWSへの移行を開始しました。ソフトウェアベンダーに問い合わせたところ、ソフトウェアのライセンス要件を満たすために、EC2インスタンスのホストを専有する必要があり、アクティベートしたホストで起動し続けなければならないことがわかりました。企業はオンプレミスで夜間にこのソフトウェアを起動しているサーバーに対してセキュリティ侵害を受けたことがあり、オペレーターが勤務していない時間はサーバーの停止を予定しています。以下のどの選択肢が適当でしょうか？ 1つ選択してください。

A. Dedicated InstancesでEC2インスタンスをスポットインスタンスで起動する。
B. Dedicated InstancesでEC2インスタンスを起動する。必要最低限のサイズで調整したリザーブドインスタンスを1年分購入しておく。
C. Dedicated Hostsを起動してEC2インスタンスをUse auto-placementオプションを有効にして起動する。必要最低限のサイズに調整したDedicated Host Reservationsで1年分の予約を購入する。
D. Dedicated Hostsを起動してEC2インスタンスをアフィニティオプションを有効にして起動する。必要最低限のサイズに調整したDedicated Host Reservationsで1年分の予約を購入する。

問題15

あるロックバンドは、撮影したミュージックビデオを、宣伝のためにフリー素材として公開することにしました。公開期間や公開先を事細かく設定したいために、Amazon S3から配信することにしました。ミュージックビデオをダウンロードするクライアントはAWSアカウントを持っているか、持っていない場合は作ってもらうことで利用者と利用状況の把握を予定しています。用意したWebフォームでダウンロード利用許諾書に同意して12桁のAWSアカウントを送信してもらう仕組みを作りました。宣伝のためにミュージックビデオそのものの利用料金は無料とするとしても、利用者が多くなることでコストが増大していくので、いたずら目的のダウンロードを防ぐためにデータ取得のための料金は利用者に負担してもらおうと考えています。以下のどの方法が展開、運用のコストが低くなるでしょうか？ 1つ選択してください。

A. CloudTrailでデータAPIを記録するよう設定してS3オブジェクトへのアクセスログを記録する。コストと使用状況レポートも有効にする。Athenaで記録を分析してリクエストしたアカウントごとの発生請求金額を合計して月末に締めて請求する。S3バケットポリシーは該当のAWSアカウントからのリクエストを許可する。
B. S3バケットポリシーは該当のAWSアカウントからのリクエストを許可する。ダウンロードリクエストのためのAPIをAPI Gatewayで作成して、使用量プランをAWSアカウントごとに作成して各アカウント向けにキーを作成して配布する。

C. S3バケットでリクエスト支払いを有効にする。ダウンロードする側はAWS認証情報を使ってx-amz-request-payer:requesterをヘッダーに含めてリクエストするよう案内する。S3バケットポリシーは該当のAWSアカウントからのリクエストを許可する。

D. S3バケットでリクエスト支払いを有効にする。ダウンロードする側はAWS認証情報を使ってx-amz-request-payer:requesterをヘッダーに含めてリクエストしてもらう。S3バケットポリシーは該当のAWSアカウントからのリクエストを許可して、ヘッダーにx-amz-request-payerがなければリクエストを拒否するようにConditionを設定する。

問題16

事業会社で運用している販売管理システムは、開発会社によってフルスクラッチで開発されたものです。VPC、Application Load Balancer、EC2 Auto Scaling、Aurora MySQL、S3で構成されています。AuroraデータベースはKMSによって暗号化されています。開発会社は運用保守も請け負っています。事業会社と開発会社のAWSアカウントは独立していて連結などはしていません。お互いに権限を提供するIAMロールも存在しません。ある日、本番環境で想定外の計算結果が算出され、エンドユーザーに誤った請求がされました。開発会社は検証環境で再現調査を行いましたが問題の再現に至りませんでした。わずかなサンプルデータしか検証環境にはなかったためです。そこで事業会社に依頼をしデータベースのコピーを取得することにしました。どの方法で取得すればすばやく安全にデータベースのコピーを渡すことができるでしょうか？

A. 事業会社よりmysqldumpコマンドでエクスポートしてDVDに保存したデータを手渡しして、開発会社のAurora MySQLにインポートする。

B. 事業会社よりmysqldumpコマンドでエクスポートしてS3に保存したデータの署名付きURLを発行して、開発会社のAurora MySQLにインポートする。

C. 事業会社がAurora MySQLのスナップショットを作成して、開発会社のAWSアカウントに共有する。KMSマスターキーのキーポリシーで開発会社が復号を行えるように権限設定する。開発会社はスナップショットからAuroraクラスタを開発会社のアカウントに復元する。

D. 事業会社がAurora MySQLのスナップショットを作成して、開発会社のAWSアカウントに共有する。KMSマスターキーをエクスポートして開発会社に渡し、開発会社はアカウントにキーをインポートする。開発会社はスナップショットからAuroraクラスタを開発会社のアカウントに復元する。

問題17

会社で運用しているポータルサイトがあります。ユーザーとの利用規約でサービスを最低でも1年以上続ける必要があります。ポータルサイトは夜間に他のシステムからデータの連携が発生するため、アクセスが減っていく時間でも稼働している必要があります。また、高可用性と高パフォーマンスを実現するために3つのアベイラビリティゾーンでm5.largeインスタンスを最低3インスタンス起動しています。ピークのリクエスト発生時には6インスタンスが必要です。データ連携処理中に処理が中断することは、翌日のメンテナンス作業の負荷が増大化するので避けたいです。検証環境も別途必要です。検証環境の常時稼働はせず、必要なときにデータをコピーして構築します。コストの最適化を図るためには次のどの選択肢が適当ですか？ 1つ選択してください。

A. m5.largeのリザーブドインスタンスを3インスタンス分購入する。3インスタンス分を超えた分はスポットインスタンスで起動させる。検証環境はスポットインスタンスで必要なときに必要な分だけ起動する。

B. m5.largeのリザーブドインスタンスを3インスタンス分購入する。3インスタンス分を超えた分はオンデマンドインスタンスで支払う。検証環境はスポットインスタンスで必要なときに必要な分だけ起動する。

C. m5.largeのリザーブドインスタンスを2インスタンス分購入する。2インスタンス分を超えた分はオンデマンドインスタンスで支払う。検証環境はスポットインスタンスで必要なときに必要な分だけ起動する。

D. m5.largeのリザーブドインスタンスを3インスタンス分購入する。3インスタンス分を超えた分はオンデマンドインスタンスで支払う。検証環境はオンデマンドインスタンスで必要なときに必要な分だけ起動する。

問題18

EC2でデプロイしているエンドユーザー向けのAPIアプリケーションがあります。データベースはDynamoDBテーブルで構成しています。DynamoDBテーブルはオンデマンドモードにしています。24時間365日継続的にリクエストが発生するのですが、リクエスト数は変動します。エンドユーザーからのリクエストは検索リクエストが主なので、ほぼGETリクエストのみです。全体的なアプリケーションのパフォーマンスを見直す必要性があります。この見直しのためのアプリケーションカスタマイズは必要最小限に抑えたいです。まずは何を変更するべきでしょうか？ 1つ選択してください。

A. DynamoDBをプロビジョンドスループットモデルにして、Auto Scalingを有効にして、スロットリングが発生しないようにする。
B. DynamoDB Accelerator（DAX）をデプロイして、アプリケーションからのリクエスト送信先を変更する。
C. DynamoDB Accelerator（DAX）をデプロイして、アプリケーションからのリクエスト送信先を変更する。DAXのSavings Plansを購入する。
D. ElastiCache for Memcachedをデプロイして、アプリケーションからのリクエスト送信先を変更する。

問題19

A社は複数の企業や顧客からのリクエストを受け付けているAPIを運用しています。このAPIをAWSへ移行することになりました。APIはA社が所有している固定のIPアドレスを設定しており、リクエスト元のいくつかの企業にインタビューしたところ、アウトバウンド送信先のIPアドレスをファイアウォールで許可設定している企業があることもわかりました。可能な限り顧客に影響を与えずにAWSへの移行をしたいと考えています。以下のどの方法が有効でしょうか？ 1つ選択してください。

A. 現在使用しているIPアドレスをBYOIPとしてAPI Gatewayで使用する。APIプログラムはEC2にデプロイして、API GatewayからEC2へリクエストを送信できるようにデプロイする。
B. 現在使用しているIPアドレスをソフトウェアルーターを使用してApplication Load Balancerへルーティングできるように構成する。Application Load BalancerからEC2をターゲットグループに設定する。
C. 現在使用しているIPアドレスをBYOIPとしてApplication Load Balancerで使用する。Application Load BalancerからEC2をターゲットグループに設定する。
D. 現在使用しているIPアドレスをBYOIPとしてNetwork Load Balancerで使用する。Network Load BalancerからEC2をターゲットグループに設定する。

問題20

企業にはTeradataで運用しているデータウェアハウスサービスがあります。数テラバイトのデータを使用しています。企業はAmazon Redshiftへ移行することを決定しました。現在はデータセンターで運用されています。Redshiftを使用した分析をなるべく早く開始する必要があり、最短で移行を完了しなければならなくなりました。データセンターとAWSをVPNやDirect Connectで接続すること、データセンターからパブリックインターネット上のストレージサービスへ直接リクエストを実行することは、データセンター運用チームから拒否されています。どのようにして移行しますか？ 1つ選択してください。

A. SCTのデータ抽出エージェントで変換したデータを、SnowballEdgeに保管してS3へ送信する。S3からRedshiftへデータの移行を完了させる。
B. DMSでTeradataをソースデータベースエンドポイントに設定して、ターゲットデータベースエンドポイントにRedshiftを設定する。DMSから移行し完了させる。
C. Teradataからエクスポートしたデータを、SnowballEdgeに保管してS3へ送信する。S3からRedshiftへデータの移行を完了させる。
D. SCTのデータ抽出エージェントで変換したデータをS3バケットへ順次送信する。S3からRedshiftへデータの移行を完了させる。

問題21

企業ではこれまで店舗から送信されてくる売上データを複数のLinuxサーバーで構成されるアプリケーションで受け付けて、各店舗の実績管理をしていました。これらのサーバーはVMwareの仮想マシンとして運用されています。店舗拡張や事業の多様化に伴い、さらに追加の仮想マシンが必要となってきました。ただし、海の家やスキー場やフェスイベント会場での数か月、数日間などの一時的な店舗もあるため、店舗数は常に増減します。調達した仮想マシンのためのハードウェアも不要になる時期が発生します。そこで仮想マシンをすべてEC2へ移行していくことになりました。これで使用していない期間は停止しておくかスナップショットを取得しておくこともできますし、再利用が可能なインスタンスは今後同じAMIからいくらでも起動できます。移行したEC2が問題なく起動するかもあわせて確認していく必要があります。以下のどの作業が最低限必要ですか？ 3つ選択してください。

A. CloudFormationテンプレートに、移行が完了したAMIをもとにEC2インスタンスを起動するResourcesをあらかじめ記述しておく。
B. AWS Replication AgentをLinuxサーバーにインストールする。
C. 起動設定を構成する。
D. CloudTrailを使用して、Application Migration Service APIコールのログ記録を有効にする。
E. ソースサーバーのテストインスタンスを起動する。
F. ソースサーバーのテストインスタンスを起動するLambda関数をデプロイする。

問題22

事業会社が運用会社に委託して管理されているデータセンターのサーバーがあります。昨日の夕方に事業会社がリリースしたアプリケーションにバグがあり、サーバーの重要なファイルが削除されてしまいました。サーバーは運用会社による調査の必要があり、すぐにはリストアできない状況になりました。事業会社ではサーバーを長期にわたって停止させることは避けたいので、急遽バックアップデータをもとにEC2インスタンス上で起動させることに成功しました。もともと使用していたDNSサーバーで名前解決先を、EC2インスタンスに関連付けたElastic IPアドレスにしました。データセンターのサーバーが元どおりに復旧した際には、また名前解決先を戻して差分データの調整をして復旧完了とする予定です。EC2で起動したサーバーのログを見ていると、5～10のIPアドレスから頻度の高い悪意のありそうなアクセスパターンがわかりました。この悪意のあるアクセスからすばやく簡単にコストをかけずに保護する方法は次のどれですか？ 1つ選択してください。

A. AWS Shield Advancedを契約して保護する。
B. AWS WAFを設定して該当のIPアドレスから保護する。
C. サブネットのネットワークACLのインバウンドルールで、該当のIPアドレスを小さいルール番号でDeny設定してブロックする。
D. サブネットのネットワークACLのインバウンドルールとアウトバウンドルールで、該当のIPアドレスを小さいルール番号でDeny設定してブロックする。

5 模擬テスト

問題23

開発会社では車やバイクのセンサーデータを活用したシステムを開発しています。センサーデータはKinesis Data Streamsに送信しています。コンシューマーアプリケーションとしてLambdaを設定して、データの抽出、加工をしてS3に格納しています。テストデータで検証した結果、コンシューマーアプリケーションとしてのLambda関数だけでは最初の抽出と加工に処理時間がかかり、センサーから大量のデータが送信されることを想定すると、多くのスロットリングが発生してしまうことが懸念されます。チームにオペレーティングシステムの運用担当者はいません。データはS3バケットに生成されてから届くまで5分間を許容できます。以下のどの構成を試してみるといいでしょうか？ 1つ選択してください。

A. コンシューマーアプリケーションをEC2インスタンスに変更して、高速計算処理を可能とするインスタンスファミリーを使用する。

B. Lambda関数のデッドレターキューを用意して、デッドレターキューをイベントにしたLambda関数を実行させる。

C. Kinesis Data Analyticsで抽出、加工し、結果をKinesis Data Firehoseに送信して、S3に連携する。

D. Kinesis Data Analyticsで抽出、加工し、結果をS3に送信する。

問題24

過去のエネルギー使用量を記録しているアプリケーションがあります。Application Load Balancerと複数のEC2インスタンス、Aurora MySQLデータベースで構成されています。月次の過去履歴を記録して、日々の節約アドバイスに使用しています。過去データに関しては圧倒的に読み込みが多く発生し、書き込まれたデータは計算ミスがない限りは更新されません。今後、節約アドバイスサービスが拡張することにより読み込みが急激に増えることが想定されています。このアプリケーションではデータは暗号化されている必要があります。また、リクエストに対してのパフォーマンスは一定である必要があります。次のどの選択肢で要件を満たすことができますか？ 1つ選択してください。

A. EC2インスタンスをAuto Scalingグループで複数のアベイラビリティゾーンで起動する。Auroraの前にDynamoDB Acceleratorをキャッシュデータの読み込み先としてデプロイする。

B. EC2インスタンスをAuto Scalingグループで複数のアベイラビリティゾーンで起動する。Auroraの前にElastiCache Memchaedクラスタをキャッシュデータの読み込み先としてライトスルー戦略でデプロイする。
C. EC2インスタンスをAuto Scalingグループで複数のアベイラビリティゾーンで起動する。Auroraの前にElastiCache Redisクラスタをキャッシュデータの読み込み先としてライトスルー戦略でデプロイする。
D. EC2インスタンスをAuto Scalingグループで複数のアベイラビリティゾーンで起動する。Auroraの前にElastiCache Redisクラスタをキャッシュデータの読み込み先として遅延読み込み戦略でデプロイする。

問題25

企業が使用しているソフトウェアは、実行しているデバイスのNICのMACアドレスに紐付いたライセンスコードを使用することが必要です。ソフトウェアサポートセンターは、MACアドレスの申請を受け付けてから3営業日以内にライセンスコードを返信するというタイムラグが発生します。企業はこのソフトウェアをEC2 Auto Scalingグループで起動させます。どのようにこの運用を実現させますか？ 3つ選択してください。

A. EC2インスタンスにENIをアタッチするLambda関数をデプロイする。
B. ENIを作成してソフトウェアサポートセンターに申請するLambda関数をデプロイする。
C. Amazon SESでメール受信設定をしておき、受信イベントでLambda関数を実行してライセンスコードをEC2に設定する。
D. Auto Scalingグループの最大数のENIを作成して取得したMACアドレスをソフトウェアサポートセンターに申請しておき、事前にライセンスコードを取得しておく。
E. スケールインライフサイクルイベントを設定して、ターゲットにLambda関数を指定する。
F. スケールアウトライフサイクルフックイベントを設定して、ターゲットにLambda関数を指定する。

問題26

ある会社で新たにオンデマンドストリーミングの動画配信サービスを始めることになりました。ビデオはS3バケットに保存されています。ビデオを見るための静的サイトもS3から配信しています。会員のサインアップ、属性登録とサインインが必要です。アプリケーションのセキュリティ要件として保管中のデータを暗号化して保護する必要があります。どの選択肢が最適ですか？ 1つ選択してください。

A. 暗号化のためにCloudHSMクラスタをセットアップしてキーローテーションをコマンドで実行できるようにしておく。Cognito IDプールをセットアップする。CloudFrontから配信するようにしてOACによるS3バケットへの直接アクセスを制御する。

B. CloudHSMクラスタをセットアップしてキーローテーションをコマンドで実行できるようにしておく。Cognitoユーザープールをセットアップする。CloudFrontから配信するようにしてOACによるS3バケットへの直接アクセスを制御する。

C. オブジェクトをSSE-S3で暗号化する。Cognitoユーザープールをセットアップする。CloudFrontから配信するようにしてOACによるS3バケットへの直接アクセスを制御する。

D. オブジェクトをSSE-Cで暗号化する。Cognito IDプールをセットアップする。CloudFrontから配信するようにしてOACによるS3バケットへの直接アクセスを制御する。

問題27

Organizationsで一括請求を管理している組織があります。組織の中には本番運用しているランディングサイト用のアカウントがあります。マーケティングチームは部門予算をフルに活用したPR施策を展開しており、AWSの請求料金に余裕がありそうな場合は早めにその情報をキャッチして、Web広告やDM送信のためのコストにあてたいと考えています。ランディングサイトは同時に複数サイトを運用する期間もありますし、1つのサイトに対して多くのリソースをセットアップする期間もあります。バッファを持ったコスト計画を立てており、半年先までの見積もりは算出できています。どの施策に対して、どれだけのコストが発生したか、発生しそうかも確認していく必要があります。マーケティングチームがAWSの請求料金に余裕があることを知りつつ、施策ごとの請求金額を確認するためにはどのような構成が適していますか？ 2つ選択してください。

A. CloudWatch請求アラームを設定して、予算額から算出した閾値へ達した際、マーケティングチームにメールを送信するアラームを作成する。
B. コスト配分タグ、タグキー Projectを各リソースに設定することをチームの運用ルールとしてAWS Configを構成する。
C. Budgetsで月ごとの予算を半年先まで設定する。タグフィルターでの分析もBudgetsで行う。
D. Organizationsマスターアカウントの Budgetsで組織全体の月ごとの予算を半年先まで設定する。タグフィルターでの分析もBudgetsで行う。
E. コストと使用状況レポートをS3バケットに保存してAmazon Athenaで分析する。

問題28

組織は提案中の買収が成功した場合に新たに25個のAWSアカウントが必要です。組織ではユーザーの認証にActive Directoryを使用しているので継続して同じADをそのまま使用します。AWSアカウントだけではなくさまざまなSaaSサービスへのシングルサインオンも必要です。現在も少数のAWSアカウントがありますが、これを機に、ベストプラクティスに基づいた組織構成を予定しています。また、サードパーティ製品からの処理のために、各アカウントにはサードパーティ製品がリソースを読み取れる権限が必要です。次のどのサービスを組み合わせて実現しますか？ 3つ選択してください。

A. AWS IAMアイデンティティセンターのIDソースをAWS Managed Microsoft ADにして移行する。
B. マスターアカウントを事前に作成して、Organizationsのクォータメンバーアカウントの引き上げ申請を行っておく。引き上げが完了したらControl Towerでベストプラクティスに基づいて構築する。
C. CloudFormation StackSetsでサードパーティ製品が使用するIAMロールを組織の各アカウントに作成できるよう構成して実行する。
D. AWS IAMアイデンティティセンターのソースをAD Connectorにして既存のADと連携する。

E. マスターアカウントとメンバーアカウントを手動で作成して、Organizations組織を作成してメンバー招待と承認をする。クロスアカウントアクセスを可能にしておく。各アカウントからログが送信されるようにSNSトピックやConfigの設定を手動で行う。

F. CloudFormationでマスターアカウントにサードパーティ製品が使用するIAMロールを作成できるよう構成して実行する。

問題29

開発チームは社外からAPIリクエストがあったときに、DynamoDBを検索して情報を返すPythonコードをLambda関数としてデプロイしています。テストコードはunittestで用意しています。コードを更新するごとに自動でテストも実行されるようにしたいです。テストが失敗したときにはLambda関数の本番環境へのデプロイも停止します。次のどの構成が望ましいですか？ 1つ選択してください。

A. AWS CLIとCloudFormationテンプレートを組み合わせてスタック作成の判定を組み込む。

B. buildspec.ymlにテストコマンドの実行を記述して、CodeCommitリポジトリに含める。CodeBuildで「Buildspecはソースコードのルートディレクトリのbuildspec.ymlを使用」を選択する。CodePipelineでCodeDeployとも連携させる。

C. buildspec.ymlにテストコマンドの実行を記述して、CodeCommitの「既存のブランチにプッシュする」イベントでテスト用Lambda関数を起動して、テストコマンドを実行する。

D. CodeCommitの「既存のブランチにプッシュする」イベントでテスト用Lambda関数を起動して、テストコマンドを実行する。同じLambda関数からCodeBuild、CodeDeployを実行する。

問題30

現在、オンプレミスとAWSの1つのリージョンのVPCでVPN接続をしているハイブリッド構成があります。今後の計画として次のことが発表されました。データセンターとの接続は今よりもより多くの帯域幅が必要で、一貫したネットワークパフォーマンスが必要になります。複数のリージョンのVPCへオンプレミスデータセンターから接続する必要があります。VPC内のアプリケーションからオンプレミスの既存DNSサーバーを使用して名前解決できることも必要になります。各PCからVPCへのマネージドなVPN接続も必要になります。これらの計画のために使用できるサービス、機能、設定は次のどれですか？ 3つ選択してください。

A. Route 53 Resolverインバウンドエンドポイント
B. Direct Connect Gateway
C. Transit Gatewayピアアタッチメント
D. AWSクライアントVPN
E. Route 53 Resolverアウトバウンドエンドポイント
F. ソフトウェアVPN

問題31

パフォーマンス動画に特化したSNSサービスでは、エンドユーザーがパフォーマーのパフォーマンスを動画で見て「いいね」ボタンを押す機能があります。この「いいね」ボタンを押すと、パフォーマーには各所属事務所でのインセンティブ評価に繋がります。「いいね」ボタンからの送信は外部の集計サービスへ連携しています。このパフォーマンス動画に特化したSNSサービス自体は、3つのアベイラビリティゾーンを含んだVPC、パブリックサブネットにApplication Load Balancer、NATインスタンス、プライベートサブネットにAuto Scalingグループで起動するEC2インスタンスが最小3、RDS for MySQLタイプとS3バケットで構成されています。ある日、ある事務所から、あるパフォーマーのファンが「いいね」ボタンを押してくれているはずなのに反映されていないのではないかという報告がありました。調べてみるとある日を境に「いいね」ボタンの送信回数と外部の集計サービスへの送信回数に全体の1/3ほどの差が発生していることがわかりました。リクエスト数やユーザー数が大きく変わったなどの事実はありませんでした。どこに問題があって、どう対応することをまず考えれば、この問題を永続的に解消できる可能性が高いでしょうか？ 1つ選択してください。

A. EC2インスタンスのうちの1つがApplication Load Balancerのヘルスチェックに失敗している可能性があるので、EC2 Auto Scalingグループのヘルスチェックで ELBオプションを有効にして、自動で復旧できる構成に変更する。
B. RDS for MySQLのパフォーマンスに問題の可能性があるので、Auroraに変更する。

C. パブリックサブネットのNATインスタンスが外部から攻撃を受けている可能性があるので、プライベートサブネットで保護する。
D. NATインスタンスに障害が発生している可能性があるので、NATゲートウェイに変更する。

問題32

組織ではAWSクラウドへの移行をまさに計画し始めたところです。まだAWSの検証も始めておらず、何から手をつければいいか、IT部門をはじめ全従業員が理解していない状況です。このような状況の中でまずやるべき指標を策定するために役立つツールは次のどれでしょうか？ 1つ選択してください。

A. Application Migration Service
B. CART
C. Database Migration Service
D. AWS Trusted Advisor

問題33

あるアプリケーションでは外部の星占いAPIサービスにリクエストを送信して、今日の星占いの結果を取得してユーザーのホーム画面に表示しています。そうすることで正確な生年月日をエンドユーザーから取得しようとしています。この星占いAPIサービスはリクエスト元のIPアドレスを管理画面から登録する必要があるので、NATゲートウェイのElastic IPアドレスで登録して、プライベートサブネットのEC2アプリケーションからリクエストしています。ある日、星占いAPIサービスの運営会社からIPv6 IPアドレスしか受け付けなくする仕様変更をしますとの連絡が来ました。EC2アプリケーションサーバーをプライベートサブネットに配置する構成で、どのようにネットワーク構成を変更しますか？ 1つ選択してください。

A. Elastic IPv6 IPアドレスを有効にして、NATゲートウェイに設定する。
B. IPv6 CIDRブロックを有効にしたVPCを作成して、Elastic IPv6 IPアドレスを有効にし、NATゲートウェイに設定する。
C. IPv6 CIDRブロックを有効にしたVPCを作成して、NATゲートウェイ以外は元と同じ構成にする。NATゲートウェイは作成せずに、Egress-Onlyインターネットゲートウェイを作成し、プライベートサブネットへ関連付けるルートテーブルに::/0送信先としてEgress-Onlyインターネットゲートウェイターゲットでルートを設定する。

D. IPv6 CIDRブロックを有効にしたVPCを作成して、NATゲートウェイ以外は元と同じ構成にする。NATゲートウェイは作成せずに、Egress-Onlyインターネットゲートウェイをパブリックサブネットに作成し、プライベートサブネットへ関連付けるルートテーブルに::/0送信先としてEgress-Onlyインターネットゲートウェイターゲットでルートを設定する。

問題34

組織では検証環境を使用するIAMユーザーについて次のルールを設定しました。

- MFAで認証していなければすべてのリクエストを許可しない。
- IAM以外のAWSリソースへのリクエストはすべてIAMロールを使用して行う。
- 他のアカウントへのアクセスも許可する。
- パスワードは自分で設定するが最低20桁とする。

これらを満たす構成は次のうちどれですか？ 1つ選択してください。

A. IAMユーザーを作成するAWSアカウントを1つ決めてID管理アカウントとして専用にする。ID管理アカウントのパスワードポリシーで20桁以上を設定する。アクセスを許可するアカウントにIAMロールを作成する。IAMロールの信頼ポリシーにID管理アカウントのIAMユーザーからのAssumeRoleリクエストを許可する。IAMユーザーにはAssumeRoleの他にパスワードの変更をaws:usernameポリシー変数を使用して許可する。

B. IAMユーザーを作成するAWSアカウントを1つ決めてID管理アカウントとして専用にする。アクセスを許可するアカウントにIAMロールを作成する。IAMロールの信頼ポリシーにID管理アカウントのIAMユーザーからのAssumeRoleリクエストをConditionでMFA認証を追加した状態で許可する。IAMユーザーにはAssumeRoleの他にパスワードの変更とMFAデバイスの設定をaws:usernameポリシー変数を使用して許可する。

C. IAMユーザーを作成するAWSアカウントを1つ決めてID管理アカウントとして専用にする。ID管理アカウントのパスワードポリシーで20桁以上を設定する。IAMユーザーと同じアカウントにIAMロールを作成する。IAMロールの信頼ポリシーにID管理アカウントのIAMユーザーからのAssumeRole

5 模擬テスト

リクエストをConditionでMFA認証を追加した状態で許可する。IAMユーザーにはAssumeRoleの他にパスワードの変更とMFAデバイスの設定をaws:usernameポリシー変数を使用して許可する。

D. IAMユーザーのアカウントのパスワードポリシーで20桁以上を設定する。アクセスを許可するアカウントにIAMロールを作成する。IAMロールの信頼ポリシーにID管理アカウントのIAMユーザーからのAssumeRoleリクエストをConditionでMFA認証を追加した状態で許可する。IAMユーザーにはAssumeRoleの他にパスワードの変更とMFAデバイスの設定をaws:usernameポリシー変数を使用して許可する。

問題35

マリンパークではイルカショーのたびに優れたパフォーマンスをしたイルカとトレーナーへの投票をKinesis Data Streamsに収集しています。コンシューマーアプリケーションとしてプライベートサブネット内のEC2インスタンスから、NATゲートウェイを介してデータを取得して投票の有効判定を行い、DynamoDBへ記録してダッシュボードサイトに表示しています。新型ウィルスによる外出自粛が始まったことによってショーの有料配信も行うようになりました。配信でも投票は受け付けています。配信を始めるようになってから投票数が伸びたこともあり、NATゲートウェイの処理データ料金が増加するようになり、コストの最適化を図ることになりました。セキュリティと可用性は維持します。どの方法を検討しますか？ 1つ選択してください。

A. パブリックサブネットにアプリケーションサーバーを配置してNATゲートウェイを廃止する。EC2インスタンスのセキュリティグループはインバウンドルールを徹底管理することにより外部の攻撃から守る。

B. Kinesis Data Streamsのインターフェイスエンドポイントをプライベートサブネットに配置し、NATゲートウェイを廃止する。

C. NATゲートウェイよりも低い料金のNATインスタンスを起動して、NATゲートウェイを廃止する。

D. Kinesis Data Streamsのゲートウェイエンドポイントをプライベートサブネットに配置し、NATゲートウェイを廃止する。

問題36

AWSアカウント上のリソース情報やプロパティ情報を読み取ってPDFレポートを出力するサードパーティ製品があります。使用するAWSアカウントでは、AWSリソースと設定値に対しての読み取り権限を追加したIAMロールを作成して、サードパーティ製品が使用しているAWSアカウントからのsts:AssumeRoleを許可するように信頼ポリシーを設定します。そして、そのARNをサードパーティ製品の管理画面に入力する必要があります。そうすることで、サードパーティ製品のプログラムが使用者のアカウント内のリソースを読み取ってレポートを作成します。ある日、ユーザーからクレームがありました。ユーザーがARNを悪意ある別のユーザーに漏洩してしまい、その悪意あるユーザーがサードパーティ製品にARNを登録したことでリソースの情報が漏れてしまったとのことです。サードパーティ製品事業者はどのように改善できるでしょうか？ 1つ選択してください。

A. 使用者に対して共通の外部IDを提供して条件に外部IDがなければ、IAMロールへのAssumeRoleリクエストを許可しないように使用者に追加設定してもらう。

B. IAMロールARNごとにランダムな外部IDを提供して条件に外部IDがなければ、IAMロールへのAssumeRoleリクエストを許可しないように使用者に追加設定してもらう。

C. サードパーティ製品へのIAMロールARN登録ごとにランダムな外部IDを提供して条件にその外部IDがなければ、IAMロールへのAssumeRoleリクエストを許可しないように使用者に追加設定してもらう。

D. 使用者が任意に設定できる外部IDを提供して条件にその外部IDがなければ、IAMロールへのAssumeRoleリクエストを許可しないように使用者に追加設定してもらう。

問題37

ある組織ではTransit Gatewayを使用して複数のVPC間でRDSデータベースを共有しています。このRDSインスタンスはパブリックにしてもかまわないようなデータですが、インターネットに公開して接続数が増えることは避けたく、組織内のAWSユーザーのみに接続を許可しています。ある日、組織に新たなユーザーが加わりました。すでにAWSアカウントとVPC内に分析するための独自のプログラムやソフトウェアツールを持っています。そのまま使って共有データベースにもアクセスしてもらいます。なるべくリソースを増やさずにどのように実現しますか？ 1つ選択してください。

A. 必要なVPC同士でVPCピア接続を作成して新人アカウント側で承諾してもらう。お互いのルートテーブルに宛先を追加して通信できるようにする。データベースのユーザーとパスワードを発行する。

B. 新人アカウント側でTransit Gatewayを作成する。Transit Gatewayピアリングアタッチメントを作成して新人アカウント側で承諾してもらう。お互いのルートテーブルに宛先を追加して通信できるようにする。データベースのユーザーとパスワードを発行する。

C. 組織のTransit GatewayをResource Access Managerで新人アカウントに共有する。新人アカウント側でリソース共有を承認してもらう。新人アカウント側でTransit Gateway VPCアタッチメントを該当サブネットに作成して、関連付いたルートテーブルに組織のTransit Gatewayへのルートを追加する。データベースのユーザーとパスワードを発行する。

D. RDSインスタンスをパブリックにアクセスできるようにして、新人アカウントからインターネット経由でのアクセスを受け付ける。Elastic IPアドレスだけは使ってもらってセキュリティグループで調整する。

問題38

急遽社員の大半がリモートワークに移行しなければならなくなりました。企業はルールなどを整備している時間もなく、これまでと同じとまではいかなくても、できるだけこれまでに近いネットワーク経路を利用したいと考えています。これまでのネットワーク経路では、会社拠点のネットワークからAWS VPCを通ってインターネットへ接続していました。ユーザー管理はActive Directoryで行っています。新たに接続ログも必要です。ただし、追加のリソースを専門に運用管理する人員もいないので、運用は最小限に抑えたいと考えています。次のどの方法が適切でしょうか？ 1つ選択してください。

A. クライアントVPNエンドポイントを作成してサブネットに関連付ける。送信先ルート設定をしてVPC経由でインターネットとオンプレミスデータセンターへ接続できるようにする。ログはCloudWatch Logsに出力する。接続時のユーザー認証は証明書を作成して配布する。

B. クライアントVPNエンドポイントを作成してサブネットに関連付ける。送信先ルート設定をしてVPC経由でインターネットとオンプレミスデータセンターへ接続できるようにする。ログはCloudWatch Logsに出力する。接続時のユーザー認証は既存のActive DirectoryをAD Connectorに連携する。
C. クライアントVPNエンドポイントを作成してサブネットに関連付ける。送信先ルート設定をしてVPC経由でインターネットとオンプレミスデータセンターへ接続できるようにする。接続時のユーザー認証は既存のActive DirectoryをAWS Managed Microsoft ADに移行する。
D. オンプレミスデータセンターにActive Directoryと連携できるソフトウェアVPNをデプロイしてVPN接続構成を作成する。障害発生時のために別の拠点のデータセンターにも同様の設定をする。

問題39

企業では外部のビデオミーティングサービスを使用し、お客様説明会をライブ配信して、その場で質問対応することで、オンラインでもこれまでと変わらずお客様から多くのお申し込みをいただいています。説明をする営業担当員は50名います。このビデオミーティングサービスにはアンケート機能があり、各営業担当員がその日のお客様や対象サービスに対していくつかのパターンのアンケートを使い分けています。アンケートは共有で使えるようなものではなく、各営業担当員によって作成されたものです。外部のビデオミーティングサービスではこのアンケート作成は毎回Webのフォーム、またはAPIから新規で作成する必要があります。フォームから作成すると時間がかかるので、APIから作成して、作成時間を短縮したいという要望がありました。外部のビデオミーティングサービスのAPIキーは取得済みです。企業のエンジニアはどのようにして対応しますか？ 1つ選択してください。

A. Cognitoユーザープールを作成してユーザーのサインインを管理する。API GatewayのLambdaオーソライザーを有効にして、ユーザープールにLambdaからリクエストして認証が正しいか確認する。アプリケーションから、ユーザープールから取得したJWTをリクエストに含めてAPI送信する。アンケートはDynamoDBで管理して、営業担当者ごとのユーザープールUUIDをパーティションキーで使用し、GetItemのキーにすることで自分が作成したアンケートしか操作できないようにする。指定したアンケートを一括で指定したミーティングにAPI登録する。これらの操作が可能なWebフォームを開発してS3にデプロイする。

B. Cognitoユーザープールを作成してユーザーのサインインを管理する。API GatewayのCognitoオーソライザーを有効にして、ユーザープールを設定する。アプリケーションから、ユーザープールから取得したJWTをリクエストに含めてAPI送信する。アンケートはDynamoDBで管理して、営業担当者ごとのユーザープールUUIDをパーティションキーで使用し、GetItemのキーにすることで自分が作成したアンケートしか操作できないようにする。指定したアンケートを一括で指定したミーティングにAPI登録する。これらの操作が可能なWebフォームを開発してS3にデプロイする。

C. Cognitoユーザープールを作成してユーザーのサインインを管理する。API GatewayのIAM認証を有効にして、ユーザープールでサインインしたユーザーのみ許可する。アプリケーションから、ユーザープールから取得したJWTをリクエストに含めてAPI送信する。アンケートはDynamoDBで管理して、営業担当者ごとのユーザープールUUIDをパーティションキーで使用し、GetItemのキーにすることで自分が作成したアンケートしか操作できないようにする。指定したアンケートを一括で指定したミーティングにAPI登録する。これらの操作が可能なWebフォームを開発してS3にデプロイする。

D. Cognitoユーザープールを作成してユーザーのサインインを管理する。API GatewayのVPCデプロイを有効にして、プライベートな実行のみを許可する。アプリケーションから、ユーザープールから取得したJWTをリクエストに含めてAPI送信する。アンケートはDynamoDBで管理して、営業担当者ごとのユーザープールUUIDをパーティションキーで使用し、GetItemのキーにすることで自分が作成したアンケートしか操作できないようにする。指定したアンケートを一括で指定したミーティングにAPI登録する。これらの操作が可能なWebフォームを開発してS3にデプロイする。

問題40

企業ではAWS Direct Connectを使用してオンプレミスデータセンターとAWSを接続しています。Direct Connectサービスそのものの障害が発生したときのためのバックアッププランを示すように指示がありました。どのような構成を提案するべきでしょうか？ 1つ選択してください。

A. Direct Connectロケーションを冗長化して高い回復性レベルのアーキテクチャを提案する。
B. Direct Connectとは別にVPN接続を使用してバックアップとして提案する。これでパブリックVIFも、プライベートVIFも問題ないことを伝えて安心してもらう。
C. Direct Connectとは別にVPN接続を使用してバックアップとして提案する。プライベートVIFについては問題ないが、パブリックVIFの代わりにインターネット接続を使用する制約があることを伝える。
D. 別にVPN接続を使用してバックアップとして提案する。プライベートVIFについては1.25Gbpsまでがサポートされるので、それ以上の速度で利用している場合は遅延が発生すること、パブリックVIFの代わりにインターネット接続を使用する制約があることを伝える。

問題41

企業にはデータセンターで運用しているApache Cassandraクラスタがあります。ここで使用しているデータをDynamoDBへ移行することが決定しました。データ量も多いので何段階かに分けて移行することにしました。本場環境は最終移行時にしか止めることはできず、途中の段階では本番環境は稼働したまま移行作業を行うことにしました。本番環境に影響を与えずに移行を実現するためには次のどの方法が適当でしょうか？ 1つ選択してください。

A. SCTを使用して、CassandraクラスタのスキーマをDynamoDBテーブルに変換しておく。DMSを使用してソースデータベースエンドポイントにCassandraクラスタを設定して、ターゲットデータベースエンドポイントにDynamoDBテーブルを設定し、CDCプロセスにより継続的な差分移行を開始する。
B. EC2インスタンスを起動して、SCTを使用してCassandraクラスタのクローンをEC2に作成する。別のEC2にインストールしたSCTデータ抽出エージェントを使用して、クローンからDynamoDBテーブルへ移行する。
C. EC2にインストールしたSCTデータ抽出エージェントを使用して、CassandraクラスタからDynamoDBテーブルへ移行する。
D. EC2インスタンスを起動して、SCTを使用してCassandraクラスタのクローンをEC2に作成する。DMSを使用してソースデータベースエンドポイントにクローンを設定して、ターゲットデータベースエンドポイントにDynamoDBテーブルを設定し、CDCプロセスにより継続的な差分移行を開始する。

問題42

グローバルな企業は複数の地域に拠点を持っています。現在、複数の地域拠点と企業内で、共通で利用するいくつかのVPCをVPN接続しています。VPCリージョンから遠く離れれば離れるほどネットワーク遅延の影響を受けています。どのように改善すればいいでしょうか？ 1つ選択してください。

A. S3 Transfer Accelerationを使用してAWSバックボーンネットワークを経由するようにする。
B. Lambda@Edgeを使用してユーザーに近い場所で必要な処理が実行されるように構成する。
C. Transit GatewayへのVPN接続に変更して、VPN接続のEnable Accelerationを有効にする。
D. CloudFrontからコンテンツをダウンロードできるようにすることでレイテンシーを低減する。

問題43

組織ではオンプレミスで運用しているLinuxサーバーからVPN接続したVPCのEFSをマウントして使用します。マウントする際には、IPアドレスではなく、組織がAWS上に設定したプライベートなDNS名でマウントする必要があります。どの手順を組み合わせれば実現できるでしょうか？ 3つ選択してください。

A. オンプレミスで運用しているDNSサーバーから、AWS上で管理しているドメインに対してのゾーンフォワード設定で、Route 53 ResolverインバウンドエンドポイントのIPアドレスを指定する。
B. オンプレミスで運用しているDNSサーバーから、AWS上で管理しているドメインに対してのゾーンフォワード設定で、Route 53 Resolverアウトバウンドエンドポイントのアドレスを指定する。
C. Route 53アウトバウンドエンドポイントを作成して、ターゲットIPアドレスにオンプレミスのDNSサーバーのIPアドレスとポート番号を設定する。
D. Route 53インバウンドエンドポイントを作成する。

E. Route 53プライベートホストゾーンを設定して、EFSマウントターゲットがあるVPCを選択する。EFSマウントターゲットのIPアドレスに対してのAレコードをプライベートなDNS名で設定する。VPCのDNSホスト名とDNS解決を有効にする。

F. Route 53プライベートホストゾーンを設定して、EFSマウントターゲットがあるVPCを選択する。EFSマウントターゲットのIPアドレスに対してのAレコードをプライベートなDNS名で設定する。DHCPオプション設定でプライベートホストゾーンを設定する。

問題44

組織には検証用のアカウントが複数と本番稼働用のアカウントが複数あります。検証用のアカウントではリザーブドインスタンスやSavings Plans、Snowballなどは必要ありません。誤操作によって購入されてしまっても問題なので制御することにしました。制御した以外の操作は自由に検証してもらうため許可します。管理作業を最小限に抑えたいです。最も適している方法は次のどれですか？

A. 一括請求機能が有効なOrganizationsで検証アカウント用の検証OUを作成して対象のアカウントを登録する。組織のルートにはSCP AWSFullAccessがアタッチされている。検証OUはAWSFullAccessが継承と直接アタッチもされている。検証OUに追加のSCPとして予約拒否ポリシーを適用する。

B. すべての機能を有効にしたOrganizationsで検証アカウント用の検証OUを作成して対象のアカウントを登録する。組織のルートにはSCP AWSFullAccessがアタッチされている。検証OUはAWSFullAccessが継承と直接アタッチもされている。検証OUに追加のSCPとして予約拒否ポリシーを適用する。

C. すべての機能を有効にしたOrganizationsで検証アカウント用の検証OUを作成して対象のアカウントを登録する。組織のルートにはSCP AWSFullAccessがアタッチされている。検証OUでAWSFullAccessが継承のみされている。検証OUに追加のSCPとして予約拒否ポリシーを適用する。

D. 一括請求機能が有効なOrganizationsで検証アカウント用の検証OUを作成して対象のアカウントを登録する。組織のルートにはSCP AWSFullAccessがアタッチされている。検証OUはAWSFullAccessが継承のみされている。検証OUに追加のSCPとして予約拒否ポリシーを適用する。

5 模擬テスト

問題45

組織では外部の攻撃からほとんどのアカウントを保護することに成功していましたが、ある日一部のアカウントリソースが侵害されたことによって他アカウントも影響を受ける事態に発展しました。組織では各アカウントで個別管理しているインターネット上からの攻撃・脅威に対してのブロックルールや設定、セキュリティグループなどの設定をまとめて管理し、さらに組織に参加した新しいアカウントへセキュリティを自動的に設定したいと考えています。どのようにして実現しますか？ 必要最低限の設定を3つ選択してください。

A. SCPを作成して各アカウントに適用する。
B. AWS Organizationsですべての機能を有効化する。
C. AWS Firewall Managerの管理者アカウントを設定する。
D. 各アカウントに対してAWS Configを設定する。
E. 各アカウントに対してAWS CloudTrailを設定する。
F. AWS Control Towerを使用して組織を管理する。

問題46

お客様への請求計算を管理している部門が請求の確定をしたタイミングで、お客様への節約アドバイスレポートを作成する作業があります。これはバックエンドのプログラムを動かせばいいだけなのですが、請求確定タイミングは月によって異なります。また確定後、必要な確認作業が完了次第、バックエンドプログラムを実行したいため、バッチ処理的に毎月決まった日付の決まった時間に実行というわけにもいきません。請求計算部門は月によっては土日祝日に作業することもあります。そのスケジュールにIT部門が合わせて出勤するのも無駄があります。どのようにしてこのプロセスを効率よく、最小権限で実行できるでしょうか？ 1つ選択してください。

A. アドバイスレポート作成プログラムのうち確定確認プログラムを1分おきにポーリングするよう実行しておき、確定されたタイミングでバックエンド側において自動的に実行させる。
B. 請求部門にElastic Beanstalkで必要なコマンドを実行できるWindowsコマンドファイルと、必要なリソースを構築できる権限をIAMポリシーでアタッチしたアクセスキーID、シークレットアクセスキーをセットアップした端末を渡す。そこでバッチファイルを実行すると、必要なリソースが起動されてEC2

インスタンスにデプロイされたWebページへのリンクがコマンドファイルの実行のレスポンスで提供される。確定しているかどうかを確認した上で、アドバイスレポート作成ボタンをクリックすると処理が実行される。レポートがすべて出力されたことを確認して、削除用のバッチファイルを実行できる。

C. 請求部門にCloudFormationの使用方法を学んでもらい、必要なリソースを構築できる権限をIAMポリシーでアタッチする。そこでスタック作成を実行すると、必要なリソースが起動されてEC2インスタンスにデプロイされたWebページへのリンクが出力タブで提供される。確定しているかどうかを確認した上でアドバイスレポート作成ボタンをクリックすると処理が実行される。レポートがすべて出力されたことを確認して、スタックを削除できる。

D. AWS Service Catalogを使用して請求部門のユーザーはService Catalogのポートフォリオにだけアクセスできるようにしておく。そこでサービス起動を実行すると、サービスに必要なリソースが起動されてEC2インスタンスにデプロイされたWebページへのリンクが提供される。確定しているかどうかを確認した上で、アドバイスレポート作成ボタンをクリックすると処理が実行される。レポートがすべて出力されたことを確認すれば、サービスを終了できる。

問題47

ポータルサイトでエンドユーザーが予定表に行き先を入力すると、近くのお勧めスポットや豆知識情報を提供するサービスを用意しています。そのために企業は地域の豆知識APIと契約しました。ポータルサイトの該当サービスの開発は進んでいて、フロントページからのリクエストを数種類のLambda関数で処理するように構築しています。豆知識APIと契約が完了して通知を確認すると、送信元IPアドレスの登録が必要との記載がありました。どのようにしてこの要件を満たしますか？ 1つ選択してください。

A. Lambda関数の環境変数にREQUEST_FROMキーで設定するElastic IPアドレスIDを登録しておく。

B. APIリクエスト時にREQUEST_FROMヘッダーへ設定するElastic IPアドレスを登録しておく。

C. Lambda関数をVPCパブリックサブネットで起動して関連付けたElastic IPアドレスを登録しておく。

D. Lambda関数をVPCプライベートサブネットで起動してパブリックサブネットのNATゲートウェイに関連付いたElastic IPアドレスを登録しておく。

問題48

セキュリティチームはアプリケーション開発チームに、外部サービスのAPIキー管理のルールを設定することにしました。以下の要件を守る必要があります。

- 開発環境、本番環境でキーを分けてIAMポリシーでアクセス権限を制御する。
- 各キーはローテーションできる暗号化キーで管理する。
- APIキー、暗号化キーともにアクセスログはCloudTrailで残す。

開発チームはなるべく追加コストを発生させたくありません。これらを実現するために開発チームはどのような運用をすべきでしょうか？ 1つ選択してください。

A. RDS for MySQLデータベースをKMS顧客管理キーで暗号化して作成、データベーステーブル内でAPIキーを保管する。開発環境と本番環境のキーはテーブルを分ける。アプリケーションからSQLクエリでAPIキーを取得する。

B. アプリケーションサーバーの環境変数にAPIキーを都度設定する。アプリケーションサーバー起動前はローカルのファイルサーバーで管理する。コマンドを使用してKMS顧客管理キーで暗号化しておく。

C. Systems Manager Parameter Store Secure Stringを開発用APIキー用、本番用APIキー用に作成する。暗号化キーにKMS顧客管理キーを指定する。顧客管理キーに対するkms:decryptアクション、Parameter Storeのssm:getparameterアクションを対象リソースに絞って、開発用IAMポリシーとIAMロール、本番用IAMポリシーとIAMロールを作成して、それぞれの環境のEC2インスタンスに引き受けさせる。

D. Secrets Managerシークレットを開発用APIキー用、本番用APIキー用に作成する。暗号化キーにKMS顧客管理キーを指定する。顧客管理キーのkms:decryptアクション、シークレットのGetSecretsValueアクションを対象リソースに絞って、開発用IAMポリシーとIAMロール、本番用IAMポリシーとIAMロールを作成して、それぞれの環境のEC2インスタンスに引き受けさせる。

問題49

モバイル回線の契約を販売している事業会社A社があります。テレビCMなども特には行っていなかったので案内ページのアクセス数が急に増えることもありませんでした。案内ページはリソースが限定されたレンタルサーバーで運用しています。新型ウィルスの影響により外出自粛が始まったことで、リモート需要が高まりました。他社モバイル回線契約受付が一時的に逼迫したこともあり、A社の回線サービス案内ページにもリクエストが急増しました。A社はアクセス数をモニタリングしていますが、契約数はいっこうに伸びません。詳細なログを確認したところ、アクセスが急増したことでレンタルサーバーの性能が限界に達したようで、ページビュー速度が顕著に落ちていることがわかりました。契約しようとするユーザーがいても、重たすぎる画面遷移が原因で途中離脱していたことがわかりました。案内ページは画像と案内しているHTML、CSS、利用規約のPDF、PHPでポストしている申込みフォーム、問い合わせフォームで構成されています。一時的なピークは過ぎてしまったので運用コストを今よりも投資したくはありませんが、リクエストが増えることや想定外の問題が発生することでコストを追加することは許容できます。ただし、なるべく低コストで今回のような問題が発生しない設計にしたいです。どのような設計が考えられますか？ 1つ選択してください。

A. Application Load BalancerとEC2 Auto Scalingグループで構成する。EC2にはApache Webサーバーで案内ページとPHPフォームをデプロイする。申し込み内容、問い合わせ内容はRDSインスタンスのデータベースに記録して、管理アプリを開発して情報を確認する。ACMを使用して所有ドメイン証明書を設定する。

B. Application Load BalancerとEC2 Auto Scalingグループで構成する。EC2にはApache Webサーバーで案内ページとPHPフォームをデプロイする。申し込み内容、問い合わせ内容はRDSインスタンスのデータベースに記録して、管理アプリを開発して情報を確認する。画像はS3から配信するようにし、CloudFrontでS3とApplication Load Balancerをオリジンに設定して、ビヘイビアでパスベースのルーティングとキャッシュコントロールを設定する。

C. HTML、CSS、画像、PDFはS3から配信する。現在のPHPフォームはHTMLとJavaScriptで構成し、API GatewayとLambdaでバックエンドの処理を実装する。申し込み内容、問い合わせ内容はDynamoDBに保存し、申込数が少ない間はマネジメントコンソールから確認して、必要に応じて管理ツールの開発や自動化を検討する。S3フォームはCloudFrontで配信し、ACMを使用して所有ドメイン証明書を設定する。

D. HTML、CSS、画像、PDFはS3から配信する。現在のPHPフォームはHTMLとJavaScriptで構成し、API GatewayとLambdaでバックエンドの処理を実装する。申し込み内容、問い合わせ内容はDynamoDBに保存する。S3フォームはCloudFrontで配信し、ACMを使用して所有ドメイン証明書を設定する。CloudFrontはWAFで一般的な攻撃からブロックする。

問題50

オンプレミスでTDE（透過的データ暗号化）を実現しているOracleデータベースがあります。このOracleデータベースをAWSへ移行することが決定しました。暗号化キーは専有ハードウェアを使用する必要があります。以下のどの組み合わせで実現できるでしょうか？ 2つ選択してください。

A. Amazon EC2
B. Amazon RDS
C. AWS CloudHSM
D. AWS KMS
E. Amazon Aurora

問題51

会社の各チームはBoxやSalesforceなどのSAML対応サービスやアプリケーション、AWSアカウントにアクセスする必要があります。会社の情報システム管理部門は認証情報を複数管理することは避けたいと考えています。会社ではすでに既存のActiveDirectoryで会社の従業員の認証を管理しているのでそのまま使うことにしました。今後の更新も既存のActive Directoryに対して行います。追加要件としてMFAも必須です。どの選択肢が最適ですか？ 1つ選択してください。

A. 既存のActive Directoryを使用するAD FSサーバーを構築する。AD FSから出力したXMLドキュメントをIAMのIDプロバイダーに設定して、対応するIAMロールを作成する。AD FSで連携認証をセットアップしてシングルサインオンを構築する。

B. AWS Managed Microsoft ADを構築して既存のActive Directoryからすべ

てのデータを移行する。AWS IAMアイデンティティセンターのIDソースでAWS Managed MicrosoftADを選択する。AWS IAMアイデンティティセンターからAWSアカウントやSAML対応サービスやアプリケーションにアクセスする。

C. Simple ADを構築して、既存のActive Directoryからすべてのデータを移行する。AWS IAMアイデンティティセンターのIDソースでSimple ADを選択する。AWS IAMアイデンティティセンターからAWSアカウントやSAML対応サービスやアプリケーションにアクセスする。

D. AD Connectorを設定する。AWS IAMアイデンティティセンターのIDソースでAD Connectorを選択する。AWS IAMアイデンティティセンターからAWSアカウントやSAML対応サービスやアプリケーションにアクセスする。

問題52

事業会社では新たに子会社化した会社のAWSアカウントを親会社のOrganizationsに統合しました。親会社ではCloudFormationテンプレートでAWSの環境を管理しています。子会社にはPythonを使いこなすエンジニアたちがいますが、CloudFormationテンプレートは使用しないポリシーでこれまで運用してきました。これを強制することで優秀なエンジニアが退職してしまうかもしれません。親会社のエンジニアもこれまでと運用が変わることで不満が起こりそうです。何か解決策はありますか？ 1つ選択してください。

A. 子会社へJSONでCloudFormationテンプレートを管理することを強制する。

B. 子会社のエンジニアにCDKをPythonでコーディングしてもらって、AWSリソースを管理してもらう。

C. 親会社でCloudFormationの運用をやめてサードパーティサービスに変更する。

D. 全社でOpsWorksに乗り換える。

問題53

グローバル企業のA社には各地域に拠点があり、それぞれ異なるAWSリージョンで構成されています。各地域の拠点が持っている音声・動画・写真のサンプルを、ホールディングス機能がある日本でダウンロード可能として、PR動画などの作成チームを日本拠点に集約することにしました。音声・動画・写真のサンプルを検索するアプリケーションは各拠点で統一されたアプリケーションとして展開されています。日本の拠点から遠くの地域になればなるほどレイテンシーが発生しています。レイテンシーを改善するにはどのような構成が考えられるでしょうか？ 1つ選択してください。

A. Direct Connectを使用して、仮想プライベートゲートウェイをEC2インスタンスが配置されている各拠点のVPCへアタッチされた仮想プライベートゲートウェイにプライベートVIFを接続する。
B. Direct Connect Gatewayを使用して、それぞれの拠点にあるそれぞれのVPCにアタッチする。
C. 各拠点のTransit GatewayにVPN接続して、それぞれのVPCをアタッチする。
D. クライアントVPNを使用して、各クライアント端末から直接各拠点のVPCに接続する。

問題54

企業ではVPC外部へのデータ送信に対してSuricata互換ルールでのアウトバウンド検査を計画しています。現在のVPCの構成はパブリックサブネット、プライベートサブネットがあり、プライベートサブネットにアウトバウンドリクエストを実行しているEC2インスタンス、パブリッサブネットにNATゲートウェイがあります。この検査を実現するにあたり追加の運用はなるべく少なくしたいと考えています。どのような構成にすることでこれを実行できますか？ 次から3つ選択してください。

A. パブリックサブネットに関連付くルートテーブルの送信先0.0.0.0/0のターゲットにインターネットゲートウェイを指定する。
B. Network Firewallを作成する。VPCにFierwallサブネットを追加して、Firewallエンドポイントを Firewallサブネットに配置する。Firewallサブネットに関連付くルートテーブルは、送信先0.0.0.0/0をインターネットゲートウェイターゲットで設定する。
C. インターネットゲートウェイにイングレスルートテーブルを設定して、送信先にNATゲートウェイサブネットのCIDR、ターゲットにFirewallエンドポイントを指定する。
D. インターネットゲートウェイにイングレスルートテーブルを設定して、送信先にプライベートサブネットのCIDR、ターゲットにFirewallエンドポイントを指定する。

E. NATゲートウェイのサブネットに関連付くルートテーブルの送信先0.0.0.0/0のターゲットにFirewallエンドポイントを指定する。

F. Network Firewallを作成する。VPCにFierwallサブネットを追加して、Firewallエンドポイントを Firewallサブネットに配置する。Firewallサブネットに関連付くルートテーブルは、送信先0.0.0.0/0をNATゲートウェイターゲットで設定する。

問題55

ある研修会社にはAWS認定インストラクターが5名います。各インストラクター向けにサンドボックスとなるアカウントを提供しています。検証環境には予算が決められているので、サンドボックス共通の請求アラーム閾値が設定されています。アラームは全員向けに送られるので、誰のアカウントで多くの請求が発生しているかを相互管理もできます。各アカウントではCloudTrailが有効です。CloudTrailに対してのアクションやS3に保存された証跡は管理者も含めて誰も操作はできません。AWS認定インストラクターは積極採用中なので、入社したときに設定漏れがないように新規アカウントの作成と同様の設定を自動化しておきます。これを実現するには次のどの方法が最適でしょうか？ 1つ選択してください。

A. AWS Organizationsで組織として管理する。CloudFormation StackSetsを使用して請求アラームなど必要なリソースを自動作成する。CloudTrail、S3のアクションなどを制御したIAMユーザーも自動作成する。

B. AWS Organizationsで組織として管理する。CloudFormation StackSetsを使用して請求アラームなど必要なリソースを自動作成する。CloudTrail、S3のアクションなどの制御はSCPでまとめて制御する。

C. AWS Organizationsで組織として管理する。各アカウントが作成されたら、CloudFormationスタックの作成を行い、請求アラームなど必要なリソースを自動作成する。CloudTrail、S3のアクションなどの制御はSCPでまとめて制御する。

D. AWS Organizationsで組織として管理する。各アカウントが作成されたら、CloudFormationスタックの作成を行い、請求アラームなど必要なリソースを自動作成する。CloudTrail、S3のアクションなどを制御したIAMユーザーも自動作成する。

問題56

企業では過去にSSH脆弱性による不正アクセスによって機密データの漏洩が発生しました。開発者がSSHポートを開放したことによりEC2に不正アクセスされ、アクセスキーID、シークレットアクセスキーを取得され、S3バケットの機密情報をダウンロードされました。この問題を改善するために最も有効な手段を、以下から3つ選択してください。

A. SSHアクセスをやめてSystems Managerセッションマネージャーを使用する。
B. EC2に必要な最小権限をアタッチしたIAMロールを引き受けさせる。
C. インスタンスメタデータサービス（IMDS）v1を無効化する。
D. セキュリティグループのSSH送信元を特定のIPアドレスに限定する。
E. IAMユーザーの権限を最小権限に設定して、アクセスキー、シークレットアクセスキーIDを発行してEC2に設定する。
F. アクセスキー、シークレトアクセスキーは環境変数で使用する。

問題57

ある研修会社ではAWS認定トレーニングの追加の補助資料をPDFで受講者に配布しています。現在、S3バケットの公開されたリンクをログインが必要な受講者ポータルへ表示するようにしています。受講者ポータルはApplication Load BalancerとEC2にデプロイされています。補助資料は日本語の資料ですが、オンライントレーニングが普及してきたこともあり、海外赴任されている日本企業にもAWS認定トレーニングを提供することになりました。そこでCloudFront経由の配布に変えますが、ついでにS3からの直接配信とCloudFront経由のパブリック配信も制限することにしました。どのような構成が推奨されるでしょうか？ 1つ選択してください。

A. S3バケットをオリジンとしてCloudFrontディストリビューションを設定する。オリジンへのアクセスのためにオリジンアクセスコントロールを設定する。S3バケットポリシーでCloudFrontディストリビューションからのリクエストのみを許可する。キーグループを作成する。ローカルで作成したキーペアから公開鍵をIAMユーザーの権限でキーグループに追加する。ビヘイビアでキーグループを設定する。受講者ポータルのアプリケーションでCloudFront署名付きURLリンクを生成してリンクを表示する。

B. S3バケットをオリジンとしてCloudFrontディストリビューションを設定する。オリジンへのアクセスのためにオリジンアクセスコントロールを設定する。S3バケットポリシーでCloudFrontディストリビューションからのリクエストのみを許可する。rootユーザーでCloudFrontのキーペアを作成する。ビヘイビアでキーペアを設定する。受講者ポータルのアプリケーションでCloudFront署名付きURLリンクを生成してリンクを表示する。

C. 受講者ポータルのApplication Load BalancerをオリジンとしてCloudFrontディストリビューションを設定する。オリジンへのアクセス制限のためにセキュリティグループを設定する。キーグループを作成する。ローカルで作成したキーペアから公開鍵をIAMユーザーの権限でキーグループに追加する。ビヘイビアでキーグループを設定する。受講者ポータルのアプリケーションでCloudFront署名付きURLリンクを生成してリンクを表示する。

D. 受講者ポータルのApplication Load BalancerをオリジンとしてCloudFrontディストリビューションを設定する。オリジンへのアクセス制限のためにカスタムヘッダーを設定する。ALBルーティングでヘッダーがなければ無効とする。キーグループを作成する。ローカルで作成したキーペアから公開鍵をIAMユーザーの権限でキーグループに追加する。ビヘイビアでキーグループを設定する。受講者ポータルのアプリケーションでCloudFront署名付きURLリンクを生成してリンクを表示する。

問題58

SQSに送信されたメッセージの処理をしているEC2インスタンスがあります。最近メッセージが増えてきた影響で処理が大幅に遅延することが増えてきました。この問題を解消するべくEC2インスタンスをAuto Scalingグループで起動するようにしました。どのようなメトリクスに対してスケーリングを設定するとよさそうでしょうか？ 1つ選択してください。

A. SQSキューのApproximateNumberOfMessagesVisible

B. EC2のCPU使用率平均値

C. キューのApproximateNumberOfMessagesをInService状態のEC2インスタンス数で割った数を、Lambda関数からPutMetricDataしたカスタムメトリクス

D. EBSのI/O

問題59

全世界にプレイヤーのいるモバイルゲームアプリケーションがあります。サーバーサイドは複数のリージョンにデプロイされています。エンドユーザーはレイテンシーを低減するために最も近いリージョンを使用するように構成されています。常に更新される各リージョンでのランキングと全世界のランキングをエンドユーザーに表示します。スコア情報はどのように保存するのが最適でしょうか？ 1つ選択してください。

A. 各アプリケーションはユーザーのスコアを、それぞれのリージョンで書き込むためにDynamoDBグローバルセカンダリインデックスを各リージョンに作成する。

B. 各アプリケーションはユーザーのスコアを、それぞれのリージョンで書き込むためにDynamoDBグローバルテーブルを作成する。DynamoDBテーブルストリームを有効にし、DynamoDBグローバルテーブル機能で各リージョンにレプリカテーブルを作成する。

C. 各アプリケーションはユーザーのスコアを、センターリージョンのRDSインスタンスに書き込む。クロスリージョンリードレプリカで各リージョンへレプリケーションを作成する。

D. ElastiCache Redisのソート済みデータ型でゲームスコアボードを管理する。Pub/Sub機能を使って、更新されたデータを各リージョンへ配信するアプリケーションに通知する。

問題60

夜間、倉庫の監視カメラの映像をリアルタイム分析して、人を検出した際に通知したいです。最低限どのサービスの組み合わせが必要ですか？ 2つ選択してください。

A. Kinesis Data Streams

B. Kinesis Video Streams

C. Kinesis Data Analytics

D. Rekognition Video

E. Comprehend

問題61

春はお花見、夏はビアガーデン、秋は紅葉狩り、冬は雪見酒と年に数回イベントを行っている屋外レストランがあります。ショーパフォーマーの誕生日にも不定期でイベントを行うことがあります。イベント特設サイトには毎回恒例となっているゲームが公開されて、高得点のユーザーには、お食事券やボトル無料券などが提供されます。特設サイトはApplication Load Balancer、EC2 Auto Scaling、RDSで構成されています。キャンペーン中しか使用しないため、キャンペーン期間中はCloudFormationを使用して起動します。EC2のゲームアプリケーションは開発や改良をして、最新のものであることがわかるようにAMIに特定のタグをつけて保存されます。ゲームのファンも定着してきて、特設サイトが公開されるとSNSなどで話題になり絶大なキャンペーン効果をもたらしています。月次のマーケティング会議で報告する必要があるため、ゲームのプレイ状況など、RDSに保存されたさまざまな情報を月次で集計します。集計レポートのエビデンスは一定期間保存する必要があります。これを実現する最適な方法は次のどれですか？ 1つ選択してください。

A. CloudFormationテンプレートでcfn-initを使用して、最新のソースコードをリポジトリからプルする。RDSはDeletionPolicy:Snapshotを設定する。
B. CloudFormationテンプレートのParameterでAMI IDは手入力する。RDSはDeletionPolicy:Retainを設定する。
C. CloudFormationカスタムリソースを設定してLambda関数を起動し、最新のAMI IDをタグでフィルタリングして取得する。RDSはDeletionPolicy:Snapshotを設定する。
D. CloudFormationカスタムリソースを設定してLambda関数を起動し、最新のAMI IDをタグでフィルタリングして取得する。RDSはテンプレートには含めずに手動で起動し、スナップショットを作成して終了する。

問題62

会社では共有型ファイルストレージサービスを展開しています。ストレージにはS3バケットを使用しています。フロントにはApplication Load BalancerとEC2 Auto Scalingがあります。ユーザーからアップロードが中断されるというクレームがあり調べてみたところ、容量の大きなファイルをアップロードするときにモバイルアプリケーションからのアップロード速度が遅い環境で時間がかかっており、その途中でネットワークの中断が発生していることがわかりました。ネットワーク側の問題ではありますが対応したいです。また余分なコストが発生しないようにもしたいです。どのように対応しますか？ 1つ選択してください。

A. Snowballを使用してアップロードする。
B. S3マルチパートアップロードAPIを使用する。
C. S3マルチパートアップロードAPIを使用する。ライフサイクルポリシーで不完全なパート削除日数を設定する。
D. S3 Transfer Accelerationを有効化する。

問題63

20万を超えるユーザーがそれぞれ認証し、それぞれのエネルギー使用量を確認できるモバイルアプリケーションがあります。今後もユーザー数は増加する計画です。個別の情報をモバイルに表示するため認証は必須です。データはDynamoDBに格納されていて、各ログインユーザーに紐付くパーティションキーで保存されています。このモバイルアプリケーションの認証を実現する方法を次から選択してください。

A. エンドユーザー向けにIAMユーザーを作成して、IAMユーザー ARNをパーティションキーに設定する。IAMポリシーでDynamoDBへの読み取り権限を許可する。
B. エンドユーザーの認証は外部のSAMLプロバイダーで行うように設定し、各エンドユーザー向けにIDプロバイダー設定とIAMロールを作成する。IDプロバイダー ARNをパーティションキーに設定する。IAMロールにアタッチするIAMポリシーでDynamoDBへの読み取り権限を許可する。
C. Cognito IDプールで認証されていないユーザー向けにDynamoDBへの読み取り権限ポリシーをアタッチしたIAMロールを設定する。Cognito IDプールで安全な一時的な認証情報が付与されるようにする。
D. Cognito IDプールで認証されたユーザー向けにDynamoDBへの読み取り権限ポリシーをアタッチしたIAMロールを設定する。認証はCognitoユーザープールを設定する。ユーザープールで管理しているUUIDをパーティションキーに設定する。Cognito IDプールで安全な一時的な認証情報が付与されるようにする。

問題64

会社にはApplication Load Balancer、ECS Fargateで構成されているサービスがあります。タスク定義の変更時、コンテナイメージの変更時、どちらが発生しても実行環境が安全に更新されるようブルー／グリーンデプロイを構成したいです。以下の選択肢の組み合わせのうちどれが適切でしょうか？ 3つ選択してください。

A. AppSpec.yaml、taskdef.jsonをCodeCommitリポジトリに保存する。コンテナイメージはECRリポジトリで保管する。CodePipelineのソースステージにCodeCommitリポジトリを設定する。

B. AppSpec.yaml、taskdef.jsonをCodeCommitリポジトリに保存する。コンテナイメージはECRリポジトリで保管する。CodePipelineのソースステージにCodeCommitリポジトリとECRリポジトリをそれぞれ設定する。

C. CodePipelineのデプロイステージアクションでECS（ブルー／グリーン）を選択する。

D. CodePipelineのデプロイステージアクションでECSを選択する。

E. CodeDeployを設定してプラットフォームにECSを選択。Load Balancerの選択でターゲットグループ1と2を選択して、デプロイ設定でECSAllAtOnceを設定する。

F. CodeDeployを設定してプラットフォームにEC2を選択。Load Balancerの選択でターゲットグループ1と2を選択して、デプロイ設定でカナリアを設定する。

問題65

組織では各アカウントのルートユーザーアクティビティを監視する必要があります。セキュリティ管理者は発生時には通知を受信することを予定しています。また、CloudTrailの詳細ログの確認が必要な場合は迅速に検索できるよう複数アカウントのログを集約しておく予定です。CloudTrailログに改ざんが発生していないかの検証も必要です。最適なソリューションは次のどれですか？ 1つ選択してください。

A. 組織でCloudTrail証跡を有効にして、1つのAWSアカウントのS3バケットへアカウントプレフィックスごとに保存されるよう構成する。GuardDutyを有効にし、RootCredentialUsageイベントをEventBridgeでルール作成してSNSトピックに通知する。CloudTrailログファイルの整合性検証を有効にする。CloudTrailログはライフサイクルルールでGlacierに移動する。CloudTrailログに対してAthenaを設定しておく。

B. 組織でCloudTrail証跡を有効にして、1つのAWSアカウントのS3バケットへアカウントプレフィックスごとに保存されるよう構成する。GuardDutyを有効にし、RootCredentialUsageイベントをEventBridgeでルール作成してSNSトピックに通知する。CloudTrailログファイルの整合性検証を有効にする。CloudTrailログに対してパーティションを有効にしてAthenaを設定しておく。

C. 組織でCloudTrail証跡を有効にして、1つのAWSアカウントのS3バケットへアカウントプレフィックスごとに保存されるよう構成する。GuardDutyを有効にし、RootCredentialUsageイベントをEventBridgeでルール作成してSNSトピックに通知する。S3バージョニングを有効にする。CloudTrailログに対してパーティションを有効にしてAthenaを設定しておく。

D. 組織でCloudTrail証跡を有効にして、1つのAWSアカウントのS3バケットへアカウントプレフィックスごとに保存されるよう構成する。CloudTrailログが保存された際にS3通知イベントでSNSトピックに通知する。CloudTrailログファイルの整合性検証を有効にする。CloudTrailログに対してパーティションを有効にしてAthenaを設定しておく。

問題66

中途入社で事業会社の情報システム部門に着任しました。アプリケーションやサーバーに関するドキュメントはありません。少人数のメンバーは兼務が多く、上司は管理部門の部門長でITの知識はありません。同僚は主にキッティングやヘルプデスクを担当しているアルバイトさんだけで週3日出勤されます。来年データセンターの契約期間が終了することもあって、既存システムの移行先と移行可否のために情報を収集する必要があります。次のどの方法が役立つでしょうか？ 1つ選択してください。

A. Inspectorエージェントを各サーバーにインストールして脆弱性の検査をする。

B. CloudWatchエージェントを各サーバーにインストールして、CloudWatchでカスタムメトリクスとログのモニタリングを開始する。

C. Systems Managerエージェントを各サーバーにインストールして、AWS Migration Hubに情報を収集する。

D. AWS Application Discovery Serviceエージェントを各サーバーにインストールして、AWS Migration Hubに情報を収集する。

問題67

Elastic BeanstalkでデプロイされたWebアプリケーションがあります。データベースはElastic Beanstalk環境とは切り離されて起動しているRDS for MySQLです。開発チームは新しいソフトウェアバージョンをデプロイする予定ですが、可能な限りダウンタイムを抑えつつもデプロイのための追加コストを最小限に抑えることが指示されています。ダウンタイムよりもコストを抑えるほうの優先度が高いです。次のどのデプロイ設定で実行しますか？ 1つ選択してください。

A. 既存の環境のクローンを作成してスワップするブルー／グリーンデプロイを実行する。
B. ローリング更新オプションでデプロイを実行する。
C. 追加バッチによるローリング更新オプションでデプロイを実行する。
D. All at onceデプロイを実行する。

問題68

会社が管理しているデータには非常に厳しい規制があり、データを保存している住所番地を明確に示さなければなりません。このデータに対してEC2で実装しているHPCワークロードでの計算処理が必要です。データアクセスに対してのレイテンシーは極限まで減少させなければなりません。どのサービスが利用できますか？ 1つ選択してください。

A. FSx for Lustre
B. AWS Wavelength
C. AWS Outposts
D. AWS Local Zones

問題69

企業ではアプリケーションからS3にアップロードされたデータの日次分析が実行されています。この日次分析にはAmazon EMRが使用されています。EMRクラスタの分析は0時から8時に完了させる必要があります。現在は2時間程度で完了していますが、対象となるデータ量は一定ではなく今後も増加傾向にあります。分析結果のレポートデータは別のS3バケットに保存されます。分析元のデータは5年間の保存義務があります。分析根拠の調査指示がない限りは分析元データにアクセスする必要はありません。過去に分析根拠の調査指示は発生していません。この構成でコストを最小限に抑えるためにはどのような構成が最適でしょうか？ 1つ選択してください。

A. EMRマスターノードにオンデマンドインスタンスを使用する。コアノードとタスクノードはスポットインスタンスを使用し処理対象のデータ量に応じて追加する。分析元のS3データはライフサイクルポリシーでGlacierに移動する。

B. EMRマスターノードとコアノードにオンデマンドインスタンスを使用する。タスクノードはスポットインスタンスを使用し処理対象のデータ量に応じて追加する。分析元のS3データはライフサイクルポリシーでGlacierに移動する。

C. EMRマスターノードとコアノードにリザーブドインスタンスを使用する。タスクノードはスポットインスタンスを使用し処理対象のデータ量に応じて追加する。分析元のS3データはライフサイクルポリシーでGlacierに移動する。

D. EMRマスターノードとコアノードにオンデマンドインスタンスを使用する。タスクノードはスポットインスタンスを使用し処理対象のデータ量に応じて追加する。分析元のS3データは最初に標準IAへ保存して分析が終わればGlacierに移動する。

問題70

オンプレミスのLinuxサーバーとVPC内のEC2で共通のファイルシステムを使う必要があります。EFSを使用することに決めました。オンプレミスからのデータ転送は暗号化する必要があります。どのようにして実現できますか？ 3つ選択してください。

A. sudo mount -t efs -o tls file-system-ID ~/efsコマンドでマウントを実行する。

B. efs-utils.confを調整する。

C. amazon-efs-utilsパッケージをオンプレミスLinuxサーバーにインストールしてefs-utils.confを調整する。

D. オンプレミスLinuxサーバーからマウントターゲットのIPアドレスに対してfile-system-ID.efs.region.amazonaws.comの名前解決ができるようにする。

E. sudo mount -t efs -o tls 192.168.0.1 ~/efsコマンドでマウントを実行する。

F. sudo mount -t efs file-system-ID ~/efsコマンドでマウントを実行する。

問題71

現在オンプレミスではサーバー監視システムを使用して、パフォーマンスモニタリングと死活監視をシステムのエージェントをサーバーにインストールすることによって実現しています。オンプレミスのいくつかのサーバーをEC2へ移行することになりました。サーバーの運用監視チームはオンプレミスの監視システムとAWSのCloudWatchの両方を使うのではなく、使い慣れたオンプレミスのサーバー監視システムを使用してEC2の監視をなるべくこれまでと変わりなく継続することを要求しています。オンプレミスの監視システムはエージェントからはプライベートネットワーク通信のみを許可する構成です。AWSとオンプレミスでのVPNなどのプライベートな接続はありません。オンプレミスの監視システムのAPIは特定の1つのIPアドレスからの送信を受け付けることは許可されましたが、複数のEC2インスタンスからの直接送信は許可されませんでした。クラウドアーキテクトはどのような構成を実現できますか？ 1つ選択してください。

A. EC2のステータス変化に対してCloudWatchアラームを使用し、SNSトピックからサブスクリプションのLambda関数を使用してオンプレミスの監視システムに送信する。パフォーマンス情報はメトリクスに対してCloudWatchアラームを細かく設定して同様にSNSトピックへ送信する。

B. EventBridgeでEC2のステータス変更ルールを設定してターゲットのLambda関数からオンプレミスの監視システムに送信する。パフォーマンスは定期的にGetMetricデータを実行してオンプレミスの監視システムへ送信する。

C. CloudTrailログを有効にしてEC2インスタンスの状態変更をキャプチャして、Lambda関数からオンプレミスの監視システムに送信する。パフォーマンスは定期的にGetMetricデータを実行してオンプレミスの監視システムへ送信する。

D. 各EC2インスタンスにオンプレミスの監視システムのエージェントをインストールしてオンプレミスサーバー同様に監視する。

問題72

ある会社では日中SQSに送信されたメッセージを夜間Lambda関数が受信してRDS for MySQLデータベースに書き込んでいます。ある日、送信メッセージが多かったためかデータベースからToo many connectionsメッセージとともにリクエストが拒否されていました。この状態を改善する組み合わせを次から2つ選択してください。

A. Data APIからSQLを実行できるよう有効化する。
B. Secrets Managerシークレットを作成してデータベースのユーザー名とパスワードを保存する。
C. RDS Proxyを作成してデータベースへリクエストが送信できるように構成する。
D. Lambdaの実行IAMロールにrds-data:ExecutionStatementポリシーを追加する。
E. RDSインスタンスのMax Connectionsパラメータを増やす。

問題73

警備会社では警備員の現場到着確認をモバイル対応のWebアプリで確認しています。到着した警備員がWebアプリで警備員番号を入力して到着ボタンをタップするとGPS情報とともに送信される仕組みです。警備開始30分前には現地到着して勤務開始するルールですので、30分前になっても到着送信されなかったその日の予定の警備員には電話する運用があります。今までは電話担当が事務所でアプリの現地到着状況を確認しながら到着送信のない警備員に電話をしていましたが、そのほとんどが現地に到着しているのに送信を忘れていたことが原因であったため、この運用を自動化することにしました。要件は以下です。

- 警備員の電話番号は個人所有につき本人が専用フォームに入力する。
- 電話番号はデータベースには電話番号専用のキーで暗号化して保存する。
- 電話は自動発信する。

この要件で自動化をどのように実現しますか？ 1つ選択してください。

A. S3で電話番号と警備員番号を入力するフォームをデプロイする。Cognito IDプールを使用してDynamoDBテーブルに書き込むことができる権限を認証されていないIAMロールに設定してJavaScript SDKを使用して書き込む。

DynamoDBテーブルではKMSのカスタマー管理キーを使用して暗号化を行っておく。到着送信のない警備員の電話番号を取得した定期実行Lambda関数は、実行ロールにKMSキーへのリクエストが許可されているので電話番号を復号できて、Amazon Connectから電話発信する。

B. S3で電話番号と警備員番号を入力するフォームをデプロイする。API Gatewayから電話番号がPOSTされてLambda関数に渡され、DynamoDBに保存される。DynamoDBテーブルではKMSのカスタマー管理キーを使用して暗号化を行っておく。到着送信のない警備員の電話番号を取得した定期実行Lambda関数は、実行ロールにKMSキーへのリクエストが許可されているので電話番号を復号できて、Amazon Connectから電話発信する。

C. S3で電話番号と警備員番号を入力するフォームをデプロイする。CloudFrontでフィールドレベルの暗号化を設定する。オリジンのAPI Gatewayに暗号化された電話番号がPOSTされてLambda関数に渡され、DynamoDBに保存される。到着送信のない警備員の暗号化された電話番号を取得した定期実行Lambda関数は、フィールド暗号化設定時に用意された秘密鍵を使って復号し、Amazon Connectから電話発信する。

D. S3で電話番号と警備員番号を入力するフォームをデプロイする。API Gatewayに電話番号がPOSTされてLambda関数に渡され、DynamoDBに保存される。到着送信のない警備員の電話番号を取得した定期実行Lambda関数は、Amazon Connectから電話発信する。すべてのリクエストはHTTPS通信によって行われる。

問題74

多様な飲食チェーン店を展開している企業では、すべてのお店に対応した、ご利用のお客様向けの統合アプリを提供し、モバイルオーダーやクーポン券を提供しています。そこで「今日の気分でメニュー診断」といういくつかの体調や気分のアンケートに答えることで、今日のオススメ店舗とメニュー候補を教えてくれるサービスをリリースしました。構成はシンプルでAPI Gateway、Lambda、DynamoDBです。外部のAI系リービスのAPIにリクエストした結果、返ってきたキーでDynamoDBから取得した内容を表示します。注目の高いAI系サービスということもあり、朝のワイドショーで取り上げられて爆発的にアプリのインストールが広がったのはいいのですが、「今日の気分でメニュー診断」機能で大量のタイムアウトエラーが発生しました。原因は外部のAI系サービスのAPIのリクエスト数制限に達してしまったことです。もともとリクエスト数制限はないと聞いていたのですが、無制限リクエストに耐えられる設計というわけではなく、それほどリクエストは発生しないだろうと想定していたとのことでした。改善を求めましたが、すぐには改善できないとの回答です。飲食チェーン企業側ではどのような対応が考えられますか？ 1つ選択してください。

A. LambdaをEC2に交換して、外部API側がリクエストを拒否している間、タイムアウトすることなくエクスポネンシャルバックオフアルゴリズムでリクエストを繰り返す。こうすることでメッセージのロストを防ぐ。
B. API GatewayからSNSトピックへパブリッシュしてSQSキューへメッセージを格納し、Lambdaのイベントトリガーとして設定する。Lambda関数がすぐに処理できない場合のためにデッドレターキューを用意する。デッドレターキューのコンシューマーとして追加したLambda関数にさらにポーリング処理をさせる。処理が完了し次第アプリにプッシュ通知やメール通知する。
C. DynamoDBをRDSインスタンスに交換して、処理できなかったメッセージを保存しておき、後で処理ができるようにする。
D. API GatewayとLambdaを、Application Load BalancerとECSコンテナに変更してリクエストが増えても処理ができるようスケーリング調整する。

問題75

留守中のペットの状態をライブ配信カメラで表示するアプリケーションがあります。動画はリアルタイム配信です。餌の残量やトイレの状態やペットのプロフィールは特定の時間の情報を表示しています。このアプリケーションのパフォーマンスの最適化を図るために最適な選択肢は以下のどれですか？ 1つ選択してください。

A. ビデオカメラ映像はAWS Elemental MediaLiveでリアルタイムエンコーディングしたコンテンツを、AWS Elemental MediaStoreに保存し、CloudFrontを使用して配信する。ペットのプロフィール情報はElastiCache for MemcachedからGetCacheして表示する。
B. ビデオカメラ映像はAWS Elemental MediaLiveでリアルタイムエンコーディングしたコンテンツを、AWS Elemental MediaStoreに保存し、CloudFrontを使用して配信する。ペットのプロフィール情報はRDSインスタンスにクエリした結果を表示する。

C. ビデオカメラ映像はAWS Elemental MediaConvertでリアルタイムエンコーディングしたコンテンツを、AWS Elemental MediaStoreに保存し、CloudFrontを使用して配信する。ペットのプロフィール情報はElastiCache for MemcachedからGetCacheして表示する。

D. ビデオカメラ映像はAWS Elemental MediaConvertでリアルタイムエンコーディングしたコンテンツを、AWS Elemental MediaStoreに保存し、CloudFrontを使用して配信する。ペットのプロフィール情報はElastiCache for MemcachedからGetCacheして表示する。キャッシュミスの場合はRDSインスタンスにクエリした結果を表示する。

問題76

会社では2つのワークロードの開発、テスト、本番環境の6つのVPCがあり、それらをピア接続で接続しています。オンプレミスデータセンターのストレージ保存のファイルも共有しており、それぞれのVPCとVPN接続を運用しています。今年の開発予定で、さらにワークロードを追加する計画が発表されました。新たなワークロードは現在のリージョンとは異なるリージョンにもデプロイする必要もあります。ネットワーク管理者の管理が煩雑になりつつあり問題になっています。この問題を解消する方法は、次のうちどれでしょうか？ 1つ選択してください。

A. 1つのVPCにネットワークソフトウェアをインストールし、各VPC、オンプレミスとソフトウェアレベルでVPN接続する。1つのVPCのネットワークソフトウェアで集中してネットワーク設定と管理をする。

B. 各VPCにネットワークソフトウェアをインストールし、各VPC、オンプレミスとソフトウェアレベルでVPN接続する。各VPCのネットワークソフトウェアで集中してネットワーク設定と管理をする。

C. Transit Gatewayを1つ作成して、すべてのリージョンのVPC、VPN接続に対するアタッチメントを作成して、Transit Gatewayのルートテーブルで接続と分離を設定管理する。

D. Transit Gatewayを各リージョンに作成して、VPC、VPN接続に対するアタッチメントを作成して、Transit Gatewayのルートテーブルで接続と分離を設定管理する。Transit Gateway同士はピア接続する。

5 模擬テスト

問題77

企業では現在オンプレミスの公開DNSサーバーを使用しています。あるサブドメインへの問い合わせに対して複数のIPアドレスを名前解決結果として返しています。このうち1つのIPアドレスのアプリケーションで、メンテナンス中のアクセス時にエラーが発生しました。ネットワーク担当者は同じ問題が発生しないように解決策を求められています。この問題を解決するシンプルな方法を、次から1つ選択してください。

A. Route 53シンプルルーティングへ移行し、複数のIPアドレスを値に設定する。
B. Route 53シンプルルーティングへ移行し、複数のIPアドレスを値に設定する。SDKスクリプトでアプリケーションの正常性をチェックして、異常が見つかった場合は値から該当のIPアドレスを除外する。
C. Route 53複数値回答ルーティングへ移行し、それぞれIPアドレスを値に設定する。
D. Route 53複数値回答ルーティングへ移行し、それぞれIPアドレスを値に設定する。それぞれのヘルスチェックを設定する。

問題78

PDFのホワイトペーパーを社内向けに配信しているアプリケーションがあります。PDFは社員以外にダウンロードされてはいけません。このアプリケーションはオリジンにApplication Load BalancerとS3バケットを設定しているCloudFrontディストリビューションで構成しています。Application Load Balancer側は社員の認証機能を持ったポータルアプリケーションです。サインインした社員にのみコンテンツを表示、ダウンロード可能にしなければなりません。S3バケットオリジンで社員が認証されたかどうかを判定しなければなりません。またHTTPSプロトコルを強制したいです。次の選択肢からこれを実現する組み合わせとして2つ選択してください。

A. ビューワープロトコルでHTTP and HTTPSを設定する。
B. ビューワープロトコルでRedirect HTTP to HTTPSを設定する。
C. 地域制限をセットアップして認証済みのユーザーのみにアクセスを許可する。
D. OACをセットアップしてバケットポリシーで認証済みユーザーのみGetObjectを許可する。
E. 公開鍵をキーグループに登録してS3パスパターンのビヘイビアに設定する。ポータルサイトで秘密鍵を使用して署名付きURLを生成する。

問題79

Linuxサーバーで稼働しているアプリケーションがあります。基本ステートレスな設計にはしていますが、作成途中の連携テキストファイルはローカルディレクトリで作成しています。Auto ScalingグループでEC2スポットインスタンスを使用しています。このアプリケーションは外部のSaaS APIを呼び出してデータなどの連携をしています。EC2スポットインスタンスの中断が発生したときに検知して、作成中のファイルがあればS3にアップロードしたいと考えています。SaaSでイベントが発生したときにも検知して、必要な処理を自動化したいと考えています。この両方を統合して管理するには、次のどの方法を使用しますか？ 1つ選択してください。

A. EC2インスタンスメタデータをポーリングして2分前通知を受け取って処理するシェルスクリプトを実行する。
B. SaaSイベントのWebhookから実行できるAPIをAPI GatewayとLambda関数で構築する。
C. EventBridgeでSaaSのイベントバスを作成してルールを設定する。スポットインスタンスの中断ルールを設定する。ターゲットで必要なアクションを実行するサービスを設定する。
D. Kinesis Data Firehoseの送信先にSaaSを設定してデータを連携する。

問題80

開発チームに新入社員が入社しました。OJTとしてLinuxサーバーとAWS CLIの研修をします。必要なEC2インスタンスS3、DynamoDBを使用する研修環境を、必要なタイミングで新入社員自身が構築できるようにCloudFormationテンプレートを作成しました。テンプレートはCodeCommitで管理しています。新入社員は研修環境が必要なタイミングでスタックを作成して、必要な作業が完了したらスタックを削除します。削除されていないスタックはEventBridgeスケジュールとLambda関数により毎日18時に自動で削除されるようにしています。ある日、新入社員の1人がスタックとは別にEC2インスタンスを起動していることがわかりました。スタック削除後もこのEC2インスタンスは削除せずに起動し続け、そのまま大型連休に突入したため無駄なコストが発生しました。この問題がこれ以降OJT期間内に完全に発生しないように制御するにはどうしますか？ 1つ選択してください。

A. 新入社員にEC2インスタンスを起動するアクションを拒否するポリシーをアタッチする。
B. AWS Config ルールでタグキー aws:cloudformation:stack-name がないリソースを検出する。
C. AWS Service Catalog でテンプレートを製品登録して、新入社員にポートフォリオで起動権限を割り当てる。新入社員にはAWS管理ポリシー AWSServiceCatalogEndUserFullAccess のみをアタッチする。
D. AWS Service Catalog でテンプレートを製品登録して、新入社員にポートフォリオで起動権限を割り当てる。新入社員にはAWS管理ポリシー AWSServiceCatalogEndUserFullAccess と EC2FullAccess をアタッチする。

問題81

会社内の複数アカウントを監査している担当者がいます。アカウントごとにIAMユーザーを所持していて、定期的なパスワード変更やMFAの設定に手間がかかっています。管理側も担当者が代わったらIAMユーザーを各アカウントで作り直しているので非常に面倒です。この組織ではIAMアイデンティティセンターは使用しないことが決定されており、各アカウントへのシングルサインオンはできません。この問題をどのように解消できますか？ 2つの組み合わせを選択してください。

A. 各アカウントに監査用のIAMグループを作成し、監査担当者がサインインするアカウントのIAMユーザーをアカウントを超えてメンバーとして登録する。
B. 各アカウントに監査用のIAMロールをCloudFormationで作成し、監査担当者がサインインするアカウントのIAMユーザーをアカウントを超えてメンバーとして登録する。
C. 各アカウントに監査用のIAMロールを作成し、適切なポリシーをアタッチして、監査担当者がサインインするアカウントからのsts:AssumeRoleを許可する信頼ポリシーを設定するCloudFormationスタックセットを作成する。
D. 監査担当者がサインインするアカウントを用意して監査担当者用のIAMロールを作成し、適切なポリシーをアタッチする。各アカウントからのsts:AssumeRoleを許可する信頼ポリシーを設定する。
E. 監査担当者がサインインするアカウントを用意して監査担当者用のIAMユーザーをそのアカウントだけに作成する。各アカウントの監査用のIAMロールへsts:AssumeRoleできるIAMポリシーをアタッチする。

問題82

他の1つのアカウントのリソースを自動でメンテナンスするコードをLambda関数にデプロイしました。各アカウントに共通の名前で作成されたIAMロールがあるので、Lambda関数はパラメータにアカウントIDを受け取れたら、sts:AssumeRoleを実行して各アカウントでメンテナンスするために必要な一時的認証情報を取得できます。メンテナンス対象のアカウントについては、毎回いくつのどのアカウントを対象にするかは変化します。この処理を並列で効率的に実行したいです。操作するユーザーはJSONフォーマットやマネジメントコンソールの扱いには慣れています。次のどの方法がシンプルに実行できるでしょうか？ 1つ選択してください。

A. Lambda関数のテストイベントにアカウントIDをJSON形式で記述する。マネジメントコンソールのテストボタンでLambda関数を実行する。

B. Step FunctionsのParallelを使用して複数アカウント向けのタスクでLambda関数を設定する。マネジメントコンソールがアカウントIDをパラメータに設定してステートマシンを実行する。

C. Step FunctionsのMapを使用して複数アカウント向けのタスクでLambda関数を設定する。マネジメントコンソールがアカウントIDをパラメータに設定してステートマシンを実行する。

D. Lambda関数のEventデータをJSONでローカルに用意して、AWS CLI環境をセットアップして、Lambda関数をInvokeする。

5-2

解答と解説

✓問題1の解答

答え：C

要件は「開発コストを抑え、移行期間を可能な限り短くしたい」「移行後のWebアプリケーションにはアベイラビリティゾーンレベルの障害に対応できる高可用性」です。現在はLAMP（Linux、Apache、MySQL、PHP）構成です。開発コストを抑えて、移行期間を可能な限り短くするために、カスタマイズが確実に発生する選択肢を除外します。「データベースのデータモデルへの制約は特にありません。キーでクエリした結果を単一のマスターテーブルから取得するシンプルなルックアップテーブルです」とあるので最初の要件がなければDynamoDBを選択しますが、MySQLからDynamoDBへ移行すると確実にアプリケーションのカスタマイズが発生します。ですので、AとBを除外します。

現在、Webアプリケーションサーバーは単一で、ローカルストレージに添付ファイルを保存しています。アベイラビリティゾーンレベルの障害に対応できる高可用性を実現するためにApplication Load Balancerでリクエストを分散するのに、EBSに添付ファイルを保存してしまうと、添付ファイルによってはどちらか一方にしか保存されていない状態になります。Dに比べてCであれば、複数のEC2インスタンスから共有ファイルシステムを使用できるので、どちらにリクエストがあってもアクセスできます。

✓問題2の解答

答え：A

「アカウント内の特定の一部のユーザーに対して」ですので、BのSCPではありません。SCPはアカウント全体に影響します。CのMFAはベストプラクティスではありますが、要件に必須ではありません。DのCloudTrailもベストプラクティスではありますが、要件に必須ではありません。

MFA、CloudTrailよりも「IAMロールの作成を許可」しつつ「ユーザー名をタグに設定しなければ作成できないように制限」しなければならない要件を満たすためには、アクセス権の境界設定ポリシーが必要です。アクセス権の境界設定ポリシーを設定することで、制限を超えた権限を持つIAMロールをEC2にアタッチしても、境界以上の権限は拒否できます。

✓問題3の解答

答え：B、C、F

改善するポイントは「スロットリングの発生」と「アクティビティのロスト」です。そして追加要件が「希望するユーザーに申し込み順の通話対応」です。スパイクリクエストに対してスロットリングをなるべく発生させないためにオンデマンドモードを採用します。想定外のエラーなどの発生時に情報が失われないようにDLQ（Dead Letter Queue）をLambda、SQSで設定します。申し込み順の処理も必要なので希望するユーザーの情報をFIFOキューに送信することを検討します。

API Gatewayのキャッシュは GETリクエストに対して有効にします。問題の要件では収集を目的としているのでGETリクエストではないことが想定されます。標準キューのDelay Secondsは遅延キューとして受信可能になる時間の調整ですので、送信順のメッセージ処理はできません。DynamoDB AcceleratorはVPC内でキャッシュを持ち、応答を迅速にします。今回の要件には関係ありません。

✓問題4の解答

答え：C

マイクロサービスのエラー、ボトルネックの抽出にはX-Rayが最適です。サービスマップで指定した期間のエラー、スロットリング、呼び出し平均時間を確認できます。個別のトレース情報へのドリルダウンも可能です。監視対象のアクションが厳密に限定されていなくても、SDKのパッチ適用を使用することで、サポートしている呼び出しやライブラリに対応できるので、AWSサービスの呼び出し、AWS外のAPI呼び出し、SQLリクエストなどのトレースをプログラムからX-Rayに送信して統計情報を確認できます。

AのCloudTrailはAWSサービスへのリクエストを記録します。AWSサービス外のAPIが対象外ですし、不特定問題を抽出するには向いていません。BのCloudWatch Logs Insightsもある程度エラー発生箇所が抽出できた状態で検索していくほうが効率的です。DのS3、Athena、QuickSightのケースでは事前に想定できていれば抽出できますが、すでにX-Rayで実現可能な機能ですのであえて構築する必要はありません。

✓問題5の解答

答え：B

AのRDSクロスリージョンリードレプリカとDynamoDBのグローバルテーブルよりも、BのRDSの日次自動バックアップコピーとDynamoDBのオンデマンドバックアップコピーのほうがコストは低くなる可能性があります。CloudFormationテンプレートによる復元なのでRTOの2時間は達成できます。またRDSも日次バックアップですのでRPOの24時間も達成できます。Cはマルチサイトアクティブ／アクティブ、Dは最小構成ですが、両方ともApplication Load Balancer、EC2が常時稼働となり、Bよりコストが多く発生すると懸念されます。

✓問題6の解答

答え：D

S3 RTC（Replication Time Control）を有効にすることで、ほとんどのオブジェクトは数秒でレプリケートされ、99.99%のオブジェクトは15分以内にレプリケートされます。15分の閾値を超えた場合と15分の閾値経過後にレプリケートされたオブジェクトのイベント通知を作成できます。B、Cともにチェックしたいという目的は果たせますが、S3 RTCを有効化してイベント通知を受け取るDの方法が最も確実でシンプルです。

✓問題7の解答

答え：B

選択肢すべてが「バックアップを作成する」要件は満たせますが、「最もシンプルな方法」での実現を求められています。最もシンプルなのはBのData Lifecycle Managerです。AはEC2インスタンスでコマンドが正常に実行される前提が必要ですし、S3バケット、IAMロールの作成が必要です。CのAWS Backupでは「災害対策サイトへ自動コピー」がありますが、この問題では求められていません。Dは開発が含まれるのでシンプルではありません。

✓問題8の解答

答え：A、D、E

AWS Transfer FamilyでS3向けのSFTP対応サーバーで固定のIPアドレスを使用するためには、VPCホストで作成してElastic IPアドレスを関連付けます。SFTP対応サーバー用にENIが作成されるのでセキュリティグループも設定します。

Bの方法ではIPアドレスが変更される場合もあります。CのパブリックアクセスSFTP対応サーバーではElastic IPアドレスは設定できません。FのS3バケットポリシーで店舗のグローバルIPアドレスを許可する必要はありません。

✓問題9の解答

答え：A

データ変換にはAWS Glueが最適です。CSVの区切り文字が一般的ではない場合でもCSVカスタム分類子を追加することでデータカタログテーブルを定義できます。Bのバッチオペレーションのオブジェクトコピー、バケットレプリケーションでは変換はできません。DのAthenaのALTER TABLE ADD COLUMNSステートメントはAthenaのテーブル定義に列を追加するので要件には関係ありません。

✓問題10の解答

答え：B、C、E

Amazon SESでエンドユーザーに対してメールを送信できます。メールのイベントは設定セットを作成してメール送信時のパラメータで指定することで、イベントをKinesis Data Firehoseに送信できます。Kinesis Data FirehoseはS3バケットへデータを送信できます。S3バケットに送信されたデータはAthenaからSQLクエリでの検索、抽出ができます。

DのSNSトピックのサブスクリプションにはKinesis Data Firehoseは指定できません。FとAの組み合わせについては、RDSはKinesis Data Firehoseの送信先ではないのでFができません。よってAも除外されます。

✓問題11の解答

答え：D

User-Agentなどのパケットの内容はVPC Flow Logsでは調査できません。VPCトラフィックミラーリングを使用します。VPCトラフィックミラーリングの宛先はENIかNetwork

Load Balancerを選択できます。CのようにCloudWatch Logsに送信はできません。

✓問題12の解答

答え：B

EC2ホストのリタイアについて「対応を自動化する最適な方法」が問われています。ホストのリタイアの対応はステートフルなアプリケーションでは、EBSボリュームを保持しなければならないので、EC2インスタンスを停止、開始することで対応できます。今回は問われませんでしたが、ステートレスなアプリケーションの場合はAMIから起動できればいいので、Auto Scalingグループで必要数のインスタンスを保持する構成も考えられます。

Aでも実現できそうですが、S3バケットの作成、通知、Lambda関数の開発など作業が多くあります。BはAWS_EC2_PERSISTENT_INSTANCE_RETIREMENT_SCHEDULEDイベントが用意されていて、SSM AutomationのAWS-RestartEC2Instanceで要件は満たせますので、Bが正解です。EventBridge（CloudWatch Events）でルールを作成するのですが、「Personal Health DashboardからCloudWatch Eventsリンクにアクセスして」という部分はなくてもいい説明です。この記述を正誤の条件にしないように判断しましょう。

CのServiceHealth Dashboardはマネジメントコンソールにサインインしなくてもアクセスできるパブリックな公開ページです。EC2インスタンスのホストリタイアなどアカウント特定の情報は含みませんし、通知イベント機能もありません。DはイベントがAWS_EC2_OPERATIONAL_ISSUE（EC2サービスの遅延などサービスの問題）なので違います。

✓問題13の解答

答え：B

自動化を検討します。EC2インスタンスの脆弱性検査はAmazon Inspectorで実行できます。CはCloudWatchエージェントなのでInspectorには関係なく除外できます。AはInspector Classicエージェントのインストールを個別に手動で行うセットアップを提案しています。100もあるインスタンスに手動でセットアップするのは負荷がかかり、人員が不足しているなか現実的ではありません。Bでは検査結果をEventBridgeルールからLambda関数を実行してロジックで判定してからSSM Run CommandでOSの修復をします。Dの場合はSNSトピックポリシーの送信元がevents.amazonaws.comでないといけません。

✓問題14の解答

答え：D

「ソフトウェアライセンスの有効期限は2年」「ホストを専有」「アクティベートしたホストで起動し続ける」「サーバーの停止」が要件です。「コストを最適化」との文言はありませんが、要件上予約オプションが利用できるのであれば利用できたほうが「適当」や「適切」に該当します。「ホストを専有」はDedicated Hosts、Dedicated Instancesのどちらでも実現できますが、「サーバーを停止」しても「アクティベートしたホストで起動し続ける」にはDedicated Hostsのアフィニティオプションが必要です。

AとBはDedicated Instancesなので除外できます。CはUse auto-placement（自動配置）オプションですので同じホストを使えない可能性があります。

✓問題15の解答

答え：C

「展開、運用のコストを低く」して「利用者が多くなることでコストが増大していくことは避けたい」かつ「利用者に料金を負担」ですので、S3バケットのリクエスタ支払いが利用できます。S3バケットのリクエスタ支払いを有効にするとリクエスト料金とデータ転送料金がリクエストを行ったAWSアカウントに請求されます。S3バケットを所有しているロックバンド側はストレージ料金の支払いは必要ですが、利用者が多くなってもロックバンド側のコストの増加には繋がりません。請求もAWSによって行われるのでそのための運用は発生しません。設定もS3バケットでリクエスタ支払いを有効にして、バケットポリシーで該当のAWSアカウントからのアクセスを許可するだけです。S3バケットでリクエスタ支払いを有効にすると、AWS認証とx-amz-request-payer:requesterをヘッダーに含めたリクエストが必須になります。Dのようにバケットポリシーに Conditionを追加する必要はありません。

A、Bは構築の手間と、請求運用が発生するので、Cよりも「展開、運用のコスト」は高くなります。

✓問題16の解答

答え：C

「すばやく安全にデータベースのコピーを渡す」ことが目的です。A、Bもデータベースのコピーを渡すことはできますが、リスクがありデータ量に応じてとてつもなく時間がかかります。Cのように、AuroraやRDSデータベースのスナップショットは、クラスタやインスタンスを暗号化しているKMSのCMK（カスタマーマスターキー）で暗号化されます。スナップショットから復元する際には、CMKを使用する権限が必要です。権限の適用は事業会社側からKMSキーポリシーで設定してあげる必要があります。CMKのエクスポートはできないのでDは誤りです。

✓問題17の解答

答え：B

「1年以上続ける」「高可用性と高パフォーマンスを実現する」構成で起動しているので、3インスタンスを購入していても十分に有効利用できます。Cは2インスタンスしかリザーブドインスタンスを購入していないのでコスト最適化になっていません。「処理の中断は避けたい」ことから本番環境ではスポットインスタンスは選択しないのでAは誤りです。検証環境は中断してもかまわないのでスポットインスタンスを使用するため、Dは除外します。

✓問題18の解答

答え：B

「アプリケーションパフォーマンスの見直し」を「アプリケーションカスタマイズは必要最小限」で実現することが目的です。DynamoDBの場合はDAXを使用することで最大10倍のパフォーマンスが期待できます。また、DynamoDB APIと互換性があるのでアプリケーションカスタマイズが最小限で済みます。

Aではアプリケーションカスタマイズは発生しませんが、現在のオンデマンドモードでスロットリングが発生しているわけでもありませんのでパフォーマンスの向上が期待できません。DAXにSavings PlansはないのでCは誤りです。DのElastiCacheのケースはアプリケーションカスタマイズがDAXのケースよりも発生します。

✓問題19の解答

答え：D

「可能な限り顧客に影響を与えない移行」は「IPアドレスを変更したくない」という目的になります。BYOIPとして所有しているIPアドレスをElastic IPアドレスで使用できます。よってElastic IPアドレスを使用できる選択肢を選びます。AのAPI Gateway、CのApplication Load BalancerはElastic IPアドレスをサポートしていません。DのNetwork Load Balancerを使用した構成が正解です。

Bでも可能ですが、ソフトウェアルーターをデプロイしたEC2でアンマネージドな運用が発生します。このような要件は問題には含まれていませんが、2つの要件を完全に実現できる選択肢があり、よりマネージドな選択肢があったときにはそれを選択します。

✓問題20の解答

答え：A

「データセンター運用チームからVPCへの接続、ストレージサービスエンドポイントへの送信」が拒否されています。「TeradataからRedshiftへの変換」も必要です。SCTデータ抽出エージェントは、ソースデータベースとターゲットデータベースが大きく異なるケースでの追加の変換をサポートしています。SCTデータ抽出エージェントを使用してSnowballEdgeにデータを保管して送信することで、ネットワーク要件はクリアできます。異なるデータベース間の変換もSCTデータ抽出エージェントで実現可能です。

BのDMSはVPC側からデータセンターに接続できないので不可です。Cは変換が実行されていないのでこのままでは移行ができません。DはS3への直接送信ですので、データセンター運用チームのネットワーク要件を満たしていません。

✓問題21の解答

答え：B、C、E

この問題の要件は「オンプレミス仮想マシンの移行」と「移行したEC2が問題なく起動するかをあわせて確認」です。仮想マシンをEC2に移行するために、Application Migration Serviceを使用します。AWS Replication Agentをオンプレミスサーバーにインストールして、テストとカットオーバーのための起動設定を構成します。テストインスタンスの起動はApplication Migration Serviceの機能で実行できます。

AのCloudFormationでは先にAMI IDを知っておく必要があるので不正解です。DのCloudTrailはあったほうがいいですが、「最低限必要」ではありません。FのLambda関数は必要ありません。

✓問題22の解答

答え：C

「すばやく簡単にコストをかけずにIPアドレスをブロック」ですのでネットワークACLでブロックします。ネットワークACLはステートレスですが、明らかにインバウンドリクエストをブロックしたいだけなので、Dのアウトバウンドに対しても設定する必要はありません。A、Bは追加コストが発生します。

✓問題23の解答

答え：C

「OSの管理をしない」「大量なリアルタイムストリーミングデータの処理」なのでKinesisファミリーを使用することが想定できます。Kinesis Data Analyticsを使用するとストリーミングデータを1秒未満のレイテンシーで処理できます。Kinesis Data Firehoseは大量のデータを送信先へ取り込むことに適しています。Kinesis Data Firehoseではバッファインターバルとして最小でも60秒が必要ですが、今回は5分間の許容時間があるので問題ありません。

Aは OSの運用が必要なので対象外です。Bはプログラムの処理内容によっては、結局このサービスのデータ量が増えていけば、2つ目のLambda関数側でも問題が発生してくる可能性があります。DのKinesis Data AnalyticsからS3への直接送信はできません。

✓問題24の解答

答え：C

「データは暗号化」「リクエストに対してのパフォーマンスは一定」としてキャッシュを使用する要件です。Redisでライトスルー戦略を構築することで要件が実現できます。Redisは暗号化をサポートしていて、ライトスルーなのですべてのデータがキャッシュヒットするはずです。マルチAZ配置ができるのでノード障害時にもフェイルオーバーで対応できます。

AのDynamoDB AcceleratorをAuroraで使用することはありません。BのMemchaedは暗号化、レプリケーションをサポートしていないので要件を満たせません。Dの遅延読み込み戦略の場合、はじめてリクエストされたデータのキャッシュがないため初回のパフォーマンスが悪く一定ではありません。

✓問題25の解答

答え：A、D、F

MACアドレスとライセンスコードの紐付けが必要です。この問題はENIにMACアドレスが紐付いていることと、EC2 Auto Scalingグループのライフサイクルフックイベントを確認する問題です。

ライセンスはEC2 Auto Scalingグループで最大のインスタンス数分を用意しておきます。ENIはEC2インスタンスの起動には関係なく事前にサブネットへ作成しておけます。EC2インスタンスが起動してアプリケーションとして利用するまでにはEC2 Auto Scalingのスケールアウトライフサイクルフックで待機状態にできます。ライフサイクルフックイベントからEC2インスタンスにENIをアタッチするLambda関数を起動すればこの要件は満たせます。

B、CとFを組み合わせる運用も一見できそうに見えますが、ライフサイクルフックの待機時間の最大数は7200秒なので、最大3日待つことはできません。Auto Scalingグループでの EC2インスタンスは、今現在の必要性か近い未来の必要性で起動させるので、それほど長い時間待機状態にすることはありません。

✓問題26の解答

答え：C

「会員のサインアップとサインイン」「動画の暗号化」が必要です。A、BのCloudHSMはキーハードウェアの専有ですし、DのSSE-Cはオンプレミス管理のキーなので、ただ暗号化したいという要件に対して特別要件でもないので過剰です。そもそもA、B、DはCognitoがIDプールなので除外してもいいです。IDプールは外部認証でのサインインの後に一時的な認証情報を与えることはできますが、サインアップなどユーザー属性情報の登録は提供していません。

✓問題27の解答

答え：B、C

「期間ごとに異なる計画予算」に対して、「早めに予算に対しての請求料金を知る」ことと「施策ごとに発生状況」を確認する必要があります。AWS Budgetsを使用すれば月ごとに予算が設定でき、着地予測が確認できます。コスト配分タグを使用することで施策ごとのBudgetsでのフィルタリングが可能です。タグ付けルールをAWS Configルールにすることで非準拠リソースの監視ができます。

AとEはそのときの状況であって、この先の予測を含みません。Dは組織全体予算なので、マーケティングチームにとっては不要な情報が含まれます。

✓問題28の解答

答え：B、C、D

新規の25アカウントと既存アカウントをベストプラクティスな組織管理構成にするため、Control Towerを使用します。数が多いのであらかじめクォータで拒否されるものがないか確認しておき、必要に応じで引き上げ申請をします。既存のActive Directoryをそのまま使ってAWSアカウントとBoxなどのSaaS製品へのシングルサインオン環境を構築するには、AWS IAMアイデンティティセンターとAD Connectorを使用します。各アカウントに追加のIAMロールを作成し、一元管理をするにはCloudFormation StackSetsが最適です。

AはAD移行なので要件外です。Eは手作業が多いので設定を誤ります。設定の異なるアカウントがあった場合、そこがセキュリティホールになります。FのマスターアカウントだけにIAMロールを作成しても、サードパーティ製品が各アカウントのリソースを読み取りたいという目的は達成できません。

✓問題29の解答

答え：B

CodePipelineでCodeBuildを実行して、コマンドの戻り値がエラーの場合はパイプラインが停止します。CodeBuildで「Buildspecはソースコードのルートディレクトリのbuildspec.ymlを使用」を選択しておくと、buildspec.ymlをソースコードのリポジトリに含むことができて、ソースコード開発時に変更でき、あわせてバージョン管理ができます。

Aはコマンドでテストを実行するシェルスクリプトを用意するように読み取れますが、このようにパイプラインを自作しなくてもCodePipelineを使用できます。Cではテストの実行までしか行っておらず、かつbuildspec.ymlにテストコマンドの実行をしている意味もなさそうです。DはLambdaでパイプラインを自作しています。これもCodePipelineを使用できます。

✓問題30の解答

答え：B、D、E

「一貫した帯域幅」と「複数リージョンのVPC」はDirect Connect Gatewayで対応できます。「オンプレミスの既存DNSサーバーを使用した名前解決」はRoute 53 Resolverアウトバウンドエンドポイントで対応できます。「PCからVPCへのマネージドなVPN接続」は、AWSクライアントVPNで対応できます。

AのRoute 53 Resolverインバウンドエンドポイントは、オンプレミスからAWSリソースへのプライベート名前解決のためですが、要件には入っていません。CのTransit Gatewayピアアタッチメントは別リージョンのTransit Gateway同士の接続なので要件に入っていません。FのソフトウェアVPNも要件にはありません。

✓問題31の解答

答え：D

この問題のヒントは「1/3の差」と「3つのアベイラビリティゾーン」です。3つのアベイラビリティゾーンなので、NATインスタンスは3つあります。EC2インスタンスも3つありますが、「いいね」ボタンの送信回数のうち1/3が外部サービスへ送信されていないということなので、アプリケーションサーバーは起動して、ユーザーリクエストが到達してボタンを押すところまではできています。その先の外部サービスへの送信ができないので、経路を疑います。経路上には、NATインスタンスとインターネットゲートウェイがあります。そしてすべてではなく1/3が届いてないので、1つのNATインスタンスが原因であると想像できます。

NATインスタンスはEC2インスタンスです。障害発生時には自動で復旧する仕組みをスクリプトレベルで構築しておく必要があります。そのようなアンマネージドな運用をしなくてもよいマネージドサービスのNATゲートウェイに変更します。

AはアプリケーションサーバーのEC2インスタンスを疑っていますが、ユーザーがアプリケーションにアクセスできているので、ヘルスチェックに合格しているはずなので除外できます。Bはデータベースを疑っていますが、データベースへのリクエストが該当処理に関係ある記述はないので除外します。CはNATインスタンスが攻撃を受けている可能性を疑っていますが、プライベートサブネットに移動してしまうとNATインスタンスの役割を果たしません。

✓問題32の解答

答え：B

BのCART（AWS Cloud Adoption Readiness Tool）を使って質問に答えることで、今の状態と対応するべき準備についての指標レポートが作成できます。Aはサーバーの移行サービスです。Cはデータベースの移行サービスです。Dは使い始めてからAWSアカウントの推奨事項をレポートしてくれるサービスです。

✓問題33の解答

答え：C

IPv6アドレスが必要な場合、VPC新規作成時に設定することで使用できます。プライベートサブネットからはEgress-Onlyインターネットゲートウェイを使用することでアウトバウンド専用のネットワークを構築できます。Egress-OnlyインターネットゲートウェイはVPCにアタッチします。A、BのElastic IPv6 IPアドレスはありません。Egress-Onlyインターネットゲートウェイはサブネットに配置するものではないのでDも不正解です。

✓問題34の解答

答え：D

「すべてIAMロールを使用してリクエスト」「MFA必須」ですので、IAMロールの信頼ポリシーでConditionを追加してMFAを必須にしておきます。初回のログイン時にパスワード設定とMFAデバイスの設定が必要になるので、権限をIAMポリシーで許可しておきますが、自分以外は変更できないようにaws:usernameポリシー変数で制御します。

AはMFAの設定がないので要件を満たすことができません。Bはパスワードポリシーの設定がないので要件を満たすことができません。CはIAMユーザーと同じアカウントにIAMロールを作成しても他のアカウントへのアクセスは許可されません。Dには「IAMユーザーを作成するAWSアカウントを1つ決めてID管理アカウントとして専用にする」という記載はありませんが、そもそも要件ではないのでOKです。

✓問題35の解答

答え：B

NATゲートウェイを見直しつつ「セキュリティと可用性は維持」が要件です。NATゲートウェイの料金は時間あたりの料金と処理データ1GBあたりの料金です。本書執筆時点の東京リージョンでは、0.062USD/時間と0.062USD/GBです。これに比較して、インターフェイスエンドポイントの本書執筆時点の東京リージョンでは、0.014USD/時間と0.01USD/GBです。特定のサービス専用として作成する必要はありますが、Kinesis Data Streamsのみであればコスト最適化ができそうです。

Aはセキュリティが維持できていません。誰もセキュリティグループを変更しなければいいのですが、どんなに優秀な人でも間違いは起こします。CはNATインスタンスにすることで可用性が維持できません。NATインスタンスはEC2インスタンスで、アンマネージドです。DのKinesis Data Streamsゲートウェイエンドポイントはありません。インターフェイスエンドポイントのみです。

✓問題36の解答

答え：C

外部IDという機能が存在する理由は問題にあるような悪意あるユーザーによる課題があるためです。これを防ぐためにはIAMロールのARNをサードパーティ製品の管理画面に入力するだけではなく、一意の外部IDなしでAssumeRoleリクエストが許可されないようにします。

A、BともIAMロールARNが同じならば、外部IDが同じになる仕様なので外部IDを使用する意味がありません。IAMロールARNが漏れれば同じく悪用されます。Dの場合は使用者が自由に設定できるので、設定した外部IDが悪意あるユーザーに漏れれば同じ結果になります。Cはランダムで登録ごとに生成されるので、悪意あるユーザーがARNを登録しても、IAMロールの信頼ポリシー Conditionに設定する外部IDは別なので、AssumeRoleリクエストは拒否されます。

✓問題37の解答

答え：C

「なるべくリソースを増やさずに」すでにTransit Gatewayを使用している環境に「VPCで接続」ですので、Transit Gatewayの共有を使用します。Transit GatewayはResource Access Managerで他アカウントに共有します。

AはすでにTransit Gatewayを使用している構成にVPCピア接続を追加して構成が複雑化するので避けます。BのTransit Gatewayピアリングでも実現できますが、「なるべくリソースを増やさずに」に反します。DのRDSインスタンスのパブリックアクセスは「インターネットに公開して接続数が増えることは避ける」なので除外します。セキュリティグループで制限されていても誰かがオープンにしないとは限りません。

✓問題38の解答

答え：B

Bは、「運用は最小限」「現在の経路になるべく近い（言い換えると違っていてもいい）」「ユーザーはActive Directoryで管理」の要件を満たします。Aは証明書による相互認証なので、ユーザー作成だけでも手間がかかります。Cはログの出力が明記されていませんし、ADの移行もあり二重管理になります。Dはハードウェアとソフトウェアの運用が必要になります。

✓問題39の解答

答え：B

「各営業担当員ごとのアンケート情報を管理してAPIから作成」という要件です。選択肢をざっと見ると同じ文章が続きますので、Cognitoユーザープールでユーザー管理することにより各営業担当員ごとの情報を識別しつつ、匿名ユーザーにいたずらされることを防ごうとしていると読み取れます。「API Gatewayの」の後ろが、Lambdaオーソライザー、Cognitoオーソライザー、IAM認証、VPCデプロイというAPI Gatewayのセキュリティ設定の選択肢になっています。ここから1つ選択するので、これ以上後ろをそれほど読む必要はありません。Cognitoユーザープールで認証したユーザーの識別情報を判別するにはCognitoオーソライザーを選びます。

✓問題40の解答

答え：D

「サービスそのものの障害」が一時的にでも発生しないとは限りません。Aの高い回復性の他に、2つのロケーションとロケーションごとの専用接続の冗長化で実現する最大回復性もありますが、これはロケーションまたは専用接続に障害が発生したときの対応ですので、今回の「サービスそのものの障害」には対応できません。Bの提案では制約についての説明がありません。CはパブリックVIFについてのみ触れていますが、プライベートVIFの代わりとしてのVPN接続に触れていません。この選択肢の中ではDが正解です。

✓問題41の解答

答え：B

「CassandraクラスタからDynamoDBへの移行」には追加の変換が必要です。SCTデータ抽出エージェントによる移行が必要となります。DMSだけでは移行できないので、AとDが除外できます。Cは稼働中のCassandraクラスタに影響を与えることになるので不正解です。

✓問題42の解答

答え：C

Transit GatewayのVPN接続でEnable Accelerationを有効にすると、Global Acceleratorを使用したVPNネットワークの高速化になります。

AはS3バケットへのアップロードに使用します。今回の用途がS3とは明記がありません。Bはエッジロケーションでの加工や判定処理に使用します。今回の用途がLambdaでできるものとは限りません。DはCDNです。今回の用途がCDNで実現できるものとは限りません。

✓問題43の解答

答え：A、D、E

「オンプレミスにあるLinuxサーバー」からEFSマウントターゲットのENIのIPアドレスに「AWS上で設定したプライベートDNS」で名前解決したいという要件です。まず、EのRoute 53プライベートホストゾーンで、「AWS上で設定したプライベートDNS」が実現できます。VPCのDNSホスト名とDNS解決は必要ですが、FのDHCPオプションは必要ありません。次にAWSから見ると外部からのインバウンドなので、Route 53 Resolverはインバウンド設定になります。よって、アウトバウンドエンドポイントを作成するCは除外されます。Bは設定そのものが誤っています。オンプレミスのDNSサーバーから問い合わせ先として設定するのは、Route 53のインバウンドエンドポイントです。

✓問題44の解答

答え：B

SCPを使用するためには、Organizationsですべての機能を有効にする必要があります。一括請求のみが必要な場合はすべての機能を有効にする必要はありませんが、この問題では必要ですので、AとDは除外されます。BとCの違いは検証OUにAWSFullAccessが直接アタッチされているかどうかです。OUには継承以外に1つ以上のSCPを直接アタッチすることが必要です。AWSFullAccessの直接アタッチを外して予約拒否ポリシーのみにした場合、検証OUは何もできないアカウントのためのOUになります。継承は上位で許可されている権限範囲で、その範囲のうち何を許可するのかをそのOUへの直接アタッチで定義します。この問題のケースでは「自由に検証」するため許可範囲が広いので、AWSFullAccessの継承と直接アタッチもしておいて、予約関連のみを拒否しています。

✓問題45の解答

答え：B、C、D

SCP、CloudTrail、Control TowerはFirewall Managerには必須ではありません。Firewall Managerでは、Organizationsですべての機能を有効化し、管理者アカウントを設定し、Configを有効化することが必須です。そして、WAFポリシー、Shield Advancedポリシー、セキュリティグループポリシー、Network Firewallポリシー、DNSファイアウォールポリシーをそれぞれ必要に応じて設定します。

✓問題46の解答

答え：D

AWS Service Catalogを使用することでエンドユーザーの権限はService Catalogのポートフォリオ製品の利用権限だけとなり、それにより起動するリソースへの直接的な権限は適用されません。請求部門のユーザーはアドバイスレポートを作成したいのであって、EC2やRDSをコントロールしたいわけではないので、これが必要な最小権限となります。

Aの自動実行ではタイミングが測れず、「必要な確認作業が完了次第」を満たすことができません。BのElastic Beanstalk、CのCloudFormationはどちらも請求部門のIAMユーザーにリソース構築用の余計な権限を与えることになります。Bの場合はコマンドファイル実行マシンという余計なハードウェアまで登場して認証情報までが保存されています。

✓問題47の解答

答え：D

Lambda関数に送信元Elastic IPアドレスを設定するには、NATゲートウェイ経由でアウトバウンドリクエストを実行します。A、Bのような方法はありません。Cのようにパブリックサブネットでlambda関数を起動してもパブリックIPアドレスを使用できません。

✓問題48の解答

答え：C

セキュリティチームから提示された3つの要件と「なるべくコストを発生させない」を実現するのがCです。kms:decrypt、ssm:getparameterはIAMポリシーで制御しています。KMSの顧客管理キーはローテーションできます。CloudTrailでリクエストのログが残ります。ParameterStoreは4KBまでの標準利用であれば追加コストは発生しません。

AのRDSへのクエリはIAMポリシーの制御、CloudTrailのログ対象外です。RDS利用料金で追加コストも発生します。Bのローカルファイルサーバーは IAMポリシーの制御、CloudTrail

のログ対象外です。DのSecrets Managerは有料です。パスワードの自動ローテーション要件がある場合は選択しますが、この問題でローテーションが必要なのは暗号化キーです。KMSの機能でローテーション可能です。

✓問題49の解答

答え：C

ポイントは「なるべく低コスト」で「スパイクアクセスに耐えられる」なので、リクエストの増減に対する強さとコストを最優先で考えます。案内ページは静的でリアルタイムに変化が発生するものでもないので、CloudFrontを使用して多数のリクエストにキャッシュで対応できます。CloudFrontを使用していないAは除外します。Application Load Balancer＋EC2＋RDSよりも、S3、API Gateway、Lambda、DynamoDBのサーバーレスアーキテクチャのほうがコストは低くなる可能性が高いです。スモールスタートにも最適です。ですので、AとBは除外します。Dの「WAFで一般的な攻撃からブロック」は、現在特定の攻撃がない上での追加コストになります。まずはCの構成を選択して、攻撃による脅威が発生した際にWAFを追加する方法が考えられます。

✓問題50の解答

答え：A、C

専有ハードウェアはCloudHSMによって実現します。RDS for Oracle自体はTDEをサポートしていますが、CloudHSMを使用するケースではサポートされません。CloudHSMでTDEプライマリ暗号化キーを使用するケースでは、EC2インスタンスにOracleデータベースをインストールして使用します。

✓問題51の解答

答え：D

「今後の更新も既存のActive Directoryに対して行う」ですので移行はできません。B、Cは移行なので除外できますし、Simple ADはIAMアイデンティティセンターのIDソースとして対応していません。Aは既存のActive Directoryの認証情報を使ったAD FSサーバーを介したシングルサインオンですが、AWSアカウントに対しての認証しか対応していません。BoxやSalesforceなどのSAML対応サービスやアプリケーションもあわせて一元管理できるのはAWS IAMアイデンティティセンターです。

AD Connectorは既存のActive DirectoryのゲートウェイのようにAWSサービスから連携できます。

✓問題52の解答

答え：B

両者の意見を取り入れると、CDKが落としどころのようです。CDKを使用することで、CloudFormationのテンプレートをJSON、YAMLで記述するのではなく、使い慣れた言語で構築することが可能になります。Cのサードパーティ、DのOpsWorksは問題の文脈とはまったく関係ないので無視できます。

✓問題53の解答

答え：B

要件は、異なるAWSリージョンに日本から接続して少しでもレイテンシーを改善する方法です。ネットワークレイテンシーを改善する選択肢として会社に閉じたサービスであることも影響してか、この問の選択肢ではDirect ConnectかVPNの選択肢になっています。VPN接続はネットワーク経路の影響を受けやすいので、CとDは除外できます。AのプライベートVIFのみを使用する方法では、他のリージョンには接続できないので不正解です。BのDirect Connect Gatewayで複数リージョンのVPCにアタッチできます。

✓問題54の解答

答え：B、C、E

Suricata互換ルールでの検査をマネージドで提供するサービスはAWS Network Firewallです。既存のVPCネットワークにNetwork Firewallを追加する手順を示しています。不正解の選択肢はすべてルートテーブルのターゲットが異なっています。

✓問題55の解答

答え：B

要件は、複数アカウントの制御と新規アカウント発生時の自動設定です。両方の要件を満たしているBが正解です。

Aは、制御は個別のIAMユーザーで行うことにしているので、「誰も操作できない」が満たせていません。CではCloudFormationがStackSetsではなく個別です。アカウント作成時はまだしも、後で設定を変更しなければならないときに、それぞれのアカウントへのアクセスが必要になります。その点、StackSetsを使えば一括変更が可能です。Dは、両方とも満たしていないので不正解です。

✓問題56の解答

答え：A、B、C

SSHでのアクセスをやめる、アクセスキーを直接使うことをやめる、そうすれば漏れる可能性、不正アクセスの可能性は減ります。IAMロールを使うことでEC2のメタデータに一時的な認証情報が保存されますが、IMDSv2のみを使用することでサードパーティ製のWAFの脆弱性に影響されにくい運用が可能です。DはSSHポートを使用するので、Aのほうがセキュリティレベルは高いです。E、Fはアクセスキーを直接使っているのでBのほうが安全です。

✓問題57の解答

答え：A

「CloudFront経由にすること」「ダウンロードに認証をつけること」「推奨を選択すること」が要件です。CloudFront署名付きURLが使えるようにします。まずオリジンにするリソースはS3です。Application Load Balancerがオリジンではないので、CとDが除外されます。オリジンのS3に直接アクセスをされては意味がないので、OAC（オリジンアクセスコントロール）を設定します。

次に署名付きURLを作成する方法ですが、以前はrootユーザーによるCloudFrontキーペアを作成する方法しかありませんでした。しかし今は、IAMユーザーによるキーグループへのアップロードが可能です。rootユーザーを使用することは非推奨ですので、Aを選択します。ただし、キーグループの選択肢がなく、rootユーザーのCloudFrontキーペア作成しか選択肢がない場合は選択する可能性もあるので、他の選択肢も見てから決定しましょう。

✓問題58の解答

答え：C

キューが処理するべきメッセージ数から、EC2インスタンス1つあたりが処理するべきメッセージ数を算出してカスタムメトリクスとして送信し、CloudWatchアラームを設定してAuto Scalingを実現します。Aはキューのメッセージ数のみなので指標にはなりにくいです。B、Dはスケーリングするための判断にはなりません。

✓問題59の解答

答え：B

「レイテンシーを低減」「各リージョンでランキングを表示」するためには、各リージョンにデータベースが必要です。DynamoDBにはグローバルテーブル機能があり、DynamoDBストリームを介して他のリージョンにレプリケーションできます。マルチマスターとして動作するので、書き込みは各リージョンで可能です。

Aはグローバルテーブルではなくグローバルセカンダリインデックスです。インデックスはテーブルと同じリージョンに作成できます。Cはセンターリージョンへ書き込むことによりレイテンシーの増加が懸念されます。DのRedisも同様にレイテンシーの懸念があります。また、他リージョンへ非同期に書き込む機能開発が必要です。

✓問題60の解答

答え：B、D

リアルタイムな動画ストリーミングのアップロードと分析には、Kinesis Video StreamsとRekognition Videoが使用できます。他のKinesis Data Streamsなども組み合わせて使う可能性もありますが、まずはこの2つが必須になります。

✓問題61の解答

答え：C

「最適な方法」を聞かれているのでベストプラクティスの「自動化」を判断軸に加えます。CloudFormationテンプレートでカスタムリソースを設定することで、Lambda関数が起動できます。開発者がわかるようにタグ付けしておいてくれたAMI IDをLambda関数で取得できます。月次集計のエビデンスにRDSスナップショットを使用するのでDeletionPolicyで取得しておきます。

Aはゲーム開発者がタグ付けしていた意味がなくなりますし、リポジトリの存在も明記されていません。Bは手入力があるので除外します。Dは手作業があるので除外します。

5
模擬テスト

✓問題62の解答

答え：C

S3マルチパートアップロードを使用します。不完全なパートが残りっぱなしになってしまって、ストレージ容量が増えてコストが増えることを避けるために、ライフサイクルポリシーで不完全なパートを自動削除します。

AのSnowballは総容量が大きいときに使用します。Bは説明が不完全で、CがあるのでCを選択します。DのTransfer Accelerationは遠隔拠点からのアップロードの効率化で、サイズの大きなファイルアップロードの課題を解決するものではありません。

✓問題63の解答

答え：D

エンドユーザーの認証に関連する一意の情報を使ってクエリできるようにする必要があります。エンドユーザーの認証はユーザープールで行い、DynamoDBへのAPIリクエストの認証はIDプールで行う構成です。また今回の要件には明記されていませんが、集中しづらい値をパーティションキーにすることでDynamoDBのパフォーマンスのベストプラクティスが実現できます。そのため、今後データが増え続けてもパフォーマンス改善のためのコントロールはしやすいと考えられます。

AのIAMユーザーは上限がそもそも5000ですし、モバイルアプリケーションのサインイン時に少なくともアクセスキーIDとシークレットアクセスキーを入力してもらう必要があり非現実的です。BのIAMロールは上限がそもそも1000ですし、運用において非現実的です。Cは「認証されていないユーザー向け」なので要件外です。

✓問題64の解答

答え：B、C、E

「安全に更新される」という要件ですので、ブルー／グリーンデプロイを設定します。CodePipelineのソースステージには複数のリポジトリが設定できます。CodeCommitとECRの2つを設定します。CodeDeployでECSの設定にLoad Balancerターゲットを複数設定できます。ECSAllAtOnceはそれぞれのターゲットグループへのデプロイ方法を指定しています。CodePipelineデプロイステージでECS（ブルー／グリーン）を選択することで、ブルー／グリーンデプロイが実行できます。Aは一方のリポジトリのみなので不正解です。Dはブルー／グリーンデプロイを選択していません。Fはプラットフォームがec2です。

✓問題65の解答

答え：B

必要な要件は、「ルートユーザーの認証に対して通知」「CloudTrailのログ集約と迅速な検索」「CloudTrailのログ改ざん検知」です。「ルートユーザーの認証に対して通知」はGuardDutyのRootCredentialUsageイベントで検知できます。「CloudTrailのログ集約と迅速な検索」は1つのアカウントに集約して、Athenaでデータのパーティション分割をしておくことですばやく検索が行えます。「CloudTrailのログ改ざん検知」は整合性検証オプションを有効にすれば可能です。

Aはログを Glacierに移動しています。移動してしまうとAthenaで検索できなくなります。Cは整合性検証ではなくS3バージョニングの有効化です。これだけではバージョンを指定した削除は可能です。DはGuardDutyではなくS3にログが作成された通知です。すべてのログ通知なので過剰です。

✓問題66の解答

答え：D

Application Discovery Serviceは移行の判断や移行の計画を立てることに役立ちます。オンプレミスのサーバーにエージェントをインストールして情報を収集するエージェント型と、VMware向けのコネクタ型があります。

Aは脆弱性検査です。Bはモニタリングです。CはMigration Hubへの情報収集はありません。

✓問題67の解答

答え：B

コストが最優先で、ダウンタイムは次です。コストの低い順で並べると、「B = D < C < A」です。ダウンタイムがDよりも少ないのはBです。

AはApplication Load Balancerなども含む環境がもう1つ起動します。Cの追加バッチは、たとえば合計4インスタンス起動していて2インスタンスずつデプロイするローリング更新のときに、4インスタンスを起動し続けるように2つインスタンスを足してデプロイします。Dは4インスタンス同時にサービス停止してデプロイします。

✓問題68の解答

答え：C

番地がはっきりしている特定の場所にデータを保存しなければならず、そのデータに最も近い場所でAWSサービスを使用しなければならないので、AWS Outpostsを選択します。

AのFSx for Lustreは高速な共有ストレージです。問われているのはデータとの距離なので違います。BのWavelengthは5Gネットワークの通信事業者のネットワークへの直接送受信です。DのLocal Zonesはリージョンの拡張でユーザーに近い場所を選択できる可能性がありますが、番地などはリージョン同様に公開されません。

✓問題69の解答

答え：B

コスト最小限に対して、EMRで起動されるEC2インスタンスの料金オプションとS3ストレージクラスの料金の最適選択肢を求めます。EMRマスターノード、コアノードは中断されることなく実行される必要があります。タスクノードは中断されてもリトライができれば分析処理が最終的には可能です。

Aはコアノードがスポットインスタンスのため、コストよりもそもそもの分析処理が不安定になる可能性があり適切ではありません。CはEMRマスターノード、コアノードにリザーブドインスタンスを適用しています。現在の処理時間が2時間ということもあり過剰なコス

5
模擬テスト

トの発生が想定されます。DはS3で最初から標準IAで分析が終わり次第Glacierとあります。標準IAは30日未満の保存オブジェクトは30日分の料金が発生するので無駄が生じます。

✓問題70の解答

答え：A、C、D

転送時のデータ暗号化は、amazon-efs-utils（EFSマウントヘルパー）をインストールして、マウントヘルパーコマンドで-o tlsオプションをつけてマウントします。このときEFSファイルシステムIDを指定するので名前解決できている必要があります。

Bは説明不足です。BよりもCのほうが正確です。Eのコマンドではアドレスを指定しています。マウントヘルパーでIPアドレスの指定はできません。Fのコマンドには-o tlsオプションがないので転送中の暗号化が行われません。

✓問題71の解答

答え：B

要件は「オンプレミス監視システムでのパフォーマンスと状態監視」ですが、制約が多くあります。「AWSとのプライベートネットワークはない」「エージェントからの通信はプライベート通信のみ」「パブリックなAPIリクエストを許可するのは1IPのみ」です。Lambda関数からNATゲートウェイのElastic IPアドレスを使用することで情報の送信を許可させます。EC2のステータス変更はEventBridgeのルールで設定します。パフォーマンス情報はCloudWatchメトリクスデータをGetMetricData APIアクションを実行して送信します。

AのEC2ステータス変化へのCloudWatchアラームはありませんし、メトリクスに対して細かなCloudWatchアラームを設定するのも効率が悪いです。CのCloudTrailログではすべてのステータス変更はキャッチできませんし、EventBridgeのほうが設定しやすいです。Dは「エージェントからの通信はプライベート通信のみ」に反するので不正解です。

✓問題72の解答

答え：B、C

RDS Proxyを作成して使用することで、データベース接続プールの作成と再利用により、多くのリクエストを調整処理できます。必要な手順はRDS Proxyの作成と、パスワード保存用のSecrets Managerシークレットの作成です。

A、DはAurora ServerlessのData APIを使用する手順です。Aurora ServerlessはRDS Proxyを使用できませんが、Data APIが使用できます。EはB、Cを設定することで不要になり、B、Cいずれかと組み合わせる設定ではありませんので除外します。

✓問題73の解答

答え：C

要件の「電話番号専用のキーで暗号化」を満たすには、選択肢の中ではCloudFrontフィールドレベルの暗号化が必要です。DynamoDBテーブルやテーブル暗号化に指定したKMSキーに権限のあるユーザーがマネジメントコンソールなどからDynamoDBテーブルの項目にアクセスをしても、電話番号はキーペアで暗号化されているので漏れることもなく安全です。

A、BはKMSカスタマー管理キーによる暗号化なので、電話番号専用ではありません。Dは通信の暗号化のみでDynamoDBテーブルに関しての記述がありません。

✓問題74の解答

答え：B

リクエスト拒否が発生してタイムアウトエラーが発生した原因は外部APIの性能不足でした。自社でできることは、同期的な処理を非同期処理に変更してエンドユーザーからのリクエストを止めないことです。

Aの場合、EC2の障害によりデータが失われる可能性もあるので耐障害性が低くなってしまっています。Cは、DynamoDBはもともとメッセージ管理で使用していたわけではないので意味がありません。Dは、自社の処理側ではリクエストは受け付けられていたので、LambdaをECSコンテナに変えても改善にはなりません。

✓問題75の解答

答え：A

リアルタイム配信は、AWS Elemental MediaLiveとAWS Elemental MediaStoreとCloud Frontでできます。プロフィール情報は特定時間の情報なので、画面更新のたびにクエリが実行されないようElastiCache for Memcachedから取得します。

Bはデータベースクエリを必ず実行しているので除外します。C、DはAWS Elemental MediaConvertという動画変換サービスなので除外できます。

✓問題76の解答

答え：D

Transit Gatewayを使用することで、中心で集中管理できます。Transit Gatewayは同じリージョンのVPCのみ接続可能ですので、該当のリージョンごとにTransit Gatewayが必要です。それぞれのTransit Gatewayはピア接続できます。

Aはアンマネージドな方法で集中管理はできますが、EC2の冗長化や障害対応、メンテナンスが必要です。Bはアンマネージドでさらに分散管理なので煩雑性が増します。Cは他のリージョンのVPCへも接続するので、1つのTransit Gatewayでは接続できません。

✓問題77の解答

答え：D

複数値回答では個別にヘルスチェックを設定できます。ドメインにDNSクエリがあった場合は正常なIPアドレスのみを複数回答します。

Aは異常が発生しているエンドポイントのIPアドレスも回答されます。Bは要件を満たせますが、複数値回答を使用したほうがスクリプトコードの開発運用をする必要がなくなります。Cはヘルスチェックも設定しないと、異常なエンドポイントのIPアドレスも回答されます。

✓問題78の解答

答え：B、E

ビューワープロトコルでRedirect HTTP to HTTPSにすることで、https://への強制化になります。CloudFront署名付きURLは、URLに一時的に生成された署名がついていないとアクセスできない機能です。署名がないアクセスは制御されるので、ポータルにサインインしたユーザーのみがS3のコンテンツにもアクセスできます。

Aは、ビューワープロトコルのHTTP and HTTPSは両方許可する設定なので、強制化にはなりません。Cは、地域制限はディストリビューション全体で特定の地域を許可／拒否する設定です。Dは、OACを使用してもバケットポリシーで認証済みユーザーの制御はできません。

✓問題79の解答

答え：C

EventBridgeでスポットインスタンスの中断などのAWSアカウント内のイベントと、パートナーSaaSのイベントを統合運用できます。

Aはスポットインスタンスの中断をメタデータでも検知できますが、SaaSサービスは統合していません。Bは実行できそうですが、スポットインスタンスの中断については記載がありません。Dの送信先に設定するのはこの要件ではありません。

✓問題80の解答

答え：C

Service Catalogを使用することでリソースの作成権限がなくても登録された製品を起動できます。ユーザーにはAWSServiceCatalogEndUserFullAccessのみをアタッチしておけば十分です。直接EC2インスタンスを操作することはないので、同様の問題発生を防げます。

AはCloudFormationスタック作成時のEC2インスタンス起動でエラーになります。Bは検出はできます。その後、削除するアクションもあればこれでも同様の問題は防げます。ですが、タグをサポートしていないリソースなども含めた網羅的な検出ができません。DのEC2FullAccess権限を与えると、直接EC2インスタンスの操作ができてしまいます。

✓問題81の解答

答え：C、E

監査担当者がサインインするアカウントの監査担当者のIAMユーザーから、各アカウントへクロスアカウントアクセスできるように設定します。

AのIAMグループのメンバーは同じアカウントのみです。BのIAMロールにメンバー登録はできません。DのIAMロールを作成するのはサインインするアカウントではなく各アカウントです。

✓問題82の解答

答え：C

実行ごとに対象数がかわる場合はMapを使って配列の数だけステートを実行させられます。A、Dは単一のアカウントに対しての処理となるので要件にある並列で効率的な処理ではありません。BのParallelは並列処理なので近いですが、固定化された異なった並列処理を実行します。同一のステート、変化する数にはMapを使います。

索引

B

C

F

G

H

I

K

L

T

U、V

W、X

あ行

か行

さ行

た行、な行

は行

ま行

や行

ら行

著者略歴

● 山下光洋（やましたみつひろ）

開発ベンダーに5年、ユーザー企業システム部門通算9年を経て、2018年よりトレノケート株式会社でAWS Authorized InstructorとしてAWSトレーニングコースを担当し、毎年1500名以上に受講いただいている。プロトタイプビルダーとして社内の課題を内製開発による解決もしている。

AWS認定インストラクターアワード2018・2019・2020の3年連続受賞により殿堂入りを果たした。APN AWS Top Engineers、APN ALL AWS Certifications Engineers、AWS Community Buildersに数年にわたり選出。

個人活動としてヤマムギ名義で執筆、勉強会、ブログ、YouTubeで情報発信している。その他コミュニティ勉強会やセミナーに参加、運営、スピーカーなどを行い、質問・相談についてのアドバイスもしている。

- プロフィール：https://www.yamamanx.com/profile/
- ブログ：https://www.yamamanx.com
- Twitter：https://twitter.com/yamamanx
- YouTube：https://www.youtube.com/c/YAMAMUGI

本書のサポートページ
https://isbn2.sbcr.jp/17929/

本書をお読みいただいたご感想・ご意見を上記 URL からお寄せください。本書に関するサポート情報やお問い合わせ受付フォームも掲載しておりますので、あわせてご利用ください。

AWS 認定資格試験テキスト＆問題集
AWS 認定 ソリューションアーキテクト－プロフェッショナル 改訂第 2 版

2021 年 11 月 1 日　初　版　第 1 刷 発行
2023 年 6 月 10 日　改訂第 2 版　第 1 刷 発行
2023 年 11 月 30 日　改訂第 2 版　第 3 刷 発行

著　者　山下光洋
発行者　小川 淳
発行所　SB クリエイティブ株式会社
〒 106-0032 東京都港区六本木 2-4-5
https://www.sbcr.jp/
印　刷　株式会社シナノ

制　作　編集マッハ
装　丁　米倉英弘（株式会社細山田デザイン事務所）

※乱丁本、落丁本はお取替えいたします。小社営業部（03-5549-1201）までご連絡ください。
※定価はカバーに記載されております。

Printed in Japan　ISBN978-4-8156-1792-9